焊接方法与设备

主　编　王　博
副主编　陈　曦
参　编　徐双钱　王子瑜　王　军
赵志远　房　卉　王立祥
主　审　赵丽玲

北京理工大学出版社
BEIJING INSTITUTE OF TECHNOLOGY PRESS

内容简介

本书共有7个项目。包括电弧焊基础知识、焊条电弧焊、熔化极气体保护焊、钨极惰性气体保护焊、等离子弧焊接与切割、埋弧焊、焊接机器人。本书在内容组织上，采用任务驱动的模式。对于焊接方法的学习，总体思路是提出任务一对任务进行工艺分析一根据工艺分析确定工艺一工艺实施一检验。由于在教学过程中都是以完成典型工作任务为目标，因此更便于实现“教、学、做”一体化教学。

本书可作为高等职业教育及各类成人教育焊接专业的教材或培训用书，也可供相关技术人员参考。

图书在版编目（CIP）数据

焊接方法与设备 / 王博主编 . -- 北京：北京理工大学出版社，2024.3

ISBN 978-7-5763-3035-9

Ⅰ. ①焊… Ⅱ. ①王… Ⅲ. ①焊接工艺－高等学校－教材 ②焊接设备－高等学校－教材 Ⅳ. ① TG4

中国国家版本馆 CIP 数据核字（2023）第 205860 号

责任编辑：阎少华　　文案编辑：阎少华
责任校对：周瑞红　　责任印制：王美丽

出版发行 / 北京理工大学出版社有限责任公司
社　　址 / 北京市丰台区四合庄路 6 号
邮　　编 / 100070
电　　话 / （010）68914026（教材售后服务热线）
（010）68944437（课件资源服务热线）
网　　址 / http://www.bitpress.com.cn

版 印 次 / 2024 年 3 月第 1 版第 1 次印刷
印　　刷 / 河北鑫彩博图印刷有限公司
开　　本 / 787 mm×1092 mm　1/16
印　　张 / 20
字　　数 / 474 千字
定　　价 / 89.00 元

前　言

为了更好地满足企业对智能焊接技术专业高端技能型人才的需求，便于实施“教、学、做”一体化教学，全面提升教学质量，编者在充分调研企业生产实际和学校教学实际的基础上编写本书。

每个项目按典型的工作任务设置了多个教学任务。例如，熔化极气体保护焊按常用保护气体种类的不同，主要可分为CO_2焊（CO_2气体保护焊）、MIG焊和MAG焊，这三种焊接方法在设备组成与操作技术方面基本上是相同的，但由于保护气体不同，因此所焊金属材料的种类有所差别。熔化极气体保护焊的工作任务主要有平焊、立焊、横焊及管子的焊接等，根据高职学生的培养目标，本书熔化极气体保护焊项目中，首先讲解熔化极气体保护焊设备的操作方法，然后根据典型工作任务设置教学任务，如CO_2气体保护焊平焊、CO_2气体保护焊平角焊、CO_2气体保护焊立焊。另外，由于药芯焊丝的应用越来越广泛，因此在学习横焊时，加入了药芯焊丝的相关内容，设置了药芯焊丝CO_2气体保护焊横焊任务；对于管子的焊接，典型的工作任务主要有水平固定管和垂直固定管的焊接。本书将管子的焊接与MIG焊和MAG焊联系在一起，由于MIG焊广泛应用于铝、镁等金属及其合金的焊接，因此设置了水平固定铝合金管的熔化极惰性气体保护焊；MAG焊广泛应用于不锈钢的焊接。

本书在内容组织上，采用任务驱动的模式。对于焊接方法的学习，总体思路是提出任务—对任务进行工艺分析—根据工艺分析确定工艺—工艺实施—检验。由于在教学过程中，都是以完成典型工作任务为目标，因此更便于实现“教、学、做”一体化教学。学生在完成典型工作任务的同时，学习了相关的专业知识，并掌握了相应的专业技能，从而可增强学习的目的性，提高学习积极性。

此外，为了便于教学，本书还配有相应的教学课件、教学录像、实操视频、模拟仿真动画等数字化教学资源。

本书由渤海船舶职业学院王博担任主编，并负责编写项目五；渤海船舶职业学院陈曦担任副主编，并负责编写项目三；渤海船舶职业学院王子瑜负责编写项目二，渤海船舶职业学院徐双钱负责编写项目六，渤海船舶职业学院王军负责编写项目七，渤海船舶职业学院房卉负责编写项目四中的任务一和任务二，渤海船舶职业学院赵志远负责编写项目四中的任务三和任务四，锦西化工机械集团有限责任公司王立祥负责编写项目一。全书由王博统稿，渤海船舶职业学院赵丽玲主审。

本书在编写过程中，得到了相关企业的大力支持，并参考了相关文献，在此表示衷心感谢！同时，由于编者专业知识有限，书中难免存在欠妥之处，敬请广大读者批评指正。

编　者

目 录 / Contents

01 项目一　电弧焊基础知识

【项目导入】

国家体育场“鸟巢”是被评为2007年世界十大建筑奇迹之一的体育馆，是一个全球跨度最大的钢结构建筑、全球最大的环保型体育场。2017年北京市科学技术奖励大会召开，北京市15项科技成果获得科学技术一等奖，“‘鸟巢’钢结构工程关键施工技术与应用”位列其中。“鸟巢”是当时世界上规模最大、用钢量最多、结构最复杂的超大型钢结构体育场工程，要把这个极富创造性的设计变成现实，既没有成型的标准，也没有可以借鉴的经验。工程建设者们为此付出了大量心血，不仅展现出了“大国工匠”的智慧和精神，其背后折射的更是廉洁办奥运的目标和决心，使这项世纪工程精彩亮相、闪耀全球。

“鸟巢”钢结构施工技术创造了我国钢结构施工史上的奇迹，那么“鸟巢”钢结构是怎样建成的呢？其实，这个典型的钢结构就是通过焊接技术连接完成的。并且，在“鸟巢”的每条焊缝边上，都镌刻着焊工的名字，以这种方式，数百名普普通通的焊工在这项世人瞩目的奥运工程中留下了自己的微小痕迹。除此之外，焊接技术还在船舶制造、桥梁、航空航天、压力容器、轨道交通、工程机械等制造领域有着广泛的应用。本项目主要学习焊接的定义及焊接方法。

任务一　认识焊接和焊接方法

【学习目标】

认识焊接和焊接方法

1. 知识目标

（1）掌握焊接的定义、焊接方法的分类和特点；

（2）了解焊接的应用和发展趋势。

2. 能力目标

能够掌握焊接的定义、焊接方法的分类和特点。

3. 素养目标

（1）培养细心、严谨的工作态度；

（2）养成严谨专业的学习态度和认真负责的学习意识。

【任务描述】

通过本次任务的学习能掌握焊接的定义、焊接方法的分类和特点，了解焊接的应用和发展趋势。

【知识储备】

一、焊接方法分类及特点

1. 焊接及其本质

在金属结构加工制造过程中，经常需要将两个或两个以上的零件按一定形式和位置连接起来。根据连接方法的特点，将其分为两大类：一类是可拆卸的连接方法，即不必毁坏零件就可以拆卸，如螺栓连接、键连接等，如图 1–1 所示；另一类是永久性连接方法，其拆卸只有在毁坏零件后才能实现，如铆接、焊接等，如图 1–2 所示。

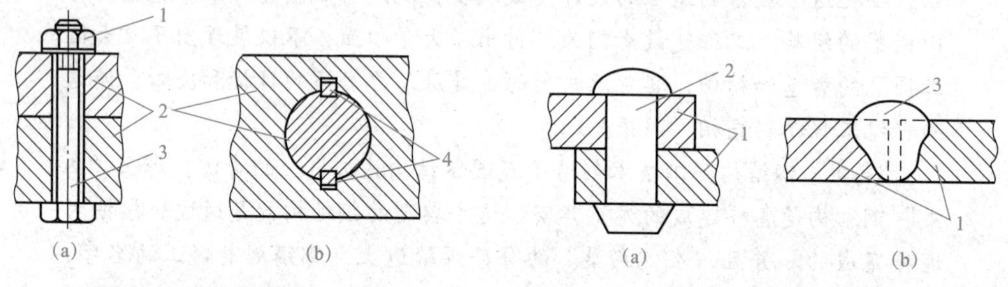

图 1–1　可拆卸连接

(a) 螺栓连接；(b) 键连接

1—螺母；2—零件；3—螺栓；4—键

图 1–2　永久性连接

(a) 铆接；(b) 焊接

1—零件；2—铆钉；3—焊缝

焊接就是通过加热或加压，或两者并用，并且用或不用填充材料，使焊件达到原子结合的一种金属加工方法。

2. 焊接方法分类

目前，在工业生产中应用的焊接方法已达百余种。按照焊接过程中金属所处的状态不同，可分为熔焊、压焊和钎焊三大类。每大类又可以按不同的方法细分为若干小类，如图 1–3 所示。

（1）熔焊。熔焊是指在焊接过程中，将焊件接头加热至熔化状态，不加压而完成焊接的方法。在加热的条件下，增强了金属的原子动能，促进了原子间的相互扩散，当被焊金属加热至熔化状态形成液态熔池时，原子之间可以充分扩散和紧密接触，因此，冷却凝固后就可以形成牢固的焊接接头。熔焊是金属焊接中最主要的一种方法，常用的有焊条电弧焊、埋弧焊、气焊、电渣焊、气体保护焊等。

（2）压焊。压焊是在焊接过程中，无论是否加热，必须对焊件施加一定压力以形成焊接接头的焊接方法。这类连接有两种方式。一种是将两块金属的接触部位加热到塑性状态，然后施加一定的压力。这就增加了两块金属焊件表面的接触面积，促使金属的有效接触，最终形成牢固的焊接接头。常见的压焊方法主要有电阻焊、锻焊等。另一种是不进行加热，仅在被焊金属的接触面上施加足够的压力，借助压力所形成的塑性变形，使原子间

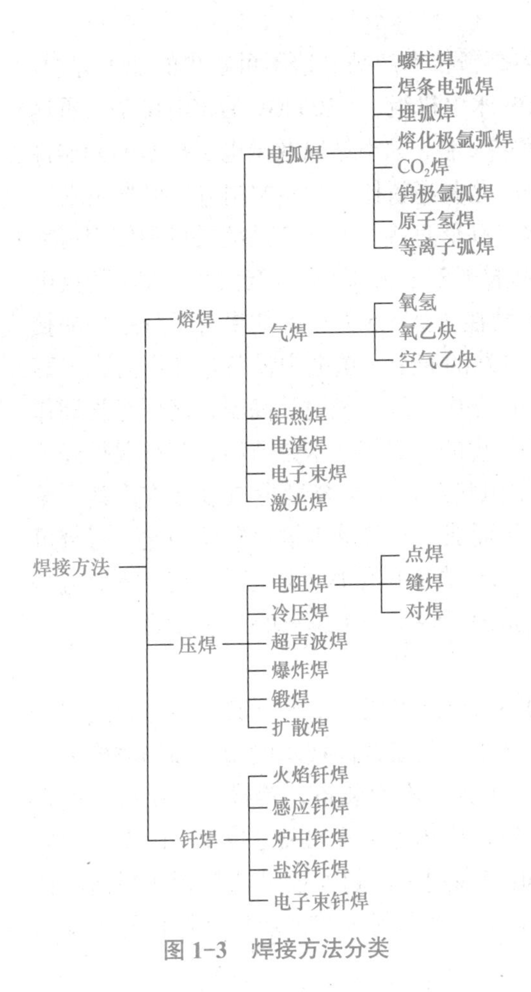

图 1-3　焊接方法分类

相互靠近而形成牢固接头。这种压焊方法有冷压焊、爆炸焊等。

（3）钎焊。钎焊是采用比母材熔点低的钎料做填充材料，在低于母材熔点、高于钎料熔点的温度下，借助钎料润湿母材的作用以填满母材的间隙并与母材相互扩散，最后冷却凝固形成牢固的焊接接头的方法。常用的钎焊方法有电烙铁钎焊、火焰钎焊等。

3. 焊接方法的特点

焊接可以连接同类或不同类的金属、非金属（玻璃、陶瓷、塑料等），也可以连接一种金属与一种非金属。焊接与其他连接方法相比，具有下列优点：

（1）节省材料，成本低。焊接接头在连接部位没有重叠部分，也不需要附加的连接件（如铆接时需用铆钉连接），从而节省了大量的金属材料，减轻了结构重量，降低了生产成本。

（2）工艺过程比较简单，生产效率高。焊接结构生产不需钻孔，也不需要制造连接附件，从而简化了加工和装配工序，提高了劳动生产率。

（3）结构合理，强度高，致密性好。焊接结构外形连续光顺，而铆接结构接头处不连续，会产生较大的应力集中。焊接接头致密、连续，其强度与母材相等甚至稍微高一点；而铆接接头仅靠铆钉传递载荷，同时铆接结构在使用过程中易产生腐蚀和接头松动，降低连接强度和致密性。此外，焊接接头中焊缝与母材形成一个整体，有可靠的致密性。

（4）劳动条件好。焊接的劳动条件比铆接好，劳动强度低，噪声小。

焊接也有一些缺点，例如，焊接中会产生有害、有毒物质；形成的焊缝会存在一定数量的焊接缺陷，影响焊接接头质量；产生焊接应力及焊接变形，焊接应力会降低焊接结构的承载能力和使用寿命，焊接变形会影响焊接结构的形状和尺寸精度。

二、焊接在工业体系中的地位和发展趋势

1. 焊接在工业体系中的地位

焊接是一种先进的制造技术，它已从单一的加工工艺发展成为现代科技多学科互相交融的新学科，成为一种综合的工程技术，它涉及材料、结构设计、焊接预处理、焊接工艺装备、焊接材料、下料、成形、焊接生产过程控制及机械化自动化、焊接质量控制、焊后热处理等诸多技术领域。焊接技术已广泛地应用于工业生产的各个部门，在推动工业的发展和产品的技术进步，以及促进国民经济的发展等方面发挥着重要作用。

焊接技术是机械制造关键技术之一，是许多高新技术产品制造不可缺少的加工方法。例如，世界上最大的1 200 kW 火电机组、700 kW 水电机组、1 300 kW 的核电设备、重达1 200 t 的加氢反应器、航天技术的运载火箭、宇宙飞船、太空站以及微电子技术的元器件都是采用焊接技术完成制造的。不采用焊接技术，这些高新技术产品的制造将很难完成。

焊接技术是保证产品质量的基础，其技术水平高低直接影响到产品的质量和使用可靠性，例如，一台60万kW的电站锅炉受热面焊接接头达6万多个，一台30万kW的火电机组耐高温高压焊接接头有5万多个，连接用安装接头达8.5万个，如果有千分之一的接头发生质量问题，就有85处隐患，直接威胁着电站的安全。核电主设备，如压力壳、蒸汽发生器、稳压器等，均为焊接结构，都在同一回路中，经受辐射、高温、高压等长期作用，如果接头不慎发生泄漏，造成的损失是不堪设想的。焊接技术是节能、节材取得经济效益的重要手段。例如，举世瞩目的三峡工程水电机组，单机容量为70万kW，其水轮机转轮直径为9.8 m，重达500 t，采用异种钢拼接而成，与整体不锈钢转轮相比，每台可节省材料2 000万元，三峡工程共有26台机组，可节省人民币达5.2亿元，其经济效益是十分可观的。可以说，一个国家的焊接技术也间接地反映了一个国家的工业技术。

2. 焊接的发展趋势

（1）焊接材料行业发展趋势。《中国制造2025》重点发展的十大领域中，与焊接技术发展密切相关的就有8项，如航空航天装备、海洋工程装备及高技术船舶、高档数控机床和机器人、节能与新能源汽车、先进轨道交通、电力、农业装备、新材料。在新材料方面，我国将突破先进装备用钢的材料、设计、制造及应用评价系列关键技术。随着高性能海工钢，新型高强高韧汽车钢，高速、重载轨道交通用钢，超大输量油气管线用钢，特种装备用不锈钢和高性能轻合金材料的研发和应用，将会促进和带动新型焊材的研发和应用。

从黑色到有色，高性能有色焊接材料发展前景广阔，随着飞机、汽车、高铁、船舶等交通工具的结构材料日益轻量化，核电、化工、能源等行业的耐高温、耐腐蚀等性能要求的提升，铝合金、钛合金、镁合金等有色材料的应用日益广泛，相应配套焊材的需求量将持续增加，具有广阔的发展前景。用于动车车体制造的Al 5183、Al 5356等铝镁焊丝在国内正在研发推广。

预计在未来的10年，我国高端装备制造业将占全部装备制造业销售产值的30%以上，高端焊材将成为焊接材料市场竞争的新热点。焊接材料行业发展总体趋势为高端化、绿色化、科学化发展。

（2）焊接设备行业发展趋势。“十三五”是我国经济发展的重要时期，也是我国“新常态”的重要时期。要紧紧围绕《中国制造2025》和“一带一路”，紧紧抓住国家提出的“强化协同创新”概念，通过整合和借力各种优良科技资源，提高自身和整体的创新能力，整合资源、优势互补、规范市场、提高效益、创新发展；达到焊接设备产品品质高端化的目的。未来焊接工艺性能将成为电焊机行业竞争的主要指标之一，如何提高焊接工艺性能，将成为摆在技术人员面前的一道重要课题。达到高于焊接国家标准的各种技术指标和要求，研制开发高端焊接设备将成为企业争取市场份额和显示竞争力的重点。焊接设备发展总体向着高精度、高质量、高可靠性，数字化、智能化控制，大型化、集成化及多功能化方向上发展。

任务二　焊接电弧

【学习目标】

焊接电弧

1. 知识目标

（1）了解焊接电弧的产生；

（2）理解焊接电弧的构造及静特性；

（3）掌握影响电弧稳定的因素。

2. 能力目标

（1）能够掌握焊接电弧的构造及静特性；

（2）能够掌握影响电弧稳定的因素。

3. 素养目标

（1）培养细心、严谨的工作态度；

（2）培养学生分析问题、解决问题的能力。

【任务描述】

通过本次任务的学习能理解焊接电弧的构造及静特性，掌握影响电弧稳定的因素。

【知识储备】

电弧是电弧焊的焊接热源，是一种气体放电现象，是带电粒子通过两电极之间气体空间的一种导电过程，如图 1-4 所示。电弧作为导体不同于金属导体，金属导电是通过金属内部自由电子的定向移动形成电流；而电弧导电时，电弧气氛中的带电粒子除自由电子外，还有正离子和负离子。

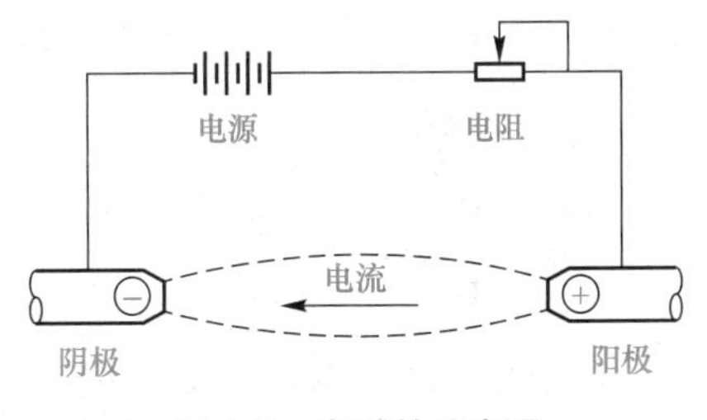

图 1-4　电弧的示意图

一、焊接电弧的产生

在一般情况下，气体是不导电的，它是由中性气体分子或原子组成的。要使气体导电，必须使中性气体分子或原子离解为带电荷的电子和正离子。电弧焊中，气体电离和阴极电子发射是产生带电粒子的两个基本物理过程。

1. 气体电离

（1）气体电离的概念。气体电离是指在外加能量作用下，使中性的气体分子或原子分离成电子和正离子的过程。中性气体粒子离解为电子和正离子时要吸收一定的能量，才能使电子脱离原子核的束缚而成为自由电子。气体原子分离出一个外层电子所需的最小能量称为电离能或电离功，通常以电子伏特（eV）为单位。一个电子伏特相当于一个电子在电场中移动电位差为 1 V 的路程所产生的能量变化。为方便计算，常把用电子伏特作为单位的电离能转换为数值上相等的电离电压来表示。不同元素，由于原子构造不同，其电离电压也不同。常见气体粒子的电离电压见表 1-1。

表 1-1 常见气体粒子的电离电压

气体粒子	电离电压 /V	气体粒子	电离电压 /V
H	13.5	W	8.0
He	24.5（54.2）	H_2	15.4
Li	5.4（75.3，122）	C_2	12
C	11.3（24.4，48，65.4）	Na	15.5
N	14.5（29.5，47，73，97）	O_2	12.2
O	13.5（35，55，77）	Cl_2	13
F	17.4（35，63，87，114）	CO	14.1
Na	5.1（47，50，72）	NO	9.5
Cl	13（22.5，40，47，68）	OH	13.8
Ar	15.7（28，41）	H_2O	12.6
K	4.3（32，47）	CO_2	13.7
Ca	6.1（12，51，67）	NO_2	11
Ni	7.6（18）	Al	5.96
Cr	7.7（20，30）	Mg	7.61
Mo	7.4	Ti	6.81
Cs	3.9（33，35，51，58）	Cu	7.68
Fe	7.9（16，30）		

注：括号内的数字依次为二次、三次……电离电压。

当其他条件（如气体的解离性能、热物理性能等）一定时，气体的电离电压的高低反映了在某种气氛中产生带电粒子的难易程度。电离电压低，表示带电粒子容易产生，有利于电弧导电；相反，电离电压高，表示带电粒子难以产生，电弧导电困难。

当电弧空间同时存在电离电压不同的几种气体时，在外加能量的作用下，电离电压较低的气体将先被电离，如果这种低电离电压气体供应充分，则电弧空间的带电粒子将主要依靠这种气体的电离过程来提供，所需要的外加能量也主要取决于这种气体的电离电压，由表 1-1 可知，Fe 的电离电压为 7.9 V，比 CO_2 或 Ar 的电离电压（13.7 V、15.7 V）低很多，因此，在钢材的气体保护焊接时，如果焊接电流较大，电弧空间将充满铁的蒸气，电弧空间的带电粒子将主要由铁蒸气的电离来提供。电弧气氛的电离电压也将由铁蒸气的电离电压来决定。

（2）电离种类。根据外加能量来源的不同，气体电离分为以下三种形式：

1）热电离。气体粒子因受热的作用而产生的电离称为热电离。由气体分了运动理论可知，气体的温度越高，气体粒子（包括中性粒子、电子和离子）的运动越剧烈，即动能越大。气体粒子在高速的热运动过程中将频繁发生相互碰撞，碰撞时粒子间发生能量的传递和转换。若粒子的运动速度足够高（即动能足够大），被碰撞的粒子所接受的能量达到该粒子的电离能时，则将产生电离。由此可知，热电离在实质上是由于粒子受热作用引起相互碰撞而产生的一种电离现象。

2）场致电离。在两极间的电场作用下，气体中的带电粒子被加速。当带电粒子的动能达到一定数值时，与中性粒子发生碰撞，有可能使之产生电离，这种电离称为场致电离。

3）光电离。中性气体粒子受到光辐射的作用而产生电离的过程称为光电离。焊接电弧的光辐射只对 K、Na、Ca、Al 等金属蒸气可能直接引起光电离，而对焊接电弧气氛中的其他气体不能直接引起光电离。

2. 阴极电子发射

电弧气氛中的带电粒子一方面由中性粒子的电离产生，另一方面则来自阴极电子发射，两者都是电弧产生和维持不可缺少的必要条件。

阴极表面的自由电子逸出阴极需要外加能量，1 个电子从金属表面逸出所需要的最低外加能量称为逸出功，单位是电子伏特（eV）。逸出功的大小受电极材料种类及表面状态的影响。几种金属材料的逸出功见表 1–2。由表可知，金属表面存在氧化物时逸出功减小。

表 1–2　金属材料的逸出功

金属种类		W	Fe	Al	Cu	K	Ca	Mg
逸出功 / eV	纯金属	4.54	4.48	4.25	4.36	2.02	2.12	3.78
	表面有氧化物	—	3.92	3.9	3.85	0.46	1.8	3.31

根据外加能量形式的不同，电子发射可分为以下四种类型：

（1）热发射。阴极表面因受热的作用而产生的电子发射过程称为热发射。热发射时，逸出的电子将从电极表面带走相当于逸出功的能量，对阴极表面产生冷却作用。

电子自金属表面的发射现象与被加热到沸点的水面的水蒸气蒸发现象类似。在实际焊接电弧中，电极的最高温度不可能超过其材料沸点，当使用沸点高的钨或碳作为阴极材料时（其沸点分别是 5 950 K 和 4 200 K），电极可能被加热到很高的温度（一般可达 3 500 K 以上），这种电弧称为热阴极电弧。这种电弧的阴极区主要靠热发射来提供电子。

（2）场致发射。当阴极表面空间存在一定强度的正电场时，金属内部的电子将受到电场力的作用。当此力达到一定程度时，电子便会逸出金属表面，这种电子发射现象称为场致发射。

当使用钢、铜、铝、镁等材料作阴极时，由于它们的沸点较低（分别为 3 008 K、2 868 K、2 770 K、1 375 K），阴极加热温度受材料沸点的限制不可能很高，此种电弧称为冷阴极电弧。冷阴极热发射能力较弱，此时向电弧提供电子的主要方式是场致发射。实际上，电弧焊时纯粹的场致发射是不存在的，只不过是在采用冷阴极时场致发射为主，热发射为辅。

（3）光发射。当金属表面受到光的辐射作用时，金属内的自由电子能量达到一定程度而逸出金属表面的现象称为光发射。光发射在阴极电子发射中居次要地位。

（4）粒子碰撞发射。电弧中高速运动的粒子（主要是正离子）碰撞金属表面时，把能量传递给金属表面的电子，使电子能量增加而逸出金属表面的现象称为粒子碰撞发射。

焊接电弧中阴极区有大量的正离子聚积，正离子在阴极区电场作用下被加速而冲向阴极，可能形成碰撞发射。在一定条件下，这种电子发射形式是电弧阴极区提供所需电子的主要途径。

实际焊接过程中，上述几种电子发射形式常常同时存在、相互补充。只是在不同条件下，它们所起的主次作用不同。

二、焊接电弧的构造及静特性

1. 焊接电弧的构造

焊接电弧由三部分组成，即阴极区、阳极区和弧柱区，如图 1–5 所示。

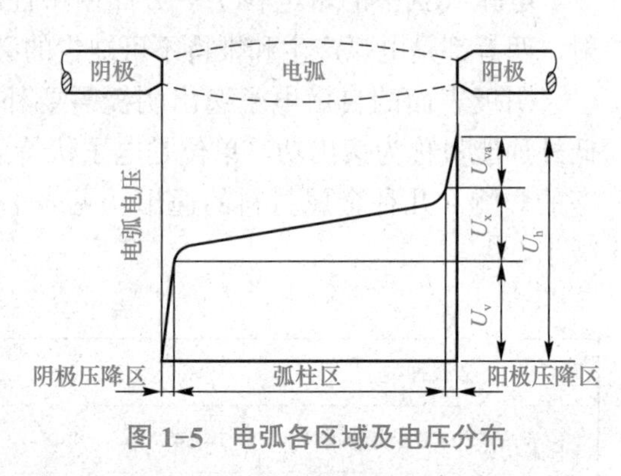

图 1–5　电弧各区域及电压分布

（1）阴极区（阴极压降区）。阴极区靠近阴极端部，在这个区域中电压降较大，均为电弧气体介质的电离电位。该区沿弧长（全称为电弧长度）方向很短，一般为 $10^{-6} \sim 10^{-5}$ cm，所以该区的电场强度很大，可以达到 10^6 V/cm，这是场致发射产生的原因。在阴极端面上，有一个很小的亮斑，称为阴极斑点。阴极斑点是电子集中发射的地方，电流密度很大。阴极斑点温度很高，通常为 2 700 ～ 5 000 K。阴极区的电流由电子流和正离子流两部分组成，电子流流向阳极，正离子流流向阴极。

（2）阳极区（阳极压降区）。阳极区靠近阳极，长度比阴极区长，为 $10^{-4} \sim 10^{-2}$ cm。在阳极端部表面也有一个光亮的斑点，称为阳极斑点。通过弧柱区的电子经阳极区的电场作用而加速运动，集中射到阳极斑点上。阳极斑点的电流密度很大，温度较阴极区高些。阳极区的电流基本由电子流组成。

阳极区的电压降比阴极区的电压降要小，且不受电极材料和电弧气体介质的影响。一般阳极区的电压降约为 2.5 V。

（3）弧柱区。弧柱区是在阴极区和阳极区中间的一段。它的长度占弧长的绝大部分，可以认为弧柱区的长度基本等于电弧的长度。

弧柱区充满气体分子和原子，以及由它们电离出来的电子、正离子和负离子。在弧柱区发生着激烈的反应，既有中性质点的碰撞电离和热电离，又有带正、负电荷的质点的中和放电过程。由于其中进行着能量的充分转换，所以弧柱区的温度最高，可达 5 000 ～ 8 000 K。

在弧柱的长度方向上，带电质点的分布是均匀的，所以弧柱压降与弧长成正比。在弧柱的径向上，带电质点的密度分布不均匀，中心密度大而周围密度小，温度分布也以弧柱中心处高而周围低。

由上述可知，电弧电压由三部分组成，即阴极压降、弧柱压降和阳极压降。可表示为

$$U_h = U_{va} + U_x + U_v$$

式中 U_h——电弧电压（V）；

U_{va}——阳极压降（V）；

U_x——弧柱压降（V）；

U_v——阴极压降（V）。

在一般情况下，电弧电压与弧长成正比例变化，即电弧越长，电压越高。

2. 焊接电弧静特性

在电极材料、气体介质和弧长一定的情况下，电弧稳定燃烧时，焊接电流与电弧电压变化的关系称为电弧静特性。表示它们关系的曲线叫作电弧的静特性曲线。

（1）电弧静特性曲线。焊接电弧是焊接回路中的负载，它与普通电路中的普通电阻不同，普通电阻的电阻值是常数，电阻两端的电压与通过的电流成正比（$U = IR$），遵循欧姆定律，这种特性称为电阻静特性，为一条直线，如图 1-6 中的曲线 1 所示。焊接电弧也相当于一个电阻性负载，但其电阻值不是常数。电弧两端的电压与通过的焊接电流不成正比关系，而呈 U 形曲线关系，如图 1-6 中的曲线 2 所示。

电弧静特性曲线分为三个不同的区域，当电流较小时（图 1-6 中的 *ab* 区），电弧静特性属于下降特性区，即随着电流增加电压减小；当电流稍大时（图 1-6 中的 *bc* 区），电弧静特性属于平特性区，即电流变化时，而电压几乎不变；当电流较大时（图 1-6 中 *cd* 区），电弧静特性属于上升特性区，电压随电流的增加而增大。

（2）电弧静特性曲线的应用。不同的电弧焊方法，在一定的条件下，其静特性只是曲线的某一区域。静特性的下降特性区由于电弧燃烧不稳定而很少采用。

焊条电弧焊、埋弧焊一般工作在静特性的平特性区，即电弧电压只随弧长而变化，与焊接电流关系很小。

钨极氩弧焊、等离子弧焊一般也工作在平特性区，当焊接电流较大时才工作在上升特性区。

熔化极氩弧焊、CO_2 气体保护焊和熔化极活性气体保护焊（MAG 焊），基本上工作在上升特性区。

电弧静特性曲线与电弧长度密切相关，当电弧长度增加时，电弧电压升高，其静特性曲线的位置也随之上升，如图 1-7 所示。

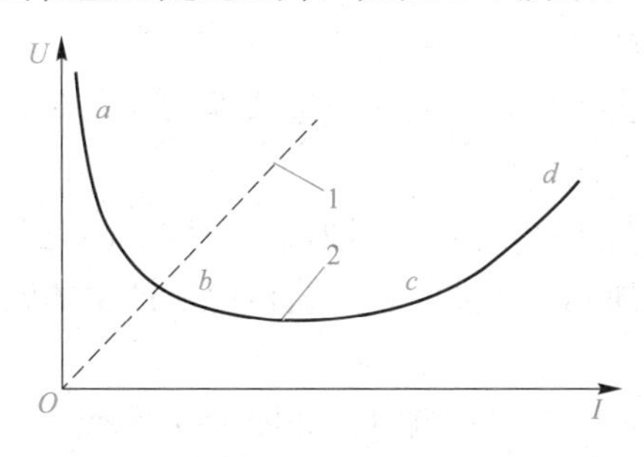

图 1-6 电弧静特性曲线

1—普通电阻静特性；2—电弧静特性

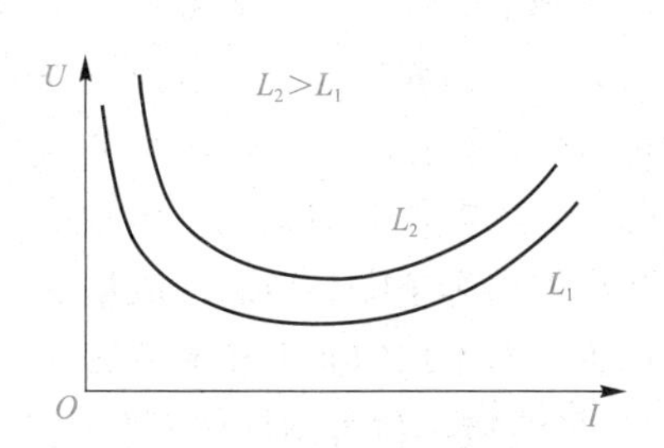

图 1-7 电弧长度对电弧静特性的影响

三、影响电弧稳定的因素

焊接电弧的稳定性是指电弧保持一定的弧长并且稳定燃烧（不断弧、不偏吹、不摇摆等）。电弧的稳定燃烧是保证焊接质量的一个重要因素，因此，维持电弧稳定性是非常重要的，电弧不稳定的原因除焊工操作技术不熟练外，还与下列因素有关。

1．焊接电源的影响

焊接电源的种类和极性都会影响电弧的稳定性。直流电弧要比交流电弧稳定；空载电压较高的焊接电源，其电弧燃烧较空载电压较低的电弧燃烧稳定。

采用直流电焊接时，由于电焊机有正、负两极，因而有两种不同的接法，将焊件接到电焊机的正极，焊条接至负极，这种方法称为正接，又称为正极性［图 1-8（a）］。反之将焊件接至负极，焊条接至正极，称为反接，或称为反极性［图 1-8（b）］。通常应根据焊条性质和焊件厚度来选用不同的接法。如用碱性焊条焊接，必须采用直流反接才能使电弧燃烧稳定。

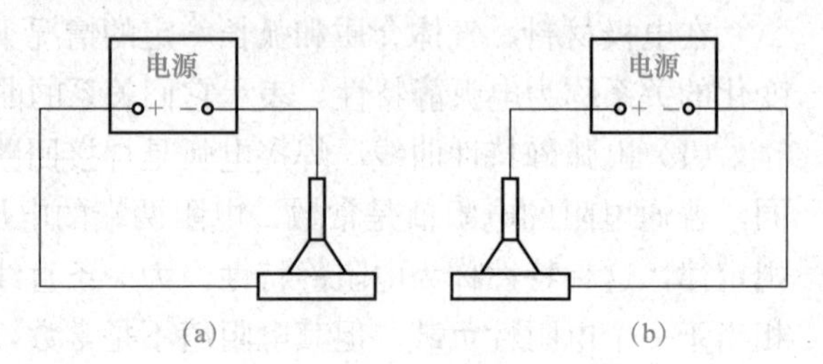

图 1-8　直流焊接时电源的接法

(a) 正接；(b) 反接

2．焊接电流的影响

焊接电流越大，电弧的温度就越高，则电弧气氛中的电离程度和热发射作用就越强，电弧燃烧也就越稳定。通过试验测定电弧稳定性的结果表明：随着电流增大，电弧的引燃电压就越低。同时随着焊接电流的增大，自然断弧的最大弧长也增大。所以焊接电流越大，电弧燃烧越稳定。

3．焊条药皮或焊剂的影响

焊条药皮或焊剂中加入电离能比较低的物质（如 K、Na、Ca 的氧化物），能增加电弧气氛中带电粒子，这样就可以提高气体的导电性，从而提高电弧燃烧的稳定性。

如果焊条药皮或焊剂中含有电离能比较高的氟化物（CaF_2）及氯化物（KCl、NaCl），由于它们较难电离，因而降低了电弧气氛的电离程度，使电弧燃烧不稳定。

4．焊接电弧偏吹的影响

（1）焊条偏心引起的偏吹。焊条偏心（即焊条药皮厚薄不均匀），容易引起电弧偏吹；药皮局部剥落的焊条，电弧偏吹比焊条偏心更为严重。

（2）气流引起的偏吹。电弧周围的气体流动会把电弧吹向一侧造成偏吹。在露天大风环境进行焊接操作时，电弧偏吹会很严重，甚至无法施焊。

（3）焊接电弧的磁偏吹。正常状态下，电弧的轴线与焊条的轴线是一致的，但有时发现电弧会偏离焊条中心线而形成偏吹，如图 1-9 所示。主要是由于直流电所产生的磁场在电弧周围分布不均匀而引起电弧偏吹。

1）导线接线位置引起的磁偏吹。当导线接在焊件的一侧时，如图 1-9 所示，焊接时电弧左侧的磁感线由两部分组成：一部分是电流通过电弧产生的磁感线；另一部分是电流流经焊件产生的磁感线。而电弧右侧仅有电流通过电弧产生的磁感线，从而造成电弧两侧的磁感线分布极不均匀，电弧左侧的磁感线较右侧的磁感线密集，电弧左侧的电磁力大于右侧的电磁力，使电弧向右侧偏吹。

2）铁磁物质引起的磁偏吹。由于铁磁物质（钢板、铁块等）的导磁能力远远大于空气，因此，当焊接电弧周围有铁磁物质存在时，在靠近铁磁物质一侧的磁感线大部分都通过铁磁物质形成封闭曲线，使电弧同铁磁物质之间的磁感线变得稀疏，而电弧另一侧磁感线就显得密集，造成电弧两侧的磁感线分布极不均匀，电弧向铁磁物质一侧偏吹，如图 1-10 所示。

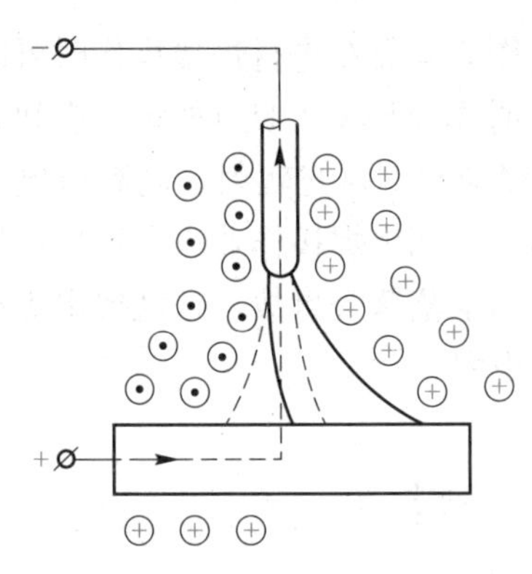

图 1-9　接线位置产生的磁偏吹

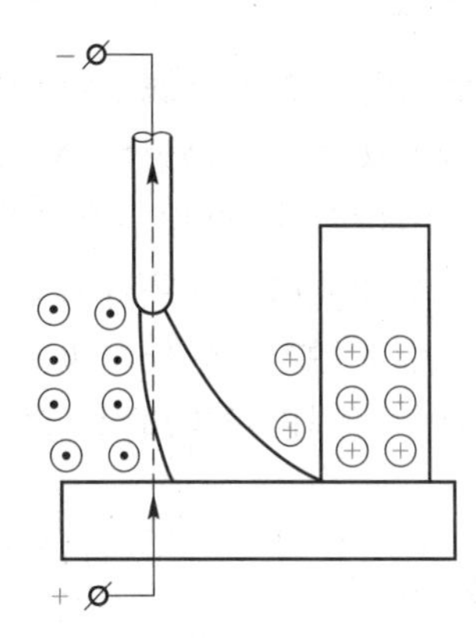

图 1-10　铁磁物质引起的磁偏吹

在焊接过程中，为了防止和减少电弧的偏吹现象，可适当改变接地线的位置，尽可能使弧柱周围的磁感线分布均匀；或适当调整焊条的倾斜角度，使焊条朝电弧偏吹方向倾斜；或采取短弧焊，皆可避免或减少磁偏吹。

5. 其他影响

电弧长度对电弧的稳定也有较大的影响，如果电弧太长，电弧就会发生剧烈摆动，从而破坏焊接电弧的稳定性，而且飞溅也增大，所以应尽量短弧焊接。

焊接处如有铁锈、油污、水分等物质存在，也会影响电弧燃烧的稳定性，因此焊前做好焊件表面的清理工作十分重要。此外，焊条受潮或焊条药皮脱落也会造成电弧燃烧不稳定。

任务三　焊接安全生产

【学习目标】

1. 知识目标

（1）了解焊接过程中的危害；

（2）掌握焊接安全防护技术；

（3）掌握特殊环境焊接的安全技术。

焊接安全生产

2. 能力目标

（1）具备掌握焊接安全防护技术的能力；

（2）具备特殊环境焊接安全操作的能力。

3. 素养目标

（1）培养学生遵章守纪、认真负责的劳动态度和敬业精神；

（2）培养学生的质量意识、安全意识和环境保护意识。

【任务描述】

通过本次任务使学生掌握焊接安全防护技术及特殊环境焊接的安全技术。

【知识储备】

从事焊接作业的人员属于特种作业人员，焊接作业人员在进行焊接操作时可能会接触电、可燃及易爆气体、易燃液体、压力容器等，有时作业环境不良（如狭小空间、高空或水下等），并且在焊接过程中会产生有害气体、焊接烟尘、弧光辐射、高频电磁场、热辐射、射线、金属飞溅和噪声等对人体健康有害的因素。如果焊接作业人员违反焊接操作规程，就可能引起触电、灼伤、火灾、爆炸、中毒、高空坠落等事故。这就要求焊接作业人员必须认真学习焊接安全知识，严格遵守焊接操作规程。

一、焊接过程中的危害

焊接过程中产生的危害主要有弧光辐射、焊接烟尘、有害气体、金属飞溅高频电磁场、噪声和射线等。各种焊接方法焊接过程中产生的危害见表 1–3。

表 1–3　焊接方法焊接过程中产生的危害

焊接方法	危害因素						
	弧光辐射	焊接烟尘	有害气体	金属飞溅	射线	高频电磁场	噪声
酸性焊条电弧焊	轻微	中等	轻微	轻微			
碱性焊条电弧焊	轻微	强烈	轻微	中等			
高效铁粉焊条电弧焊	轻微	最强烈	轻微	轻微			
碳弧气刨	轻微	强烈	轻微				轻微
实芯细丝 CO_2 气体保护焊	轻微	轻微	轻微	轻微			
实芯粗丝 CO_2 气体保护焊	中等	中等	轻微	中等			
埋弧焊		中等	轻微				
电渣焊		轻微					
钨极氩弧焊（铝、铁、镍、铜）	中等	轻微	中等	轻微	轻微	中等	
钨极氩弧焊（不锈钢）	中等	轻微	轻微	轻微	轻微	中等	
熔化极氩弧焊（不锈钢）	中等	轻微	中等	轻微			

1. 焊接烟尘

焊接烟尘的成分很复杂，焊接黑色金属材料时，烟尘的主要成分是铁、硅、锰。焊接其他金属材料时，烟尘中还有铝、氧化锌、钼等。其中，主要有毒物是锰，使用碱性低氢型焊条时，烟尘中含有极毒的可溶性氟。焊工长期呼吸这些烟尘，会引起头痛、恶心，甚至引起焊工尘肺（肺尘埃沉着病）及锰中毒等。

2. 有害气体

在各种熔焊方法过程中，焊接区都会产生或多或少的有害气体。特别是电弧焊，在焊接电弧的高温和强烈的紫外线作用下，产生有害气体的程度尤甚。所产生的有害气体主要有臭氧、氮氧化物、一氧化碳和氟化氢等。这些有害气体被吸入体内，会引起中毒从而影响焊工健康。

排出焊接烟尘和有害气体的有效措施是加强通风和加强个人防护，如佩戴防尘口罩、防毒面罩等。

3. 弧光辐射

电弧焊主要包括可见光、红外线和紫外线。强烈的可见光会使焊工“晃眼”；红外线会引起眼部强烈的灼伤和灼痛，发生闪光幻觉；紫外线对眼睛和皮肤有较大的刺激性，引起电光性眼炎和皮炎。各种明弧焊、未做好保护的埋弧焊等都会形成弧光辐射。弧光辐射的强度与焊接方法、工艺参数及保护方法等有关，CO_2 气体保护焊弧光辐射的强度是焊条电弧焊的 2 ～ 3 倍，氩弧焊是焊条电弧焊的 5 ～ 10 倍，等离子弧焊比氩弧焊更强烈。防止弧光辐射的措施主要是根据焊接电流来选择面罩中的电焊防护玻璃；其次在厂房内和人多的区域进行焊接时，尽可能地使用防护屏，避免周围人受弧光伤害。

4. 高频电磁场

当交流电的频率达到每秒振荡（10 ～ 30 000）万次时，它周围形成的高频率电场和磁场称为高频电磁场。等离子弧焊、钨极氩弧焊采用高频振荡器引弧时，会形成高频电磁场。焊工长期接触高频电磁场，会引起神经功能紊乱和神经衰弱。防止高频电磁场的常用方法是将焊枪电缆和地线用金属编织线屏蔽。

5. 射线

射线主要是指等离子弧焊、钨极氩弧焊的钍产生的放射线和电子束焊产生的 X 射线。焊接过程中放射线影响不严重，钍钨极一般被铈钨极取代，电子束焊的 X 射线防护方法主要是对其进行屏蔽以减少泄漏。

6. 噪声

在焊接过程中，噪声危害突出的焊接方法是等离子弧焊、等离子喷涂及碳弧气刨，其噪声可达 120 ～ 130 dB 以上，强烈的噪声可以引起听觉障碍、耳聋等症状。防噪声的常用方法是戴耳塞和耳罩。

二、焊接安全防护技术

1. 预防触电安全技术

触电是大部分焊接方法、焊接操作的主要危险因素，我国目前生产的焊条电弧焊机的空载电压限制在 90 V 以下，工作电压可达 25 ～ 40 V；埋弧焊机的空载电压为 70 ～ 90 V；电渣焊机的空载电压一般是 40 ～ 65 V；氩弧焊、CO_2 气体保护电弧焊机的空载电压是 65 V 左右；等离子弧切割机的空载电压高达 300 ～ 450 V；所有焊机工作的网路电压为 380 V/220 V，50 Hz 的交流电压，都超过安全电压（一般干燥情况为 36 V、高空作业或特别潮湿场所为 12 V），因此触电危险是比较大的，必须采取措施预防触电。

（1）熟悉和掌握有关焊接方法的安全特点、有关电的基本知识、预防触电及触电后急救方法等知识，严格遵守有关部门规定的安全措施，防止触电事故发生。

（2）遇到焊工触电时，切不可赤手去拉触电者，应先迅速将电源切断，如果切断电源后触电者呈昏迷状态，应立即施行人工呼吸，直至送到医院为止。

（3）在光线暗的场地、容器内操作或夜间工作时，使用的工作照明灯的安全电压应不大于 36 V，高空作业或特别潮湿场所，安全电压不超过 12 V。

（4）焊工的工作服、手套、绝缘鞋应保持干燥。

（5）在潮湿的场地工作时，应用干燥的木板或橡胶板等绝缘物作垫板。

（6）焊工在拉、合电源闸刀或接触带电物体时，必须单手进行。因为双手操作电源闸刀或接触带电物体时，如发生触电，会通过人体心脏形成回路，造成触电者死亡。

（7）在容器或船舱内或其他狭小工作场所焊接时，须两人轮换操作，其中一人留守在外面监护，以防发生意外时，立即切断电源便于急救。

（8）焊机外壳接地或接零。

2. 预防火灾和爆炸的安全技术

电弧焊或气焊、火焰钎焊等时，由于电弧及气体火焰的温度很高并产生大量的金属火花飞溅物，而且在焊接过程中还可能会与可燃及易爆的气体、易燃液体、可燃的粉尘或压力容器等接触，都有可能引起火灾甚至爆炸。因此焊接时，必须防止火灾及爆炸事故的发生。

（1）焊接前要认真检查工作场地周围是否有易燃、易爆物品（如棉纱、油漆、汽油、煤油、木屑等），如有易燃、易爆物品，应将这些物品移至距离焊接工作地 10 m 以外。

（2）在焊接作业时，应注意防止金属火花飞溅而引起火灾。

（3）严禁设备在带压时焊接或切割，带压设备一定要先解除压力（卸压），并且焊割前必须打开所有孔盖。未卸压的设备严禁操作，常压而密闭的设备也不许进行焊接与切割。

（4）凡被化学物质或油脂污染的设备都应清洗后再焊接或切割。如果是易燃、易爆或者有毒的污染物，更应彻底清洗，经有关部门检查，并填写动火证后，才能焊接与切割。

（5）在进入容器内工作时，焊、割炬应随焊工同时进出，严禁将焊、割炬放在容器内而焊工擅自离去，以防混合气体燃烧和爆炸。

（6）焊条头及焊后的焊件不能随便乱扔，要妥善管理，更不能扔在易燃、易爆物品的附近，以免发生火灾。

（7）离开施焊现场时，应关闭气源、电源，并将火种熄灭。

三、特殊环境焊接的安全技术

1. 容器内部焊接作业

（1）进入容器内部前，先要弄清容器内部的情况。

（2）对该容器与外界联系的部位，都要进行隔离和切断，如电源和附带在设备上的水管、料管、蒸汽管、压力管等均要切断并挂牌。如容器内有污染物，应进行清洗并经检查确认无危险后，才能进入内部焊接。

（3）进入容器内部焊割要实行监护制，派专人进行监护。监护人不能随便离开现场，并与容器内部的人员经常取得联系。

（4）在容器内焊接时，内部尺寸不应过小；应注意通风排气工作。通风应用压缩空气，严禁使用氧气通风。

（5）在容器内部作业时，要做好绝缘防护工作，最好垫上绝缘垫，以防止触电等事故。

2. 高空焊接作业

焊工在坠落高度基准面 2 m（含 2 m）以上、有可能坠落的高处进行焊接操作时称为高空焊接作业。高空焊接作业时除遵守一般焊接作业的规定外，还应注意以下事项。

（1）在高空作业时，焊工要先系上带弹簧钩的安全带，并把自身连接在构架上。同时必须使用标准的安全带、安全帽。

（2）使用的梯子、跳板与脚手架应安全可靠。工作时要站稳扶牢，谨防失足摔伤。

（3）焊接操作时，为保护下面的人不致被落下的熔融滴和熔渣烧伤，或被偶然掉下来的金属物等砸伤，要在工作处的下方搭设平台，平台上应铺盖镀锌薄钢板或石棉板。高出地面 1.5 mm 以上的脚手架和吊空平台的铺板须用不低于 1 m 高的栅栏围住。

（4）在上层施工时，下面必须装上护栅以防火花、工具和零件及焊条等落下伤人。在施焊现场 5 m 范围内的刨花、麻絮及其他可燃材料必须清除干净。

（5）高空作业时应有监护人，密切注意焊工安全动态，电源开关应设在监护人近旁，遇到紧急情况立即切断电源。

（6）焊工除掌握一般操作安全技术外，高空作业的焊工一定要经过专门的身体检查，通过有关高空作业安全技术规则考试才能上岗。

3. 露天或野外焊接作业

（1）夏季在露天工作时，必须有防风雨棚或临时凉棚。

（2）露天作业时应注意风向，注意不要让吹散的铁水及熔渣伤人。

（3）雨天、雪天或雾天时不准露天电焊，在潮湿地带工作时，焊工应站在铺有绝缘物品的地方，并穿好绝缘鞋。

（4）应安设简易遮蔽板，遮挡弧光，以免伤害附近工作人员或行人的眼睛。

（5）夏季露天气焊时，应防止氧气瓶、乙炔瓶直接受烈日暴晒，以免气体膨胀发生爆炸。冬季如遇瓶阀或减压器冻结，应用热水解冻，严禁用火烤。

四、焊接实习操作安全注意事项

焊接实习具有场地设备相对固定、指导教师少、学员年龄小、多为初学者且集中一起操作的特点，相对现场焊接作业有较大的区别，需特别注意以下事项：

（1）从事焊接实际操作的从业人员，要严格遵守本职业的职业道德规范、职业纪律，忠于职守，严禁在焊位内嬉戏、打逗。

（2）必须听从指导教师的要求，按照《焊接安全操作规程》进行焊接操作，焊接实训室内严禁打闹，严禁明火。

（3）不得私自拆装实训室焊接设备或工具。

（4）必须按照安全要求穿戴好工作帽、工作服、绝缘鞋后方可进入焊接实训室进行焊接操作，禁止穿用化纤制品的工作服。

（5）焊接操作之前必须正确检查焊接设备，发现有安全隐患时，及时向指导教师汇报，隐患排除前严禁进行焊接操作。

（6）认真检查施焊现场是否存有易燃易爆、有毒有害物品；是否有良好的自然通风，或良好的通风设备；是否有良好的照明，当确认都符合安全要求时才能操作。

（7）必须时刻保持进出工作通道和消防通道畅通。

（8）严禁把自来水管、暖气管、脚手架管、钢丝等当作焊接地线使用，严禁将焊接电缆搭在气瓶上。

（9）严禁撞击和滚动气瓶，严禁将气瓶放置在热源处。气焊气割设备、胶管、焊割炬禁止沾染油污，防止碰撞碾压，禁止混用胶管，禁止用电弧点燃气焊割炬。

（10）不得私自焊接容器，焊接有毒金属及化学容器时应戴好防毒面具，焊接容器时应把所有的阀门、人孔打开，清洗、化验、置换后方可施焊，严禁在有压力的容器上进行焊接。

（11）焊接过程中如需调整焊接电流，应在空载的情况下进行，如需改变的焊接设备的输出电流，应在断电的情况下进行。焊接过程中，应按焊接电源的负载持续率使用，禁止超载使用。

（12）在进行氩弧焊、等离子焊接时，由于使用的电极有微量放射性，在磨削时应使用有吸尘设施的砂轮，并戴好口罩，磨削后用活水流冲洗双手，并把电极存放于专用铅盒中。

（13）工作结束后，应立即切断电源，盘好电缆线（电缆线应单相盘好，以免再使用时误操作造成短路）、气管，关好气瓶，把所用工具放回工具箱，物料摆放整齐，清扫工作现场。认真检查工作现场，看是否有余火存在，确认无安全隐患后，方准撤离。

◎安全教育

事故案例：喷漆房内电焊作业起火。

事故发生主要经过：电焊工甲在喷漆房内焊接一工件时，电焊火花飞溅到附近积有较厚的油漆膜的木板而起火。在场工人见状都惊慌不已，有用扫帚拍打的，有用压缩空气机吹火的，最终导致火势扩大。后经消防队半小时抢救，终于将火熄灭，虽然未有人受伤，但是造成了财物的严重损失。

事故发生的主要原因：

（1）在禁火区焊接前未经过动火批准，擅自进行动火作业，违反了操作规程；

（2）未清除房内的油漆膜和采取任何防火措施，就进行动火作业；

（3）灭火方法不当，错误使用压缩空气吹火，不但没有灭了火，反而助长了火势，造成了事故扩大的恶果。

事故预防措施：

（1）不准在喷漆房内进行明火作业。如必须施焊，应执行动火审批制度。

（2）清除一切可燃物。

（3）油漆房内应备有沙子、泡沫或二氧化碳灭火器材。

◎榜样的力量

航天焊匠韩积冬：一路焊花一路歌

韩积冬，中国航天科工集团三院159厂焊接高级技师，国家高级职业技能鉴定高级考评员、国家职业技能竞赛裁判员、北京优秀教练员、北京市有突出贡献高技能人才。

韩积冬18岁接触焊接工作，20岁进京闯荡。师从国家级焊接大师王文华，是王文华眼中最有悟性的徒弟。焊接过奥运场馆主火炬塔，焊接过无数产品的油箱和零部件，为大国重器安上“翅膀”装上“胃囊”。

他带的徒弟遍布全国各制造行业，也相继取得较好成绩，有航天科工集团公司亚军、全国中职院校技能大赛季军、“匠心杯”第六名。焊花里雕刻梦想，初心不改勇毅前行，一路焊花一路歌。

1980年，韩积冬出生在滕州一个普通农家。滕州是“科圣”墨子、“工匠祖师”鲁班的故里，是有名的巧匠之乡。

韩积冬的小姨父便是十里八村有名的焊接能手。小时候一放假，韩积冬就往小姨家跑，帮着干点零活儿，顺便学点手艺。众多的修理工具中，最吸引他的就是小姨父手里的那把焊枪。

18岁高中毕业，他选择留在小姨父的修理铺帮忙。小姨父看他有天赋，就手把手教他焊接，还给了他三本书，让他学习。小姨父虽然是个农民，但却是村里少有的高中生，他知道理论与实操相结合更加入脑入心的道理。为了培养他，小姨父放手让他干。最难焊的农机轴承，后来都交给他来焊接。就这样，他在小姨父的修理铺干了两年。这两年的“焊接私塾”为他的焊接生涯打下了坚实基础。

20岁韩积冬来到北京，在北京打拼。恰逢首钢在通州西集建分公司招聘焊工，他自信自己能胜任，便前去应聘。后来，因为业务突出，被选送至首钢技师学院学习，成为王文华大师工作室的一员。

2017年，随着159厂生产任务的增加，对人才的需求也随之增加。高层次人才求贤若渴，对于韩积冬这样的技术能手，厂里当即决定引进，航天企业的包容与共享，航天人求实、务实、扎实的工作作风与他的气质正相融合。在这里，他成长得更快，也更加自信。

多年的积累，韩积冬对电弧焊、二氧化碳气体保护焊、氩弧焊等各种焊接手法都很娴熟，他能在工作中融会贯通，提高工作效率，节约生产成本。

2020年，159厂八分厂接到一项紧急任务，焊接不锈钢材料的产品，批量大，周期紧，焊接要求高，操作难度大。厂里一贯用的是手工氩弧焊，很难保证按期完成。韩积冬凭借在MIG焊（熔化极惰性气体保护焊）方面丰富的经验，建议用MIG焊，既能提高工作效率，还能实现高质量焊接。厂里借了一台MIG焊设备，韩积冬多次优化焊接参数，焊缝内部和外观质量均满足了设计要求。事实证明，工作效率提高了至少5倍。

厂里果断决定买两台MIG焊的机器，解决了项目难题，实现了产品按时保质批量交付。从此以后，在159厂乃至三院，MIG焊得到了成功推广与应用，在不锈钢材料的产品焊接中既保证了质量，又提高了效率。

韩积冬不仅在技术上突出，他还把自己的经验分享给年轻人，带着大家“走出去”。他满怀期待也不无遗憾地说：“现在国家技能人才很缺，北京的技校都很难招到北京学生，这个工作总得有人去做。我希望自己也能带出世界冠军。”

他的徒弟，159厂的焊工张浩在“匠心杯”比赛中获第六名、二院的吴昊在航天科工集团技能大赛中获第二名。

他的大儿子中考，成绩还算理想，但是他没有继续读高中，而是选择读技校，学焊接，做一个像爸爸一样的技能工人。儿子刚开始上实操课，非常积极，韩积冬也有些期待，晚上，却收到儿子发来的照片，手背被烫出了黄豆粒大的泡。韩积冬看到后心疼，但是嘴上没说。多年的焊接在韩积冬的身上也留下了数不清的烫伤，韩积冬的阻燃工作服上满是直径约 5 mm 的窟窿。

傍晚，整洁的电焊间里，焊花飞溅。光束如同闪电刺破长空，焊花如同银河系的星光散落。透过光线，韩积冬和徒弟两个人，一手拿焊枪，一手拿防护罩，将钳工拼好的连接件，用韩积冬改造后的二氧化碳气体保护焊焊枪，“吱吱……”4个点，转过来再焊4个点，不到10秒钟完成一个，这比改造前用焊条定位快约5倍。这个连接件可为大国重器安上翅膀。

从2006年开始，韩积冬先后参加了国内外的多次焊接技术大赛。其中，在2008年5月参加的首届北京•下萨克森（德国）职工国际对抗赛中最终获得了 CO_2 气体保护焊单项对抗第一名。同年7月与11月又先后参加了首钢职工职业技能竞赛和全国冶金建设行业第八届焊工技术比赛，均获得个人总分第一名。11月又参加了第十三届北京市工业职业技能竞赛获第二名。2016年参加首届京津冀焊接比赛获得第二名，2017年又参加了集团公司组织的焊接比赛获得了第一名的好成绩。

在一次次的比赛中，韩积冬更加认清了自己的能力和短板，也明确了自己的目标。“随着自己的技术水平不断提升，参加比赛时，看到同行们，有的成了大国工匠、技术能手，我想，这样的目标我也是够得着的。”韩积冬说。

2008年，他负责了奥运场馆主火炬塔工程主体的全部焊接任务。由于工程全部采用钢管结构焊接，其中又有多种材质之间的焊接，根据当时的生产情况，如果利用现有的条件和工艺，很难保证工程的质量和工期。韩积冬带领焊接小组的六名焊工，经过反复试验，利用 CO_2 气体保护焊生产效率高、焊接变形小和焊缝成形好等优点顺利代替手工电弧焊的工艺，完成了所有碳钢的焊接。

在火炬塔顶端的不锈钢钢管焊接中，因高空作业很难达到氩弧焊的操作环境且氩弧焊生产效率低，无法满足生产工期。韩积冬琢磨了用焊条电弧焊代替氩弧焊的方法，奋战四昼夜出色地完成了3 000多道焊口的焊接，不但保证了焊缝的内外部质量，并且大大缩短了焊接工期，节约焊接费用24万元。这项任务受到了国内同行专家们的高度赞扬。并且获得中华全国总工会主办的涉及行业最全、参赛人数最多、影响力最大的国家一类竞赛——全国职工职业技能大赛的冠军。宽阔的领奖台中央，五彩缤纷的灯光照耀着获奖的技术新星，韩积冬手握奖杯，耀眼夺目。夺冠回来后，这个朴实的山东汉子更加内敛，他觉得自己今后的路更长了。

他要带着159厂的年轻人“走出去”，为祖国的航天事业贡献自己的力量。

项目小结

电弧焊，是指以电弧作为热源，利用空气放电的物理现象，将电能转换为焊接所需的热能和机械能，从而达到连接金属的目的。主要方法有焊条电弧焊、埋弧焊、气体保护焊等，它是应用最广泛、最重要的熔焊方法，占焊接生产总量的60%以上。电弧焊的应用范围很广，通常用于所有金属结构，如汽车、铁路车辆、轮船、飞机、建筑物和建筑机械。在本项目中，主要介绍电弧焊基础知识，通过认识焊接和焊接方法、焊接电弧及掌握焊接安全生产要求对电弧焊的基础知识进行学习。

综合训练

一、选择题

1. 下列焊接方法不属于熔焊的是（　　）。

A. 焊条电弧焊　B. 埋弧焊氩气　C. 气焊　D. 爆炸焊

2. 下列不是焊接方法的优点的是（　　）。

A. 节省材料，成本低

B. 工艺过程比较简单，生产效率高

C. 劳动条件好

D. 形成的焊缝会存在一定数量的焊接缺陷

3. 根据外加能量来源的不同，下列不属于气体电离的是（　　）。

A. 热电离　B. 场致电离　C. 光电离　D. 电电离

二、判断题

1. 在一般情况下，气体是不导电的，它是由中性气体分子或原子组成的。（　　）

2. 气体电离是指在外加能量作用下，使中性的气体分子或原子分离成电子和正离子的过程。中性气体粒子离解为电子和正离子时要吸收一定的能量，才能使电子脱离原子核的束缚而成为自由电子。（　　）

3. 根据外加能量形式的不同，电子发射可分为以下四种类型：热发射、场致发射、光发射、粒子碰撞发射。（　　）

4. 焊接电弧由三部分组成，即阴极区、阳极区和弧柱区。（　　）

5. 焊条偏心（即焊条药皮厚薄不均匀）容易引起电弧偏吹；药皮局部剥落的焊条，电弧偏吹比偏心焊条更为严重。（　　）

6. 电弧周围的气体流动会把电弧吹向一侧造成偏吹。在露天大风环境进行焊接操作时，电弧偏吹会很严重，甚至无法施焊。（　　）

7. 焊接处如有铁锈、油污、水分等物质存在，不会影响电弧燃烧的稳定性。（　　）

8. 进入容器内部前，先要弄清容器内部的情况。（　　）

9. 雨天、雪天或雾天时可以露天电焊。（　　）

10. 必须按照安全要求穿戴好工作帽、工作服、绝缘鞋后方可进入焊接实训室进行焊接操作，禁止穿用化纤制品的工作服。（　　）

三、填空题

1. 焊接就是通过________或________，或两者并用，并且用或不用填充材料，使焊件达到________的一种金属加工方法。

2. 按照焊接过程中金属所处的状态不同，可分为________、________和钎焊三大类。

3. 排出焊接烟尘和有害气体的有效措施是________和________，如戴防尘口罩、防毒面罩等。

四、问答题

请简述影响电弧稳定的因素。

02 项目二　焊条电弧焊

【项目导入】

随着世界经济的迅速发展，人们对能源的需求与重视程度也在与日俱增。由于天然气具有热量值高、污染小、价格低等优点，天然气作为清洁能源越来越受到青睐，很多国家都将液化天然气（LNG）列为首选燃料，天然气在能源供应中的比例迅速增加。

2022 年 9 月 7 日，在江苏盐城滨海港工业园区，中国海油盐城“绿能港”3 座单个面积约 1 个标准足球场、质量近 1 200 t 的 LNG（液化天然气）储罐穹顶通过气压托升至 60 m 高的罐顶。据悉，这是全球首次 3 座 27 万 m^3 LNG 储罐同步升顶，标志着我国超大型 LNG 储罐设计建造技术和项目管理达到世界一流水平。中国海油盐城“绿能港”是国家天然气产供储销体系建设及互联互通重点规划项目，是全球一次性建设规模最大的 LNG 接收站项目。储罐建造是 LNG 接收站建设的关键部分。作为 LNG 产业链的核心装备，LNG 储罐造价高，对安全性的要求极高，设计建造工艺十分复杂，是能源领域的尖端技术之一。

大型 LNG 储罐内罐壁板的焊接施工通常采用焊条电弧焊和埋弧自动焊两种焊接方法来完成。焊条电弧焊常用于立焊缝的焊接和横焊缝的打底焊，埋弧自动焊常用于横焊缝的填充和盖面。本项目主要介绍焊条电弧焊的原理，并完成典型焊条电弧焊焊接工艺分析及操作。

任务一　认识焊条电弧焊

【学习目标】

1. 知识目标

（1）了解焊条电弧焊的原理及应用；

（2）掌握焊条电弧焊的特点、焊接材料及焊接参数的选择。

2. 能力目标

能够掌握焊条电弧焊的特点、焊接材料及焊接参数的选择。

3. 素养目标

（1）培养学生分析问题、解决问题的能力；

（2）养成严谨专业的学习态度和认真负责的学习意识。

认识焊条电弧焊

【任务描述】

通过本次任务的学习能了解焊条电弧焊的原理及应用，掌握焊条电弧焊的特点、焊接材料及焊接参数的选择。

【知识储备】

一、焊条电弧焊简介

焊条电弧焊（SMAW）是用手工操纵焊条进行焊接的电弧焊方法，它是利用焊条和焊件之间产生的焊接电弧来加热并熔化焊条与局部焊件以形成焊缝的，是熔化焊中最基本的一种焊接方法，也是目前焊接生产中使用最广泛的焊接方法。焊条电弧焊操作如图 2–1 所示。

焊接时，将焊条与焊件接触短路后立即提起焊条，引燃电弧。电弧的高温将焊条与焊件局部熔化，熔化了的焊芯以熔滴的形式过渡到局部熔化的焊件表面，融合在一起形成熔池。焊条药皮在熔化过程中产生一定量的气体和液态熔渣，产生的气体充满在电弧和熔池周围，起隔绝大气、保护液体金属的作用。液态熔渣密度小，在熔池中不断上浮，覆盖在液体金属上面，也起着保护液体金属的作用。同时，药皮熔化产生的气体、熔渣与熔化了的焊芯、焊件发生一系列冶金反应，保证了所形成焊缝的性能。随着电弧沿焊接方向不断移动，熔池液态金属逐步冷却结晶形成焊缝。焊条电弧焊原理如图 2–2 所示。

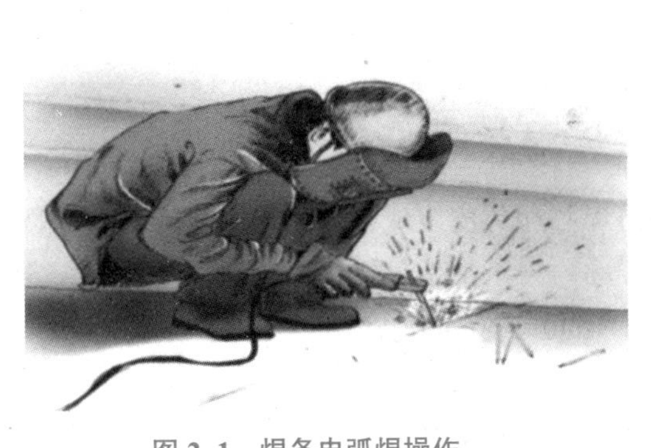

图 2–1　焊条电弧焊操作

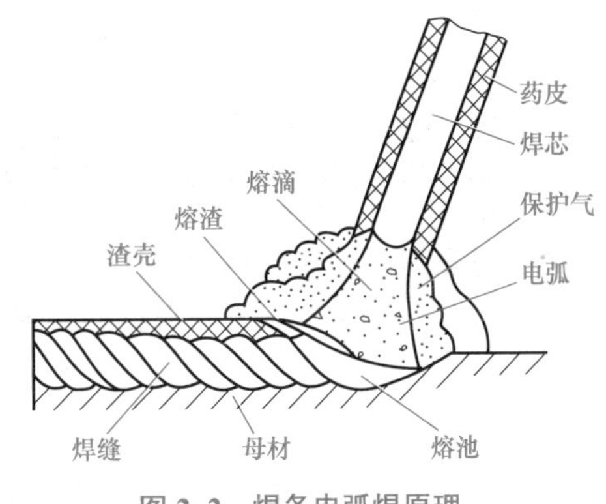

图 2–2　焊条电弧焊原理

二、焊条电弧焊的特点

1. 焊条电弧焊的优点

（1）工艺灵活、适应性强。对于不同的焊接位置、接头形式、焊件厚度及焊缝，只要是焊条所能达到的任何位置，均能进行方便的焊接。对一些单件、小件、短的、不规则的、空间任意位置的以及不易实现机械化焊接的焊缝，更显得机动灵活，操作方便。

（2）应用范围广。焊条电弧焊的焊条能够与大多数焊件金属性能相匹配，因此，接头的性能可以达到被焊金属的性能。焊条电弧焊不但能焊接碳钢和低合金钢、不锈钢及耐热钢，对于铸铁、高合金钢及有色金属等也可以用焊条电弧焊焊接。另外，还可以进行异种钢焊接和各种金属材料的堆焊等。

（3）易于分散焊接应力和控制焊接变形。由于焊接是局部的不均匀加热，所以焊件在焊接过程中都存在着焊接应力和变形。对结构复杂而焊缝又比较集中的焊件、长焊缝和大厚度焊件，其应力和变形问题更为突出。采用焊条电弧焊，可以通过改变焊接工艺，如采用跳焊、分段退焊、对称焊等方法，来减少变形和改善焊接应力的分布。

（4）设备简单、成本较低。焊条电弧焊使用的交流焊机和直流焊机，其结构都比较简单，维护保养也较方便，设备轻便且易于移动，在焊接中不需要辅助气体保护，并具有较强的抗风能力。故投资少，成本相对较低。

2. 焊条电弧焊的缺点

（1）焊接生产率低、劳动强度大。由于焊条的长度是一定的，因此每焊完一根焊条后必须停止焊接，更换新的焊条，而且每焊完一焊道后要求清渣，焊接过程不能连续进行，所以生产率低，劳动强度大。

（2）焊缝质量依赖性强。由于采用手工操作，焊缝质量主要靠焊工的操作技术和经验保证，所以，焊缝质量在很大程度上依赖于焊工的操作技术及现场发挥，甚至焊工的精神状态也会影响焊缝质量。其不适合活泼金属、难熔金属及薄板的焊接。

小提示

尽管半自动、自动焊在一些领域得到了广泛的应用，有逐步取代焊条电弧焊的趋势，但由于焊条电弧焊具有以上特点，所以仍然是目前焊接生产中使用最广泛的焊接方法。

三、焊条电弧焊焊接材料

焊条电弧焊的焊接材料就是焊条。焊条由焊芯和药皮组成。焊条电弧焊时，焊条既作电极，又作填充金属熔化后与母材熔合形成焊缝。焊条规格是以焊芯直径来表示的，常用的有 ϕ2 mm、ϕ2.5 mm、ϕ3.2 mm、ϕ4 mm、ϕ5 mm、ϕ6 mm 等几种。

1. 焊条的分类

按照焊条的用途，可以将焊条分为结构钢焊条（碳钢和低合金钢焊条）、耐热钢焊条、不锈钢焊条、堆焊焊条、低温钢焊条、铸铁焊条、镍和镍合金焊条、铜和铜合金焊条、铝和铝合金焊条以及特殊用途焊条。

按照焊条药皮熔化后熔渣的特性来分类，则可将焊条分为酸性焊条和碱性焊条。酸性焊条药皮的主要成分为酸性氧化物，如二氧化硅、二氧化钛、三氧化二铁等。碱性焊条药皮的主要成分为碱性氧化物，如大理石、萤石等。酸性焊条工艺性能优于碱性焊条，碱性焊条的力学性能、抗裂性能强于酸性焊条。

2. 焊条的型号与牌号

焊条型号与牌号都是按照材料类别与用途分类编制的。其中，型号分为 8 大类，牌号分为 11 大类。其编制方法和含义都有所差异。

焊条型号和牌号都是焊条的代号。焊条型号是指国家标准规定的各类焊条的代号，牌号则是焊条制造厂对作为产品出厂的焊条规定的代号。焊条牌号虽然不是国家标准，但是考虑到多年使用已成习惯，现在生产中仍得到广泛应用。

（1）焊条的型号。焊条的型号是根据熔敷金属的化学成分、力学性能、药皮类型、焊接位置和电流种类划分的。

1）碳钢和低合金钢焊条型号。国家标准《非合金钢及细晶粒钢焊条》（GB/T 5117—2012）和《热强钢焊条》(GB/T 5118—2012）分别规定了碳钢焊条和低合金钢焊条型号。

字母“E”表示焊条；前两位数字表示熔敷金属抗拉强度的最小值，数值为×10 MPa；第三位数字表示焊条的焊接位置，“0”及“1”表示焊条适用于全位置焊接，“2”表示焊条只适用于平焊及平角焊，“4”表示焊条适用于向下立焊；第三位数字和第四位数字组合时，表示焊接电流种类及药皮类型，见表 2-1。最后是熔敷金属的化学成分代号，可为“无标记”或短画线“-”及后面的字母、数字或字母和数字的组合。

表 2-1　碳钢焊条和低合金钢焊条型号中第三位和第四位数字组合的含义

焊条型号	药皮类型	焊接位置	电流种类
E××03	钛型	平、立、横、仰（此处全位置不一定包含向下立焊，由制造商确定）	交流和直流正、反接
E××10	纤维素		直流反接
E××11	纤维素		交流和直流反接
E××12	金红石		交流和直流正接
E××13	金红石		交流和直流正、反接
E××14	金红石＋铁粉		
E××15	碱性		直流反接
E××16	碱性		交流和直流反接
E××18	碱性＋铁粉		
E××19	钛铁矿		交流和直流正、反接
E××20	氧化铁	平焊、平角焊	交流和直流正接
E××24	金红石＋铁粉		交流和直流正、反接
E××27	氧化铁＋铁粉		
E××28	碱性＋铁粉	平焊、平角焊、向下立焊	交流和直流反接
E××48	碱性	平、立、横、仰、	交流和直流反接

碳钢焊条型号举例说明如下：

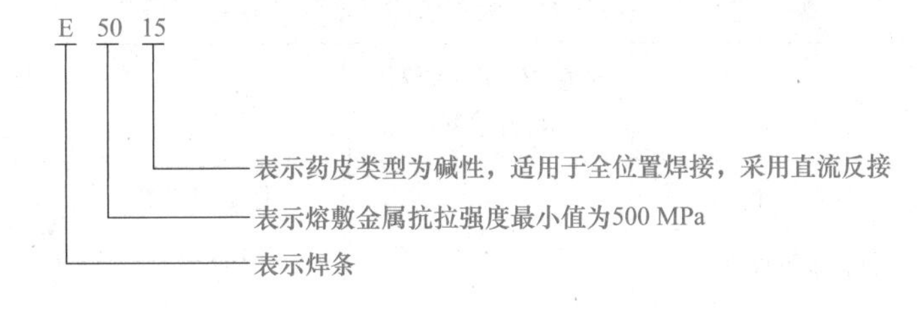

低合金钢焊条型号举例说明如下：

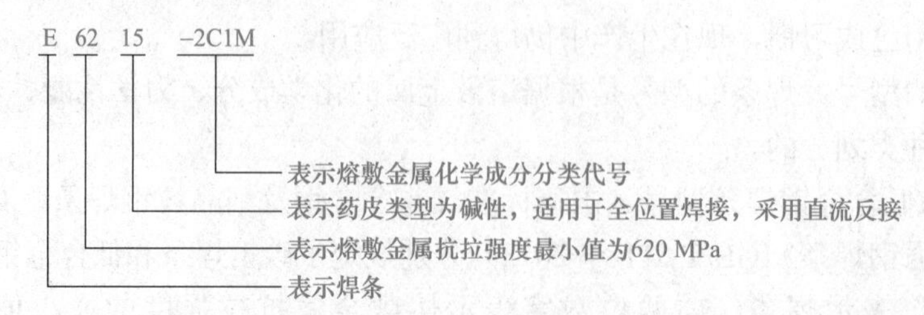

2）不锈钢焊条型号。国家标准《不锈钢焊条》（GB/T 983—2012）规定，不锈钢焊条型号根据熔敷金属的化学成分、药皮类型、焊接位置等划分。

字母“E”表示焊条；“E”后面的数字表示熔敷金属的化学成分分类代号；数字后的字母“L”表示碳含量较低，“H”表示碳含量较高，若有特殊要求的化学成分，则该化学成分用元素符号表示，放在后面；短画线“–”后面的第一位数字表示焊接位置，最后一位数字表示药皮类型和电流类型，见表 2–2。

表 2–2　焊接电流、药皮类型及焊接位置

代号		焊接电流	焊接位置	药皮类型
焊接位置	–1	—	平焊、平角焊、仰角焊、向上立焊	—
	–2		平焊、平角焊	
	–4		平焊、平角焊、仰角焊、向上立焊、向下立焊	
药皮类型及电流类型	5	直流	—	碱性
	6	直流和交流		金红石
	7	直流和交流		钛酸型

不锈钢焊条型号举例说明如下：

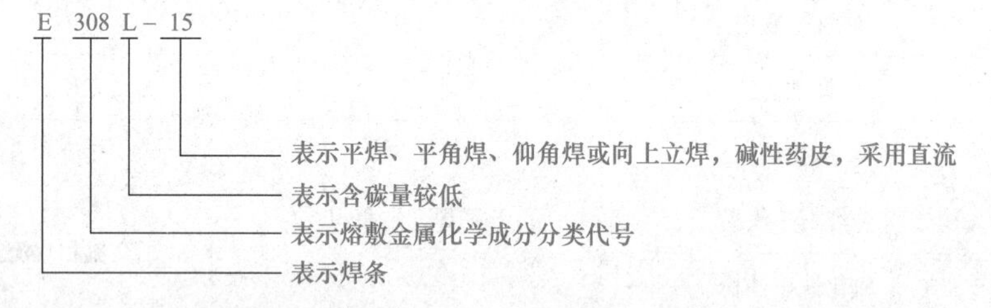

（2）焊条的牌号。按照《焊接材料产品样本》规定，焊条牌号由汉语拼音字母和三位数字组成。汉语拼音字母表示按用途分的焊条各大类，前二位数字表示各大类中的若干小类，第三位数字表示药皮类型和电流种类。焊条牌号中表示各大类的汉语拼音字母含义见表 2–3，牌号中第三位数字的含义见表 2–4。

表 2–3　焊条牌号中各大类汉字（或汉语拼音字母）

焊条类别		大类的汉字（或汉语拼音字母）	焊条类别	大类的汉字（或汉语拼音字母）
结构钢焊条	碳钢焊条	结（J）	低温钢焊条	温（W）
	低合金钢焊条		铸铁焊条	铸（Z）

续表

焊条类别		大类的汉字（或汉语拼音字母）	焊条类别	大类的汉字（或汉语拼音字母）
钼和铬钼耐热钢焊条		热（R）	铜及铜合金焊条	铜（T）
不锈钢焊条	铬不锈钢焊条	铬（G）	铝及铝合金焊条	铝（L）
	铬镍奥氏体不锈钢焊条	奥（A）	镍及镍合金焊条	镍（Ni）
堆焊焊条		堆（D）	特殊用途焊条	特殊（TS）

表 2–4　焊条牌号中第三位数字的含义

焊条牌号	药皮类型	电流种类	焊条牌号	药皮类型	电流种类
××0	不定型	不规定	××5	纤维素型	交直流
××1	氧化钛型	交直流	××6	低氢钾型	交直流
××2	钛钙型	交直流	××7	低氢钠型	直流
××3	钛铁矿型	交直流	××8	石墨型	交直流
××4	氧化铁型	交直流	××9	盐基型	直流

1）结构钢焊条牌号。“J”表示结构钢焊条；第一、二位数字表示熔敷金属抗拉强度等级；第三位数字表示药皮类型和电流种类。

例如：J422 表示熔敷金属抗拉强度最小值为 420 MPa，药皮类型为钛钙型，交直流两用的结构钢焊条。

2）不锈钢焊条牌号。不锈钢焊条包括铬不锈钢焊条和铬镍奥氏体不锈钢焊条，“G”表示铬不锈钢焊条，“A”表示铬镍奥氏体不锈钢焊条；第一位数字表示熔敷金属主要化学成分等级，见表 2–5；第二数字表示同一熔敷金属主要化学成分组成等级中的不同编号，按 0、1、…、9 顺序排列；第三位数字表示药皮类型和电流种类。

表 2–5　不锈钢焊条牌号第一位数字含义

焊条牌号	熔敷金属主要化学成分等级 /%	
	铬	镍
G2××	13	—
G3××	17	—
A0××	18w（C）≤ 0.04%（超低碳）	—
A1××	18	8
A2××	18	12
A3××	25	13
A4××	25	20
A5××	16	25

续表

焊条牌号	熔敷金属主要化学成分等级 /%	
	铬	镍
A6××	15	35
A7××	铬锰氮不锈钢	—
A8××	18	18
A9××	待发展	

例如：G202 表示熔敷金属含铬量为 13%，编号为 0，药皮类型为钛钙型，交直流两用的铬不锈钢焊条；A137 表示熔敷金属含铬量为 18%、含镍量为 8%，编号为 3，药皮类型为低氢钠型，直流反接的铬镍奥氏体不锈钢焊条。

3）钼和铬钼耐热钢焊条牌号。汉字“热（R)”表示钼和铬钼耐热钢焊条；第一位数字表示熔敷金属主要化学成分等级，见表 2-6；第二数字表示同一熔敷金属主要化学成分组成等级中的不同编号，按 0、1、…、9 顺序排列；第三位数字表示药皮类型和电流种类。

表 2-6　钼和铬钼耐热钢焊条牌号第一位数字含义

焊条牌号	熔敷金属主要化学成分等级 /%	
	铬	钼
R1××	—	0.5
R2××	0.5	0.5
R3××	1 ～ 2	0.5 ～ 1
R4××	2.5	1
R5××	5	0.5
R6××	7	1
R7××	9	1
R8××	11	1

例如：R407 表示熔敷金属含铬量为 2.5%、含钼量为 1%，编号为 0，药皮类型为低氢钠型，直流反接的钼和铬钼耐热钢焊条。

4）低温钢焊条牌号。“ W ”表示低温钢焊条；第一、二位数字表示低温钢焊条工作温度等级，见表 2-7；第三位数字表示药皮类型和电流种类。

例如：W707 表示工作温度等级为－70 ℃，药皮类型为低氢钠型，直流反接的低温钢焊条。

表 2-7　低温钢焊条牌号第一、二位数字含义

焊条牌号	低温温度等级 /℃	焊条牌号	低温温度等级 /℃
W70×	－ 70	W19×	－ 196

续表

焊条牌号	低温温度等级 /℃	焊条牌号	低温温度等级 /℃
W90×	－90	W25×	－253
W10×	－100		

5）堆焊焊条牌号。“D”表示堆焊焊条；第一位数字表示焊条的用途、组织或熔敷金属的主要化学成分，见表 2-8；第二位数字表示同一用途、组织或熔敷金属的主要化学成分中的不同牌号顺序，按 0、1、…、9 顺序排列；第三位数字表示药皮类型和电流种类。

表 2-8　堆焊焊条牌号第一位数字含义

焊条牌号	用途、组织或熔敷金属主要化学成分	焊条牌号	用途、组织或熔敷金属主要化学成分
D0××	不规定	D5××	阀门用
D1××	普通常温用	D6××	合金铸铁用
D2××	普通常温用及常温高锰钢	D7××	碳化钨型
D3××	刀具及工具用	D8××	钴基合金
D4××	刀具及工具用	D9××	待发展

例如：D127 表示普通常温用，编号为 2，药皮类型为低氢钠型，直流反接的堆焊焊条。

小提示

对于不同特殊性能的焊条，可在焊条牌号后加表示主要用途的汉语拼音字母，如压力容器用焊条为 J507R；超低氢焊条为 J507H；打底焊条为 J507D；低尘焊条为 J507DF；立向下焊条为 J507X 等。

（3）焊条型号与牌号的对照。

1）常用非合金钢及细晶粒钢焊条、热强钢焊条型号与牌号对照见表 2-9。

表 2-9　常用非合金钢及细晶粒钢焊条、热强钢焊条型号与牌号对照表

序号	型号	牌号	药皮类型	电源种类	主要用途	焊接位置
1	E4303	J422	钛钙型	交流或直流	焊接较重要的低碳钢结构和同等强度的普通低碳钢	平、立、横、仰
2	E4311	J425	纤维素型	交流或直流	焊接低碳钢结构的向下立焊底层	平、立、横、仰
3	E4316	J426	低氢钾型	交流或直流	焊接重要的低碳钢及某些低合金钢结构	平、立、横、仰

续表

序号	型号	牌号	药皮类型	电源种类	主要用途	焊接位置
4	E4315	J427	低氢钠型	直流	焊接重要的低碳钢及某些低合金钢结构	平、立、横、仰
5	E5003	J502	钛钙型	交流或直流	焊接相同强度等级的低合金钢一般结构	平、立、横、仰
6	E5016	J506	低氢钾型	交流或直流	焊接中碳钢及重要低合金钢结构	平、立、横、仰
7	E5015	J507	低氢钠型	直流	焊接中碳钢及重要低合金钢结构	平、立、横、仰

2）常用低合金钢焊条型号与牌号对照见表 2-10。

表 2-10　常用低合金钢焊条型号与牌号对照表

序号	型号	牌号	序号	型号	牌号
1	E5015-G	J507MoNb J507NiCu	8	E5503-B1	R202
				E5515-B1	R207
2	E5515-G	J557 J557Mo J557MoV	9	E5503-B2	R302
				E5515-B2	R307
3	E6015-G	J607Ni	10	E5515-B3-VWB	R347
4	E6015-D1	J607	11	E6015-B3	R407
5	E7015-D2	J707	12	E1-5MoV-15	R507
6	E8515-G	J857	13	E5515-C1	W707Ni
7	E5015-A1	R107	14	E5515-C2	W907Ni

3）常用不锈钢焊条的型号与牌号对照见表 2-11。

表 2-11　常用不锈钢焊条型号与牌号对照表

序号	型号（新）	型号（旧）	牌号	序号	型号（新）	型号（旧）	牌号
1	E410-16	E1-13-16	G202	8	E309-15	E1-23-13-15	A307
2	E410-15	E1-13-15	G207	9	E310-16	E2-24-21-16	A402
3	E410-15	E1-13-15	G217	10	E310-15	E2-24-21-15	A407
4	E308L-16	E00-19-10-16	A002	11	E347-16	E0-19-10Nb-16	A132
5	E308-16	E0-19-10-16	A102	12	E347-15	E0-19-10Nb-15	A137
6	E308-15	E0-19-10-15	A107	13	E316-16	E0-18-12Mo2-16	A202
7	E309-16	E1-23-13-16	A302	14	E316-15	E0-18-12Mo2-15	A207

3. 焊条的选用与保管

（1）焊条的选用原则。

1）考虑焊件的力学性能、化学成分。

①对于低碳钢、中碳钢和低合金钢，可按其强度等级来选用相应强度的焊条。当焊接结构刚度大、受力情况复杂时，应选用强度比焊接结构强度低一级的焊条。这样，焊后可保证焊缝既有一定的强度，又有一定的塑性，以避免因结构刚度过大而使焊缝撕裂。

对于不锈钢、耐热钢等材料，在选择焊条时，应从保证焊接接头的特殊性能出发，要求熔敷金属的主要合金成分与母材相近或相同。

②对于异种钢的焊接，如低碳钢与低合金钢、不同强度等级的低合金钢焊接，一般选用与较低强度等级钢材相匹配的焊条。

③选择酸性焊条还是碱性焊条，主要取决于焊接结构、钢材厚度（即刚度的大小）、焊件载荷（静载荷还是动载荷）和钢材的抗裂性及得到直流电源的难易程度等。一般来说，塑性、冲击韧度和抗裂性能要求较高，在低温条件下工作的焊缝都应选用碱性焊条。当受条件限制而无法清理低碳钢焊件坡口处的铁锈、油污和氧化皮等脏物时，应选用对铁锈、油污和氧化皮敏感性小、抗气孔性能较强的酸性焊条。

2）考虑焊件的工作条件及使用性能。

①由于承受动载荷和冲击载荷的焊件，除要满足强度要求外，还要保证焊缝具有较高的塑性和韧性，因此应选用塑性和韧性指标较高的低氢型焊条。

②对于接触腐蚀介质的焊件，应根据介质的性质及腐蚀特征，选用相应的不锈钢焊条或其他耐腐蚀焊条。

③对于在高温或低温条件下工作的焊件，应选用相应的耐热钢或低温钢焊条。

3）考虑简化工艺、提高生产率、降低成本。在满足焊件使用性能和焊条操作性能的前提下，应选用规格大、效率高的焊条。在使用性能基本相同时应尽量选择价格较低的焊条。

除根据上述原则选用焊条外，有时为了保证焊件的质量还需要通过试验来选用焊条。另外，为了保障焊工的身体健康，在允许的情况下应尽量多采用酸性焊条。

（2）焊条的保管。

1）焊条必须在干燥、通风良好的仓库中存放。存放焊条的仓库内不允许放置有害气体和腐蚀性介质，应保持整洁，配置温度计、湿度计和去湿机。库房的温度与湿度必须符合一定的要求：当温度为 5 ～ 20 ℃时，相对湿度应在 60% 以下；当温度为 20 ～ 30 ℃时，相对湿度应在 50% 以下；当温度高于 30 ℃时，相对湿度应在 40% 以下。

2）当仓库内无地板时，焊条应放在架子上。架子的高度应不小于 300 mm，与墙壁之间的距离应不小于 300 mm，架子下应放干燥剂，严防焊条受潮。

3）应按种类、牌号、批次、规格及入库时间对焊条进行分类堆放，每垛应有明确的标注，避免混乱。

4）特种焊条的储存与保管条件高于一般焊条，应将其堆放在专用仓库内或指定的区域。受潮或包装破损的焊条未经处理不准入库。

5）对于受潮、药皮变色及焊芯有锈迹的焊条，必须将其烘干并进行质量评定，各项性能指标满足要求时方可入库。

6）一般焊条的出库量不能超过两天的用量，已经出库的焊条必须由焊工保管好。

7）焊条的烘干。一般酸性焊条的烘干温度为 100 ～ 150 ℃，烘干时间为 1 ～ 2 h；碱性焊条由于极易吸潮，因此烘干温度较酸性焊条高，一般为 350 ～ 400 ℃，烘干时间为 1 ～ 2 h。焊条累计烘干次数一般不宜超过三次。焊条的烘干时间和烘干温度应按标准要求进行选择，并做好记录。如果烘干温度过高，则焊条中的一些成分会发生氧化，过早分解，从而失去保护作用；如果烘干温度过低，则焊条中的水分在焊接时可能形成气孔、裂纹等缺陷。

需要指出的是，在烘干焊条时还要注意温度、时间的配合问题，烘干温度与烘干时间相比，烘干温度较为重要。

四、焊条电弧焊焊接参数的选择

焊条电弧焊的焊接参数主要包括焊条直径、焊接电流、电弧电压、焊接速度、焊接层数等。焊接工艺参数选择的正确与否，直接影响焊缝的形状、尺寸、焊接质量和生产率，因此选择合适的焊接工艺参数是焊接生产中十分重要的问题。

1. 电源种类和极性

（1）电源种类。焊接电源种类分为直流电源、交流电源和脉冲电源。采用交流电焊接时，电弧稳定性差。采用直流电焊接时，电弧稳定、飞溅少，但电弧磁偏吹比交流严重。低氢型焊条稳弧性差，必须采用直流弧焊电源。用小电流焊接薄板时，也常用直流电源，因为引弧比较容易，电弧比较稳定。

（2）极性。极性是指在直流电弧焊或电弧切割时，焊件的极性。焊件与电源输出端正、负极的接法，有正接和反接两种。正接就是焊件接电源正极、电极接电源负极的接线法，正接也称正极性；反接就是焊件接电源负极，电极接电源正极的接线法，反接也称反极性，如图 2–3 所示。对于交流电源来说，由于极性是交变的，所以不存在正接和反接。

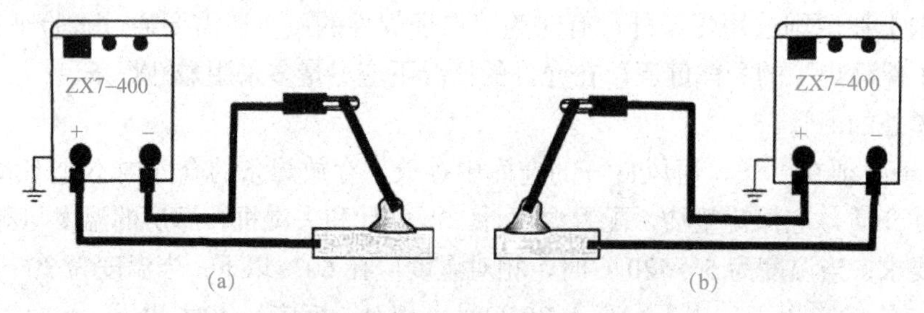

图 2–3　直流电弧焊正接与反接法

(a) 直流电弧焊的正接；(b) 直流电弧焊的反接

2. 焊条直径

为提高生产效率，应尽可能地选用直径较大的焊条。但是用直径过大的焊条焊接时，容易造成未焊透或焊缝成形不良等缺陷。焊条直径是根据焊件厚度、焊接位置、接头形式、焊接层数等进行选择的。

（1）焊件的厚度。厚度较大的焊件应选用直径较大的焊条；反之，薄焊件的焊接，则应选用小直径的焊条。焊条直径与焊件厚度之间的关系见表 2–12。

表 2-12　焊条直径与焊件厚度的关系　mm

焊件厚度	≤ 1.5	2	3	4 ～ 5	6 ～ 12	≥ 12
焊条直径	1.5	2	3.2	3.2 ～ 4	4 ～ 5	4 ～ 6

（2）焊缝位置。在板厚相同的条件下，平焊时焊条直径可比其他位置大一些，立焊焊条直径一般不超过 ϕ5 mm，仰焊、横焊焊条直径一般不超过 ϕ4 mm。

（3）焊接层数。在进行多层焊时，打底层为了保证根部熔透，宜采用较细直径的焊条进行焊接，以后各层可以根据焊件厚度，选用较大直径的焊条。

（4）接头形式。搭接接头、T 形接头因不存在全焊透问题，所以应选用较大直径的焊条以提高生产率。

3. 焊接电流

焊接时，流经焊接回路的电流称为焊接电流，焊接电流的大小直接影响焊接质量和焊接生产率。

焊接电流大，熔深大，焊条熔化快，焊接效率也高，但是焊接电流太大时，飞溅和烟雾大，焊条尾部易发红，部分涂层要失效或崩落，而且容易产生咬边、焊瘤、烧穿等缺陷，增大焊件变形，还会使接头热影响区晶粒粗大，焊接接头的韧性降低；焊接电流太小，则引弧困难，焊条容易粘连在工件上，电弧不稳定，易产生未焊透、未熔合、气孔和夹渣等缺陷，且生产率低。

选择焊接电流时，应根据焊条类型、焊条直径、焊件厚度、接头形式、焊缝位置及焊接层数来综合考虑。首先应保证焊接质量，其次应尽量采用较大的电流，以提高生产效率。板厚较大的，T 形接头和搭接接头，在施焊环境温度低时，由于导热较快，所以焊接电流要大一些。但主要考虑焊条直径、焊接位置和焊道层次等因素。

（1）焊条直径。焊条直径越大，熔化焊条所需的热量越大，焊接电流越大，每种焊条都有一个最合适的电流范围，见表 2-13。

表 2-13　各种直径焊条使用电流参考值

焊条直径 /mm	1.6	2.0	2.5	3.2	4.0	5.0
焊接电流 /A	25 ～ 40	40 ～ 60	50 ～ 80	100 ～ 130	160 ～ 210	200 ～ 270

在采用同样直径的焊条焊接不同厚度的钢板时，电流应有所不同。一般来说，板越厚，焊接热量散失得就越快，因此应选用电流值的上限。

（2）焊缝位置。相同焊条直径的条件下，在焊接平焊缝时，由于运条和控制熔池中的熔化金属都比较容易，因此可以选择较大的电流进行焊接。但在其他位置焊接时，为了避免熔化金属从熔池中流出，要使熔池尽可能小些，通常立焊、横焊的焊接电流比平焊的焊接电流小 10% ～ 15%，仰焊的焊接电流比平焊的焊接电流小 15% ～ 20%。

（3）焊接层次。焊接打底层时，特别是单面焊双面成形时，为保证背面焊缝质量，常使用较小的焊接电流；焊接填充层时为提高效率，保证熔合良好，常使用较大的焊接电流；焊接盖面层时，为防止咬边和保证焊缝成形，使用的焊接电流应比填充层稍小些。

（4）焊条类型。当其他条件相同时，碱性焊条使用的焊接电流应比酸性焊条小 10% ～

15%，否则焊缝中易形成气孔。不锈钢焊条使用的焊接电流比碳钢焊条小 15% ～ 20%。

4. 电弧电压

焊条电弧焊的电弧电压与电弧长度成正比关系。电弧长，电弧电压高；电弧短，电弧电压低。焊接过程中，电弧不宜过长，否则会出现电弧燃烧不稳定、飞溅大、熔深浅及产生咬边、气孔等缺陷；若电弧太短，容易粘焊条。一般情况下，电弧长度等于焊条直径或为焊条直径的 1/2，相应的电弧电压为 16 ～ 25 V。酸性焊条的电弧长度应等于焊条直径，碱性焊条焊接时应比酸性焊条弧长短些，以利于电弧的稳定和防止气孔。在立、仰焊时弧长应比平焊时更短一些，以利于熔滴过渡，防止熔化金属下淌。

5. 焊接速度

单位时间内完成的焊缝长度称为焊接速度。焊接速度应均匀适当，既要保证焊透，又要保证不烧穿，同时还要使焊缝宽度和高度符合图样设计要求。

如果焊接速度过慢，则高温停留时间增长，热影响区宽度增加，焊接接头的晶粒变粗，力学性能降低，同时使变形量增大。当焊接较薄焊件时，则易烧穿。如果焊接速度过快，熔池温度不够，易造成未焊透、未熔合、焊缝成形不良等缺陷。

焊接速度直接影响焊接生产率，所以应该在保证焊缝质量的基础上，采用较大的焊条直径和焊接电流，同时根据具体情况适当加快焊接速度，以保证在获得焊缝的高低和宽窄一致的条件下，提高焊接生产率。

6. 焊接层数

在中厚板焊接时，一般要开坡口并采用多层多道焊。对于低碳钢和强度等级低的低合金钢的多层多道焊时，每道焊缝厚度不宜过大，过大时对焊缝金属的塑性不利，因此对质量要求较高的焊缝，每层厚度最好不大于 4 ～ 5 mm。同样每层焊道厚度不宜过小，过小时焊接层数增多不利于提高劳动生产率，根据实际经验，每层厚度等于焊条直径的 0.8 ～ 1.2 倍时，生产率较高，并且比较容易保证质量和便于操作。

7. 焊条角度

焊接时焊条和焊件之间的夹角应为 70° ～ 80°，并垂直于前后两个面。

任务二　焊条电弧焊的设备及工具

【学习目标】

1. 知识目标

（1）了解焊条电弧焊设备的组成、作用及日常维护方法；

（2）熟悉弧焊电源的结构和特点；

（3）了解弧焊电源的分类及型号；

（4）掌握焊条电弧焊设备的操作方法。

焊条电弧焊的设备及工具

2. 能力目标

（1）能够掌握焊条电弧焊设备的操作方法；

（2）能够掌握弧焊电源的正确使用和常见故障的处理能力。

3. 素养目标

（1）培养细心、严谨的工作态度；

（2）培养学生的操作规范意识；

（3）培养学生的职业道德能力。

【任务描述】

通过本次任务的学习能熟悉弧焊电源的结构和特点；了解弧焊电源的分类及型号；掌握弧焊电源的正确使用。

【知识储备】

一、焊条电弧焊设备组成

焊条电弧焊的主要设备有弧焊电源、焊钳和焊接电缆；辅助设备及工具主要有面罩、清渣锤、钢丝刷和保温筒等。焊条电弧焊的焊接回路如图 2-4 所示，是由弧焊电源、焊钳、焊条、焊接电缆、电弧、焊件和地线夹等组成。焊接电弧是负载，弧焊电源是为其提供电能的装置，焊接电缆则连接电源与焊钳和焊件。

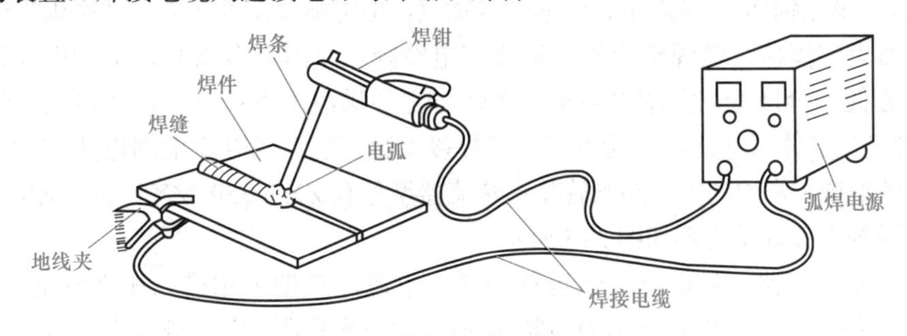

图 2-4　焊条电弧焊焊接回路

二、焊条电弧焊电源

弧焊电源是电弧焊设备的主要部分，是根据电弧放电规律和弧焊工艺对电弧燃烧状态的要求而供以电能的一种装置。焊条电弧焊的弧焊电源的作用是为焊接电弧稳定燃烧提供所需要的、合适的电流和电压。

1. 焊条电弧焊对弧焊电源的要求

（1）对弧焊电源外特性的要求。弧焊电源在稳定的工作状态下，输出端焊接电压和焊接电流之间的关系称为弧焊电源的外特性。弧焊电源的外特性基本上有下降特性、平外特性、上升特性三种类型。下降特性又分为缓降特性、陡降特性两种。

焊条电弧焊电源应具有陡降特性。陡降特性是指焊接电流越大时，焊接电压越低。

（2）适当的空载电压。焊条电弧焊电源空载电压一般为 50 ～ 90 V，可以满足焊接过程中不断引弧的要求。空载电压高，虽然容易引弧，但不是越高越好，因为空载电压过高，容易造成触电事故。

（3）适当的短路电流。弧焊电源稳态短路电流是弧焊电源所能稳定提供的最大电流，即输出端短路时的电流。稳态短路电流太大，焊条过热，易引起药皮脱落，并增加熔滴过渡时的飞溅；稳态短路电流太小，则会使引弧和焊条熔滴过渡产生困难。因此，焊条电弧焊电源稳态短路电流为焊接电流的 1.25 ～ 2 倍。

（4）具有良好的动特性。动特性用来表示弧焊电源对负载瞬变的快速反应能力。动特性良好的弧焊电源，焊接过程中电弧柔软、平静、富有弹性，容易引弧，焊接过程电弧稳定、飞溅小。

（5）具有良好的调节特性。在焊接中，根据焊接材料的性质、厚度、焊接接头的形式、位置及焊条直径等不同，需要选择不同的焊接电流。这就要求弧焊电源能在一定范围内，对焊接电流做均匀、灵活的调节，以便有利于保证焊接接头的质量。焊条电弧焊电源的电流调节范围为弧焊电源额定焊接电流的 0.25 ～ 1.2 倍。

2. 弧焊电源的分类

弧焊电源按电流性质可分为直流电源和交流电源；按结构原理不同可分为弧焊变压器和弧焊整流器（包括逆变电源）。

（1）弧焊变压器。弧焊变压器也称为交流弧焊电源，是最简单的弧焊电源。弧焊变压器的作用是将电网中的交流电变成适用于电弧焊的低压交流电。它具有结构简单、成本低、效率高、磁偏吹小、噪声小、效率高等优点，但电弧稳定性较差，功率因数较低。

（2）弧焊整流器。弧焊整流器是把交流电经降压整流后获得直流电的电器设备。它具有制造方便、价格低、空载损耗小、电弧稳定和噪声小等优点，且大多数弧焊整流器（如晶闸管式、晶体管式）可以远距离调节焊接参数，能自动补偿电网电压波动对输出电压、电流的影响。常用的国产晶闸管弧焊整流器型号有 ZX5-250、ZX5-400、ZX5-630 等。ZX5-400 晶闸管弧焊整流器如图 2-5 所示。

（3）弧焊逆变器。弧焊逆变器也称为逆变电源，是把单相或三相交流电经整流后，由逆变器转变为几百至几万赫兹的中频交流电，经降压后输出交流或直流电。它具有高效、节能、重量轻、体积小、功率因数高和焊接性能好等独特的优点。常用的国产型号有 ZX7-250、ZX7-400、ZX7-630 等。ZX7-400S 弧焊逆变器如图 2-6 所示。

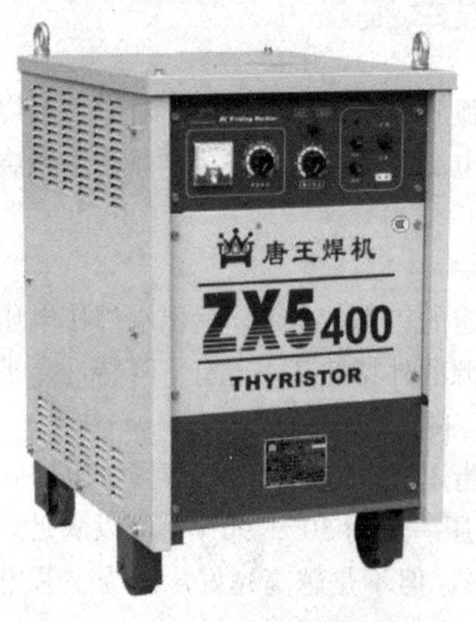

图 2-5　ZX5-400 晶闸管弧焊整流器

图 2-6　ZX7-400 弧焊逆变器

3. 弧焊电源的型号及技术参数

（1）弧焊电源的型号。根据《电焊机型号编制办法》（GB/T 10249—2010）规定，弧焊电源型号采用汉语拼音字母和阿拉伯数字表示。弧焊电源型号的各项编排次序及含义如下：

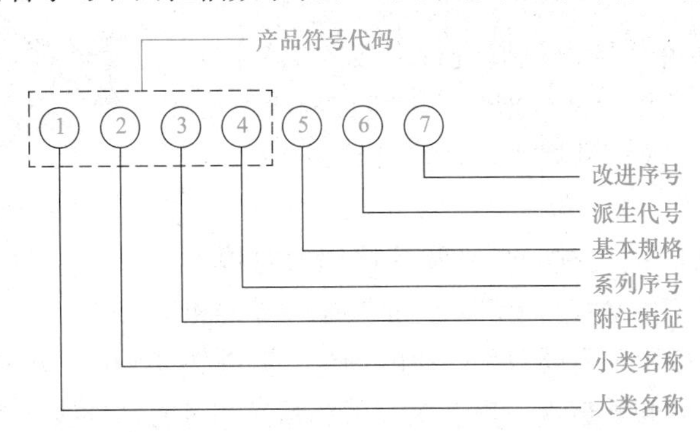

1）第一项，大类名称：B 表示弧焊变压器；Z 表示弧焊整流器。

2）第二项，小类名称：X 表示下降特性；P 表示平特性；D 表示多特性。

3）第三项，附注特征：可以省略，表示一般电源；也可用字母表示，M 表示脉冲电源，E 表示交直流两用电源，L 表示高空载电压。

4）第四项，系列序号：区别同小类的各系列和品种。弧焊变压器中“1”表示动铁芯式系列，“3”表示动圈式系列；弧焊整流器中“1”表示动铁芯式系列，“3”表示动线圈式系列，“5”表示晶闸管式系列，“7”表示逆变式系列。

5）第五项，基本规格：表示额定焊接电流。

6）第六项，派生代号：用汉语拼音字母表示。

7）第七项，改进序号：用阿拉伯数字表示。

前四项为产品符号代码，当第三项和第四项不需表示时，可只用第一项和第二项；当第六项和第七项不需表示时，也可空缺。

例如：

BX3-500：动线圈式系列的弧焊变压器，具有下降特性，额定焊接电流为 500 A。

ZX7-400：逆变式系列弧焊整流器，具有下降特性，额定焊接电流为 400 A。

（2）弧焊电源的技术参数。焊机除了有规定的型号外，在其外壳均标有铭牌，铭牌标明了主要技术参数，如负载持续率等，可供安装、使用、维护等工作参考。

1）额定值。额定值是对弧焊电源规定的使用限额，如额定电压、额定电流和额定功率等。按额定值使用弧焊电源，应是最经济合理、安全可靠的，既充分利用了设备，又保证了设备的正常使用寿命。超过额定值工作称为过载，严重过载将会使设备损坏。在额定负载持续率工作允许使用的最大焊接电流，称为额定焊接电流。额定焊接电流不是最大焊接电流。

2）负载持续率。负载持续率是指弧焊电源负载的时间与整个工作时间周期的百分率，用公式表示如下：

$$负载持续率=\frac{弧焊电源负载时间}{待定的工作时间周期}\times 100\%$$

我国对 500 A 以下焊条电弧焊电源，工作时间周期定为 5 min，如果在 5 min 内负载的时间为 3 min，那么负载持续率即为 60%。

三、辅助设备及工具

1. 焊钳

焊钳是夹持焊条并传导电流以进行焊接的工具，它既能控制焊条的夹持角度，又可把焊接电流传输给焊条，常用的有 300 A 和 500 A 两种规格。焊钳如图 2-7 所示。

图 2-7　焊钳

2. 面罩

面罩是防止焊接时的飞溅、弧光及其他辐射对焊工面部和颈部造成损伤的一种遮盖工具。面罩有手持式和头盔式两种，头盔式多用于需要双手作业的场合，如图 2-8（a）、（b）所示。面罩正面开有长方形孔，内嵌白玻璃和黑玻璃。黑玻璃起减弱弧光和过滤红外线、紫外线作用。黑玻璃按亮度的深浅不同分为 6 个型号（7～12 号），号数越大，色泽越深。应根据年龄和视力情况选用，一般常用 9、10 号。白玻璃仅起保护黑玻璃作用。

应用现代微电子和光控技术研制而成的光控面罩，如图 2-8（c）所示，在弧光产生的瞬间自动变暗；弧光熄灭的瞬间自动变亮，非常便于焊工的操作。

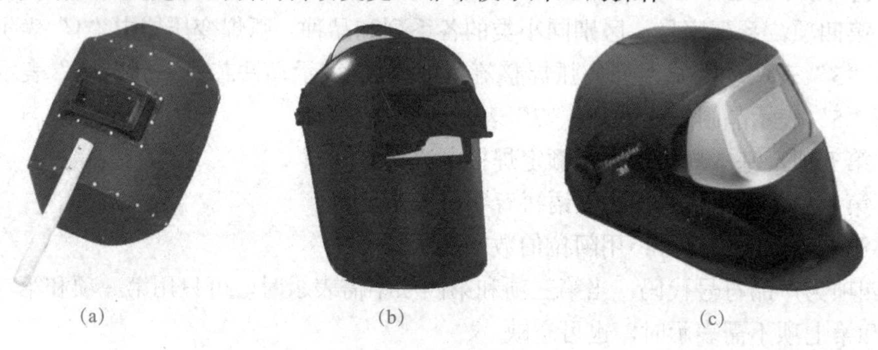

（a）　　（b）　　（c）

图 2-8　焊接面罩

（a）手持式；（b）头盔式；（c）光控面罩

3. 焊条保温筒

焊条保温筒是焊接时不可缺少的工具，如图 2-9 所示，尤其是焊接压力容器时。焊条从烘烤箱取出后，应储存在保温筒内，在焊接时随取随用。防止焊条再次受潮，从而使焊条的工艺性能变差和焊缝质量降低。

图 2-9　焊条保温筒

4. 焊缝检验尺

焊缝检验尺是一种精密量规，用来测量焊件、焊缝的坡口角度、装配间隙（也称组对间隙）、错边及焊缝的余高、焊缝宽度和角焊缝焊脚等。焊缝检验尺外形如图 2-10 所示。焊缝检验尺的使用方法如图 2-11 所示。

5. 其他工具

常用的工具主要有清渣锤、錾子、钢丝刷、风动砂轮机等，如图 2-12 所示。

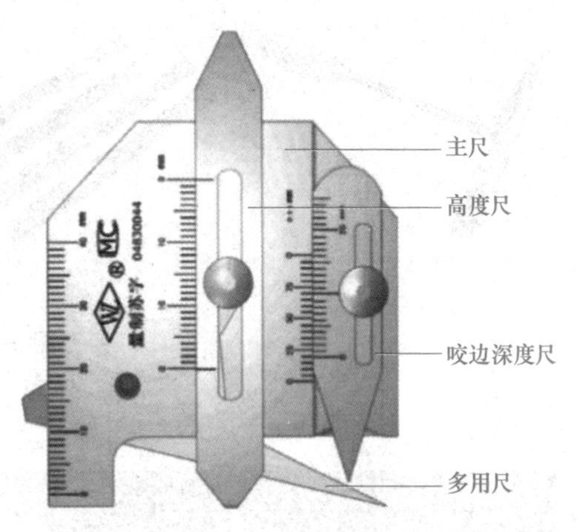

图 2-10 焊缝检验尺

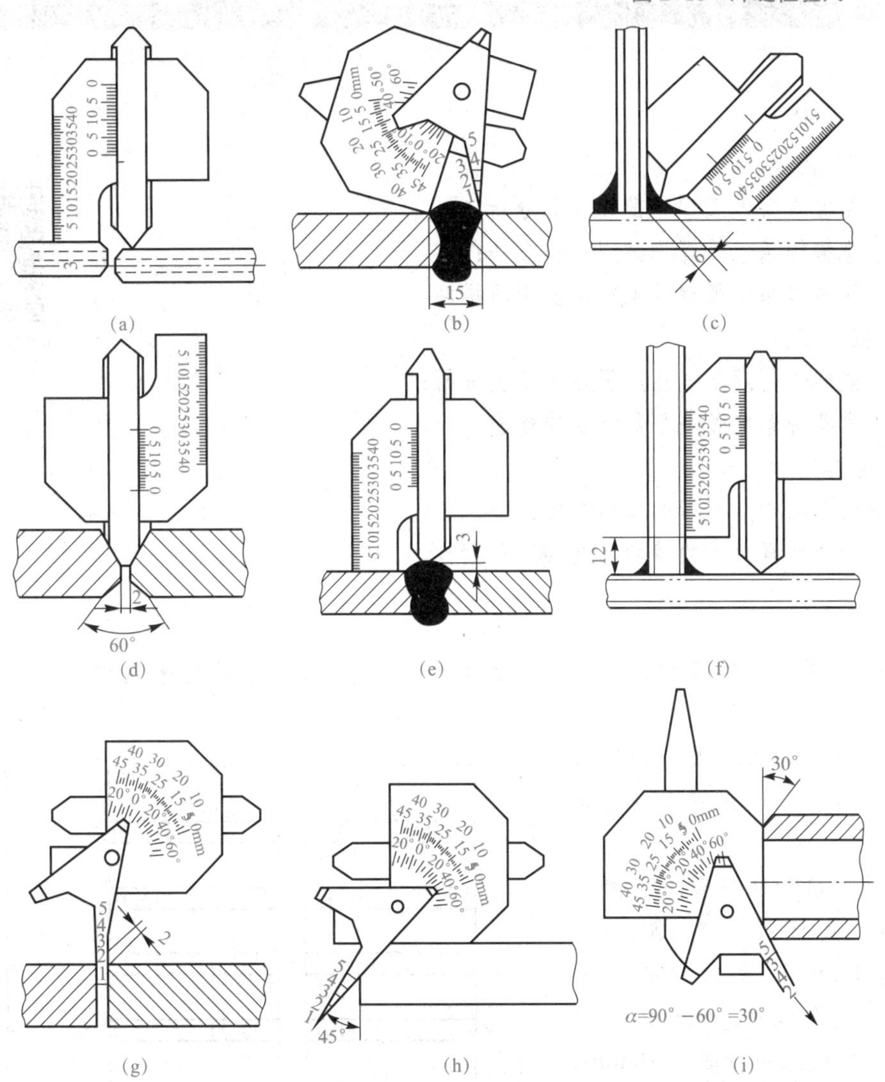

图 2-11 焊接检验尺的使用方法

(a) 测量错边；(b) 测量焊缝宽度；(c) 测量角焊缝厚度；(d) 测量双 Y 形坡口角度；(e) 测量焊缝余高；(f) 测量角焊缝焊脚；(g) 测量焊缝间隙；(h) 测量坡口角度；(i) 测量管道坡口角度

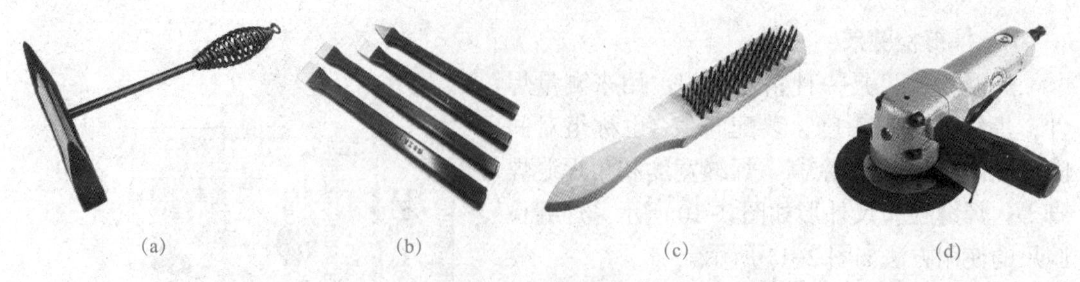

图 2-12　常用工具

(a) 清渣锤；(b) 錾子；(c) 钢丝刷；(d) 风动砂轮机

任务三　实施焊条电弧焊平敷焊

【学习目标】

1. 知识目标

（1）掌握焊条电弧焊平敷焊工艺分析；

（2）掌握焊条电弧焊平敷焊操作方法；

（3）了解焊条电弧焊常见缺陷及预防措施。

焊条电弧焊平敷焊

2. 能力目标

（1）能够进行焊条电弧焊平敷焊工艺分析；

（2）具备焊条电弧焊平敷焊操作技能。

3. 素养目标

（1）培养细心、严谨的工作态度；

（2）培养认真负责的劳动态度和敬业精神。

【任务描述】

平敷焊在工程实践中，主要用于工件的堆焊。本任务进行平敷焊训练，图样如图 2-13 所示。通过平敷焊操作练习，学习焊条电弧焊常用的工具、辅具的使用方法，初步掌握引弧、运条、收弧和连接接头等平位焊条电弧焊中的基本操作技术。

板材为 Q235B 钢板，根据图样可知，板材尺寸为 300 mm×150 mm×12 mm。要求焊缝应平直，接头平滑过渡，收弧的弧坑要填满，焊缝宽度为 8 ～ 10 mm，焊缝余高为 1 ～ 3 mm。

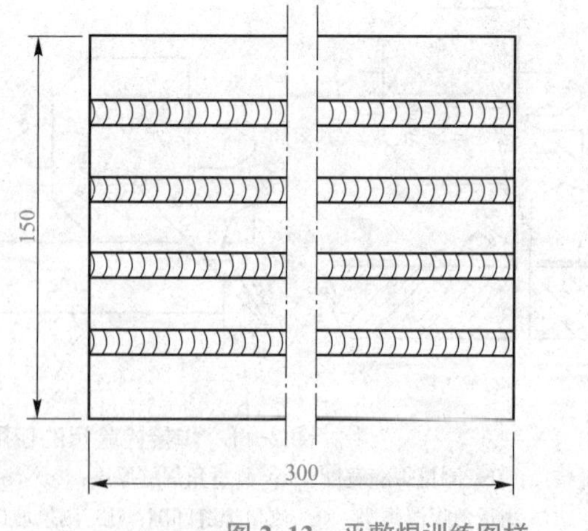

图 2-13　平敷焊训练图样

【知识储备】

一、工艺分析

初学者在施焊时容易将焊条粘在工件上造成短路，即粘条；运条过程中，将焊条向熔池送进时，易出现电弧长短不均，造成电弧燃烧不稳定，进而导致焊缝宽窄不均、高低不平；收弧时如果因收弧方法不正确，易出现弧坑；焊缝连接时，引弧与上次收弧时，因操作方法不当，造成连接处成形不良等。因此，初学者应加强操作基本姿势和操作手法的稳定性训练，同时还要熟悉安全操作规程。

1. 焊条的装夹

夹持焊条时，可根据焊缝与操作者的相对位置来决定焊条与钳口的夹持角度，如图 2-14 所示，既保证焊条与焊缝的相对位置，又使操作者方便操作。一手握持遮光面罩，另一手握持焊钳，蹲位平焊时，选择合适的操作位置，焊接方向可以从左到右（右焊法），也可以从右到左（左焊法），而不是从远到近。

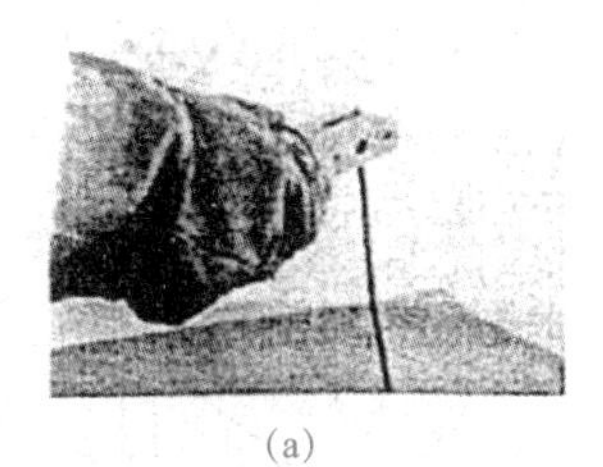
(a)

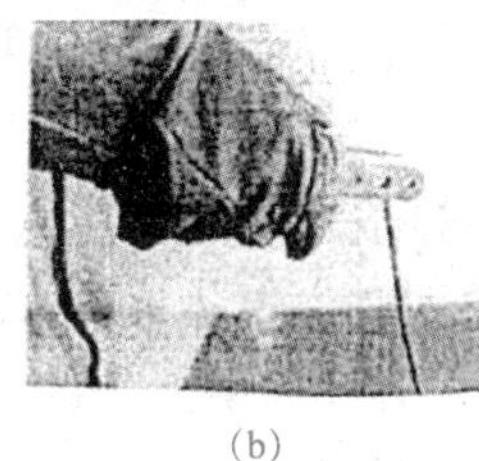
(b)

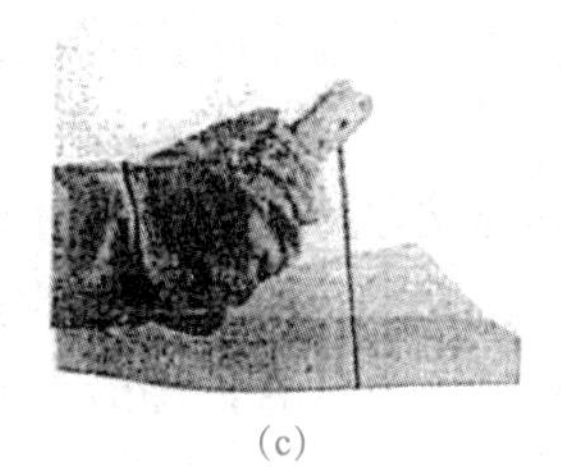
(c)

图 2-14　焊条的夹持（焊条与焊钳的夹角）

(a) 90°；(b) 135°；(c) 45°

2. 基本操作方法

（1）引弧。焊条电弧焊施焊时，用焊条引燃焊接电弧的过程，称为引弧。引弧操作时，姿势很重要，需找准引弧位置，身心放松，精力集中；操作时主要是手腕运动，动作幅度不能过大。焊条电弧焊常用的引弧方法为接触引弧，即先使电极和焊件短路，再迅速拉开电极引燃电弧。根据手法不同，又可分为划擦法和直击法两种。

1）划擦法。优点：易掌握，不受焊条端部清洁情况的限制，一般在开始施焊或更换焊条后施焊使用此方法。缺点：操作不熟练时，易损伤工件。

操作要领：类似划火柴。先将焊条端部对准焊缝，然后将手腕扭转，使焊条在工件表面上轻轻划擦，划擦的长度以 20 ～ 30 mm 为宜，以减少对工件表面的损伤，然后将手腕扭平后迅速将焊条提起，使电弧弧长约为所用焊条外径的 1.5 倍，做“预热”动作（即停留片刻），保持电弧弧长不变，预热后将电弧弧长压短至与所用焊条直径相符。在始焊点做适量横向摆动，且在起焊处稳弧（即稍停片刻），形成熔池后，再进行正常焊接，如图 2-15（a）所示。

2）直击法。优点：直击法是一种理想的引弧方法，适用于各种位置引弧，不易碰伤工件。一根焊条未用完熄弧，用这根未用完的焊条再次引弧施焊时使用此方法。缺点：受焊条端部清洁情况限制，用力过猛时药皮易大块脱落，造成暂时电弧偏吹，操作不熟练时易粘在工件表面上。

操作要领：焊条垂直于工件，使焊条末端对准焊缝，然后将手腕下弯，使焊条轻碰工件，引燃后，手腕放平，迅速将焊条提起，使弧长约为焊条外径的1.5倍，稍作“预热”后，压低电弧，使弧长与焊条外径相等，且焊条横向摆，待形成熔池后向前移动，如图2-15（b）所示。

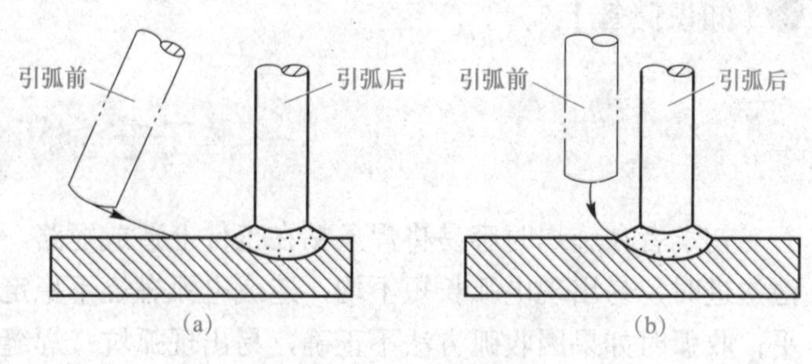

图2-15　引弧方法

(a) 划擦法；(b) 直击法

3）引弧注意事项。注意清理工件表面，以免影响引弧及焊缝；引弧前应尽量使焊条端部焊芯裸露，若不裸露，可用锉刀轻锉，或轻击地面使焊芯裸露；焊条与工件接触后，提起时间应适当；引弧时，若焊条与工件出现粘连，将焊条左右摇动几下，就可以使焊条脱离工件，如果不能脱离，应迅速使焊钳脱离焊条，以免烧损弧焊电源，待焊条冷却后，用手将焊条拿下；引弧前应夹持好焊条，然后用正确的操作方法进行焊接；初学引弧，要注意防止电弧光灼伤眼睛。不要用手触摸刚焊完的工件，焊条头也不要乱丢，以免造成烫伤和火灾。

（2）运条方法。焊接过程中，焊条相对焊缝所做的各种动作总称为运条。在正常焊接时，焊条一般有三个基本运动相互配合，即沿焊条中心线向熔池送进、沿焊接方向移动、焊条横向摆动（平敷焊练习时焊条可不摆动），如图2-16所示。

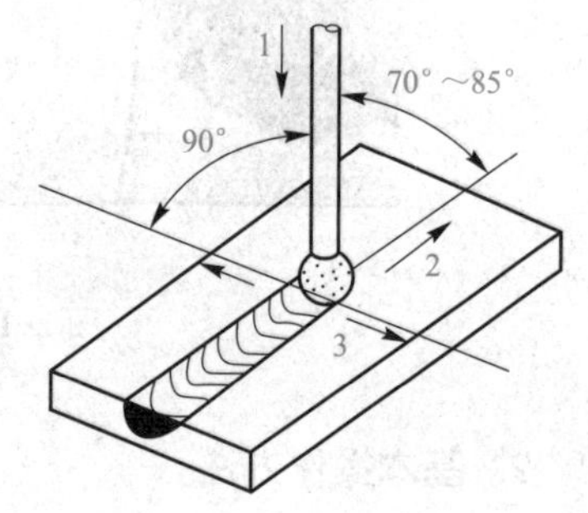

图2-16　焊条的角度与运条

1—送进方向；2—前进方向；3—摆动方向

1）焊条送进。焊条送进是指沿焊条中心线向熔池进给焊条，主要用来维持所要求的电弧长度和向熔池添加填充金属。焊条送进的速度应与焊条熔化速度一致，如果焊条送进速度比焊条熔化速度慢，电弧长度会增加；反之，如果焊条送进速度太快，则电弧长度迅速缩短，焊条与工件接触，造成粘条，从而影响焊接过程的顺利进行。

电弧长度是指焊条端部与熔池表面之间的距离。电弧的长度超过所选用的焊条直径时，称为长弧；小于焊条直径时，称为短弧。长弧焊接所得焊缝质量较差，因为电弧易左右飘移，不稳定，电弧的热量散失，焊缝熔深变浅，又由于空气侵入易产生气孔，所以在焊接时应选用短弧。

2）焊条沿焊接方向移动。焊条沿焊接方向移动的目的是控制焊缝成形，若焊条移动速度太慢，则焊缝会过高、过宽，外形不整齐，如图2-17（a）所示，焊接薄板时甚至会发生烧穿等缺陷。若焊条移动太快，则焊条和工件熔化不均，会造成焊缝较窄，甚至发生未焊透等缺陷，如图2-17（b）所示。只有焊条移动速度适中时，才能焊成表面平整、波纹细致、均匀的焊缝，如图2-17（c）所示。焊条沿焊接方向移动的速度由焊接电流、焊条直径、焊件厚度、组装间隙、焊缝位置以及接头形式决定，并通过变化直线速度控制每道焊缝的横截面面积。

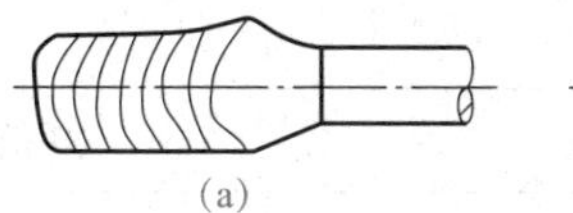

(a)

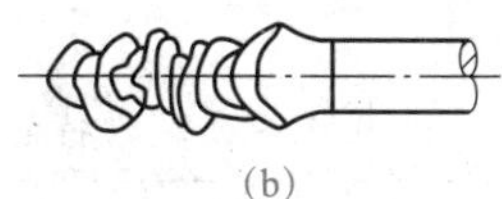

(b)

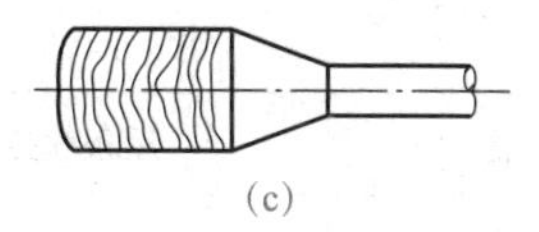

(c)

图 2-17　焊条沿焊接方向移动

3）焊条横向摆动。焊条横向摆动，主要是为了获得一定宽度的焊缝，同时也可以控制熔池的存在时间，以利于排除熔池内的熔渣和气泡。横向摆动的作用是保证两侧坡口根部与每个焊缝波纹之间良好熔合及获得适量的焊缝熔深与熔宽。横向摆动范围受工件厚度、坡口形式、焊道层次和焊条直径的影响，摆动的范围越宽，则得到的焊缝越大。稳弧动作（电弧在某处稍加停留）的作用是保证坡口根部很好熔合，增加熔合面积。为了控制好熔池温度，使焊缝具有一定的宽度和高度及良好的熔合边缘，对焊条的横向摆动可采用多种方法，见表 2-14。

表 2-14　运条方法特点及适用范围

运条方法	运条轨迹	特点	适用范围
直线形运条		焊条不做横向摆动，而是沿焊接方向直线运动。焊缝宽度较小，熔深较大。在正常焊接速度下，焊缝波纹饱满、平整	适用于板厚为 3～5 mm 的不开坡口平焊、多层焊的打底焊及多层多道焊缝
直线往复运条	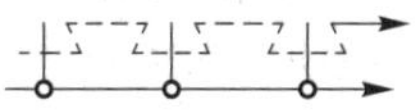	焊条末端沿焊缝纵向做往复直线摆动，焊接速度快，焊缝窄，散热快	适用于接头间隙较大的多层焊的第一层焊缝和薄板的焊接
锯齿形运条	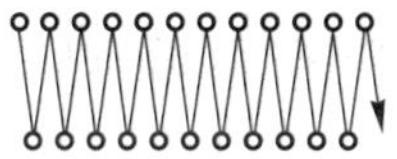	焊条末端做锯齿形连续摆动并沿焊缝纵向移动，运动到边缘稍停。这种运条方式可以防止咬边，通过摆动可以控制液体金属流动和焊缝宽度，改善焊缝成形	运条手法操作容易，应用较广，适用于中、厚钢板的平焊、立焊、铆焊的对接接头和立焊的角接接头
月牙形运条	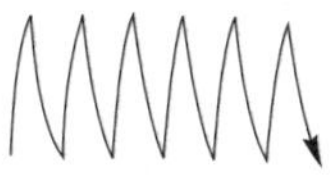	焊条末端沿着焊接方向做月牙形左右摆动，并在两边的适当位置稍作停顿，使焊缝边缘有足够的熔深，防止产生咬边缺陷。此方法会使焊缝的宽度和余高增大。其优点是金属熔化良好且有较长的保温时间，熔池中的气体和熔渣易上浮到焊缝表面	适用于铆焊、立焊、平焊及需要比较饱满焊缝的场合

续表

运条方法		运条轨迹	特点	适用范围
三角形运条	斜三角形		焊条末端做连续的斜三角形运动，并不断向前移动。通过焊条的摆动控制熔化金属，使焊缝成形良好	适合焊接T形接头的仰焊缝和有坡口的横焊缝
	正三角形	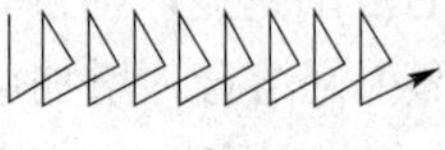	一次能焊出较厚的焊缝断面，有利于提高生产率，而且焊缝不易产生夹渣等缺陷	适用于开坡口的对接接头和T形接头的立焊
圆圈形运条	斜圆圈		焊条末端连续做斜圆圈形运动并不断前进。可控制熔化金属不受重力影响，能防止金属液体下淌，有助于焊缝成形	适用于T形接头的横焊（平角焊）和仰焊以及对接接头的横焊
	正圆圈	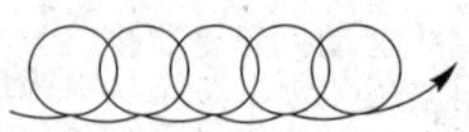	能使熔化金属有足够高的温度，可防止焊缝产生气孔	只适合焊接较厚工件的平焊缝
单8字和双8字形运条		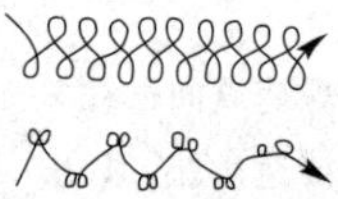	焊缝边缘加热充分，熔化均匀，焊透性好，可控制两边停留时间不同，调节热量分布	适用于开坡口的厚件和不等厚度工件的对接焊

4）焊条角度。焊接时工件表面与焊条所形成的夹角称为焊条角度。焊条角度应根据焊接位置、工件厚度、工作环境、熔池温度等进行选择，如图 2-18 所示。掌握好焊条角度，可以使铁水与熔渣很好地分离，防止熔渣超前现象并可控制一定的熔深。立焊、横焊、仰焊时，还有防止铁水下坠的作用。

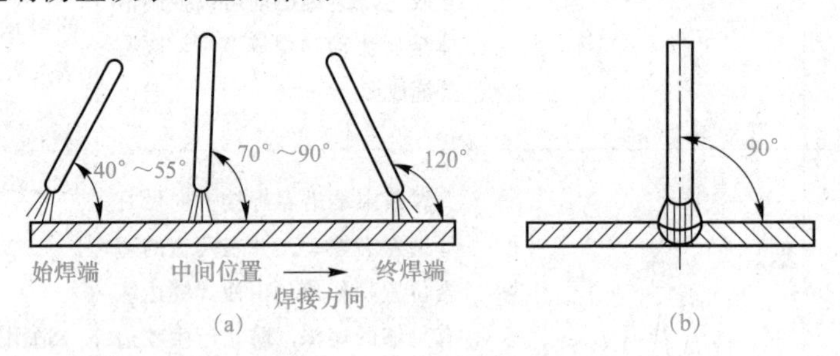

图 2-18　焊条的角度

(a) 焊条与焊缝轴线方向的夹角；(b) 焊条与焊缝轴线垂直方向的夹角

5）运条注意事项。焊条运至焊缝两侧时应稍作停顿，并压低电弧；做运条、送进和摆动这三个动作时要节奏均匀有规律，应根据焊接位置、接头形式、焊条直径与性能、焊接电流大小以及技术熟练程度等因素来掌握；对于碱性焊条，应选用较短电弧进行操作；焊条在向前移动时，应达到匀速运动，不能时快时慢；运条方法的选择应在指导教师的指导下，根据实际情况确定。

（3）焊缝的接头。焊条电弧焊时，对于一条较长的焊缝，一般需要多根焊条才能焊完；每根焊条焊完更换焊条时，焊缝就有一个衔接点。在焊缝连接处处理不当时，易造成气孔、夹渣和成形不良等缺陷。后焊焊缝与先焊焊缝的连接处称为焊缝的接头，接头处的焊缝应当力求均匀，防止过高、脱节、宽窄不一致等缺陷。焊缝的连接有以下几种形式：

1）首尾连接法。后焊焊缝从先焊焊缝收尾处开始焊接，如图 2–19（a）所示。这种接头最好焊，操作适当时几乎看不出接头。操作时，一般在前段焊缝弧坑前 10 mm 附近引弧，将弧坑里的熔渣向后赶并略微拉长电弧，预热连接处，然后回移至弧坑处，压低电弧填满弧坑后转入正常焊接。采用这种连接方法，换焊条动作要快，不要使弧坑过分冷却，因为在热态连接可以使焊缝衔接处的外形美观。

2）首首连接法。后焊焊缝的起首与先焊焊缝起首相连接，如图 2–19（b）所示。要求先焊焊缝的起焊处稍低，后焊焊缝在先焊焊缝前 10 mm 左右引弧，然后稍拉长电弧，并将电弧移至衔接处，覆盖住先焊焊缝的端部，等熔合好后再向焊接方向移动。焊前段焊缝时，在起焊处焊条移动要快，使焊缝在起焊处略低一些。为使衔接处平整，可将先焊焊缝的起焊处用角向磨光机磨成斜面后再进行连接。

3）尾尾连接法。后焊焊缝的结尾与先焊焊缝结尾相连，如图 2–19（c）所示。当后焊焊缝焊到先焊焊缝的收尾处时，应降低焊接速度，将先焊焊缝的弧坑填满后，以较快的速度向前焊一段，然后熄弧。这种衔接同样要求前段焊缝收尾处略低些，以使衔接处焊缝的高低、宽窄均匀。若先焊焊缝的收尾处过高，为保证衔接处平整，可预先将先收尾处焊缝打磨成斜面。

4）尾首连接法。后焊焊缝的结尾与先焊焊缝起首相接，主要用于分段退焊，如图 2–19（d）所示。要求焊缝的起焊处较低，最好呈斜面；后焊焊缝至前段焊缝始端时，改变焊条角度，将前倾改为后倾，将焊条指向先焊焊缝的始端；然后拉长电弧，待形成熔池后，再压低电弧并往返移动，最后返回原来的熔池收尾处。

在焊接对接管的环形焊缝时也使用这些焊缝连接方式。

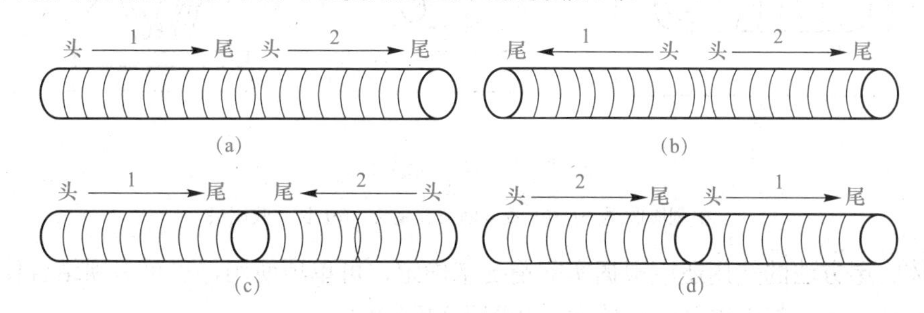

图 2–19　焊缝接头的连接方式

1—先焊焊缝；2—后焊焊缝

（a）首尾连接法；（b）首首连接法；（c）尾尾连接法；（d）尾首连接法

焊缝连接注意事项：接头时，引弧应在弧坑前 10 mm 任何一个待焊面上进行，然后迅速移至弧坑处划圈进行正常焊接，如图 2–20 所示；接头时，应对前一道焊缝端头进行认真的清理，必要时可对接头处进行修整，这样有利于保证连接接头的质量；温度越高，接头越平整。对于首尾相接的焊缝，接头动作要快，操作方法如图 2–21（a）所示；对于首首相接的焊缝，应先拉长电弧再压低电弧，操作方法如图 2–21(b）所示；对于尾尾相接、尾首相接的焊缝，应压低电弧，操作方法如图 2–21（c）所示，且可采用多次点击法加划圆圈法连接。

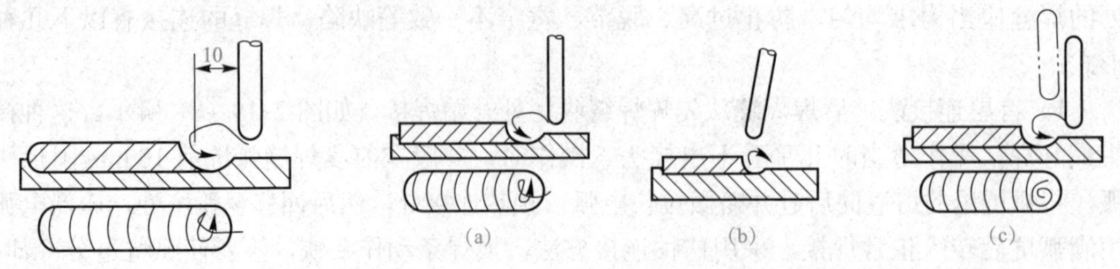

图 2–20　接头引弧处　　图 2–21　焊缝接头操作法

（4）焊缝的收尾。焊缝的收尾是指一条焊缝完成后进行收弧的过程。焊缝收尾不仅是为了熄灭电弧，还要将弧坑填满。收尾不当时会产生弧坑，易出现疏松、裂纹、气孔、夹渣等缺陷。为了克服这些缺陷，必须采用正确的收尾方法，一般常用的收尾方法有以下三种。

1）划圈收尾法。当焊条移至焊缝终点时，应使焊条做圆圈运动，直到填满弧坑再拉断电弧。此方法适用于厚板收尾，如图 2–22（a）所示。

2）反复断弧收尾法。当焊条移至焊缝终点时，在弧坑处反复熄弧、引弧数次，直到填满弧坑为止，如图 2–22（b）所示。此方法一般用于大电流焊接和薄板焊接，不适用于碱性焊条。

3）回焊收尾法。当焊条移至焊缝收尾处即停止运条，但不熄弧，此时改变焊条角度回焊一段，待填满弧坑后再拉断电弧，如图 2–22（c）所示。此方法适用于碱性焊条。

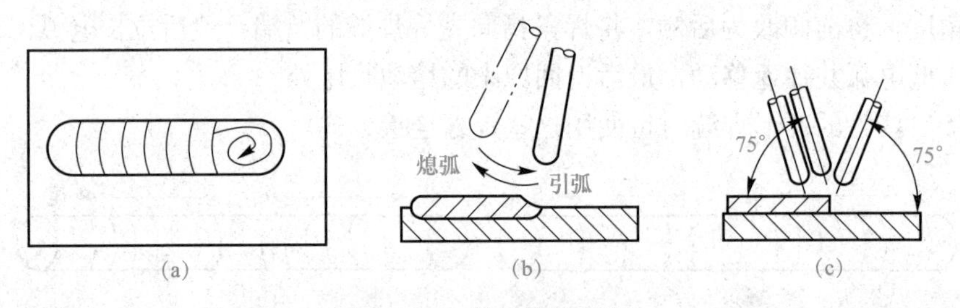

图 2–22　焊缝收弧方法

(a) 划圈收尾法；(b) 反复断弧收尾法；(c) 回焊收尾法

具体收尾方法的选用还应根据实际情况来确定，可单项使用，也可多项结合使用。无论选用何种方法，都必须将弧坑填满，达到无缺陷为止。

二、工艺确定

12 mm 厚 Q235B 焊条电弧焊平敷焊工艺卡见表 2–15。

表 2-15　12 mm 厚 Q235B 焊条电弧焊平敷焊工艺卡

<table>
<tr><td rowspan="11">适用
范围</td><td>材料牌号</td><td>Q235B</td><td colspan="5" rowspan="8">焊接节点图： 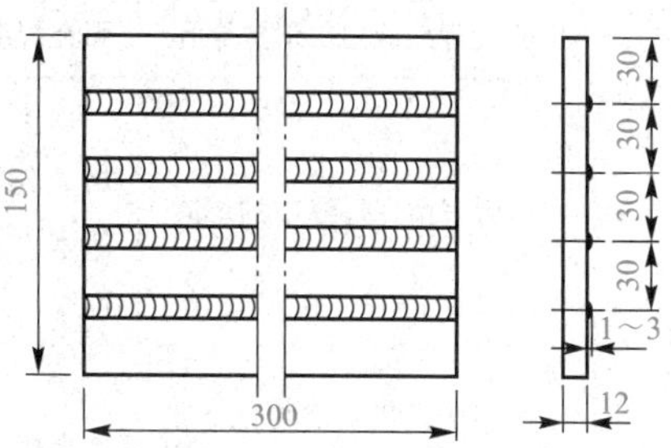</td></tr>
<tr><td>材料规格</td><td>300 mm×150 mm×12 mm</td></tr>
<tr><td>接头种类</td><td>—</td></tr>
<tr><td>坡口形式</td><td>—</td></tr>
<tr><td>坡口角度</td><td>—</td></tr>
<tr><td>钝边</td><td>—</td></tr>
<tr><td>组对间隙</td><td>—</td></tr>
<tr><td>焊接方法</td><td>SMAW</td></tr>
<tr><td>电源种类</td><td>直流</td><td rowspan="3">焊后
热处理</td><td>种类</td><td>—</td><td>保温时间</td><td>—</td></tr>
<tr><td>电源极性</td><td>正极性</td><td>加热方式</td><td>—</td><td>层间温度</td><td>—</td></tr>
<tr><td>焊接位置</td><td>1G</td><td>温度范围</td><td>—</td><td>测量方法</td><td>—</td></tr>
</table>

<table>
<tr><td colspan="6">焊接参数</td></tr>
<tr><td>焊层</td><td>焊材型号</td><td>焊材直径
/mm</td><td>焊接电流
/A</td><td>焊接电压
/V</td><td>焊接速度 /
$(cm \cdot min^{-1})$</td></tr>
<tr><td>1</td><td>E4303</td><td>3.2</td><td>90 ～ 120</td><td>21 ～ 24</td><td>6 ～ 9</td></tr>
</table>

三、常见缺陷及预防措施

焊条电弧焊常见焊接缺陷的产生原因及防止措施见表 2-16。

表 2-16　焊条电弧焊常见焊接缺陷的产生原因及防止措施

焊接缺陷	定义	产生原因	防止措施
未焊透	焊接时，接头根部未完全熔透的现象	坡口钝边过大，坡口角度太小，焊根未清理干净，间隙太小，焊条角度不正确，熔池偏于一侧，焊接电流过小，焊接速度过快，弧长过长，有磁偏吹现象，层间或根部间隙有污物等	正确选用和加工坡口尺寸，保证必需的装配间隙，正确选用焊接电流和焊接速度，认真操作，防止焊偏
咬边	由于焊接参数选择不当或操作不正确，在母材上产生沿熔合线方向的沟槽或凹陷	焊接电流过大，电弧过长，坡口内熔化金属填充量不足就进行表面焊运条，焊条在焊缝两侧停顿时间短，运条角度不正确	正确选择焊接电流和焊接速度，采用短弧焊接，掌握正确的运条方法和运条角度，在焊缝两侧适当停顿
未熔合	熔焊时，焊道与母材之间或焊道与焊道之间未完全熔化结合	层间清渣不干净，焊接电流太小，焊条偏心，焊条摆幅太小	加强层间清渣，正确选择焊接电流，注意焊条摆幅

续表

焊接缺陷	定义	产生原因	防止措施
烧穿	在焊接过程中，熔化金属自坡口背面流出，形成穿孔	间隙太大，焊接速度过慢，电弧在焊缝处停留时间过长	严格控制装配间隙，正确选择焊接电流和焊接速度
夹渣	焊后残留在焊缝中的焊渣	焊接电流太小以致液态金属和熔渣分不清，焊接速度过快使熔渣来不及浮起，多层焊时清渣不彻底，焊条角度不正确	正确选用焊接电流及运条角度，工件坡口角度不宜过小，多层焊时认真做好清理工作
焊瘤	在焊接过程中，熔化金属流淌到焊缝之外未熔化的母材上所形成的金属瘤	焊接电流过大，焊接速度过慢，操作不熟练和运条不当	选择合适的焊接电流，控制熔池温度，采用正确的运条方法，焊缝中间运条速度应快，两侧运条速度应慢
凹坑	焊后在焊缝表面或焊缝背面形成的低于母材表面的局部低洼部分	电弧拉得过长，焊条倾角不当，装配间隙太大	短弧焊接焊后填满弧坑，选用正确的焊条角度，装配间隙要适宜
气孔	焊接时，熔池中的气泡在凝固时未能及时逸出而残留下来所形成的空穴	焊前未清理铁锈，焊条未进行很好的烘干就进行焊接，弧长增加空气侵入	焊前仔细清理工件表面，严格按规定烘干焊条，低氢型焊条尽量采用短弧焊
裂纹	在焊接过程中，焊缝和热影响区金属冷却到固相线附近的高温区产生的裂纹为热裂纹，焊接接头冷却到较低温度下产生的裂纹为冷裂纹	拉应力作用在低熔点共晶体处的晶界上而造成热裂纹，其中拉应力是外因，晶界上的低熔点共晶体是内因。 氢、淬硬组织和应力这三个因素是导致冷裂纹的主要原因	热裂纹： （1）降低母材和焊条的含硫量、含碳量，提高焊条的含锰量； （2）在焊缝金属中加入钛、铝等变质剂，起细化晶粒的作用； （3）采用适当的工艺措施，如焊前预热、焊后缓冷等。 冷裂纹： （1）焊前预热和焊后缓冷； （2）采取减少氢的工艺措施； （3）合理选用焊接材料； （4）采用适当的焊接参数； （5）进行焊后热处理

【任务实施】

1. 焊前准备

工件打磨

（1）工件准备。检查钢板平直度，并修复平整。为保证焊接质量，需打磨试件表面，去除锈蚀、油污，露出金属光泽。用石笔在试件上划出间距为 30 mm 的平行直线作为焊缝中心线。

（2）焊接材料准备。选用 E4303（J422），直径为 $\phi 3.2$ mm 的焊条，严格要求时进行 150 ～ 200 ℃烘干，保温 1 h。

（3）辅助工具及量具准备。在焊工操作作业区附近准备好钢丝刷、清渣锤、錾子、钢直尺等工具和量具。

（4）焊接参数设定。开启焊机，按照焊接工艺卡设定焊接参数。

2. 焊接操作

（1）引弧焊接。手持面罩，看准引弧位置，用面罩挡着面部，将焊条端部对准引弧处，采用划擦法。引弧后，稍微拉长电弧（大于焊条直径即可），手臂向试件边缘移动（相当于对焊缝起头部分进行电弧预热），当电弧到达试件边缘时，预热结束，压低电弧（小于焊条直径），稍作停顿，同时扭动手腕调整焊条角度，焊条向行进方向的倾角为 70° ～ 85°，工作角为 90°。工作角即焊条轴线与焊缝轴线组成的平面与焊件表面的夹角。

采用直线形运条，以训练手臂控制电弧稳定匀速前进的能力。直线形运条中，焊条同时有两个运动方向，即向熔池方向逐渐送进；沿焊接方向移动。焊接中手腕一边匀速缓慢下压，以保证电弧长度，手臂一边匀速向右移动，以保证焊缝宽窄、高低一致。

焊接过程中注意观察电弧燃烧情况、熔池长大情况、熔渣和铁液流动情况，并及时调整手臂动作，控制熔池、熔渣。正常情况下，熔池在电弧下后方，在熔渣下前方，呈椭圆形紧跟电弧向前移动，而熔渣呈上浮状覆盖在熔池的后面紧跟熔池向前移动，如图 2-23 (a) 所示。

若出现熔渣超前，应将焊条前倾，并将焊条端部向后推顶，利用电弧力，将熔渣推后，如图 2-23（b）所示；若熔池与熔渣混合不清，说明熔池温度不足，应该放慢前移速度，调大焊条角度，甚至调大焊接电流；若出现熔渣后拖，熔池变长完全暴露，说明熔池温度过高，或焊条角度太小，应加快前移速度，或调大焊条角度减小电弧力向后作用。

一根焊条即将焊完时，需要收弧处理，即在完成最后一两个熔池长度的焊道时，稍加快焊接速度，以使最后焊道低一些，断弧时应果断。

（2）接头。常用接头方法有冷接头和热接头两种方法。

1）冷接头。适用于初学者，将焊缝收弧处的渣壳清除，在弧坑前方 10 ～ 15 mm 处引弧，拉长电弧回焊，至弧坑处覆盖原弧坑 2/3，压低电弧稍作停顿，转入正常焊接，如图 2-24 所示。

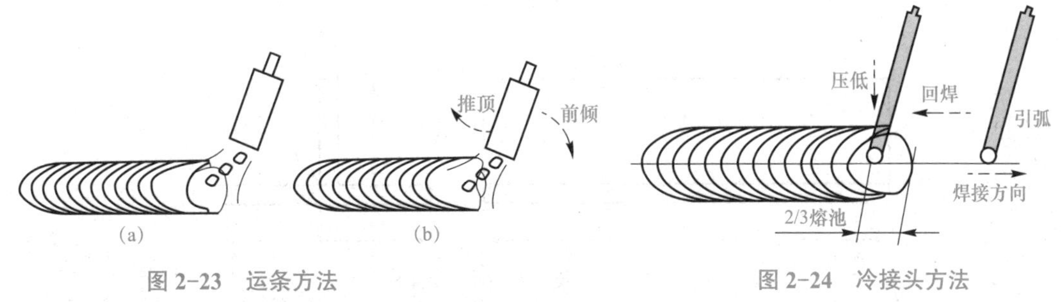

图 2-23　运条方法

(a) 正常熔渣和熔池位置；(b) 熔渣超前熔池位置

图 2-24　冷接头方法

2）热接头。不去渣壳，更换焊条动作要迅速，已焊的焊缝收弧处熔池还没有冷却，处于红热状态时，焊条端部对准原熔池直接引弧，引弧后稍微停顿，即转入正常焊接。此方法适用于熟练焊工，初学者由于动作不能协调，引弧不能一次成功，焊条易粘连。

（3）收尾。当焊接到达试件边缘时，试件整体温度升高，应采取合适的收尾方法，否则，焊缝结尾处将产生弧坑裂纹、缩孔甚至烧穿。酸性焊条收尾的方法是反复断弧收尾或划圈收尾。对于本任务，可采用划圈收尾，在最后一个熔池长度的范围内控制电弧原地划圈，并逐渐增大电弧长度，待填满弧坑拉断电弧。

3. 清理现场

焊接结束后，必须整理工具设备，关闭电源，将电缆线盘好，清扫场地。

4. 焊后检验

焊后对焊缝表面进行检验，用焊接检验尺进行测量，应满足要求。

任务四　实施焊条电弧焊 T 形接头平角焊

【学习目标】

1. 知识目标

（1）掌握焊条电弧焊 T 形接头平角焊工艺分析；

（2）掌握焊条电弧焊 T 形接头平角焊操作方法。

焊条电弧焊 T 形接头平角焊

2. 能力目标

（1）能够进行焊条电弧焊 T 形接头平角焊工艺分析；

（2）具备焊条电弧焊 T 形接头平角焊操作技能。

3. 素养目标

（1）培养细心、严谨的工作态度；

（2）培养认真负责的劳动态度和敬业精神。

【任务描述】

在焊接结构生产中，角接接头、T 形接头、十字接头等应用最为广泛，因此角焊缝焊接的工作量较大。针对焊接结构生产中经常遇到的采用焊条电弧焊进行平角焊的生产任务，本次任务进行焊条电弧焊 T 形接头平角焊，训练图样如图 2-25 所示。

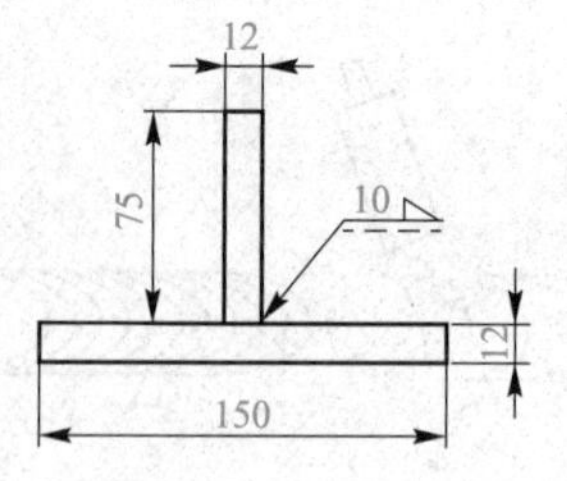

图 2-25　T 形接头平角焊训练图样

板材为 Q235B，根据图样可知，两块试板尺寸分别为 300 mm×150 mm×12 mm 和 300 mm×75 mm×12 mm，组装成 T 形接头，进行单面平角焊，要求焊脚尺寸为 10 mm，焊缝表面无焊接缺陷，焊缝波纹均匀，宽窄一致，高低平整，焊后无变形。通过此任务使学生掌握焊条电弧焊平角焊操作技能。

【知识储备】

一、工艺分析

焊接角接接头处于水平位置（即角接焊缝倾角为0°、180°，转角为45°、135°的角焊位置）时的焊接操作为平角焊。平角焊是对平角焊缝施焊时的焊接操作，具有代表性的是T形接头的平角焊和船形焊。

1. T形接头平角焊

（1）角焊缝各部位名称。在焊接结构中，广泛采用角焊缝连接，角焊缝各部位的名称如图2-26所示。

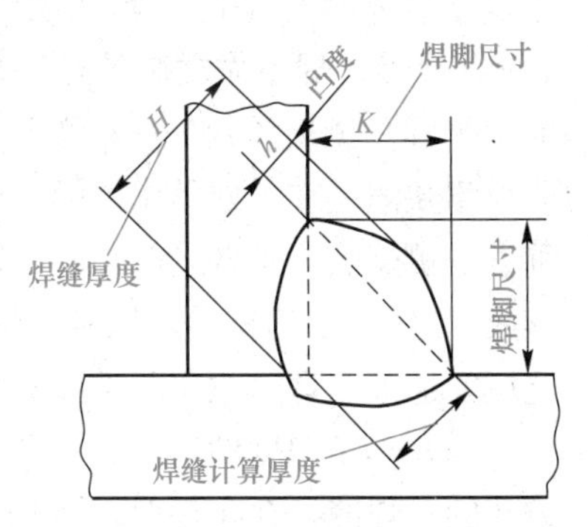

图2-26　角焊缝各部位名称

（2）焊缝层数的选择。角焊缝的焊接方式有单层焊、多层焊和多层多道焊，焊接层数和焊道数量主要取决于所要求的焊脚尺寸的数值和工件厚度。通常焊脚尺寸在6 mm以下时，选ϕ4.0 mm直径的焊条，采用单层焊；焊脚尺寸为6～10 mm时，采用多层焊，选ϕ4.0～ϕ5.0 mm直径的焊条；焊脚尺寸大于10 mm时，采用多层多道焊，选ϕ5.0 mm直径的焊条。这样便于操作并能提高焊接生产率。

当焊脚尺寸大于10 mm时，采用二层三道焊接。如果焊脚尺寸大于12 mm，可以采用三层六道、四层十道焊接，如图2-27所示。

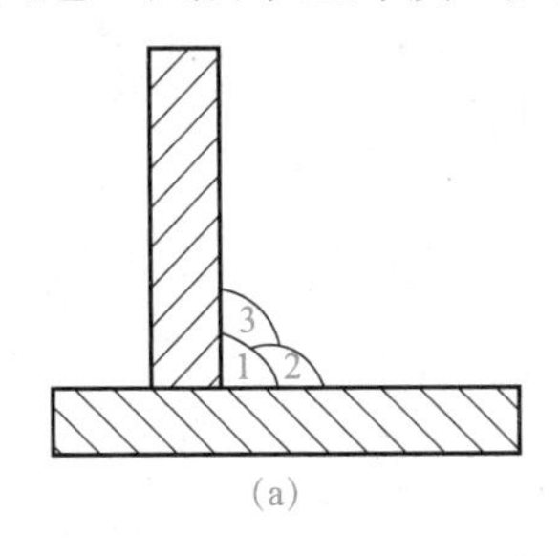

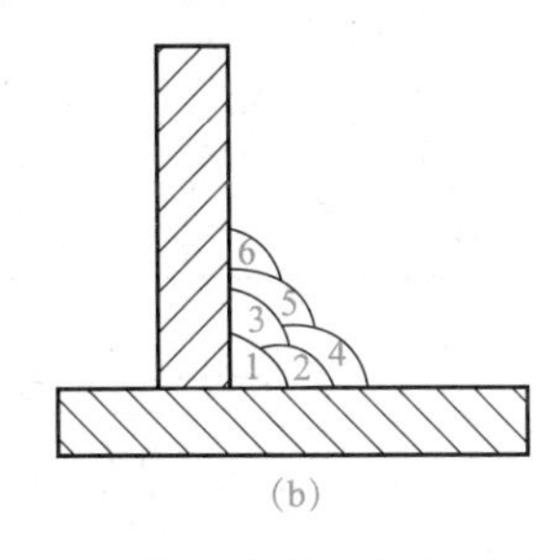

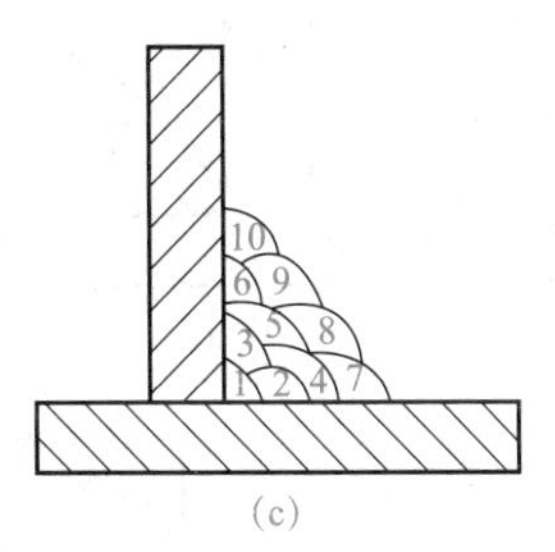

图2-27　多层多道焊枪的焊道排列

(a) 二层三道焊接；(b) 三层六道焊接；(c) 四层十道焊接

平角焊时，还可以在焊件的立板开单边V形坡口，如图2-28（a）所示；在工件的立板开带钝边双边V形坡口，如图2-28（b）所示。

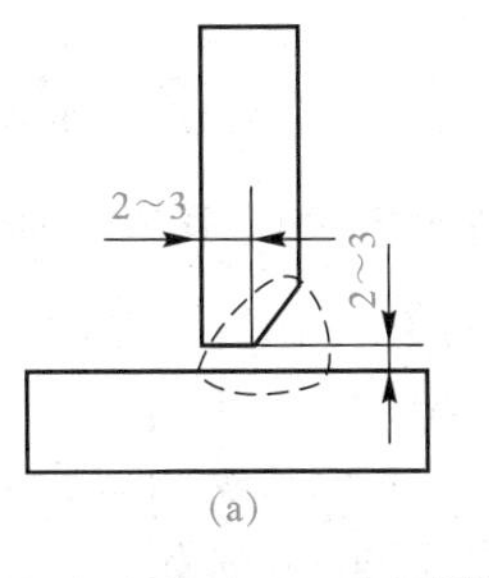

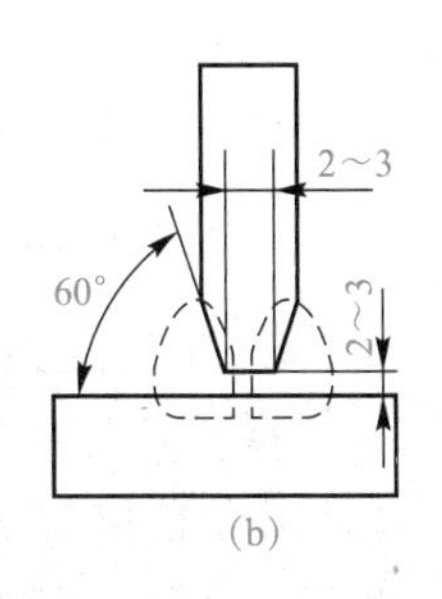

图2-28　大厚度工件角焊时的坡口

(a) 单边V形坡口；(b) 带钝边双边V形坡口

（3）运条方式的选择。

1）直线形运条法。对于角接平焊单层焊可选择直径ϕ4.0 mm的焊条。焊接操作时，可采用直线形运条法，短弧焊接，焊接速度要均匀。焊条与平板的夹角为45°，与焊接方向的夹角为70°～80°。运条过程中，要始终注视熔池的熔化情况，要保持熔池在接口处不偏上或偏下，以便使立板与平板焊道充分熔合；熔渣拖后，焊缝表面波纹粗糙。运条时通过对焊接速度的调整和适当的焊条摆动，保证工件所要求的焊脚尺寸。

对平角焊采用多层多道焊时，焊接第一层，一般选用直径小一些的焊条，焊接电流应稍大些，以达到一定的熔深。可以采用直线形运条法，收尾时要填满弧坑。焊接第二道焊缝前必须认真清理第一层焊道的熔渣。焊接时，可采用直径 ϕ4.0 mm 的焊条，加大焊道的熔宽。由于焊件温度升高，应采用较小的电流和较快的焊接速度，以防止垂直板产生咬边现象。

2）斜圆圈形运条法。采用斜圆圈形运条法时应注意焊条在焊道两侧的停顿节奏，否则容易产生咬边、夹渣、边缘熔合不良等缺陷。斜圆圈形运条法如图 2-29 所示：$a \rightarrow b$ 要慢，焊条做微微的往复前移，以防熔渣超前，保证水平焊一侧熔深；$b \rightarrow c$ 稍快，以防熔化金属下淌，形成焊瘤缺陷；在 c 处稍作停顿，以保证填充适量并确保在垂直一侧熔合，避免咬边；$c \rightarrow d$ 稍慢，保持各熔池之间形成 1/2 ～ 2/3 的重叠，以利于焊道的成形，防止夹渣；$d \rightarrow e$ 稍快，到 e 处稍作停顿，如此反复运条。焊道收尾时填满弧坑，能获得满意的焊缝。

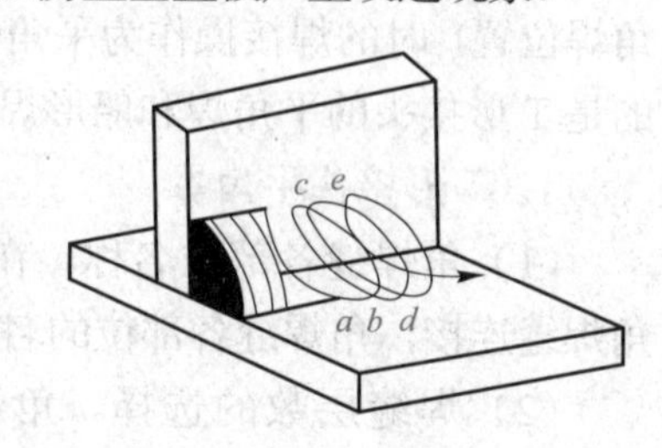

图 2-29　平角焊的斜圆圈形运条法

（4）焊条角度的选择。平角焊时，焊条角度因板厚的不同而有所不同，由不等厚度板组装的角焊缝，在角焊时，要相应地调节焊条角度，电弧要偏向厚板一侧，使厚板所受热量增加。通过焊条角度的调节，使厚、薄两板受热趋于均匀，以保证接头良好熔合，否则，容易产生未焊透、焊偏、咬边、夹渣等缺陷。焊条角度选择如图 2-30 所示。另外，多层多道焊时，焊条的角度随每一道焊缝的位置不同而有所不同。

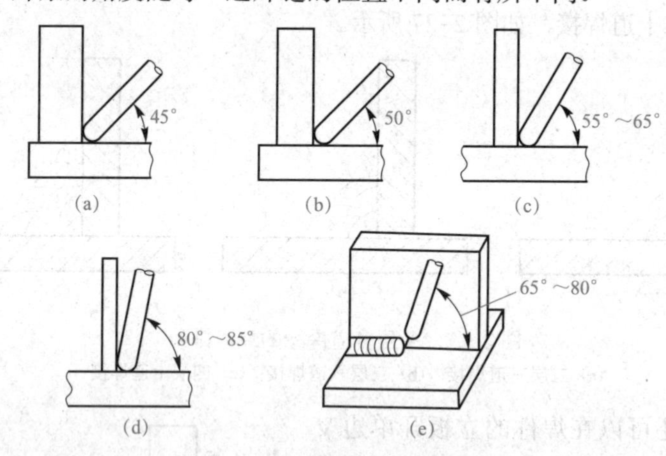

图 2-30　平角焊焊条角度选择

(a) 立板比平板厚；(b) 两板等厚；(c)、(d) 平板比立板厚；(e) 焊条与焊接方向的夹角

2. T 形接头船形焊

在平角焊的实际生产中，将 T 形、十字形或角接接头的工件翻转 45°，使角接接头处于平焊位置进行的焊接，称为船形焊，如图 2-31 所示。船形位置焊接时，因熔池处于水平位置，能避免咬边、焊脚下偏等焊接缺陷。同时焊缝美观平整，操作方便，有利于使用大直径焊条和大的焊接电流，而且能一次焊成较大截面的焊缝，即焊脚最大尺寸可超

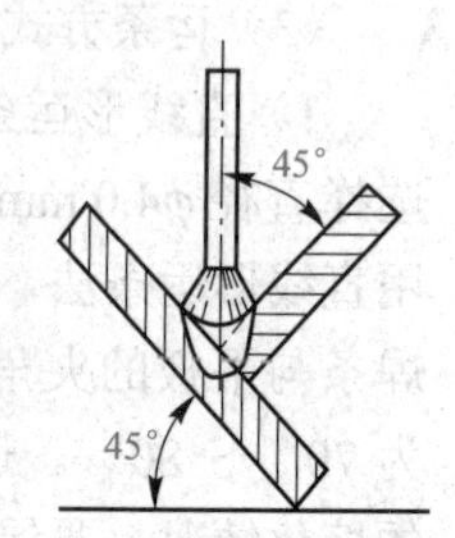

图 2-31　船形焊

过 10 mm，提高焊接生产率；如果施工条件允许，应尽可能采用船形焊。运条可用月牙形或锯齿形运条方法。

二、工艺确定

Q235B 板焊条电弧焊 T 形接头平角焊工艺卡见表 2–17。

表 2–17　Q235B 板焊条电弧焊 T 形接头平角焊工艺卡

适用范围	材料牌号	Q235B	焊接节点图：				
	材料规格	300 mm×150 mm×12 mm 和 300 mm×75 mm×12 mm					
	接头种类	T 形接头					
	坡口形式	I 形					
	坡口角度	—					
	钝边	—					
	组对间隙	≤ 0.5 mm					
	焊接方法	SMAW					
	电源种类	直流	焊后热处理	种类	—	保温时间	—
	电源极性	反接		加热方式	—	层间温度	—
	焊接位置	2F		温度范围	—	测量方法	—

焊接参数

焊道	焊材型号	焊材直径 /mm	焊接电流 /A	焊接电压 /V	焊接速度 / (cm · min^{-1})
1	E4303	3.2	110 ～ 130	20 ～ 24	14 ～ 16
2	E4303	4.0	140 ～ 160	20 ～ 24	14 ～ 16
3	E4303	4.0	130 ～ 150	20 ～ 24	12 ～ 14

【任务实施】

1. 焊前准备

（1）工件准备。Q235B 钢板，尺寸为 300 mm×150 mm×12 mm 和 300 mm×75 mm×12 mm，各一件。检查钢板平直度，并修复平整。采用角磨机或钢丝刷对焊接区进行清理，需打磨试件表面，去除锈蚀、油污等，露出金属光泽。

（2）焊接材料准备。选用 E4303（J422），直径为 ϕ3.2 mm 和 ϕ4.0 mm 的焊条，严格要求时进行 150 ～ 200 ℃烘干，保温 1 h。

（3）辅助工具及量具准备。在焊工操作作业区附近准备好钢丝刷、清渣锤、錾子、钢直尺、焊缝检验尺等工具和量具。

（4）装配定位。将 150 mm 宽的钢板放于水平位置，将 75 mm 宽的钢板垂直置于水平板的 1/2 位置处，不留间隙，两端头应平齐。在焊件角焊缝的背面两端进行定位焊，定位焊缝的长度为 10 ～ 15 mm，如图 2-32 所示。定位焊时采用正式焊缝所用的焊条，焊接电流要比正式焊接电流大 15% ～ 20%，以保证定位焊缝的强度和焊透。用直角尺检查两钢板是否垂直，若不垂直，应进行矫正。

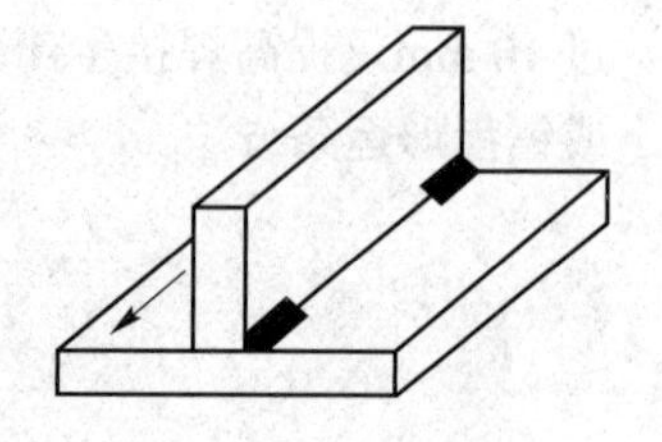

图 2-32　定位焊缝位置图

（5）固定焊件。把装配好的焊件水平固定在操作平台或焊接胎架上。

（6）焊接参数设定。开启焊机，按照焊接工艺卡设定焊接参数。

2. T 形接头平角焊操作

（1）打底层焊接。起弧时，在始焊端约 10 mm 处引弧，再将电弧拉到始焊端，弧长约 10 mm，停顿 1 ～ 2 s，迅速压低电弧，弧长保持 2 ～ 4 mm，开始正常焊接。直线形运条时，焊条角度如图 2-33 所示。焊接时采用短弧，速度要均匀，焊条中心与焊缝的夹角中心重合；注意排渣和熔敷效果。

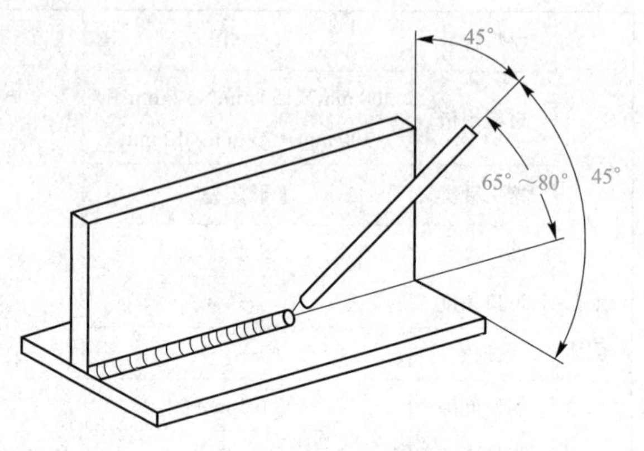

图 2-33　打底焊焊条角度

（2）盖面层焊接。如图 2-34 所示，第二道和第三道焊缝合称为盖面焊。注意焊前清理干净焊渣和飞溅；先焊第二道焊缝，再焊第三道焊缝。焊接时，焊条中心对准打底层焊缝与水平钢板、垂直钢板的夹角中心，焊条角度要有适当变化；焊缝表面应光滑，略呈内凹，避免立板侧出现咬边。焊脚对称并符合尺寸要求。

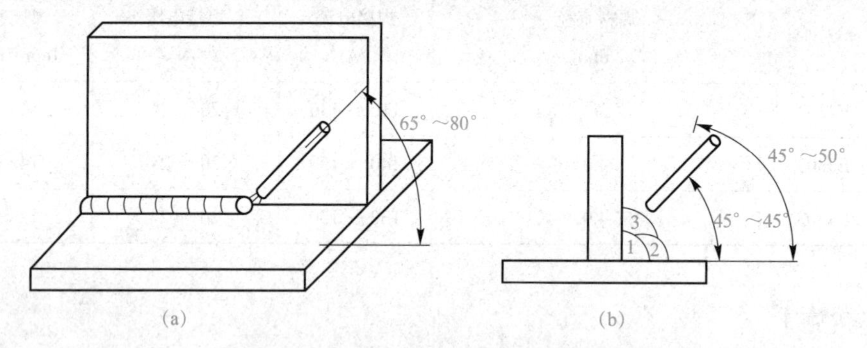

图 2-34　T 形焊缝多层多道焊焊条角度

(a) 焊缝与焊条之间夹角；(b) 焊条与底板之间夹角

1）第二道焊缝焊接。焊条中心对准打底层焊缝和平板之间的夹角的中心，焊条与平板的角度为 60°。直线形运条时，运条要稳；第二道焊缝要覆盖第一层焊缝的 1/2 ～ 2/3 ；焊缝与底板之间熔合良好，边缘整齐。焊接速度比打底层焊接时稍快。

2）第三道焊缝焊接。操作同第二道焊缝；要覆盖第二道焊缝的 1/3 ～ 1/2 ；焊接速度要均匀，不能太慢，否则易产生咬边或焊瘤，使焊缝成形不美观。

3. 清理现场

焊接结束后，必须整理工具设备，关闭电源，将电缆线盘好，清扫场地。

4. 焊后检验

焊后对焊缝表面进行检验，用焊缝检验尺对焊脚进行测量，应满足要求。

任务五　实施焊条电弧焊板对接平焊

【学习目标】

1. 知识目标

（1）掌握焊条电弧焊板对接平焊工艺分析；

（2）掌握焊条电弧焊板对接平焊操作方法。

焊条电弧焊板对接平焊

2. 能力目标

（1）能够进行焊条电弧焊板对接平焊工艺分析；

（2）具备焊条电弧焊板对接平焊操作技能。

3. 素养目标

（1）培养细心、严谨的工作态度；

（2）培养认真负责的劳动态度和敬业精神。

【任务描述】

本次任务进行焊条电弧焊板对接平焊训练，训练图样如图 2-35 所示。

板材为 Q235B 钢板，根据图样可知，板材尺寸为 300 mm×120 mm×12 mm，两块，开 V 形坡口，根部间隙 b = 3.2 ～ 4.0 mm，坡口角度 α = 60° ±5°，钝边 p = 0.5 ～ 1 mm。要求单面焊双面成形，焊缝表面无缺陷，焊缝波纹均匀，宽窄一致，高低平整，焊缝与母材圆滑过渡，焊后无变形。

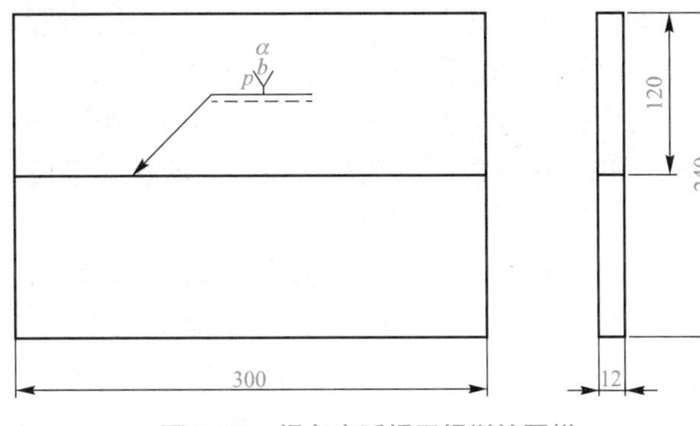

图 2-35　焊条电弧焊平焊训练图样

【知识储备】

一、工艺分析

单面焊双面成形是指在坡口背面没有任何辅助措施的条件下，在坡口正面进行焊接，焊后坡口的正反面都能得到均匀、成形良好、符合质量要求焊缝的操作方法。在生产实践中，单面平焊双面成形多用于人进不去施工的小型容器或小直径管道的平位纵环焊缝的焊接生产中，为提高生产效率，这种焊接方式可以实现在容器外面施焊而里面也能形成焊缝。

单面平焊双面成形技术的关键是第一层打底焊缝的操作，其他各填充层的操作要点与各种位置的普通焊接操作技术相同。打底层单面焊双面成形技术可以分为连弧焊法和断弧焊法两大类。打底时，焊接电弧不能出现偏吹，否则由于操作不当和焊接工艺参数选得不当，容易在焊道背面产生未焊透、超高、焊瘤等缺陷。

1. 连弧焊法打底焊

采用连弧焊法打底焊，电弧引燃后，中间不允许人为熄弧，一直采用短弧连续运条，直至应换另一根焊条才熄弧。由于在连弧焊接时，熔池始终处在电弧连续燃烧的保护下，液态金属和熔渣容易分离，气体也容易从熔池中逸出，因此，焊缝不容易产生缺陷，焊缝金属力学性能也较好。用碱性焊条焊接时，连弧焊的操作方法应用比较广泛。

2. 断弧焊法打底焊

采用断弧焊法打底层焊接时，利用电弧周期性的燃弧—断弧（熄弧）过程，使母材坡口两侧金属有规律地熔化成一定尺寸的熔孔，当电弧作用在正面熔池的同时，使 1/3 ～ 2/3 的电弧穿过熔孔形成背面焊缝。断弧焊法又分为一点击穿法、二点击穿法和三击穿点法。

（1）一点击穿法。电弧同时在坡口两侧燃烧，两侧钝边同时熔化，然后迅速熄弧，在熔池将要凝固时，又在熄弧处引燃电弧、击穿、停顿，周而复始地进行，如图 2-36 所示。

熔池始终是逐个叠加的集合，熔池在液态存在的时间较长，冶金反应充分，不易出现夹渣、气孔等缺陷。但是，熔池温度不易控制，温度低，容易出现未焊透现象；温度高，可能会使背面余高过大，甚至出现焊瘤。一点击穿击法适用于焊条直径大于坡口间隙的情况，坡口钝边小于 0.5 mm。

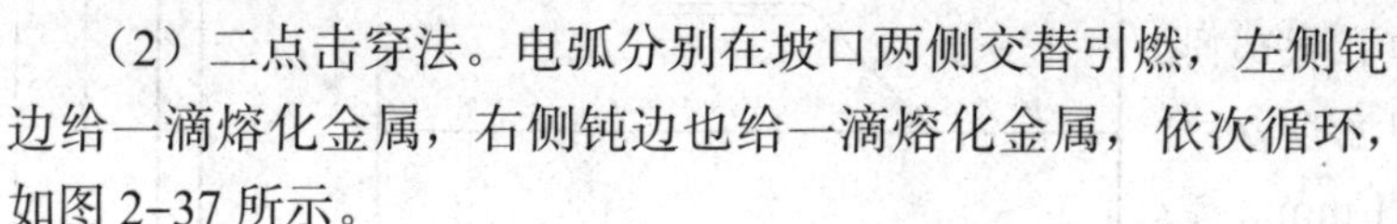

图 2-36　断弧焊一点击穿法

（2）二点击穿法。电弧分别在坡口两侧交替引燃，左侧钝边给一滴熔化金属，右侧钝边也给一滴熔化金属，依次循环，如图 2-37 所示。

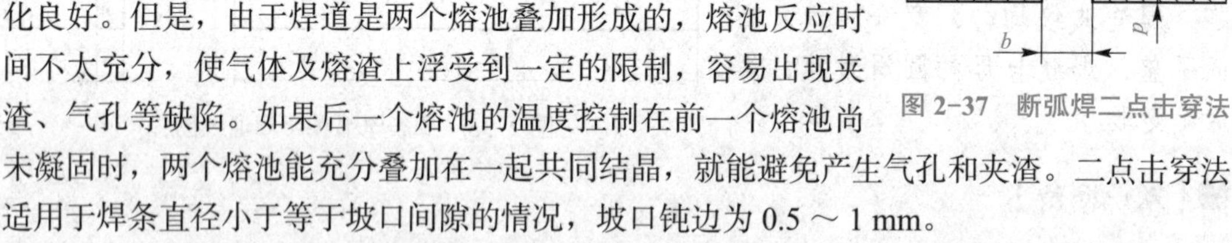

图 2-37　断弧焊二点击穿法

二点击穿法比较容易掌握，熔池温度也容易控制，钝边熔化良好。但是，由于焊道是两个熔池叠加形成的，熔池反应时间不太充分，使气体及熔渣上浮受到一定的限制，容易出现夹渣、气孔等缺陷。如果后一个熔池的温度控制在前一个熔池尚未凝固时，两个熔池能充分叠加在一起共同结晶，就能避免产生气孔和夹渣。二点击穿法适用于焊条直径小于等于坡口间隙的情况，坡口钝边为 0.5 ～ 1 mm。

（3）三点击穿法。电弧引燃后，左侧钝边给一滴熔化金属，右侧钝边给一滴熔化金属，中间间隙给一滴熔化金属，如图 2-38 所示。

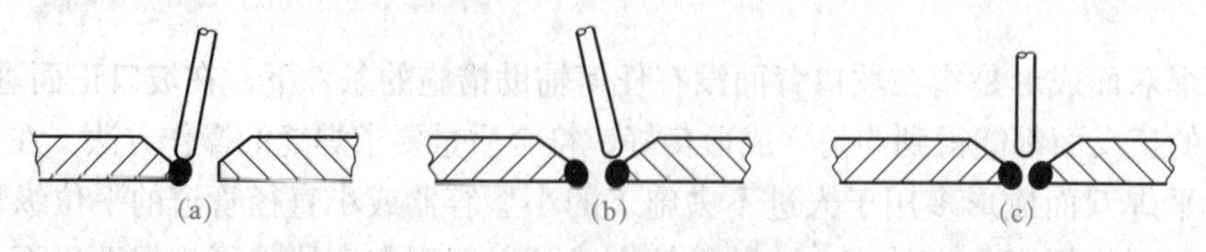

图 2-38　断弧焊三点击穿法

(a) 左侧钝边给一滴熔化金属；(b) 右侧钝边给一滴熔化金属；(c) 中间间隙给一滴熔化金属

当根部间隙较大时，因为两焊点中间熔化金属较少，第三滴熔化金属补在中央是非常必要的。否则，在熔池凝固前析出气体时，由于没有较多的熔化金属愈合孔穴，在背面容易出现冷缩孔缺陷。三点击穿法适用于焊条直径比坡口间隙 b 小很多，坡口钝边 p 为 1 ～ 1.5 mm 的焊接情况。

断弧焊时，熄弧与重新引燃电弧之间的时间要短，间隔时间过长，熔池温度过低，熔池存在的时间较短，冶金反应不充分，容易造成气孔、夹渣等缺陷；如果间隔时间过短，熔池温度过高，会使背面焊缝余高过大，可能会出现焊瘤或烧穿。

二、工艺确定

Q235B 焊条电弧焊板对接平焊的焊接工艺卡见表 2–18。

表 2–18　Q235B 焊条电弧焊板对接平焊的焊接工艺卡

<table>
<tr><td rowspan="11">适用范围</td><td>材料牌号</td><td>Q235B</td><td colspan="5" rowspan="8">焊接接头简图：
60°
12
0.5～1
3.2～4</td></tr>
<tr><td>材料规格</td><td>300 mm×120 mm×12 mm</td></tr>
<tr><td>接头种类</td><td>对接</td></tr>
<tr><td>坡口形式</td><td>V 形</td></tr>
<tr><td>坡口角度</td><td>60°</td></tr>
<tr><td>钝边</td><td>0.5 ～ 1 mm</td></tr>
<tr><td>组对间隙</td><td>3.2 ～ 4 mm</td></tr>
<tr><td>焊接方法</td><td>SMAW</td></tr>
<tr><td>电源种类</td><td>直流</td><td rowspan="3">焊后热处理</td><td>种类</td><td>—</td><td>保温时间</td><td>—</td></tr>
<tr><td>电源极性</td><td>反接 / 正接</td><td>加热方式</td><td>—</td><td>层间温度</td><td>—</td></tr>
<tr><td>焊接位置</td><td>1G</td><td>温度范围</td><td>—</td><td>测量方法</td><td>—</td></tr>
</table>

<table>
<tr><td colspan="6">焊接参数</td></tr>
<tr><td>焊道</td><td>焊材型号</td><td>焊材直径/mm</td><td>焊接电流/A</td><td>焊接电压/V</td><td>焊接速度/(cm · min⁻¹)</td></tr>
<tr><td>打底层</td><td rowspan="3">E4303</td><td>3.2</td><td>90 ～ 110</td><td>20 ～ 24</td><td>12 ～ 14</td></tr>
<tr><td>填充层</td><td>3.2</td><td>130 ～ 150</td><td>20 ～ 24</td><td>14 ～ 16</td></tr>
<tr><td>盖面层</td><td>4.0</td><td>120 ～ 130</td><td>20 ～ 24</td><td>14 ～ 16</td></tr>
</table>

【任务实施】

1. 焊前准备

（1）工件准备。Q235B 钢板，尺寸为 300 mm×120 mm×12 mm，两块。采用气割的方式开坡口，坡口单边角度为 30°，钝边为 0.5 ～ 1 mm。检查钢板平直度，并修复平整。采用角磨机将坡口及其附近 20 ～ 30 mm 范围内清理干净，露出金属光泽。

工件装配

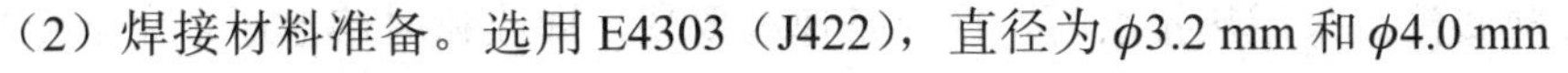
（2）焊接材料准备。选用 E4303（J422），直径为 ϕ3.2 mm 和 ϕ4.0 mm

的焊条，严格要求时进行 150 ～ 200 ℃烘干，保温 1 h。

（3）辅助工具及量具准备。在焊工操作作业区附近准备好钢丝刷、清渣锤、錾子、钢直尺、焊缝检验尺等工具和量具。

（4）装配定位。将两块钢板放于水平位置，使两端头平齐，在两端头进行定位焊，定位焊焊缝长度为 10 ～ 15 mm。装配间隙始焊处为 3.2 mm，终焊处为 4 mm，反变形量约为 3°，错边量≤ 1 mm，如图 2-39 所示。初学时可将定位点点焊在钢板背面，熟练以后再将定位焊焊在坡口内，同时要保证背面焊透，无表面气孔、夹渣、未熔合等缺陷，定位焊点两端应先打磨成斜坡，以利于接头。

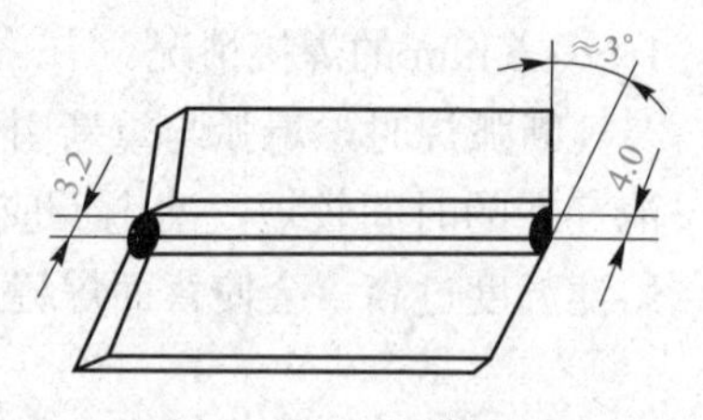

图 2-39　定位焊缝位置图

（5）固定焊件。把装配好的焊件水平固定在操作平台或焊接胎架上。采用右焊法焊接，所以将组对间隙小的放在左侧。

（6）焊接参数设定。开启焊机，按照焊接工艺卡设定焊接参数。

2. 板对接平焊操作

（1）打底焊。

1）采用右焊法，将试件间隙小的一端放于左侧，打底焊从焊件左端定位焊缝的始焊处开始引弧，焊条与焊接方向的夹角为 45° ～ 55°，如图 2-40 所示。电弧引燃后，可长弧稍作停顿预热，当看到定位焊缝和坡口根部有“出汗”现象时，说明预热温度已合适，然后横向摆动向右施焊，待电弧达到定位焊缝右侧前沿时，将焊条下压并稍作停顿，听到电弧穿透坡口而发出“噗噗”声，同时可以观察到形成的熔孔，熔孔形状大小如图 2-41 所示。

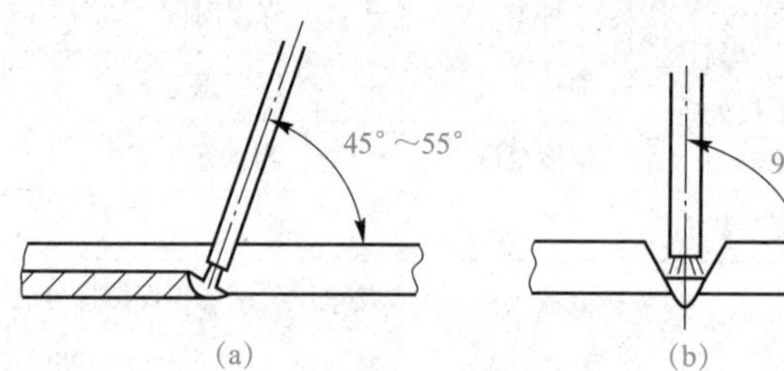

图 2-40　焊条夹角

(a) 焊条与焊缝轴线方向夹角；(b) 焊条与焊缝轴线垂直方向夹角

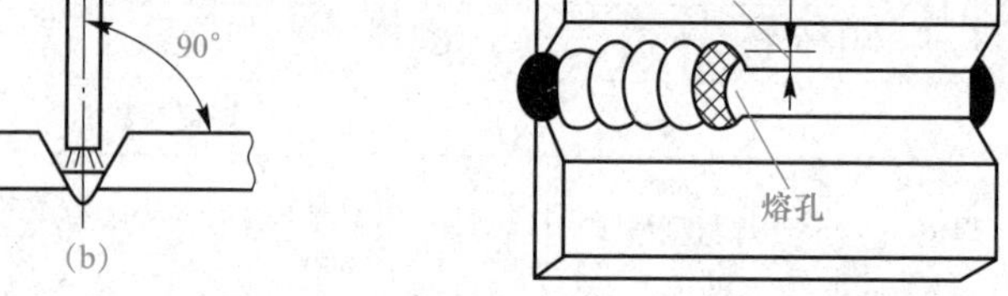

图 2-41　熔孔示意图

2）采用灭弧焊法，焊接电弧要控制得短些，点焊要均匀，前进的速度不宜过快，引弧、熄弧频率控制在 40 ～ 60 次 /min。要注意将焊接电弧的 2/3 覆盖在熔池上，电弧的 1/3 保持在熔池前，用来熔化和击穿焊件的坡口根部形成熔孔。施焊过程中要严格控制熔池的形状，尽量保持大小一致。并观察熔池的变化和坡口根部的熔化情况，如果发现熔孔增大，则焊条稍作提起，同时减小焊条与前进方向的角度；反之，当熔孔缩小时，则压低电弧，同时增大焊条与前进方向的角度。

3）焊缝接头。当焊条即将焊完，更换焊条时，将焊条下压，使熔孔稍微扩大向焊接反方向拉回 10 ～ 15 mm，并迅速提起焊条，使电弧逐渐拉长且熄弧，形成斜坡形再熄弧，这样可把收弧缩孔消除或带到焊道表面，以便在下一根焊条焊接时将其熔化掉。焊缝接头分为冷接法和热接法。采用热接法时，换焊条速度要快，即收弧时熔池还未完全冷却就立即接头，在熔池后约 10 mm 处引弧，并立即将电弧拉回至原弧坑的前沿，下压电弧，重新击穿间隙再生成一个熔孔，待新熔孔形成后，再按前述进行正常施焊。采用冷接法时，把距离弧坑 15 ～ 20 mm 斜坡上的熔渣敲掉并清理干净，在收弧熔池后约 10 mm 处引弧，焊条做横向摆动向前施焊，焊至收弧处前沿时，填满弧坑，焊条下压并稍作停顿。当听到电弧击穿声，形成新的熔孔后，逐渐将焊条抬起，进行正常施焊，如图 2-42 所示。

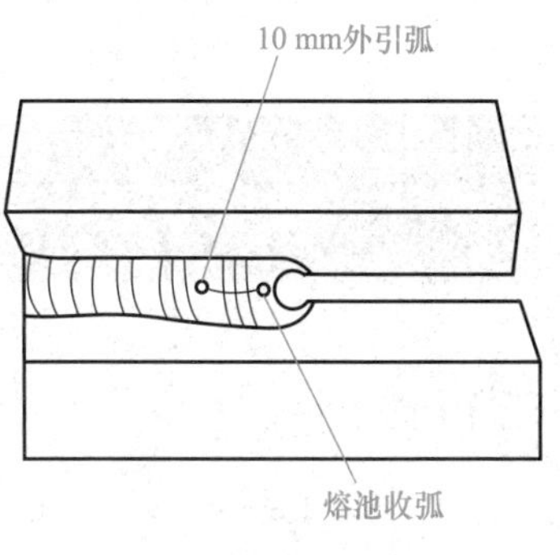

图 2-42　接头方法

（2）填充焊。

1）填充层为两层，施焊前先将前道焊缝的焊渣、飞溅等清除干净，将打底焊层焊缝接头的焊瘤打磨平整，然后进行填充焊，填充焊的焊条角度如图 2-43 所示。

2）填充焊采用连续焊，在距离焊缝起始端 10 ～ 15 mm 处引弧后，将电弧拉回起始端施焊，每次接头或其他填充层也都按此方法操作，以防止产生焊接缺陷，如图 2-44 所示。

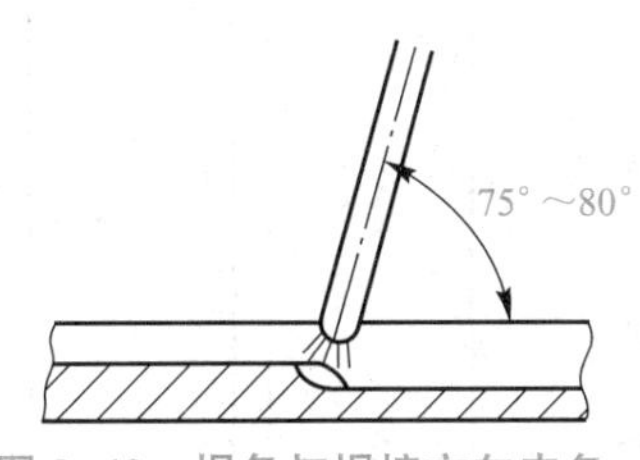

图 2-43　焊条与焊接方向夹角

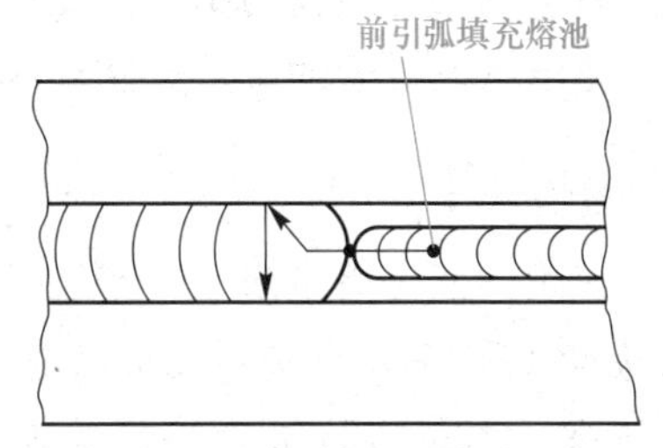

图 2-44　填充层接头

3）采用月牙形或横向锯齿形摆动运条，控制好焊道两侧熔合情况，焊条摆幅加大，在坡口两侧稍加停顿，以保证熔池及坡口两侧温度均衡，并且有利于良好的熔合和排渣。最后一层填充后应比母材表面低 0.5 ～ 1.5 mm，如图 2-45 所示，并且焊缝中心稍向下凹，两边与母材交界处要高，注意不能熔化坡口两侧的棱边，确保焊接盖面层时能看清坡口，以保证盖面焊缝边缘平直。

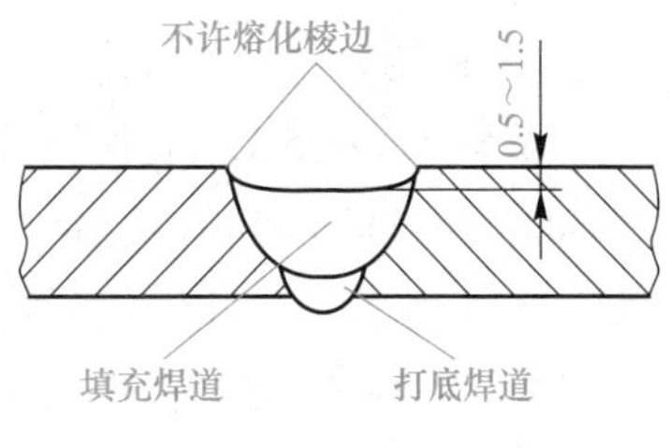

图 2-45　填充层焊道

（3）盖面焊。盖面焊盖面层施焊时的焊条角度、运条方法及接头方法与填充层相同，但盖面层施焊时焊条摆动的幅度要比填充层大。焊条电流可适当小些，摆动时要注意摆动幅度一致，运条速度均匀，摆动至坡口两侧稍作停顿，以焊条焊芯到达坡口边缘为止，坡口边缘熔化 1 ～ 2 mm，以便使焊缝两侧边缘熔合良好，避免产生咬边，以得到优质的盖面焊缝，当试件焊接至末端收弧时，由于温度较高，为避免产生未填满等缺陷，应采用画圆圈法填满弧坑。

3. 清理现场

焊接结束后，必须整理工具设备，关闭电源，将电缆线盘好，清扫场地。

清理焊瘤

4. 焊后检验

焊后对焊缝表面进行检验，用焊缝检验尺对焊缝进行测量，应满足要求。

任务六　实施焊条电弧焊 T 形接头立角焊

【学习目标】

1. 知识目标

（1）掌握焊条电弧焊 T 形接头立角焊工艺分析；

（2）掌握焊条电弧焊 T 形接头立角焊操作方法。

2. 能力目标

（1）能够进行焊条电弧焊 T 形接头立角焊工艺分析；

（2）具备焊条电弧焊 T 形接头立角焊操作技能。

3. 素养目标

（1）培养细心、严谨的工作态度；

（2）培养认真负责的劳动态度和敬业精神。

焊条电弧焊 T 形接头立角焊

【任务描述】

在工程中，立角焊多用于梁、柱、架及船的球鼻、龙骨的角接或 T 形接头的立焊缝的焊接结构件中，日常所见的有桥梁、大型的高压线柱和多种多样的桁架等。本次任务进行焊条电弧焊 T 形接头平角焊，训练图样如图 2–46 所示。

板材为 Q235B，根据图样可知，两块试板尺寸分别为 300 mm×150 mm×12 mm 和 300 mm×75 mm×12 mm，组装成 T 形接头，进行单面平角焊，要求焊脚尺寸为 10 mm，焊缝表面无焊接缺陷，焊缝波纹均匀，宽窄一致，高低平整，焊后无变形。通过此任务使学生掌握焊条电弧焊立角焊操作技能。

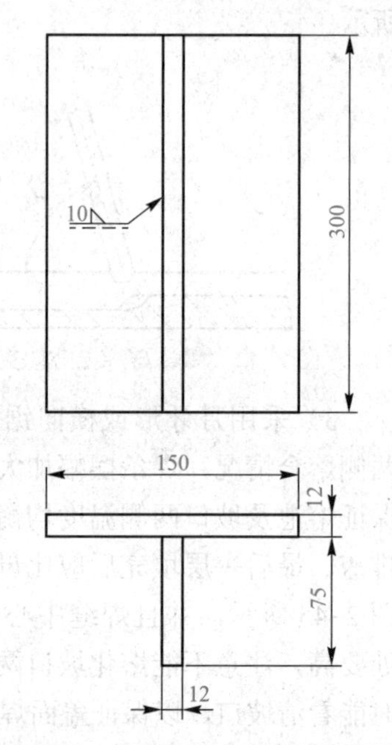

图 2–46　T 形接头立角焊训练图样

【知识储备】

一、工艺分析

T 形接头立焊时，由于在重力的作用下，焊条熔化所形成的熔滴及熔池中的熔化金属要下淌，造成焊缝成形困难。因此，立焊时采用较小的焊条直径和较小的焊接电流，焊接电流比平焊时的电流小 10% ～ 15%，并应采用短弧焊接。对于焊脚尺寸较小的焊缝，可采用挑弧运条法；对于焊脚尺寸较大的焊缝，可采用月牙形、三角形、锯齿形等运条手法，如图 2–47 所示。为避免出现咬边等缺陷，除选用合适的焊接电流外，焊条在焊缝两侧应稍停片刻，使熔化金属能填满焊缝两侧的边缘部分。焊条的摆动宽度应小于所要求的焊脚尺寸，例如，当要求焊出焊脚尺寸为 10 mm 的焊缝时，焊条的摆动范围应在 8 mm 以内，否则焊缝两侧将不均匀。

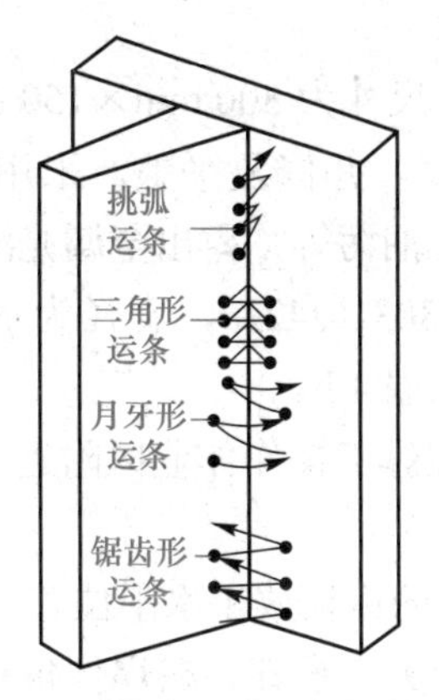

图 2-47　不同焊脚尺寸立角焊的运条方法

二、工艺确定

Q235B 板 T 形接头平角焊焊条电弧焊的焊接工艺卡见表 2-19。

表 2-19　Q355B 板 T 形接头平角焊焊条电弧焊的焊接工艺卡

<table>
<tr><td rowspan="11">适用
范围</td><td>材料牌号</td><td>Q235B</td><td colspan="5" rowspan="8">焊接节点图：</td></tr>
<tr><td>材料规格</td><td>300 mm×150 mm×12 mm 和
300 mm×75 mm×12 mm</td></tr>
<tr><td>接头种类</td><td>T 形接头</td></tr>
<tr><td>坡口形式</td><td>I 形</td></tr>
<tr><td>坡口角度</td><td>—</td></tr>
<tr><td>钝边</td><td>—</td></tr>
<tr><td>组对间隙</td><td>≤ 0.5 mm</td></tr>
<tr><td>焊接方法</td><td>SMAW</td></tr>
<tr><td>电源种类</td><td>直流</td><td rowspan="3">焊后
热处理</td><td>种类</td><td>—</td><td>保温时间</td><td>—</td></tr>
<tr><td>电源极性</td><td>反接</td><td>加热方式</td><td>—</td><td>层间温度</td><td>—</td></tr>
<tr><td>焊接位置</td><td>3F</td><td>温度范围</td><td>—</td><td>测量方法</td><td>—</td></tr>
<tr><td colspan="8">焊接参数</td></tr>
</table>

<table>
<tr><td>焊层</td><td>焊材型号</td><td>焊材直径
/mm</td><td>焊接电流
/A</td><td>焊接电压
/V</td><td>焊接速度 /
(cm · min^{-1})</td></tr>
<tr><td>打底层</td><td rowspan="2">E4303</td><td>3.2</td><td>110 ～ 130</td><td>20 ～ 24</td><td>12 ～ 14</td></tr>
<tr><td>盖面层</td><td>4.0</td><td>100 ～ 120</td><td>20 ～ 24</td><td>12 ～ 14</td></tr>
</table>

【任务实施】

1. 焊前准备

（1）工件准备。Q235B 钢板，尺寸为 300 mm×150 mm×12 mm 和 300 mm×75 mm×12 mm，各一件。检查钢板平直度，并修复平整。采用角磨机或钢丝刷对焊接区进行清理，需打磨试件表面，去除锈蚀、油污等，露出金属光泽。

（2）焊接材料准备。选用 E4303（J422），直径为 ϕ3.2 mm 和 ϕ4.0 mm 的焊条，严格要求时进行 150 ～ 200 ℃烘干，保温 1 h。

（3）辅助工具及量具准备。在焊工操作作业区附近准备好钢丝刷、清渣锤、錾子、钢直尺、焊缝检验尺等工具和量具。

（4）装配定位。将 150 mm 宽的钢板放于水平位置，将 75 mm 宽的钢板垂直置于水平板的 1/2 位置处，不留间隙，两端头应平齐。在焊件角焊缝的背面两端进行定位焊，定位焊缝的长度为 10 ～ 15 mm。定位焊时采用正式焊缝所用的焊条，焊接电流要比正式焊接电流大 15% ～ 20%，以保证定位焊缝的强度和焊透。用直角尺检查两钢板是否垂直，若不垂直，应进行矫正。

（5）固定焊件。把装配好的焊件竖直固定在操作平台或焊接胎架上，焊缝与地面垂直。

（6）焊接参数设定。开启焊机，按照焊接工艺卡设定焊接参数。

2. T 形接头立角焊操作

（1）打底层焊接。打底层焊接焊条角度如图 2-48 所示，采用三角形运条方法焊接（也可采用灭弧法打底）。

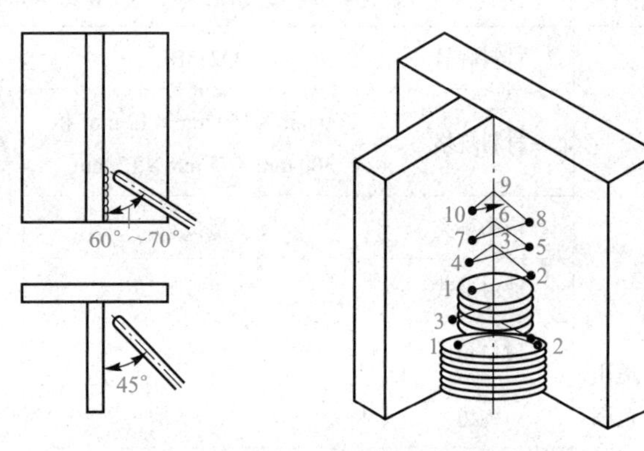

图 2-48　T 形接头立角焊焊条角度和运条方法

焊接时从工件下端定位焊缝处引弧，引燃电弧对工件预热 1 ～ 2 s 后，压低电弧至 2 ～ 3 mm，使焊缝根部形成椭圆形，形成第一个熔池，随即迅速将电弧提高 3 ～ 5 mm，等熔池冷却为一个暗点、直径约为 3 mm 时，立即将电弧沿焊接方向挑起（电弧不熄灭），让熔池冷却凝固。待熔池颜色由亮变暗时，再将电弧下降到引弧处，重新引弧焊接，新熔池与前一个熔池重叠 2/3，然后再提高电弧，这样不断地挑弧—下移熔池—挑弧，有节奏地运条，形成一条较窄的立角焊道，作为第一层焊道，即打底焊采用挑弧操作手法施焊。

（2）盖面层焊接。

1）盖面层焊前，应清理前一层焊道的熔渣和飞溅，焊缝接头处凸起部分需打磨平整。

2）在试板最下端引弧，焊条角度如图 2-48 所示，采用小间距锯齿形运条法，横向摆动向上焊接。采用锯齿形运条法进行焊接，焊条摆动的宽度要小于所要求的焊脚尺寸，如所要求的焊脚尺寸为 10 mm，焊条摆动的范围应在 8 mm 以内（考虑到熔池的熔宽，待焊缝成形后就可达到焊脚尺寸的要求）。为了避免出现咬边等缺陷，除选用合适的焊接电流外，焊条在焊道中间摆动应稍快些，两侧稍作停顿，使熔化金属填满焊道两侧边缘部分，并保持每一个熔池均呈现扁圆形，即可获得平整的焊道。

3）盖面焊可选用连弧焊，但焊接时要控制好熔池温度，若出现温度过高的情况，应随时随地灭弧，降低熔池温度后再起弧焊接，从而避免焊缝过高或焊瘤的出现。

4）焊缝接头应采用热接法焊接，做到快、准、稳。若用冷接法，可通过预热法的操作来完成。焊后应对焊缝进行质量检查，发现问题应及时处理。

3. 清理现场

焊接结束后，必须整理工具设备，关闭电源，将电缆线盘好，清扫场地。

4. 焊后检验

焊后对焊缝表面进行检验，用焊缝检验尺对焊脚进行测量，应满足要求。

任务七　实施焊条电弧焊板对接立焊

焊条电弧焊板对接立焊

【学习目标】

1. 知识目标

（1）掌握焊条电弧焊板对接立焊工艺分析；

（2）掌握焊条电弧焊板对接立焊操作方法。

2. 能力目标

（1）能够进行焊条电弧焊板对接立焊工艺分析；

（2）具备焊条电弧焊板对接立焊操作技能。

3. 素养目标

（1）培养细心、严谨的工作态度；

（2）培养认真负责的劳动态度和敬业精神。

【任务描述】

本次任务进行焊条电弧焊板对接平焊训练，训练图样如图 2-49 所示。

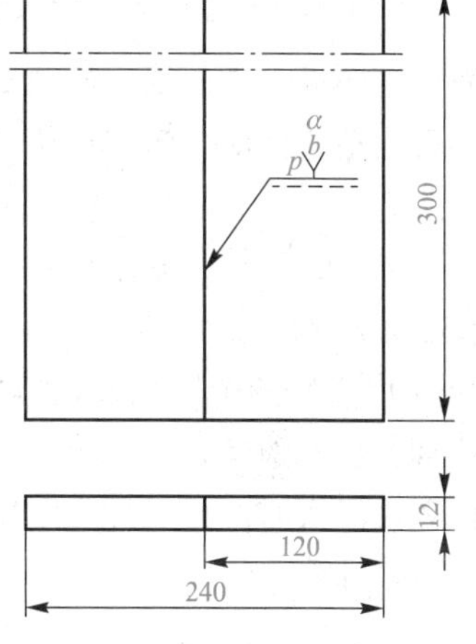

图 2-49　T 形接头平角焊训练图样

板材为 Q235B 钢板，根据图样可知，板材尺寸为 300 mm×120 mm×12 mm，两块，开 V 形坡口，根部间隙 $b = 3.2 \sim 4.0$ mm，坡口角度 $\alpha = 60° \pm 5°$，钝边 $p = 0.5 \sim 1$ mm。要求单面焊双面成形，焊缝表面无缺陷，焊缝波纹均匀，宽窄一致，高低平整，焊缝与母材圆滑过渡，焊后无变形。

【知识储备】

一、工艺分析

对接立焊可采用自上而下和自下而上两种焊接方法，分别称为向下立焊和向上立焊。

1. 不开坡口的向上立焊

采用向上立焊时，焊接电流要比平焊时小。对于不开坡口的对接立焊，当焊接薄板时，容易产生烧穿、咬边和变形等缺陷。采用短弧焊接，可使熔滴过渡的距离缩短，易于操作，有利于避免烧穿和缩小受热面积。运条手法可用直线形、月牙形或锯齿形等。如发现熔化金属下淌、焊缝成形不良的部位，应立即铲去，一般可用电弧吹掉后再向上焊接。当发现有烧穿时，应立即停止焊接，将烧穿部位焊补后，再进行焊接。

2. 不开坡口的向下立焊

采用向下立焊时，应使用向下立焊焊条，焊接时焊条不摆动，焊条套筒直接放在工件表面，直拖而下。向下立焊时，所用焊条的熔渣凝固温度范围较小，这样焊接时既不淌渣，又能盖住焊缝，焊接速度比向上立焊快一倍，焊缝成形良好。向下立焊一般用于薄板的焊接。

采用酸性焊条时，也必须使用小直径焊条，并注意焊条的角度，一般采用长电弧焊接法。在操作中应注意观察焊缝的中心线、焊接熔池和焊条的起落位置。由于酸性焊条的熔渣为长渣，所以要求焊条摆动速度快而准确。焊条的摆动方法是以焊缝中心线为基准，从左右两侧向中间做半圆形摆动。

3. 开 V 形坡口对接的多层立焊

开 V 形坡口对接立焊，一般采用多层焊。焊接时，一定要注意每层焊缝的成形，如果焊缝不平，中间高、两侧低，甚至形成尖角，则不仅会给清渣带来困难，而且会因成形不良而造成夹渣、未焊透等缺陷。开坡口的对接立焊包括打底焊、中间层焊缝焊接和盖面焊接。

（1）打底焊。多层焊时，在焊接接头根部焊接的焊道为打底焊道。打底焊时，应选用直径较小的焊条和较小的焊接电流。对开 V 形坡口的厚板，可采用小三角形运条法；对开 V 形坡口的中厚板或较薄板，可采用小月牙形运条法。打底焊时一定要保证焊缝质量，特别要注意避免产生气孔。如果第一层焊缝产生了气孔，就会形成自下而上的贯穿气孔。在焊接厚板时，打底焊宜采用逐步退焊法，每段长度不宜过长，应按每根焊条可能焊接的长度来计算。

（2）中间层焊缝焊接。中间层焊缝焊接主要是填满焊缝。为提高生产率，可采用月牙形运条法，焊接时应避免产生未熔合、夹渣等缺陷。接近表面的一层焊缝的焊接非常重要，首先要将以前各层焊缝的凸凹不平处加以平整，为焊接盖面焊缝打好基础。这层焊缝一般比板面低 1 mm 左右，而且焊缝中间应有些凹，以保证表面焊缝成形美观。

（3）盖面焊接。盖面焊多层焊的最外层焊缝，应满足焊缝外观尺寸的要求。运条手法可按要求的焊缝余高加以选择：如果余高要求较高，则焊条可做月牙形摆动；如果对余高要求稍平整，则焊条可做锯齿形或单 8 字形摆动。在焊接盖面焊缝时，运条的速度必须均匀一致。当焊条在焊缝两侧时，要将电弧进一步缩短，并稍作停留，这样有利于熔滴的过渡和减小电的辐射面积，以防止产生咬边等缺陷。

二、工艺确定

Q235B 焊条电弧焊板对接立焊的焊接工艺卡见表 2-20。

表 2-20　Q235B 焊条电弧焊板对接立焊的焊接工艺卡

适用范围	材料牌号	Q235B	焊接接头简图： 60° 12 0.5～1 3.2～4				
	材料规格	300 mm×120 mm×12 mm					
	接头种类	对接					
	坡口形式	V 形					
	坡口角度	60°					
	钝边	0.5 ～ 1 mm					
	组对间隙	3.2 ～ 4 mm					
	焊接方法	SMAW					
	电源种类	直流	焊后热处理	种类	—	保温时间	—
	电源极性	反接 / 正接		加热方式	—	层间温度	—
	焊接位置	3G		温度范围	—	测量方法	—

焊接参数

焊道	焊材型号	焊材直径 /mm	焊接电流 /A	焊接电压 /V	焊接速度 /（cm · min^{-1}）
打底层	E4303	3.2	90 ～ 100	20 ～ 24	12 ～ 14
填充层		3.2	120 ～ 130	20 ～ 24	14 ～ 16
盖面层		3.2	110 ～ 120	20 ～ 24	14 ～ 16

【任务实施】

1. 焊前准备

立焊

（1）工件准备。Q235B 钢板，尺寸为 300 mm×120 mm×12 mm，两块。采用气割的方式开坡口，坡口单边角度为 30°，钝边为 0.5 ～ 1 mm。检查钢板平直度，并修复平整。采用角磨机将坡口及其附近 20 ～ 30 mm 范围内清理干净，露出金属光泽。

（2）焊接材料准备。选用 E4303（J422），直径为 ϕ3.2 mm 的焊条，严格要求时进行 150 ～ 200 ℃烘干，保温 1 h。

（3）辅助工具及量具准备。在焊工操作作业区附近准备好钢丝刷、清渣锤、錾子、钢直尺、焊缝检验尺等工具和量具。

（4）装配定位。将两块钢板放于水平位置，使两端头平齐，在两端头进行定位焊，定位焊焊缝长度为 10 ～ 15 mm。装配间隙始焊处为 3.2 mm，终焊处为 4 mm，反变形量约为 3°，错边量≤ 1 mm。定位焊要保证背面焊透，无表面气孔、夹渣、未熔合等缺陷，定位焊点两端应先打磨成斜坡，以利于接头。

（5）固定焊件。把装配好的焊件竖直固定在操作平台或焊接胎架上。焊缝垂直于地面，组对间隙小的一端在下。

（6）焊接参数设定。开启焊机，按照焊接工艺卡设定焊接参数。

2. 板对接平焊操作

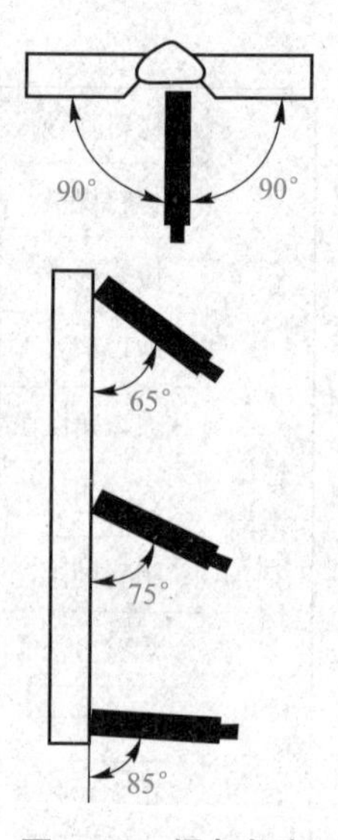

图 2-50 焊条角度

（1）打底层的焊接。

1）打底层焊接采用向上立焊，焊条与水平方向夹角为 90°，与垂直方向夹角为 65° ～ 85°，如图 2-50 所示，开始焊接时，由于试板两侧温度较低，焊条角度大一些。随着焊接的进行角度适当变小。

2）打底层采用断弧焊法，在试板下端定位焊缝上面引燃电弧，电弧稍作停顿，预热 1 ～ 2 s 后，开始摆动并向上运动，到定位焊缝前沿时，稍加大焊条角度，同时下压电弧并稍作摆动，当听到击穿声形成熔孔，注意控制熔孔和熔池的大小，合适的熔孔大小如图 2-51 所示。立焊熔孔可以比平焊时稍大些，熔池表面呈水平的椭圆形，焊接电弧应控制短些，使焊条药皮熔化时产生的气体和熔渣能可靠地保护熔池，防止产生气孔，焊条末端距离坡口底边 1.5 ～ 2 mm，使电弧的 1/2 对着坡口间隙，电弧的 1/2 覆盖在熔池上，大约有一半电弧在熔池的上部坡口间隙中燃烧。

3）焊缝接头。每当焊完一根焊条收弧时，应将焊条向焊接反方向拉回 10 ～ 15 mm，并将电弧迅速拉长直至熄灭，这样可避免弧坑处出现缩孔，并使冷却后的熔池形成一个缓坡，有利于接头。当采用热接法时，更换焊条要迅速，在熔池上方约 10 mm 的一侧坡口面上引弧，引燃后立即拉回到原来的弧坑上进行预热，焊条角度比正常焊接角度大约 10°，压低电弧向焊道根部背面压送，稍作停留，等焊缝根部被击穿并形成熔孔时，焊条倾角恢复正常角度，不宜急于熄弧，最好连弧锯齿形摆动几下之后，再恢复正常的断弧焊法，如图 2-52 所示。冷接法施焊前，先清理接头处焊渣并将收弧处焊缝打磨成缓坡状，然后按热接法的引弧位置、操作方法进行焊接。

（2）填充层接焊。填充焊前应对底层熔渣进行彻底清理，可用扁铲铲除接头高点和焊瘤，使底层焊道基本平整。为了保证质量，填充层应该焊接两层完成。

1）填充第一层主要消除、熔合打底焊道的潜在缺陷，基本保证焊道厚度与工件表面距离一致。采用短弧小锯齿形运条，调节焊接电流，在试件下端 20 mm 处引弧，拉到最端部压低电弧稍作停顿，待形成熔池，锯齿摆动，中间一带而过，坡口两边稍作停顿，观察熔池长大情况，主要熔合坡口两侧形成的沟槽。由于坡口较窄，运条速度要快，否则又会形成新的沟槽。填充层的焊接操作，如图 2-52 所示。填充层焊缝接头时，尽量采用热接头，迅速更换焊条，在弧坑上方 10 mm（或更长）处向下划擦引燃电弧，电弧拉至弧坑处，压弧坑 2/3 沿弧坑的形状摆动一次，将弧坑填满，转为正常运条。

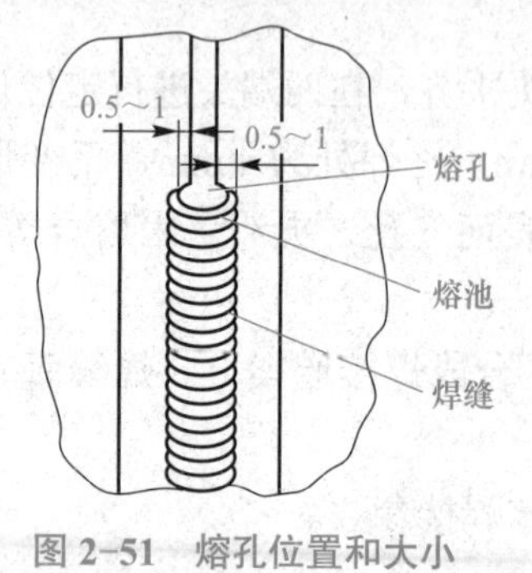

图 2-51 熔孔位置和大小

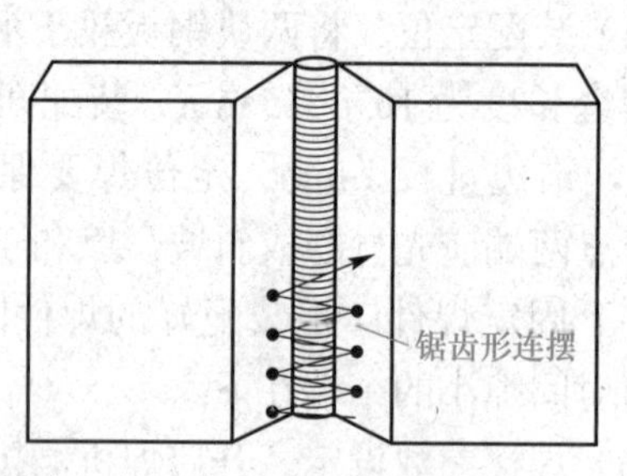

图 2-52 填充层焊接的运条方法

2）填充第二层主要控制焊道整体厚度上下一致，清理熔渣飞溅，采用月牙形或锯齿形运条，摆动幅度大于第一填充层，运条速度稍慢。焊接过程中注意观察熔池温度变化，及时调整运条速度。填充层焊完后的焊缝应比坡口边缘低 1 ～ 1.5 mm，如图 2–53 所示，焊缝平整或呈凹形，便于盖面层时看清坡口边缘，为盖面层的施焊打好基础。

（3）盖面焊。盖面层施焊前应将前一层的熔渣和飞溅清除干净，施焊时的焊条角度、运条方式和接头方法与填充层相同，但焊条水平摆动幅度比填充层更宽。在施焊时应注意运条速度要均匀、宽窄要一致，焊条摆动到坡口两侧时应将电弧进一步压低，并稍作停顿，避免咬边，从一侧摆至另一侧时应稍微快些，防止产生焊瘤。运条时使每个新熔池覆盖前一个熔池的 2/3 ～ 3/4，始终控制电弧熔化母材棱边 1 mm 左右内的金属，这样可有效地获得宽度一致的平直焊缝，如图 2–54 所示。盖面焊接头时，在何处收弧则在何处接弧，使接头圆滑过渡。

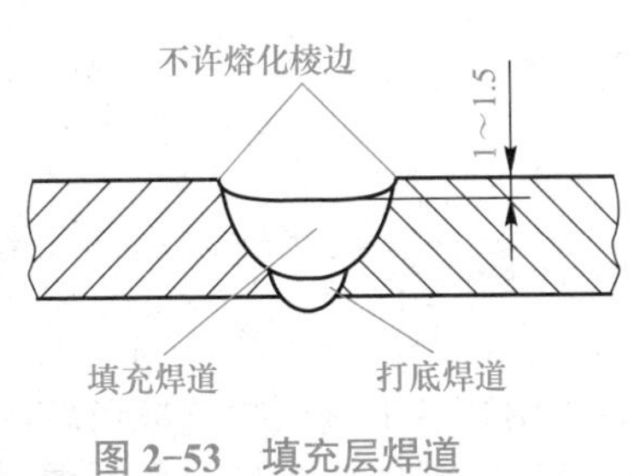

图 2–53　填充层焊道

图 2–54　盖面层焊接的运条方法

3. 清理现场

焊接结束后，必须整理工具设备，关闭电源，将电缆线盘好，清扫场地。

4. 焊后检验

焊后对焊缝表面进行检验，用焊缝检验尺对焊缝进行测量，应满足要求。

任务八　实施焊条电弧焊板对接横焊

【学习目标】

焊条电弧焊板对接横焊

1. 知识目标

（1）掌握焊条电弧焊板对接横焊工艺分析；

（2）掌握焊条电弧焊板对接横焊操作方法。

2. 能力目标

（1）能够进行焊条电弧焊板对接横焊工艺分析；

（2）具备焊条电弧焊板对接横焊操作技能。

3. 素养目标

（1）培养细心、严谨的工作态度；

（2）培养认真负责的劳动态度和敬业精神。

【任务描述】

本次任务进行焊条电弧焊板对接横焊训练，训练图样如图 2–55 所示。

板材为 Q235B 钢板，根据图样可知，板材尺寸为 300 mm×120 mm×12 mm，两块，开 V 形坡口，根部间隙 b = 3.2 ～ 4 mm，坡口角度 α = 60°±5°，钝边 p = 0.5 ～ 1 mm。要求单面焊双面成形，焊缝表面无缺陷，焊缝波纹均匀，宽窄一致，高低平整，焊缝与母材圆滑过渡，焊后无变形。

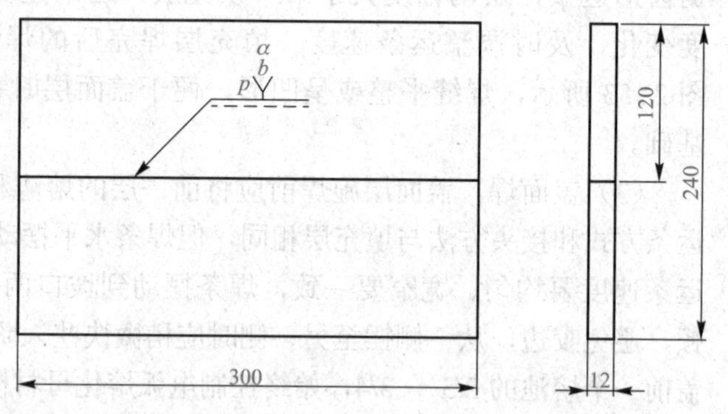

图 2–55　焊条电弧焊板对接板对接横焊训练图样

【知识储备】

一、工艺分析

板对接横焊时，熔滴和熔池中熔化的金属受重力作用容易下淌，焊缝成形较困难，如果焊接参数选择不当或运条操作不当，则容易产生焊缝上侧咬边、焊缝下侧金属下坠、焊瘤、夹渣、不焊透等缺陷。为避免上述缺陷的产生，应采用短弧、多层多道焊接，并根据焊道的不同位置，及时调整焊条的角度和焊接速度，控制熔池和熔孔的尺寸，保证正、反两面焊缝成形良好。

1．打底层焊接

打底层是 V 形坡口板对接单面横焊双面成形的关键工序。首先，要解决焊缝在工件背面成形的问题；其次，焊缝内部和表面不能有焊接缺陷。

（1）打底层焊条角度。为了防止背面焊缝产生咬边、未焊透等缺陷，焊条与板下方之间的角度为 80°～ 85°。在横焊过程中还应注意，电弧应指向横板对接坡口下侧根部，每次运条时电弧在此处应停留 1 ～ 1.5 s，让熔化的液态金属吹向上侧坡口，以得到良好的根部成形。单面横焊双面成形打底层焊法分为连弧焊和断弧焊两种，其中连弧焊打底层焊条角度如图 2–56 所示，断弧焊打底层焊条角度如图 2–57 所示。

（2）打底层焊法。

1）连弧焊法。当试件间隙偏小时，采用连弧焊法焊接。在工件左端定位焊缝上的始焊端引弧，焊条不做横向摆动，以短弧直线形运条，先焊一小段，多用于始焊端的小间隙焊缝。稍停预热，然后做横向小锯齿形摆动向前运条。当电弧到达定位焊缝终端时，压低电弧。待电弧前移到坡口根部使之熔化并击穿，当坡口根部形成熔孔后，就可转入正常焊接。为了保证焊接质量，用连弧焊法施焊打底层时还应注意：运条时首先向下面工件坡口摆动，熔化下面工件坡口根部，然后再熔化上面工件坡口根部，使熔孔呈斜椭圆形；要保持每侧坡口边缘 0.5 ～ 1 mm，并保持熔孔大小的一致性。

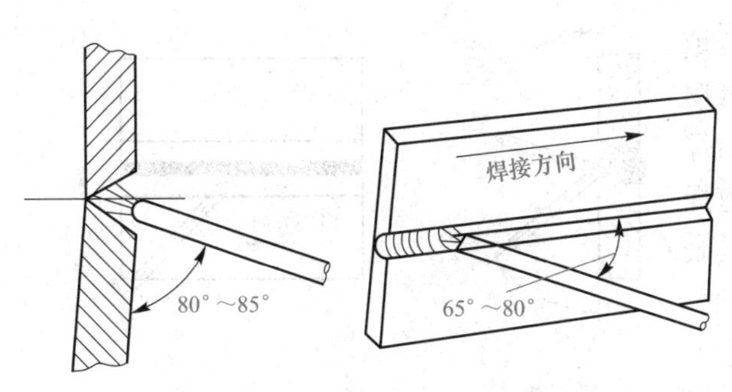

图 2-56 连弧焊打底层焊条角度

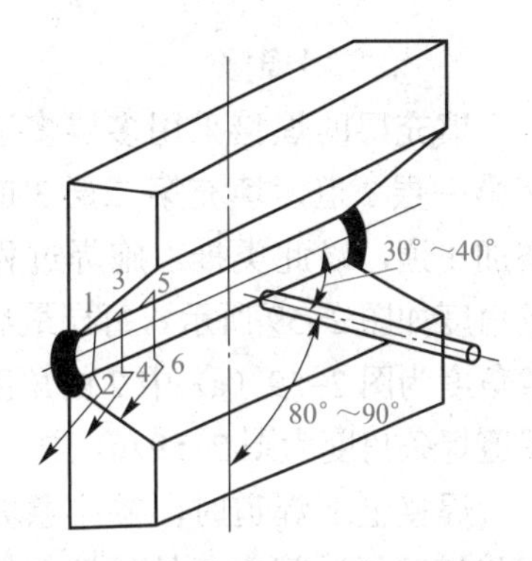

图 2-57 断弧焊打底层焊条角度

注意施焊过程中要采用短弧，使电弧的 1/3 在熔池前，用来击穿和熔化坡口根部，2/3 覆盖在熔池上，用来保护熔池，防止气孔的产生。应注意控制熔池温度，熔池温度不能过高，防止熔化金属因温度过高而外溢流淌形成焊瘤；运条要均匀，间距不宜过大。为防止产生咬边，焊条摆动到坡口上侧时应稍作停顿。

2）断弧焊法。采用直线形运条法，焊接过程中不做任何摆动，直至每根焊条焊完。焊道之间的搭接要适量，以不产生深沟为准。为避免在焊道之间的深沟内产生夹渣，通常两焊道之间搭接 1/3 ～ 1/2，最后一层填充层的高度以距母材表面 1.5 ～ 2 mm 为宜。

断弧焊时，首先在工件左端定位，焊缝始端引弧，电弧引燃后稍作停顿，然后以小锯齿形摆动向前运条。当电弧到达定位焊缝终端时，对准坡口根部中心，将焊条向根部顶送出稍作停顿。当听到电弧击穿坡口根部的“噗噗”声时，形成第一个熔池后立即灭弧，然后按图 2-58 所示方法运条。

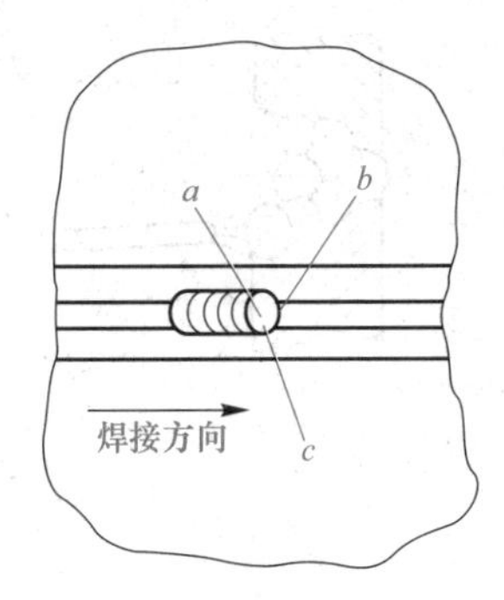

图 2-58 V 形坡口对接横焊时断弧焊的运条方法

当第一个熔池还处于暗红状态，立即从熔池中心 *a* 点引弧，然后将电弧移向与第一个熔池相连接的两坡口根部中心 *b* 点，并向背面顶送焊条。当听到击穿坡口根部的“噗噗”声后，将电弧移到 *c* 点灭弧，*c* 点处于 *a*、*b* 之间的下方，即原下坡口边缘搁置的熔池边缘。在 *c* 点灭弧，可增加熔池温度，减缓熔池冷却速度，防止电弧在 *a* 点燃烧时熔池金属下坠到下坡口，引起熔合不良，还可以防止产生缩孔、气孔等缺陷。如此 *a*—*b*—*c* 反复运条施焊。施焊过程中，应始终注意焊条总是顶着熔池，并保持一致的焊条角度，防止熔池金属超越电弧而引起夹渣等缺陷。停弧及接头的方法与连弧焊的相同。

连弧焊法和断弧焊法的焊接参数见表 2-21。

表 2-21 连弧焊法和断弧焊法的焊接参数

焊接层次		焊条直径 /mm	焊接电流 /A	装配间隙 /mm
打底层	断弧焊法	3.2	100 ～ 110	始端 3.2；终端 4
	连弧焊法	2.5	70 ～ 80	始端 2.5；终端 3.2

2. 填充层焊接

填充层的焊接采用多层多道焊，填充第一层 2 道，填充第二层 3 道，每层增加 1 道，以此类推。施焊过程中的焊条角度如图 2-59 所示。每层最后一道焊条角度为图 2-59（a）中 2 的角度，其余焊道焊条角度为图 2-59（a）中 1 的角度。

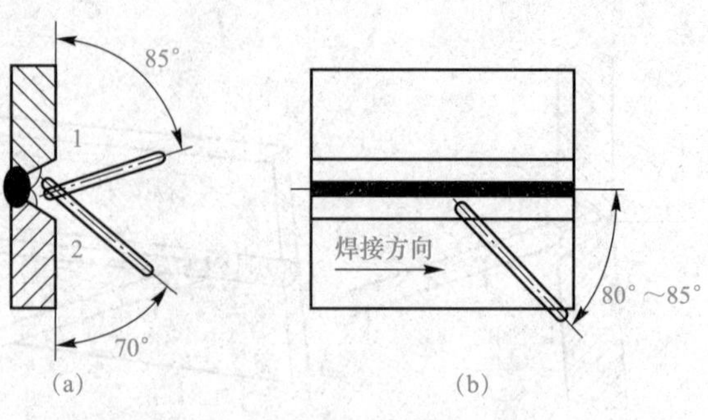

图 2-59 对接横焊填充层的焊条角度

（a）焊条与工件夹角；（b）焊条与焊缝中心线夹角

焊接上下焊道时，要注意坡口上下侧与打底焊道间夹角处的熔合情况，以防止产生未焊透与夹渣等缺陷，并且使上焊道覆盖下焊道 1/2 为宜，以防焊层过高或形成沟槽。填充层焊缝表面应距离下坡口表面约 2 mm，距上坡口 0.5 mm，注意不要破坏坡口两侧棱边，为施焊盖面层做准备。

3. 盖面层焊接

（1）采用直线形运条法时，焊条不做任何摆动。每层焊缝均由下坡口始焊，直线焊到终点。每层的若干条焊道也是由下板焊起，一条条焊道叠加，直至熔进上板母材 1 ～ 2 mm。焊接过程中采用短弧焊接，控制熔池金属的流动，防止产生熔化金属流淌的现象。焊条角度如图 2-60 所示。

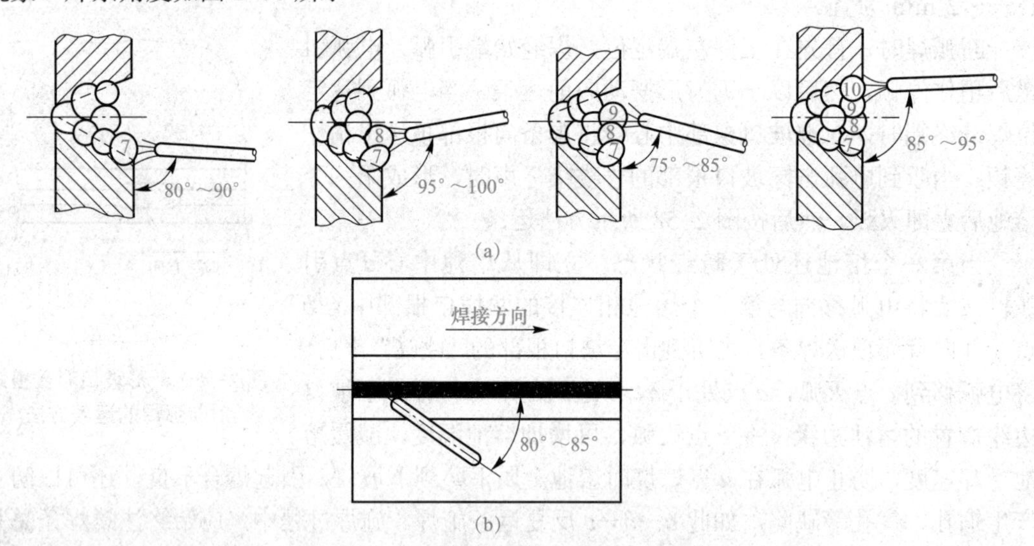

图 2-60 横焊盖面层的焊条角度

（a）焊条与工件夹角；（b）焊条与焊缝中心线夹角

（2）采用斜圆圈形运条时，应保持较短的焊接电弧和有规律的运条节奏。每个斜圆圈与焊缝中心的斜度不大于 45°。当焊条运动到斜圆圈上面时，电弧应短些并在此处稍停片刻，使较多的熔敷金属过渡到焊道中（以防咬边）。然后焊条缓缓地将电弧引到焊道下边，并稍稍向前移动（防止下滴的熔化金属堆积），再将电弧运动到斜圆圈的上面，如此反复循环，如图 2-61 所示。焊接过程中要保持熔池之间

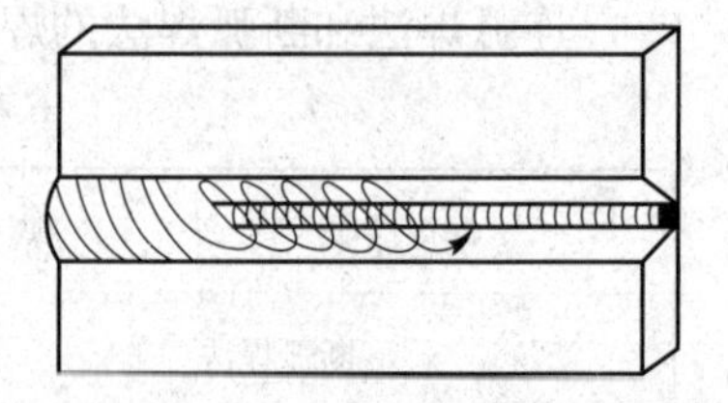

图 2-61 开坡口对接横焊时的斜圆圈形运条法

搭接 1/2 ～ 2/3，采用短弧以获得较好的焊缝成形。

二、工艺确定

Q235B 焊条电弧焊板对接横焊的焊接工艺卡见表 2–22。

表 2–22　Q235B 焊条电弧焊板对接横焊的焊接工艺卡

<table>
<tr><td rowspan="11">适用范围</td><td>材料牌号</td><td>Q235B</td><td colspan="5" rowspan="8">焊接接头简图：</td></tr>
<tr><td>材料规格</td><td>300 mm×120 mm×12 mm</td></tr>
<tr><td>接头种类</td><td>对接</td></tr>
<tr><td>坡口形式</td><td>V 形</td></tr>
<tr><td>坡口角度</td><td>60°</td></tr>
<tr><td>钝边</td><td>0.5 ～ 1 mm</td></tr>
<tr><td>组对间隙</td><td>3.2 ～ 4 mm</td></tr>
<tr><td>焊接方法</td><td>SMAW</td></tr>
<tr><td>电源种类</td><td>直流</td><td rowspan="3">焊后热处理</td><td>种类</td><td>—</td><td>保温时间</td><td>—</td></tr>
<tr><td>电源极性</td><td>反接</td><td>加热方式</td><td>—</td><td>层间温度</td><td>—</td></tr>
<tr><td>焊接位置</td><td>2G</td><td>温度范围</td><td>—</td><td>测量方法</td><td>—</td></tr>
<tr><td colspan="8">焊接参数</td></tr>
</table>

焊道	焊材型号	焊材直径 /mm	焊接电流 /A	焊接电压 /V	焊接速度 / $(cm \cdot min^{-1})$
打底层	E4303	3.2	100 ～ 110	20 ～ 24	12 ～ 14
填充层		3.2	120 ～ 140	20 ～ 24	14 ～ 16
盖面层		3.2	110 ～ 120	20 ～ 24	14 ～ 16

【任务实施】

1. 焊前准备

（1）工件准备。Q235B 钢板，尺寸为 300 mm×120 mm×12 mm，两块。采用气割的方式开坡口，坡口单边角度为 30°，钝边为 0.5 ～ 1 mm。检查钢板平直度，并修复平整。采用角磨机将坡口及其附近 20 ～ 30 mm 范围内清理干净，露出金属光泽。

（2）焊接材料准备。选用 E4303（J422），直径为 ϕ3.2 mm 的焊条，严格要求时进行 150 ～ 200 ℃烘干，保温 1 h。

（3）辅助工具及量具准备。在焊工操作作业区附近准备好钢丝刷、清渣锤、錾子、钢直尺、焊缝检验尺等工具和量具。

（4）装配定位。将两块钢板放于水平位置，使两端头平齐，在两端头进行定位焊，定位焊焊缝长度为 10 ～ 15 mm。装配间隙始焊处为 3.2 mm，终焊处为 4 mm，反变形量为

6°～8°，错边量≤1 mm。定位焊要保证背面焊透，无表面气孔、夹渣、未熔合等缺陷，定位焊点两端应先打磨成斜坡，以利于接头。

（5）固定焊件。把装配好的焊件竖直固定在操作平台或焊接胎架上。焊缝与地面水平，组对间隙小的一端在左。

（6）焊接参数设定。开启焊机，按照焊接工艺卡设定焊接参数。

2. 板对接平焊操作

（1）打底层的焊接。采用断弧焊法打底，在定位焊缝前引弧，随后将电弧拉到定位焊缝的中心部位预热。当坡口钝边即将熔化时，将熔滴送至坡口根部，并下压电弧，使焊接电弧将定位焊缝和坡口钝边熔合成一个熔池。当听到背面有电弧的击穿声时，立即熄弧，形成明显的熔孔。依次先上坡口、后下坡口进行往复击穿—熄弧—焊接。熄弧时快速将焊条移向后下方，动作要快。在从熄弧转入引弧时，焊条要与熔池保持较短的距离（做引弧的准备动作），待熔池温度下降、颜色由亮变暗时，迅速在原熔池的顶端引弧、熔焊片刻（约1 s），再立即熄弧。如此反复地引弧—熔焊—熄弧—引弧，即完成打底层的焊接。

焊缝接头采用热接法或冷接法焊接。收弧时，焊条向焊接反方向的下坡口面回拉10～15 mm后逐渐抬起焊条，形成缓坡；在距离弧坑前约10 mm的上坡口面将电弧引燃，电弧移至弧坑前沿时，压向焊根背面，稍作停顿，形成熔孔后，电弧恢复正常角度，再继续施焊。

（2）填充层的焊接。填充层焊接为2层5道，采用直线形运条。填充层施焊前先清除前焊缝的焊渣、飞溅，注意分清铁液和熔渣，控制熔池形状、大小和温度；并将焊缝接头过高处打磨平整。

填充层焊接时，先焊下焊道，后焊上焊道。焊下面的填充焊道时，电弧对准前层焊道的下沿稍摆动，熔池压住焊道的1/2～2/3；焊上面的填充焊道时，电弧对准前层焊道的上沿并稍做摆动，使坡口上侧与打底焊道的夹角处熔合良好，防止未焊透和夹渣，熔池填满空余位置。填充层焊缝焊完后，其表面应距离下坡口表面约2 mm，距离上坡口表面约0.5 mm。不要破坏坡口棱边。最后一层填充层焊缝与母材表面的位置关系，如图2-62所示。

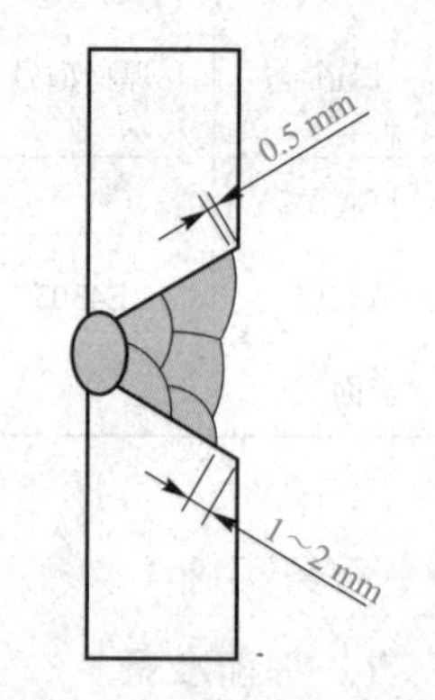

图2-62　最后一层填充层焊缝与母材表面的位置关系

（3）盖面焊。盖面焊与填充层的焊接基本相同。焊接过程中严格采用短弧，运条速度要均匀，并使坡口边缘熔合良好，防止咬边、未熔合和焊瘤等缺陷。盖面焊接时，盖面层焊缝焊三道，由下向上焊接，每条盖面焊道要依次压住前焊道的1/2～2/3。上面最后一条焊道施焊时，适当增大焊接速度或减小焊接电流，并调整焊条角度，避免液态金属下淌和产生咬边。

3. 清理现场

焊接结束后，必须整理工具设备，关闭电源，将电缆线盘好，清扫场地。

4. 焊后检验

焊后对焊缝表面进行检验，用焊缝检验尺对焊缝进行测量，应满足要求。

任务九　实施管对接水平固定焊条电弧焊

【学习目标】

1. 知识目标

（1）掌握管对接水平固定焊条电弧焊工艺分析；

（2）掌握管对接水平固定焊条电弧焊操作方法。

实施管对接水平固定焊条电弧焊

2. 能力目标

（1）能够进行管对接水平固定焊条电弧焊工艺分析；

（2）具备管对接水平固定焊条电弧焊操作技能。

3. 素养目标

（1）培养细心、严谨的工作态度；

（2）培养认真负责的劳动态度和敬业精神。

【任务描述】

本次任务进行管对接水平固定焊条电弧焊训练，训练图样如图 2-63 所示。

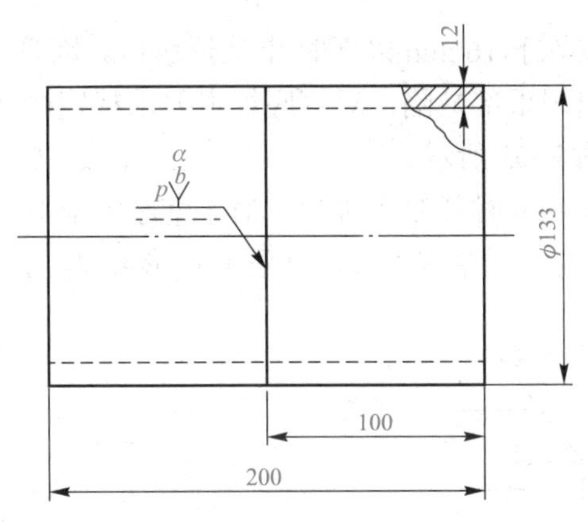

图 2-63　管对接水平固定焊条电弧焊训练图样

管材为 20 钢，根据图样可知，板材尺寸为 ϕ133 mm×100 mm×12 mm，两根，开 V 形坡口，根部间隙 b = 2.5 ～ 3.2 mm，坡口角度 α = 60° ±2°，钝边 p = 0.5 ～ 1 mm。要求单面焊双面成形，焊缝表面无缺陷，焊缝波纹均匀，宽窄一致，高低平整，焊缝与母材圆滑过渡，焊后无变形。

【知识储备】

一、工艺分析

管对接水平位置固定焊接又称为全位置焊接，在焊接过程中经历了仰焊、立焊和平焊三个过程，焊接难度大。随着焊接位置的变化，焊条角度要随着焊接位置的变化而变化，要始终与管子切线方向呈 80° ～ 90°，控制熔池和熔孔的尺寸，保证正、反两面焊缝成形良好。

1. 管对接水平固定焊接的特点

管对接水平固定焊接按直径不同可分为大直径管（≥ ϕ108 mm）的焊接和小直径管（< ϕ108 mm）的焊接；按管的厚度不同可分为厚壁管（≥ 10 mm）焊接和薄壁管（< 10 mm）焊接。管对接水平固定焊接具有以下主要特点：

（1）焊接空间位置不断变化。管件的水平固定焊接空间位置沿环形连续不断地变化，而焊工不易随管件空间位置的变化而相应地改变运条角度，给焊接操作带来比较大的困难。

（2）熔池形状不易控制。由于熔池形状不易控制，焊接过程中常出现打底层根部第一层焊不均匀，焊道表面易出现凹凸不平的情况。

（3）易产生焊接缺陷。管水平固定开 V 形坡口，焊缝根部经常出现焊接缺陷，其缺陷分布状况如图 2-64 所示。位置 1 与 6 易出现多种焊接缺陷；位置 2 易出现塌腰与气孔；位置 3 和 4 液态熔池易下淌形成焊瘤；位置 5 易出现塌腰，形成焊瘤或焊缝成形不均匀。

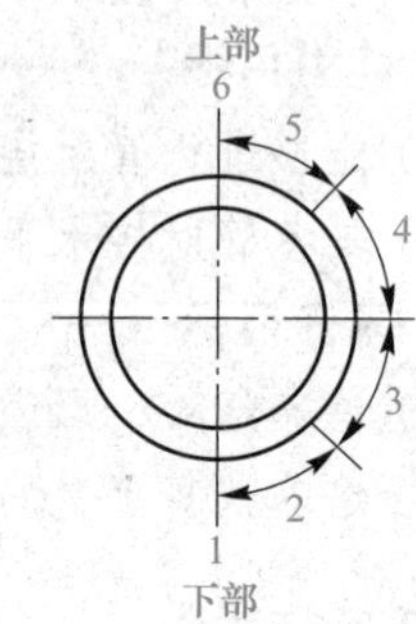

图 2-64　管水平固定焊接缺陷分布

2. 坡口的形状和尺寸

（1）管壁厚度小于或等于 16 mm 以下时开 V 形坡口。因管子的直径较小，只能从管的外侧进行焊接，容易出现根部缺陷，对打底焊道要求特别严格。管壁厚度在 16 mm 以下时可开 V 形坡口，如图 2-65 所示。

（2）管壁厚度大于 16 mm 时开 U 形坡口。对于壁厚大于 16 mm 的钢管，如果开 V 形坡口，则填充金属较多，焊接残余应力大，可采用 U 形坡口，如图 2-66 所示。

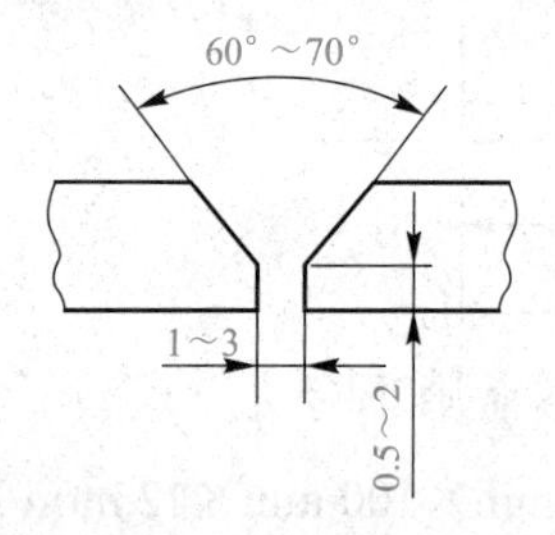

图 2-65　开 V 形坡口的组装尺寸

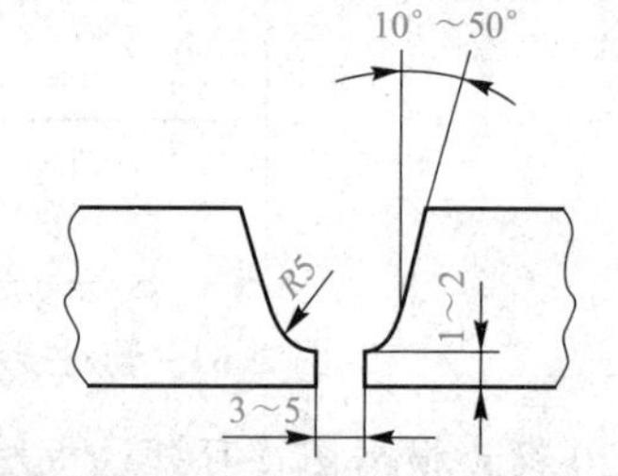

图 2-66　开 U 形坡口的组装尺寸

3. 管对接定位焊

管径不同时，定位焊缝的数目及位置亦不同。管径小于等于 42 mm 时，可在一处进行定位焊，如图 2-67（a）所示；管径为 42 ～ 76 mm 时，可在两处进行定位焊，如图 2-67（b）所示；管径为 76 ～ 133 mm 时，可在三处进行定位焊，如图 2-67（c）所示；管径更大时，可适当增加定位焊缝的数目。

定位焊缝长度一般为 15 ～ 30 mm，厚度为 3 ～ 5 mm。定位焊用直径 3.2 mm 的焊条，焊接电流为 90 ～ 130 A。

为了保证焊缝质量，对定位焊缝要进行认真检查和修整。如发现有裂纹、未焊透、夹渣、气孔等缺陷，必须重焊。定位焊时的渣壳、飞溅物等，应彻底清除掉，并将定位焊缝修成两头带缓坡的焊点。

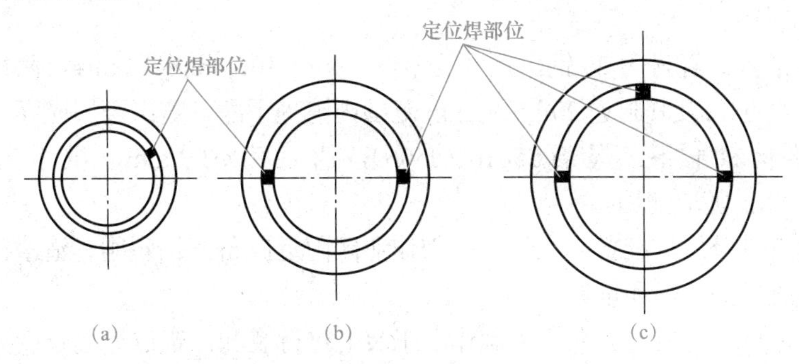

图 2-67　管水平位置固定的定位焊缝

(a) 管径≤ 42 mm；(b) 管径为 42 ～ 76 mm；(c) 管径为 76 ～ 133 mm

二、工艺确定

Q235B 焊条电弧焊板对接横焊的焊接工艺卡见表 2-23。

表 2-23　Q235B 焊条电弧焊板对接横焊的焊接工艺卡

<table>
<tr><td rowspan="11">适用范围</td><td>材料牌号</td><td>20</td><td colspan="5" rowspan="8">焊接接头简图：
60°±2°
12
1
2.5～3.2</td></tr>
<tr><td>材料规格</td><td>ϕ133 mm×100 mm×12 mm</td></tr>
<tr><td>接头种类</td><td>对接</td></tr>
<tr><td>坡口形式</td><td>V 形</td></tr>
<tr><td>坡口角度</td><td>60°</td></tr>
<tr><td>钝边</td><td>0.5 ～ 1 mm</td></tr>
<tr><td>组对间隙</td><td>2.5 ～ 3.2 mm</td></tr>
<tr><td>焊接方法</td><td>SMAW</td></tr>
<tr><td>电源种类</td><td>直流</td><td rowspan="3">焊后热处理</td><td>种类</td><td>—</td><td>保温时间</td><td>—</td></tr>
<tr><td>电源极性</td><td>反接</td><td>加热方式</td><td>—</td><td>层间温度</td><td>—</td></tr>
<tr><td>焊接位置</td><td>5G</td><td>温度范围</td><td>—</td><td>测量方法</td><td>—</td></tr>
</table>

<table>
<tr><td colspan="6">焊接参数</td></tr>
<tr><td>焊道</td><td>焊材型号</td><td>焊材直径/mm</td><td>焊接电流/A</td><td>焊接电压/V</td><td>焊接速度/(cm · min^{-1})</td></tr>
<tr><td>打底层</td><td rowspan="3">E5016</td><td>3.2</td><td>90 ～ 110</td><td>20 ～ 24</td><td>8 ～ 10</td></tr>
<tr><td>填充层</td><td>3.2</td><td>100 ～ 120</td><td>20 ～ 24</td><td>8 ～ 10</td></tr>
<tr><td>盖面层</td><td>3.2</td><td>100 ～ 130</td><td>20 ～ 24</td><td>8 ～ 10</td></tr>
</table>

【任务实施】

1. 焊前准备

（1）工件准备。管材为 20 钢，尺寸为 ϕ133 mm×100 mm×12 mm，两根。坡口单边角度为 30°，将坡口及其附近 20 ～ 30 mm 范围内清理干净，露出金属光泽。

（2）焊接材料准备。焊条 E5016（J506），直径为 ϕ3.2 mm，烘干温度为 350 ～ 400 ℃，保温 2 h，随取随用。

（3）辅助工具及量具准备。在焊工操作作业区附近准备好钢丝刷、清渣锤、錾子、钢直尺、焊缝检验尺等工具和量具。

（4）装配定位。将钢管放在角钢制作的工装上进行装配，定位焊缝长度为 10 mm，装配间隙始焊处为 2.5 ～ 3.2 mm，错边量≤ 0.5 mm。分别在 9、12、3 点处进行三点定位，定位焊要保证背面焊透，无表面气孔、夹渣、未熔合等缺陷，定位焊点两端应先打磨成斜坡，以利于接头。

（5）固定焊件。把装配好的焊件水平固定在操作平台或焊接胎架上，如图 2-68 所示。

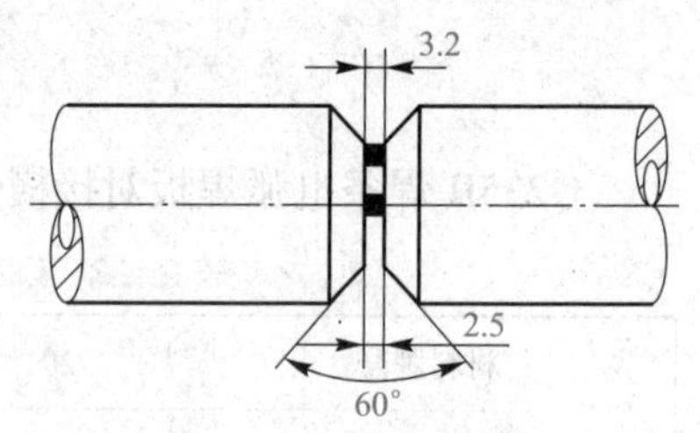

图 2-68　工装组装尺寸及位置

（6）焊接参数设定。开启焊机，按照焊接工艺卡设定焊接参数。

2. 管对接水平固定焊接操作

（1）打底层焊接。将水平固定管的横断面看作钟表盘，划分成 3、6、9、12 等时钟位置，焊接开始时，在时钟的 6 点位置起弧，把环焊缝分为两个半周。时钟 6 → 3 → 12 点位置为右半周；6 → 9 → 12 点位置为左半周。焊接时从仰焊位置由下向上分左右两半周进行焊接，引弧和收弧部位要超过中心线 5 ～ 10 mm。

1）右半周的焊接。采用断弧焊法进行打底焊，在仰焊部位时钟 6 点钟位置前 10 mm 处坡口内采用划擦法引弧，用长弧进行预热，经 2 ～ 3 s 后，坡口两侧接近熔化状态时，立即压低电弧，坡口内形成熔池后，随即抬起焊条熄弧，使熔池降温，待熔池变暗时，重新引弧并压低电弧向上送给，形成第二个熔池，如此反复，向前施焊。当运条到定位焊缝时，必须用电弧击穿根部间隙，使之充分熔合，在焊接过程中，焊条角度也必须相应改变，如图 2-69 所示。

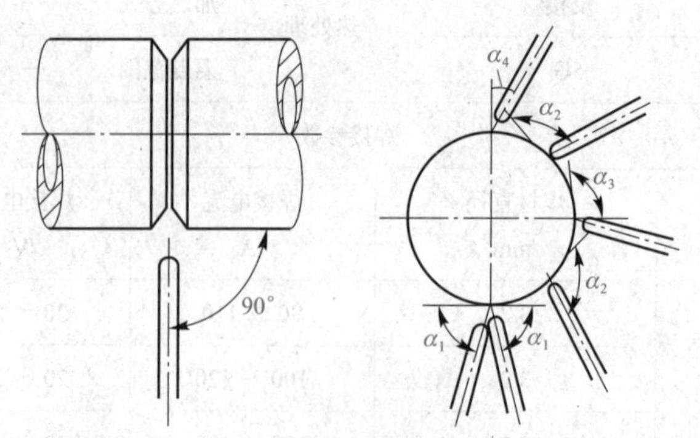

图 2-69　打底焊焊条角度

α_1 = 80° ～ 85°；α_2 = 100° ～ 105°；α_3 = 100° ～ 110°；α_4 = 110° ～ 120°

收弧操作时，焊条下压，熔孔稍有增大后，缓慢将电弧带至熔孔上方坡口内侧 10 mm 左右熄灭，防止产生冷缩孔。接头操作时，在收弧处后方约 15 mm 处引弧，待电弧稳定后迅速移至收弧熔孔的 1/2 处，听到击穿声稍做斜矩齿形运条动作，向前灭弧焊接。

2）左半周的焊接。左半部分焊缝焊接的操作方法与前半部分相似，但上下接头一定要接好，仰焊接头时，应把起头焊缝端头用工具修磨成斜口，这样既可把可能存在的缺陷去除，又有利于接头。接头处焊接时要使原焊缝充分熔化，并使之形成熔孔，以保证根部焊透。平焊接头时，应压低电弧，焊条前后摆动，推开熔渣，并击穿根部以保证焊透，熄弧前填满弧坑。

打底层操作的关键在于控制好熔池温度和熔孔的大小，打点要准确。熔孔过小，容易造成未焊透；应在压低电弧的同时增大焊条角度，适当延长电弧燃烧时间。熔孔过大，会出现背面焊缝超高及焊瘤缺陷；应减小焊条角度，加快灭弧频率。操作过程中，只有控制好熔孔大小和熔池温度，才能焊出成形美观的根部焊缝。

（2）填充焊。填充层操作方法分两层进行，从仰焊位置开始、平焊位置终止，焊条角度与打底层焊接一样，分前、后两半周进行。焊接时，通常将打底焊前半周作为填充焊的后半周，目的是将上、下接头错开，如图 2-70 所示。采用横向锯齿形运条，在坡口两侧稍加停顿，但中间过渡稍快，以保证焊道与母材的良好熔合又不咬边，避免熔化坡口边缘，焊条前进速度要均匀一致，以保证焊道高低平整，为盖面层的操作打好基础，填充焊道的高度控制：仰焊部位及平焊部位距母材表面约 0.5 mm，立焊部件距母材表面约 1 mm。

接头时，迅速更换焊条，在弧坑上方 10 ～ 15 mm 处引燃电弧，把焊条拉至收弧处焊道中间，压住 2/3 熔池稍加停顿，形成熔池后横向摆动，当看到收弧处完全熔化时，即可转入正常焊接。

（3）盖面焊。盖面层操作采用锯齿形或圆圈形运条，操作手法与填充焊一样，焊条与管切线的前倾角比打底焊大 5° 左右，焊条与管子焊接方向夹角，如图 2-71 所示。操作时，掌握好焊条角度，尽量压低电弧，控制好熔池温度和形状；操作过程中，电弧在坡口两侧稍作停留，防止产生咬边、超高和焊瘤缺陷。接头操作时，要确保准确、到位，避免出现脱节和超高现象。焊缝宽度以坡口两边各熔化 1 mm 左右为宜，余高控制在 0 ～ 3 mm。

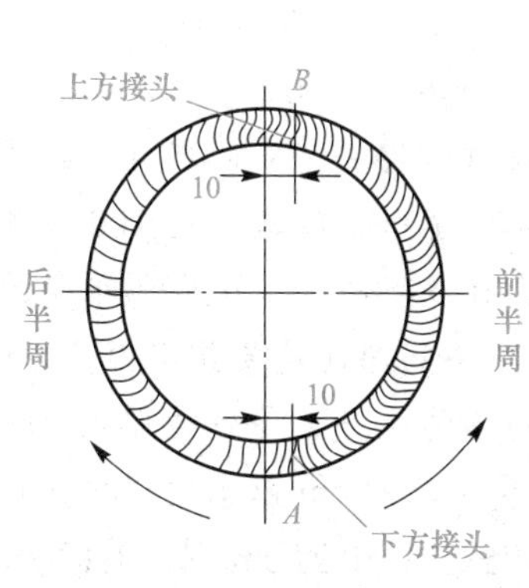

图 2-70　填充焊接头位置图

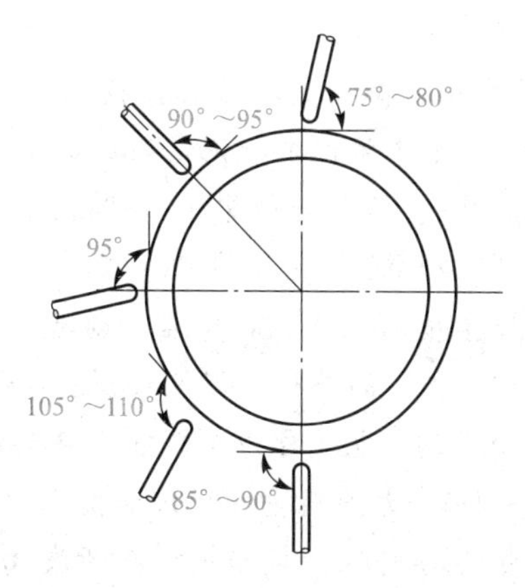

图 2-71　盖面层各位置焊条角度

焊接过程中，熔池始终保持椭圆形状且大小一致，在前半周收弧时，要对弧坑稍填些熔化金属，使弧坑呈斜坡状，为后半周的焊缝收尾创造条件。焊接后半周之前，应把前半周起头焊缝的焊渣敲掉 10 ～ 15 mm，焊缝收尾时应注意填满弧坑。

3. 清理现场

焊接结束后，必须整理工具设备，关闭电源，将电缆线盘好，清扫场地。

4. 焊后检验

焊后对焊缝表面进行检验，用焊缝检验尺对焊缝进行测量，应满足要求。

◎安全教育

事故案例：更换焊条时用手触碰焊钳口，遭遇电击。

事故发生的主要经过：某船厂的一位年轻女电焊工在船舱内进行焊接作业，因为舱内温度高，再加上通风不良，身上大量出汗，工作服和作业手套都湿透了。在更换焊条时触及了焊钳口，遭遇电击。刚遭遇电击时，因为痉挛后仰跌倒，但是焊钳不慎落在颈部，最后抢救无效，死亡。

事故发生的主要原因：

（1）焊机的空载电压较高，超过了安全电压。

（2）船舱内温度高，焊工大量出汗，人体电阻降低，触电危险性增大。

（3）触电后未能及时发现、及时求援，电流通过人体的持续时间较长，心肺等重要器官受损严重，抢救无效。

事故预防措施：

（1）舱内作业时要设置通风装置，使空气对流，避免内部温度过高。

（2）舱内作业时一定要有监护人，随时注意焊工工作状态，遇到危险征兆，立即拉闸救人。

◎榜样的力量

焊工艾爱国：劳模制造　必是精品

自 1985 年被评为湖南湘潭市劳模后，艾爱国就成为“劳模专业户”——2 次获评全国劳模，12 次获评企业劳模。在湖南华菱湘潭钢铁有限公司，大家都称他“艾劳模”。

返聘为公司的焊接顾问后，艾爱国在焊接实验室上班。这里也是“艾爱国劳模创新工作室”，博士、高工聚集于此搞技术攻关。艾爱国钻研焊接工艺和技术的笔记本，也陈列在这里。一本本笔记本印证着他的口头禅：“活到老，学到老，干到老。”

全国劳模、“七一勋章”、全国技术能手、国家科技进步奖……艾爱国靠一把焊枪，赢得无数“军功章”。50 多年来，艾爱国攻克技术难题 400 多个，改进工艺 100 多项，在全国培养焊接技术人才 600 多名，创造直接经济效益 8 000 多万元……艾爱国很早就有“焊王”和“焊神”的美誉，但他却说：“名气没什么用，解决问题还是要靠实力。”

船舶用钢，也被称为大线能量焊接钢板，我国以前不能生产，导致造船效率仅为日本的 1/7 ～ 1/4。大线能量焊接方法要求钢板至少要能承受 100 kJ/cm 以上的焊接热输入。艾爱国带领焊接团队，与湘钢材料研发团队一起受命攻坚。从 50 kJ/cm 到 100 kJ/cm，再到 250 kJ/cm，这条攻坚之路，艾爱国领着团队走了 10 年。

2020年，湘钢大线能量焊接船舶系列用钢在国际机构见证下，顺利通过钢板焊接及焊后性能检测，标志着湘钢已完成该系列用钢船级社认证的关键环节。“这意味着湘钢攻克了这一长期被国外垄断的技术难题，填补了技术空白，从此能够实现船舶用钢国产化。”艾爱国对此很自豪。

有人说，艾爱国天生就是干焊工的料。他却说，焊接方法有上百种，焊接材料可达上万种，能根据实际情况和现场环境，判断选择最合适焊接工艺解决焊接问题的，才算好焊工。因材施焊，既要“手艺”，还要精通“工艺”。艾爱国说，在钢铁上“绣花”，首先要“不蛮干”。

“当工人就要当个好工人”，这是艾爱国的职业信条。以此为生，精于此道。他也实现了焊接技艺的“由技入道”，从焊接高手成为焊接工艺高手，攻坚克难的成果丰硕：在20世纪80年代采用交流氩弧焊双人双面同步焊技术，他解决了当时世界最大的3万立方米制氧机深冷无泄漏的“硬骨头”问题，主持的氩弧焊接法焊接高炉贯流式风口项目获得国家科技进步二等奖……

研发高强度工程机械及耐磨用钢焊接技术的情景，艾爱国最难忘。以前工程机械吊臂用的1 100 MPa级高强度钢板，全部花“天价”从国外进口。“这种专业上称为屈服强度的钢，就是说钢材抵抗变形的能力，是代表钢材强度的硬指标。当时的技术难点是，钢板如何在保证足够强度的同时，尽量减轻自身重量。”已过花甲之年的艾爱国带领焊接团队攻坚，“要想方设法啃下这块‘硬骨头’。”

“强度越高的钢材，其焊接性则越差，易出现焊接缺陷，这也就意味着其焊接难度更大。”坚硬的钢板成为艾爱国的“绣花布”，从焊接材料选择到焊接工艺，反复试验，他记不清调整了多少次工艺和材料，做了多少次试验，终于实现了“抗拉强度从690 MPa提升到1 100 MPa，钢板减重15%以上，车身寿命提高50%以上”。

以前靠进口要每吨3万元的原材料，现在只要每吨1.2万元。三一重工、中联重科这些国内工程机械制造业领军企业，有80%的钢材料来自湘钢。艾爱国拿起焊枪和面罩，会给人一种成竹在胸、稳如泰山的感觉。电光石火间，一道道焊缝仿佛工艺品般呈现在人们眼前。这里面有50多年“技”的积累，更是半个多世纪“艺”的坚守。

18岁招工进湘钢，一年后，艾爱国看到北京来支援的师傅们能神奇地将高炉裂缝“焊”在一起，便开始跟他们学习焊接技术。苦练技术的场景令人印象深刻。他很快拿到了气焊锅炉合格焊工证，又“偷”学电焊，操练时，手和脸经常被弧光烤灼脱皮。

“焊工易学难精。没有爱好，就不会动脑子，就只是机械式地干活。”艾爱国说，“学焊接没有捷径，唯一要做的就是多焊、多总结。”

不断学习，才不会被淘汰。接受采访时，艾爱国重复最多的词，就是“学习”这两个字。他对徒弟们的要求也是学习，并且要学精。徒弟们跟艾爱国学艺的第一天就被要求：焊接完成后，物体表面平整、美观，内里无气泡、无裂纹。

一开始也有人疑惑这要求是不是太高了，毕竟焊工不是绣娘，何必把别人的优秀当及格，艾爱国也不过多解释。时间长了，徒弟们都明白了师傅的用心。

欧勇是艾爱国的爱徒，不到40岁就成为湘钢的首席技能大师。“师父说焊接就像裁缝做衣服。好裁缝做出来的衣服才能好看，光想着缝上就完事，那衣服迟早要散架。”欧勇说。

项目小结

焊条电弧焊是工业生产中应用最广泛的焊接方法，它的原理是利用电弧放电（俗称电弧燃烧）所产生的热量将焊条与工件互相熔化并在冷凝后形成焊缝，从而获得牢固接头的焊接过程。焊条电弧焊是用手工操纵焊条进行焊接工作的，可以进行平焊、立焊、横焊和仰焊等多位置焊接。适用于各种金属材料、各种厚度、各种结构形状的焊接。

在本项目中，主要了解焊条电弧焊的原理及特点，在掌握焊条电弧焊设备操作方法的基础上，完成焊条电弧焊平敷焊、T 形接头平角焊、板对接平焊、T 形接头立角焊、板对接立焊、板对接横焊及管对接水平固定焊条电弧焊等典型焊接工艺，在操作练习的过程中，一定要注意遵守实训基地的规章制度、实训安全知识及安全操作规程。

综合训练

一、选择题

1. 下列不是焊条电弧焊的优点的是（　　）。

A. 工艺灵活、适应性强

B. 应用范围广

C. 易于分散焊接应力和控制焊接变形

D. 焊缝质量依赖性强

2. 一般酸性焊条的烘干温度为（　　），烘干时间为（　　）。

A. 100 ～ 150 ℃，1 ～ 2 h　　B. 100 ～ 200 ℃，2 ～ 3 h

C. 100 ～ 150 ℃，2 ～ 3 h　　D. 100 ～ 200 ℃，2 ～ 3 h

3. 焊接时焊条和焊件之间的夹角应为（　　），并垂直于前后两个面。

A. 70° ～ 80°　　B. 80° ～ 90°

C. 75° ～ 85°　　D. 85° ～ 95°

二、判断题

1. 焊条电弧焊能用于焊接碳钢、低合金钢、不锈钢及耐热钢、铸铁、高合金钢及有色金属等。（　　）

2. 焊条必须在干燥、通风良好的仓库中存放。（　　）

3. 采用直流电焊接，电弧稳定、飞溅少，但电弧磁偏吹比交流严重。（　　）

4. 正接就是焊件接电源负极、电极接电源正极的接线法。（　　）

5. 焊缝检验尺是一种精密量规，用来测量焊件、焊缝的坡口角度、装配间隙、错边及焊缝的余高、焊缝宽度和角焊缝焊脚等。（　　）

6. 划擦法的优点：易掌握，不受焊条端部清洁情况限制，一般在开始施焊或更换焊条后施焊使用此法。（　　）

三、问答题

请简述焊条的选用原则。

03 项目三　熔化极气体保护焊

【项目导入】

随着我国高速铁路建设的持续推进，近年来高铁动车组的制造水平也得到了迅速发展。例如，复兴号动车组列车，是中国标准动车组的中文命名、由中国铁路总公司牵头组织研制、具有完全自主知识产权、达到世界先进水平的动车组列车，是目前世界上运营时速最高的高铁列车。随着复兴号的诞生，中国标准动车组让中国高铁总体技术水平跻身世界先进行列，部分技术甚至达到世界领先水平。“中国制造”和“中国标准”正在一步步走向世界，更是促进了我国高速动车组制造由中国制造到中国创造的跨越。

动车组铝合金车体焊接对于焊接装配精度要求较高，对各项工艺要求也十分严格。目前，轨道车辆铝合金车体制造业采用的焊接技术主要有五大类，分别是TIG焊、MIG焊、电阻点焊以及近些年出现的激光焊与搅拌摩擦焊，而在我国应用最多、最广泛的焊接技术主要是前两种。因为受铝合金自身的特性影响，该种材料的焊接性能相对较差，材料比热容相对较高，材料热传导率比较大，在进行局部加热时非常难控制，这就使其对于焊接技术要求比较严苛，就目前动车组铝合金车体焊接过程中MIG焊技术实际应用情况来看，包括手工焊接和自动焊的形式，这两种焊接方式都有各自的优缺点，并且分别用于不同环境和不同部位的焊接情况，焊接人员会根据具体的情况选取合理的焊接方式。本项目主要介绍熔化极气体保护焊的原理，并完成典型熔化极气体保护焊焊接工艺分析及操作。

任务一　认识熔化极气体保护焊

【学习目标】

1. 知识目标

（1）了解熔化极气体保护焊的原理；

（2）掌握熔化极气体保护焊的特点及焊接参数的选择。

2. 能力目标

能够掌握熔化极气体保护焊的特点及焊接参数的选择。

认识熔化极气体保护焊

3. 素养目标

（1）培养学生分析问题、解决问题的能力；

（2）养成严谨专业的学习态度和认真负责的学习意识。

【任务描述】

通过本次任务的学习能了解熔化极气体保护焊的原理，掌握熔化极气体保护焊的特点及焊接参数的选择。

【知识储备】

一、熔化极气体保护焊简介

熔化极气体保护焊（GMAW）是用气体作为保护介质，利用可熔化的焊丝与焊件之间的电弧作为热源熔化焊丝与母材金属，形成金属熔池，连续送进的焊丝金属不断熔化并过渡到熔池，与熔化的母材金属熔合形成焊缝金属，从而使工件相互连接起来的一种焊接方法。熔化极气体保护焊原理如图 3-1 所示。

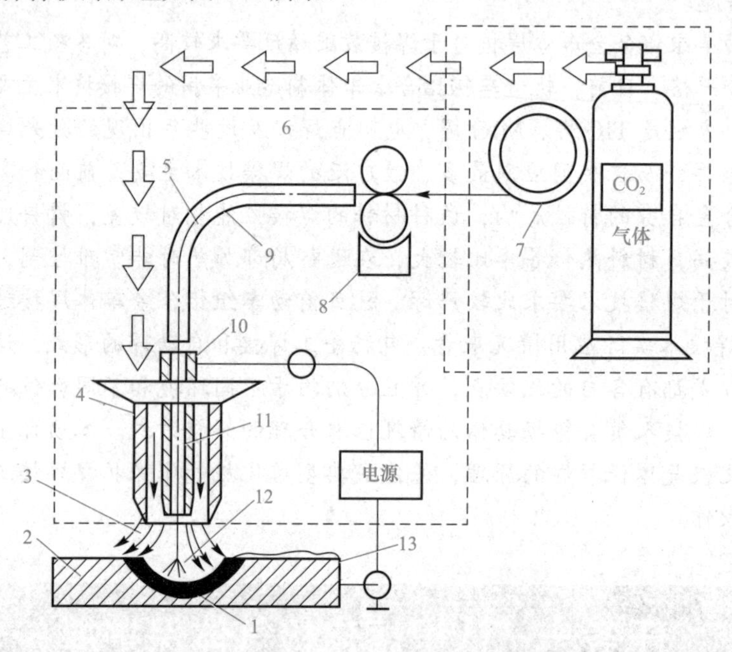

图 3-1 熔化极气体保护焊原理示意图

1—熔池；2—焊件；3—保护气体；4—喷嘴；5—焊丝；6—焊接设备；7—焊丝盘；8—送丝机构；9—软管；10—焊枪；11—导电嘴；12—电弧；13—焊缝

1. 熔化极气体保护焊分类

熔化极气体保护焊，通常可根据保护气体种类、焊丝形式、操作方式的不同进行分类。

按保护气体种类分，可分为熔化极惰性气体保护焊（MIG）、熔化极活性气体保护焊（MAG）和 CO_2 气体保护焊。

按焊丝形式不同，可分为实芯焊丝气体保护焊和药芯焊丝气体保护焊（FCAW）两种。

按操作方式不同，可分为自动焊和半自动焊两大类。

2. 熔化极气体保护焊特点

熔化极气体保护焊与焊条电弧焊和埋弧焊相比，在工艺性、生产率与经济效果等方面具有下列优点：

（1）明弧焊。气体保护焊是一种明弧焊。焊接过程中电弧及熔池的加热熔化情况清晰可见，便于发现问题，并及时调整，故焊接过程与焊缝质量易于控制。

（2）不需清渣处理。气体保护焊在不采用药芯焊丝的情况下，焊后不需要清渣处理，省去了清渣的辅助工时，焊接时可防止产生夹渣现象。

（3）焊缝含氢量低。GMAW 是低氢的焊接方法，焊缝金属的氢含量相对较低，因此适用于对冷裂纹敏感的低合金结构钢的焊接。

（4）适用范围广，生产效率高，易于进行全位置焊接及实现机械化和自动化。

但熔化极气体保护焊也存在一些不足之处，主要是对焊接设备的技术要求较高，设备造价相对较高；焊接时采用明弧和使用的电流密度大，电弧光辐射较强；气体保护易受外来气流的影响，在有风的地方或露天施焊时应加挡风板。

3. 应用

熔化极气体保护焊适用于焊接大多数金属及合金，最适合焊接碳钢、低合金钢、不锈钢、耐热合金、铝及铝合金、铜及铜合金。由于所选择的保护气体种类不同，不同的熔化极气体保护焊方法最适合焊接的材料种类也有所不同，在进行每种方法学习时，再详细说明。

二、熔化极气体保护焊焊接参数的选择

熔化极气体保护焊焊接参数主要包括焊丝直径、焊接电流、电弧电压、焊接速度、焊丝伸出长度、气体流量、电源极性、回路电感、焊枪倾角及喷嘴至焊件的距离等。只有深入了解这些参数对焊缝成形及焊接质量的影响，才能正确地选择和调节焊接参数，焊出优质焊缝，并尽可能提高焊接生产率。

1. 焊丝直径

焊丝直径越大，允许使用的焊接电流越大。通常根据焊件的厚度、坡口形式、焊接空间位置及生产效率等条件进行选择。细丝主要用于焊接薄板和进行全位置焊接，而粗丝多用于厚板平焊位置的焊接。焊丝直径的选择见表 3–1。

表 3–1　焊丝直径的选择

焊丝直径 /mm	熔滴过渡形式	可焊板厚 /mm	焊缝位置	焊丝直径 /mm	熔滴过渡形式	可焊板厚 /mm	焊缝位置
0.5 ～ 0.8	短路过渡	0.4 ～ 3.2	全位置	1.6	短路过渡	3 ～ 12	全位置
	射流过渡	2.5 ～ 4	水平		射滴过渡（CO_2 焊）	＞ 10	水平

续表

焊丝直径/mm	熔滴过渡形式	可焊板厚/mm	焊缝位置	焊丝直径/mm	熔滴过渡形式	可焊板厚/mm	焊缝位置
1.0 ～ 1.4	短路过渡	2 ～ 8	全位置	2.0 ～ 5.0	射流过渡（MAG）	＞ 8	水平
	射滴过渡（CO_2 焊）	2 ～ 12	水平		射滴过渡（CO_2 焊）	＞ 10	水平
	射流过渡（MAG）	＞ 6	水平		射流过渡（MAG）	＞ 10	水平

焊丝直径对熔深的影响如图 3-2 所示，当电流相同时，熔深将随着焊丝直径的增加而减小。焊丝直径对焊丝的熔化速度也有明显的影响，当电流相同时，焊丝越细，则熔敷速度越高。

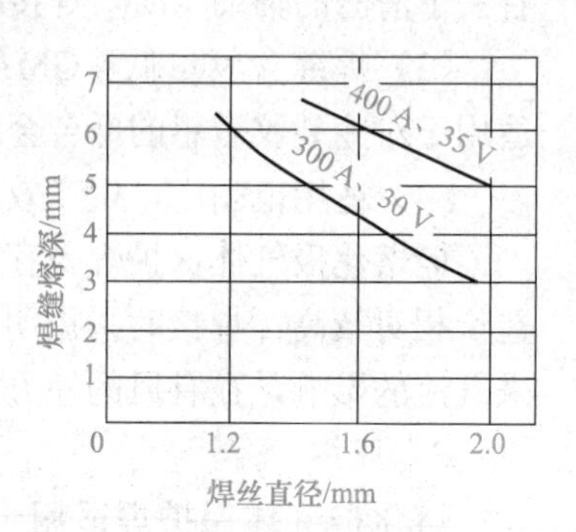

图 3-2　焊丝直径对熔深的影响

2. 焊接电流

焊接电流是重要的焊接参数之一，应根据焊件的厚度、母材成分、焊丝直径、焊接位置、熔滴过渡形式等确定。

一般情况下，薄板焊接时，应选择细焊丝、小电流；而厚板焊接时，应选择粗焊丝、大电流。当焊丝直径一定时，增加焊接电流，焊缝熔深和余高都相应增加，而熔宽几乎保持不变。焊接电流过大时，焊接过程中飞溅大，焊件变形大，易产生焊穿、气孔及裂纹等缺陷；反之，焊接电流过小时，电弧不能稳定燃烧，容易产生未焊透、未熔合和夹渣及焊缝成形不良等缺陷。故在保证焊缝成形良好的条件下，尽可能采用大电流焊接，以提高生产效率。

3. 电弧电压

电弧电压增加，可增加焊缝熔宽，而熔深和余高略有减小。电弧电压过高，弧长变大，气体保护效果变差；电弧电压过低，弧长过短，会引起焊丝插入熔池的现象，使飞溅增大，甚至引起焊接过程不稳定。为保证焊缝成形良好，电弧电压必须与焊接电流匹配。通常焊接电流小时，电弧电压较低；焊接电流大时，电弧电压较高。由于电弧电压允许变化范围较小，所以调节电弧电压，只是考虑焊接过程的稳定性，极少作为改变焊缝成形的手段。

4. 焊接速度

焊接速度不仅影响到焊缝形状与尺寸，而且还影响到焊接接头的力学性能以及是否产生咬边、未熔合、裂纹和气孔等缺陷。

在焊丝直径、焊接电流和电弧电压一定的条件下，随着焊接速度的增加，焊缝的余高、熔宽和熔深都相应地减小。焊接速度过快，使焊接区的气体保护层受到破坏，同时焊缝的冷却速度加快，降低了焊缝的塑性，并使焊缝成形变坏，可能出现气孔、咬边及未熔合等缺陷；焊接速度小，则熔深、熔宽和余高相应增加。但焊接速度过慢，焊接薄板时易焊穿；焊接较厚板时，熔深不但不会增加反而减小，因熔宽过大，熔池变大，电弧作用在熔池上面，电弧热难以到达焊缝根部和两边缘，容易产生熔合不良、满溢等缺陷。

总之，焊丝直径、焊接电流、电弧电压和焊接速度要匹配恰当，才能获得良好的焊缝质量和焊缝成形。

5. 焊丝伸出长度

熔化极气体保护焊，由于采用的电流密度大，所以焊丝伸出长度越大，则焊丝的预热作用越强，焊丝的熔化速度越快。当焊丝伸出长度过大时，会使焊丝的预热作用过强，而电弧功率减小，从而使熔深浅，电弧不稳定，保护效果变坏，焊缝成形不良，容易产生缺陷；当焊丝伸出长度过小时，则影响操作和对熔池的观察，还容易因导电嘴过热而粘住焊丝，甚至烧毁导电嘴，破坏焊接过程正常进行。焊丝伸出长度对焊缝成形的影响如图 3-3 所示。生产经验表明，合理的焊丝伸出长度应为焊丝直径的 10 倍左右，但一般不超过 25 mm。

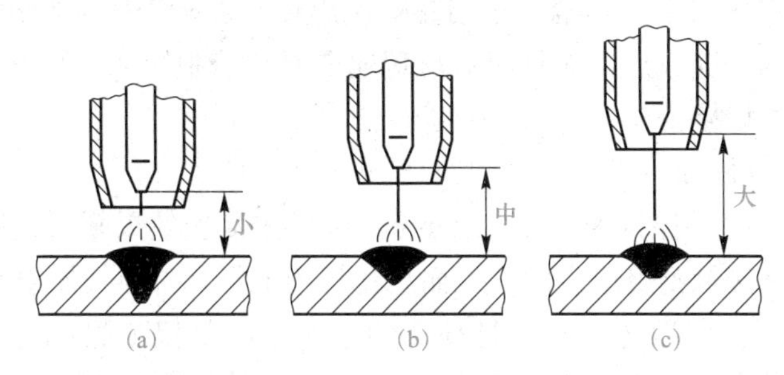

图 3-3 焊丝伸出长度对焊缝成形的影响

(a) 焊丝伸出长度小；(b) 焊丝伸出长度中等；(c) 焊丝伸出长度大

6. 电流极性与回路电感

为了减小飞溅，保证焊接电弧的稳定性，熔化极气体保护焊通常采用直流反极性。

在 CO_2 气体保护焊采用短路过渡时，焊接回路电感对焊接过程稳定性的影响较大。焊接回路的电感值应根据焊丝直径和电弧电压进行选择，不同直径焊丝的合适电感值见表 3-2。

表 3-2 不同直径焊丝的合适电感值

焊丝直径 /mm	0.8	1.2	1.6
电感值 /mH	0.01 ～ 0.08	0.10 ～ 0.16	0.30 ～ 0.70

在某些工厂中，由于焊接电缆较长，常常将一部分电缆盘绕起来。必须注意，这相当于在焊接回路中串入了一个附加电感，回路电感值的改变，使飞溅情况、母材熔深都将发生变化。因此，焊接过程正常后，电缆盘绕的圈数就不宜变动了。

7. 气体流量

保护气体的流量，应根据焊接电流、焊接速度、焊丝伸出长度及喷嘴直径等选择。气体流量过小，电弧不稳，易产生密集气孔；气体流量过大，会出现气体紊流，也易产生气孔。通常细丝焊时，气体流量为 8 ～ 15 L/min；粗丝焊时，气体流量为 15 ～ 25 L/min。

8. 焊枪倾角

焊枪倾角对焊缝成形的影响如图 3-4 所示，从图中可以看出，当焊枪与焊件呈后倾角时，焊缝窄，余高大，熔深较大，焊缝成形不好；当焊枪与焊件呈前倾角时，焊缝宽，余高小，熔深较浅，焊缝成形好。

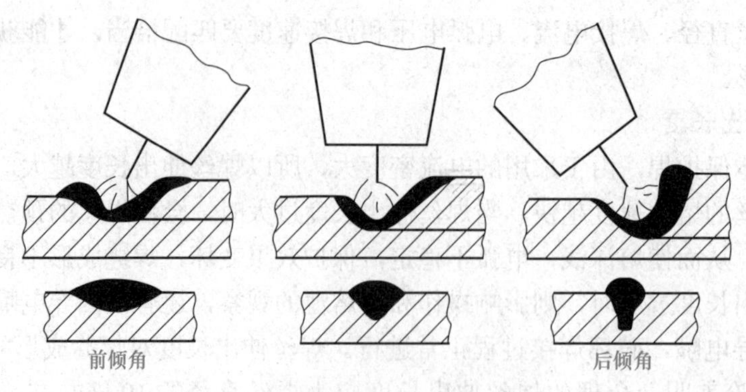

图 3-4 焊枪倾角对焊缝成形的影响

操作者一般习惯用右手持焊枪，采用左焊法焊接，焊枪采用前倾角 10° ～ 15°，这样不仅可以得到较好的焊缝成形，而且能够清楚地观察和控制熔池，因此熔化极气体保护焊时，通常采用左焊法焊接。

9. 喷嘴与焊件间距离

喷嘴与焊件间距离应保持为 12 ～ 22 mm。从气体保护效果来看，距离越近越好，但距离过近容易使喷嘴接触到熔池表面，反而恶化焊缝成形，并且飞溅会损坏喷嘴。

综上所述，各焊接参数之间并不是独立的，而是需要相互配合进行选择。焊接参数选择正确与否，将直接影响焊缝形状、尺寸、焊接质量和生产率，因此选择合适的焊接参数是焊接生产不可忽视的一个重要问题。在实际工作中，一般先根据焊件厚度、坡口形式、焊接空间位置等选择焊丝直径，再确定焊接电流、电压等其他焊接参数。另外，在焊接过程中，焊前调整好的焊接参数仍需要随时进行调整，以便获得良好的焊缝成形。

任务二　熔化极气体保护焊设备的操作

【学习目标】

1. 知识目标

（1）了解熔化极气体保护焊设备的组成及日常维护方法；

（2）了解熔化极气体保护焊设备安全操作规程；

（3）掌握熔化极气体保护焊设备的操作方法。

熔化极气体保护焊设备及操作

2. 能力目标

（1）能够掌握熔化极气体保护焊设备的操作方法；

（2）具备熔化极气体保护焊设备常见故障的处理能力。

3. 素养目标

（1）培养细心、严谨的工作态度；

（2）培养学生的操作规范意识；

（3）培养学生的职业道德能力。

【任务描述】

通过本次任务能了解熔化极气体保护焊设备的组成，并掌握其操作方法。

【知识储备】

一、熔化极气体保护焊设备的组成

熔化极气体保护焊所用的设备有半自动焊设备和自动焊设备两类。在实际生产中，半自动焊设备使用较多。

半自动焊设备由焊接电源、送丝系统、焊枪、供气系统、冷却水循环装置及控制系统等几部分组成，如图 3-5 所示。自动焊设备除上述几部分外还有焊车行走机构，如图 3-6 所示。

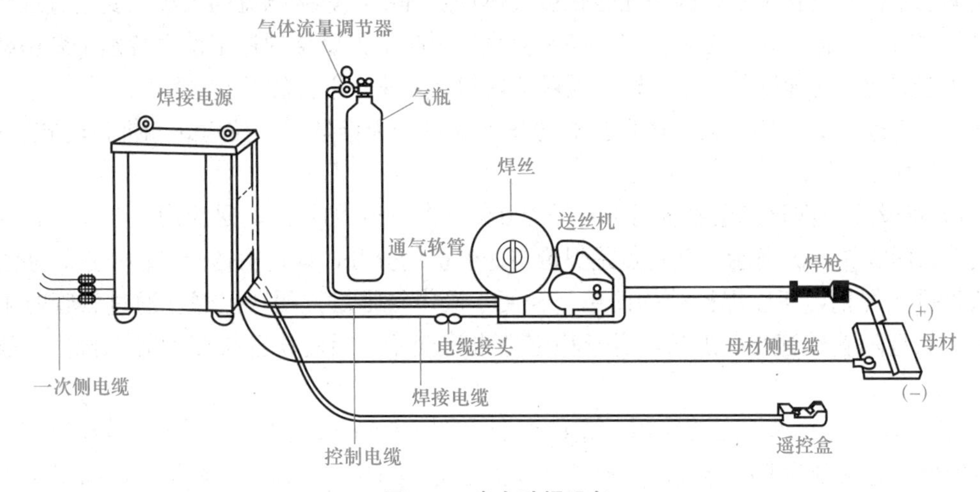

图 3-5 半自动焊设备

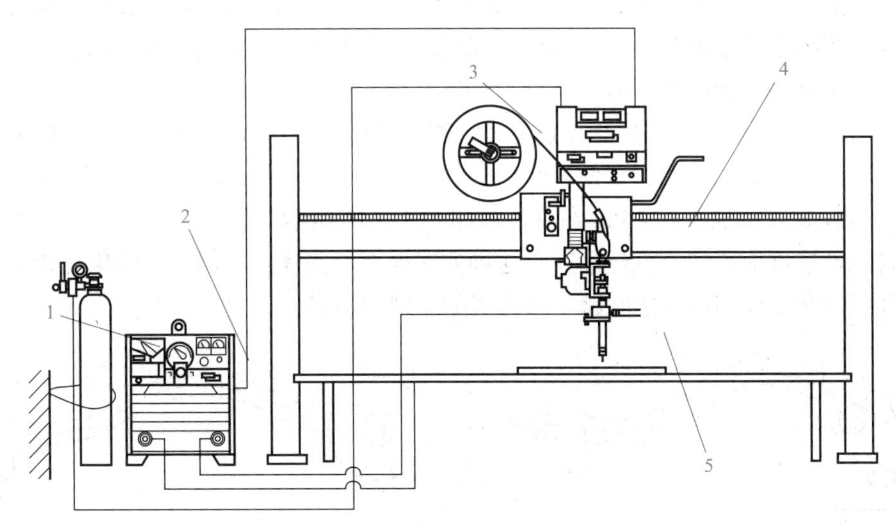

图 3-6 自动焊设备

1—气瓶；2—焊接电源；3—送丝机；4—行走机构；5—焊枪

1. 焊接电源

CO_2 气体保护焊焊丝盘的拆卸

熔化极气体保护焊一般采用直流电源且反极性连接。根据不同直径焊丝的焊接特点，一般细焊丝（焊丝直径小于 1.6 mm）采用等速送丝式焊机，配合平特性电源。粗焊丝（焊丝直径大于 2 mm）采用变速送丝式焊机，配合下降特性电源。

在采用 CO_2 气体作为保护气体时，电源动特性是焊接过程稳定的重要保证。粗焊丝细滴过渡时，焊接电流的变化比较小，所以对焊接电源的动特性要求不高；细焊丝短路过渡时，因为焊接电流不断地发生较大的变化，所以对焊接电源的动特性有较高的要求。根据熔滴短路过渡的特点，要求电源有适当的短路电流增长速度，通常是在直流焊接回路中串联不同的电感来调节短路电流增长速度。

2. 送丝系统

送丝系统通常由送丝机构、送丝软管、焊丝盘等组成。送丝系统性能的好坏，与焊接过程的稳定性有直接关系，因为在熔化极气体保护焊中，焊接电流的大小主要通过送丝速度进行调节。因此，送丝是否均匀、稳定会直接影响电弧燃烧的稳定性，特别是采用细丝时，由于焊丝熔化速度很快，所以必须保证均匀、高速、平稳的送丝过程。

（1）送丝方式。熔化极气体保护焊送丝方式可分为推丝式、拉丝式和推拉丝式三种，如图 3-7 所示。

1）推丝式。推丝式主要应用于直径为 0.8 ～ 2.0 mm 的焊丝，是应用最广的一种送丝方式，如图 3-7（a）所示。其特点是焊枪与送丝机构分开，焊丝由送丝机构推进，通过一段软管进入焊枪，所以焊枪结构简单、轻便，操作与维修方便。但焊丝通过软管时阻力较大，而且随着软管长度加长，送丝稳定性也将变差。因此软管长度不能太长，一般为 3 ～ 5 m。

2）拉丝式。拉丝式主要应用于直径小于或等于 0.8 mm 的细焊丝，因为焊丝刚性小，难以推丝。它又分为两种形式，一种是直接将送丝机构和焊丝盘装在焊枪上，如图 3-7（c）所示，省去软管，避免了焊丝通过软管的阻力，送丝速度均匀、稳定，操作范围可扩大至十几米。但焊枪的重量增加，焊工的劳动强度较大。另一种是焊丝盘和焊枪分开，两者用送丝软管联系起来，如图 3-7（b）所示。

3）推拉丝式。此方式是以上两种送丝方式的结合，送丝时以推为主，而焊枪上的送丝机起到将焊丝拉直的作用，可使软管中的送丝阻力减小，因此增加了送丝距离和操作的灵活性。送丝软管可加长到 15 m 左右，如图 3-7（d）所示，但推力和拉力必须很好地配合，通常拉丝速度应稍快于推丝速度。这种方式虽有一些优点，但由于结构复杂，还存在两个电动机同步工作和调节的问题，因此实际应用并不多。

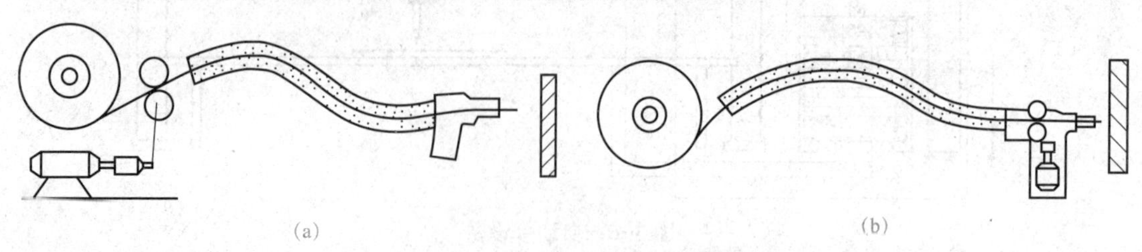

图 3-7　半自动焊机送丝方式示意图

（a）推丝式；（b）拉丝式

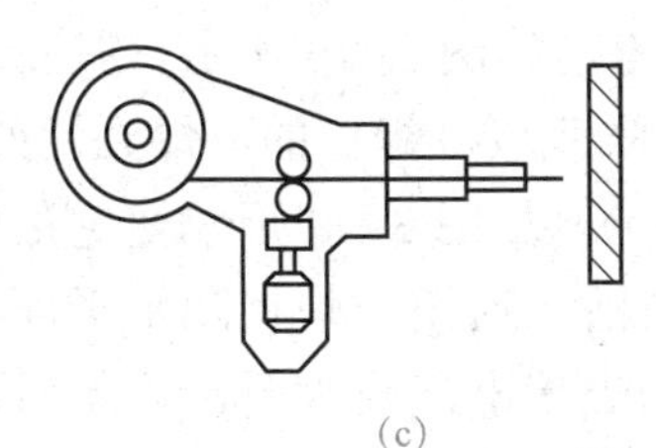

(c)　　　　　　　　　　　　　　　　(d)

图 3-7　半自动焊机送丝方式示意图（续）

(c) 拉丝式；(d) 推拉丝式

(2) 送丝机构。送丝机构（图 3-8）由送丝电动机、减速装置、送丝轮和压紧机构等组成。为了适应不同的使用要求，通常与焊丝盘一起，把送丝机构做成手提式、小车式或悬挂式。送丝机构的直流伺服电动机经减速器减速后，驱动送丝轮，将焊丝推入送丝软管，并经软管送入焊枪直至电弧区。在送丝轮上面有一杠杆压紧机构，压紧力的大小可通过压紧弹簧调节螺母进行调节。为改善送丝质量，在焊丝盘与送丝轮之间有一校直机构，旋动下面的调节螺栓，即可调节焊丝的校直度。为了保证均匀、可靠地送丝，在送丝轮表面上应加工出 V 形或 U 形槽。

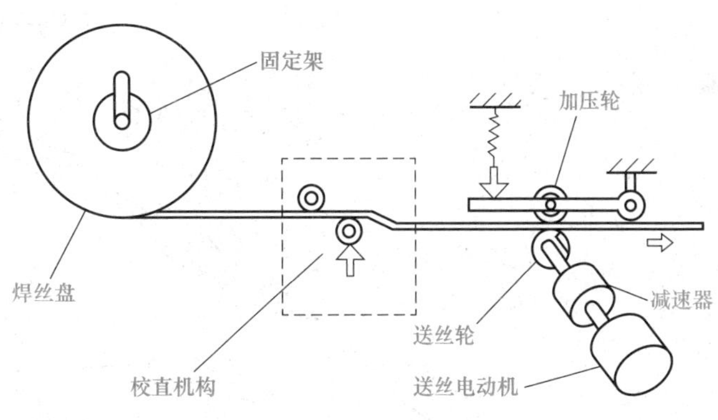

图 3-8　送丝机构

(3) 送丝软管是导送焊丝的通道，一般由弹簧钢丝绕制而成。要求软管内壁光滑、规整，内径大小要均匀合适，焊丝通过的摩擦阻力小，具有良好的刚性和弹性。使用时软管应尽量保持平直，弯曲半径不宜过小，否则将影响送丝的稳定性。送丝软管需定期清除其中的各种磨损金属屑。

CO_2 焊枪介绍及安装

CO_2 焊枪介绍及拆卸

3. 焊枪

焊枪主要用于传导焊接电流、导送焊丝和保护气体。按其用途可分为半自动焊枪和自动焊枪两类。

(1) 半自动焊枪按焊丝给送方式，可分为推丝式和拉丝式；推丝式按外形结构可分为鹅颈式和手枪式；按冷却方式，可分为气冷式和水冷式。药芯焊丝用焊枪，当需要气体保护时，其焊枪结构和实芯焊丝用焊枪相同；当无须气体保护时即自保护时，其焊枪端部无气体保护喷嘴，但为提高熔敷率，改用加长伸出长度的保护嘴，如图 3-9 所示。

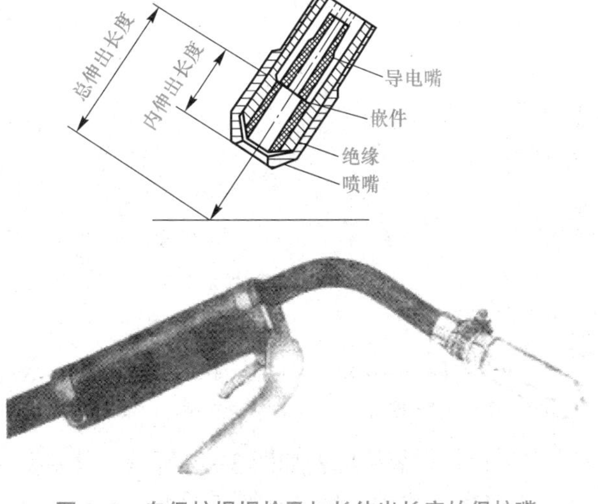

图 3-9　自保护焊焊枪及加长伸出长度的保护嘴

1）推丝式焊枪常用的形式有两种：一种是鹅颈式焊枪，如图 3-10 所示，其特点是操作比较方便、灵活，对某些难以达到的拐角和某些受限区域，焊接的可焊到性好，应用较广，适用于小直径焊丝的焊接；另一种是手枪式焊枪，如图 3-11 所示，它的特点是送丝阻力较小，但重心不在手握部分，操作时不太灵活，适用于焊接除水平面以外的空间焊缝。焊接电流较小时，焊枪采用自然冷却；当焊接电流较大时，采用水冷式焊枪。

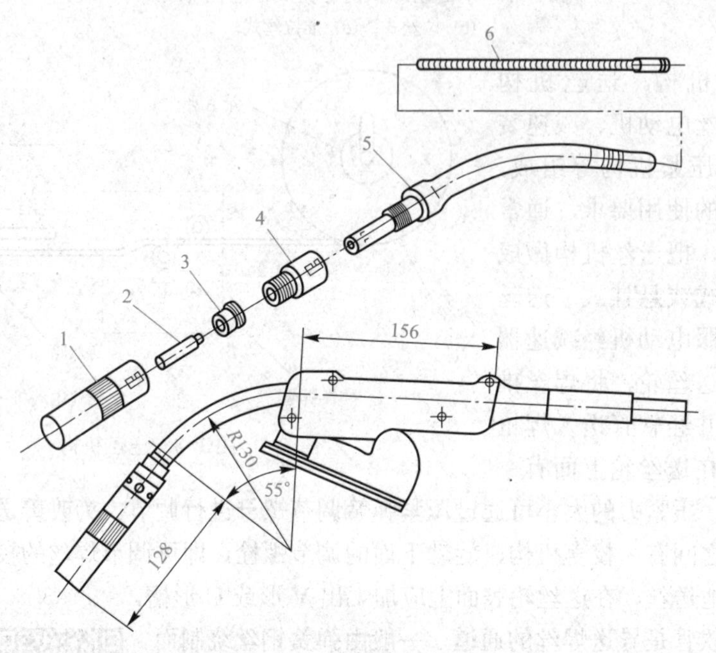

图 3-10　鹅颈式焊枪

1—喷嘴；2—导电嘴；3—分流器；4—接头；5—枪体；6—弹簧软管

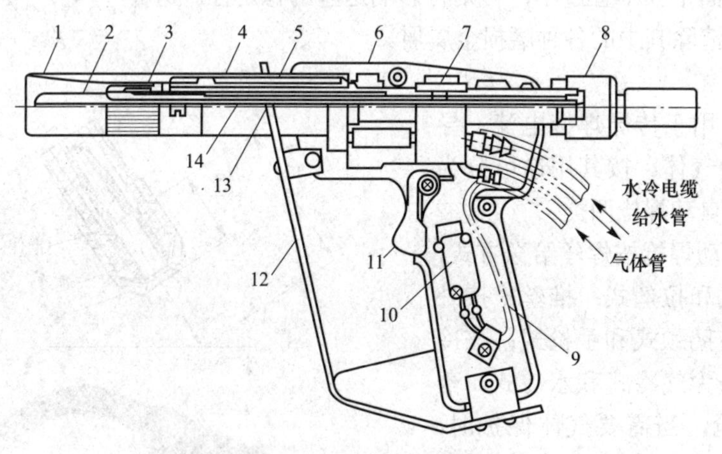

图 3-11　手枪式水冷焊枪

1—焊枪；2—焊嘴；3—喷管；4—水筒装配件；5—冷却水通路；6—焊枪架；7—焊枪主体装配件；8—螺母；9—控制电缆；10—开关控制杆；11—微型开关；12—防护盖；13—金属丝通路；14—喷嘴内管

2）拉丝式焊枪结构如图 3-12 所示。其主要特点是送丝均匀、稳定，焊枪的活动范围大，但因送丝机构和焊丝盘都装在焊枪上，所以焊枪比较笨重，结构较复杂，通常适用于直径为 0.5 ～ 0.8 mm 的细丝焊接。

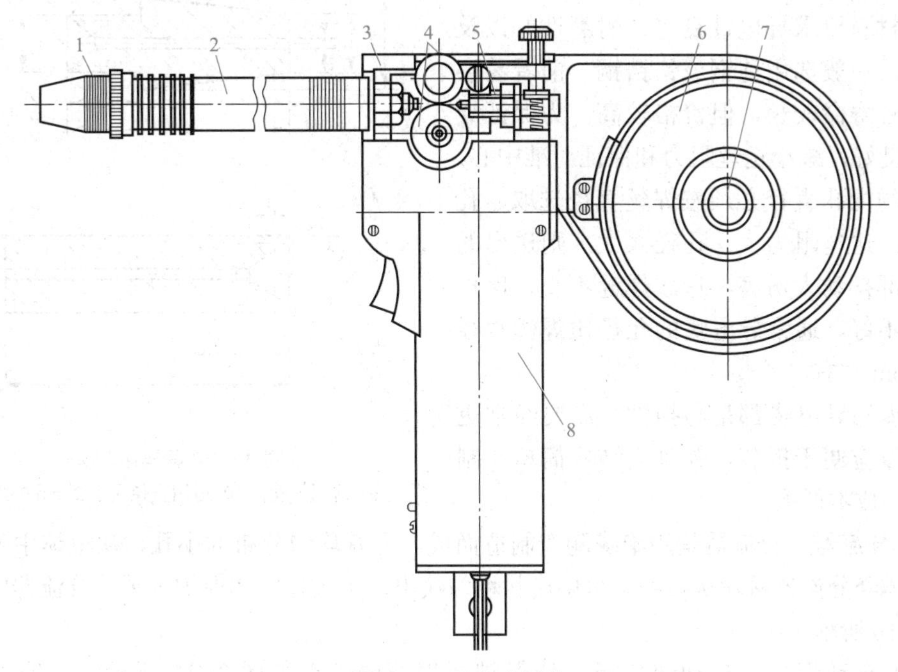

图 3-12　拉丝式焊枪

1—喷嘴；2—枪体；3—绝缘外壳；4—送丝轮；5—螺母；6—焊丝盘；7—压栓；8—电动机

半自动焊枪的主要部件如下：

1）喷嘴。喷嘴是焊枪上的重要零件，其作用是向焊接区输入保护气体，以防止焊丝端头、电弧和熔池与空气接触，其内孔的直径将直接影响保护效果。要求从喷嘴中喷出的气体为层流状态，均匀地覆盖在熔池表面，如图 3-13（a）所示。为节约保护气体，便于观察熔池，喷嘴直径不宜太大。喷嘴内孔直径与焊接电流大小有关，通常为 16 ～ 22 mm。焊接电流较小时，喷嘴直径也可小些；焊接电流较大时，喷嘴直径应大些。喷嘴常用纯铜或陶瓷材料制造，要求在纯铜喷嘴的表面镀上一层铬，以提高其表面的硬度和降低表面粗糙度。圆柱形喷嘴较好，也可做成圆锥形，喷嘴外形如图 3-14 所示。焊接前，最好在喷嘴的内、外表面喷涂上一层防飞溅喷剂或刷一层硅油，以便清除黏附在喷嘴上的飞溅并延长喷嘴使用寿命。

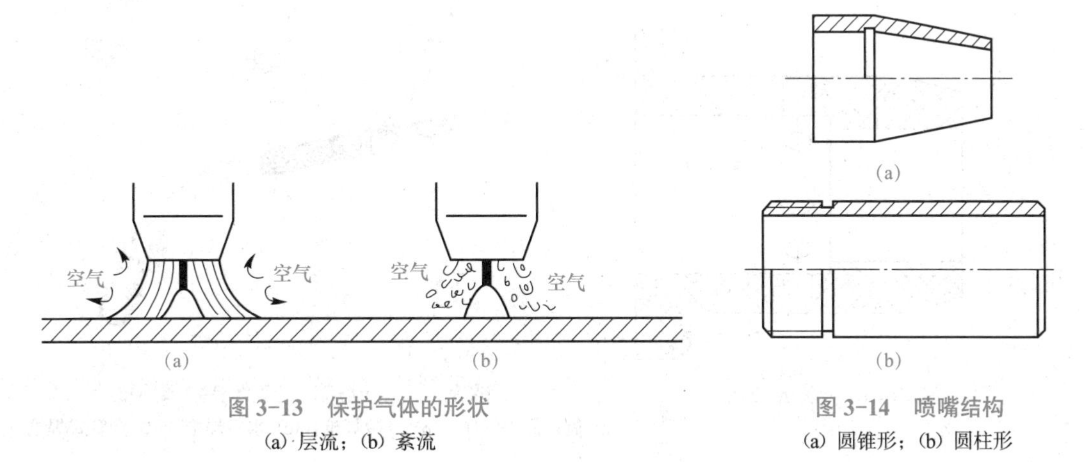

图 3-13　保护气体的形状

(a) 层流；(b) 紊流

图 3-14　喷嘴结构

(a) 圆锥形；(b) 圆柱形

2）导电嘴。其外形如图 3-15 所示。导电嘴的材料要求导电性良好、耐磨性好以及熔点高，一般选用纯铜或铬锆铜，前者易磨损，后者寿命较长，但价格较高。为保证导电性能良好，减小送丝阻力和保证对准中心，导电嘴的内孔直径必须按焊丝直径选取，孔径太小，送丝阻力大；孔径太大，则送出的焊丝端部摆动太厉害，造成焊缝不直，保护效果也不好。通常导电嘴的孔径比焊丝直径大 0.2 mm 左右。

喷嘴和导电嘴都是易损件，需要经常更换，所以应便于拆装，并且应结构简单、制造方便、成本低廉。

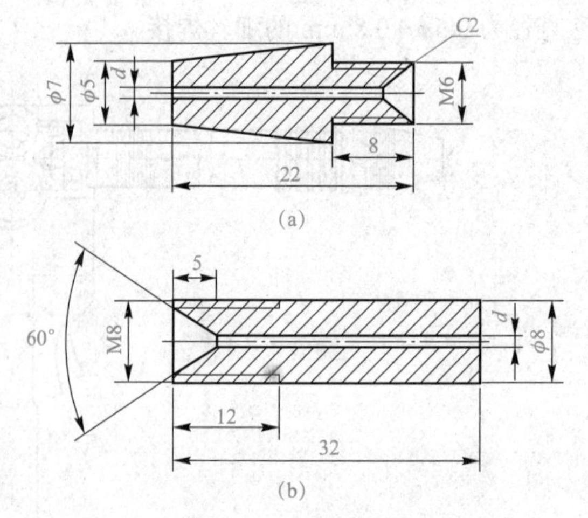

图 3-15　导电嘴结构

(a) 适用细丝；(b) 适用直径大于 2 mm 的焊丝

3）分流器。分流器是用绝缘陶瓷制造而成，上有均匀分布的小孔，从枪体中喷出的保护气体经分流器后，从喷嘴中呈层流状均匀喷出，可改善气体保护效果，分流器的结构如图 3-16 所示。

(2) 自动焊枪。自动熔化极气体保护焊焊枪的外形如图 3-17 所示，一般安装在自动焊机上，不需要手工操作。由于没有组合电缆和控制线，其结构比半自动焊枪简单。

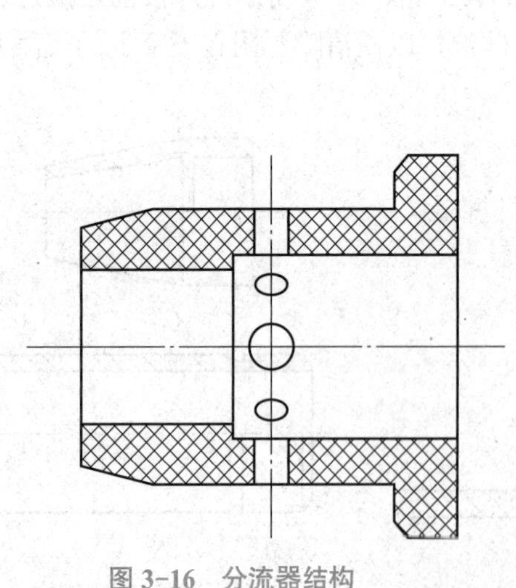

图 3-16　分流器结构

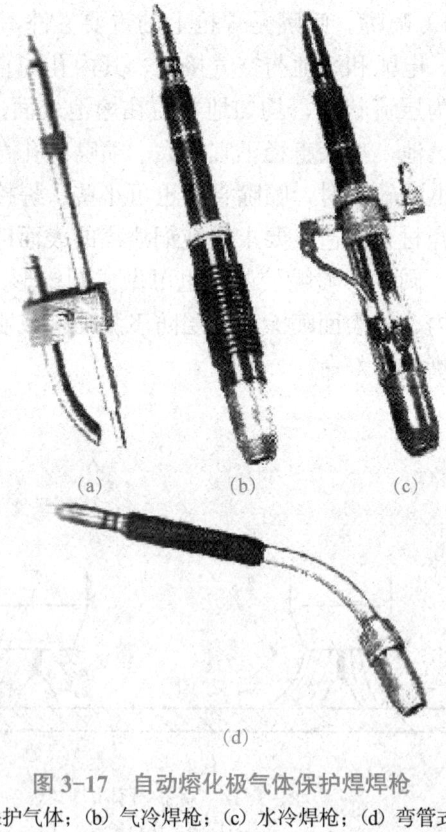

(a)　(b)　(c)

(d)

图 3-17　自动熔化极气体保护焊焊枪

(a) 侧送保护气体；(b) 气冷焊枪；(c) 水冷焊枪；(d) 弯管式焊枪

4. 供气系统

供气系统的作用是将气瓶中的高压液体（或气体）处理成符合质量要求、具有一定流量的气体，并使之均匀、畅通地从焊枪喷嘴喷出，以有效地保护熔池。供气系统通常由气瓶、减压阀、流量计及电磁气阀等组成。对于 CO_2 气体，通常还需安装预热器、高压干燥器和低压干燥器，以吸收气体中的水分，防止焊缝中生成气孔，CO_2 焊供气系统如图 3-18 所示。对于熔化极活性气体保护焊还需要安装气体混合装置，先将气体混合均匀，然后送入焊枪。

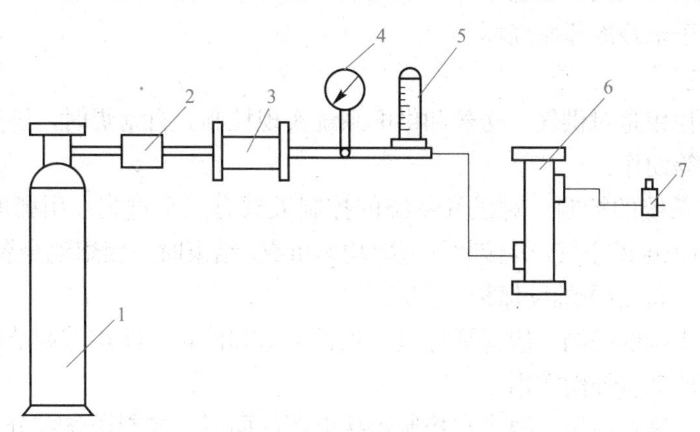

图 3-18　CO_2 焊供气系统示意图

1—气瓶；2—预热器；3—高压干燥器；4—气体减压阀；5—气体流量计；6—低压干燥器；7—气阀

（1）气瓶。为了区别气瓶中所盛装的气体种类，通常将气瓶涂成不同的颜色并在气瓶上用不同颜色的字标出气体种类。气瓶应小心轻放，竖立固定，防止倾倒；使用时必须竖立，不得卧放使用；气瓶不得靠近热源，不得受日光暴晒，与明火距离一般应不小于 10 m，严禁敲击和碰撞。

（2）减压阀和流量计。减压阀用以调节气体压力，将瓶内高压气体调节为使用压力的低压气体。流量计主要用来测量和调节气体的流量，以形成良好的保护气流，常用转子流量计。对于 CO_2 气体保护焊，现在生产的减压流量调节器是将预热器、减压阀和流量计制成一体，使用方便可靠。

（3）电磁气阀是安装在气路上，利用电磁信号控制气流通断的装置。

（4）预热器。CO_2 气体保护焊供气系统中需要使用预热器。预热器的作用是防止瓶阀和减压阀冻坏或堵塞气路。因为瓶内的液态 CO_2 在转化为气态时要吸收大量的热，易造成局部激烈降温。另外，当经过减压阀后，气体体积膨胀，也会使气体温度下降，易使减压阀出现白霜，发生冻结，造成气路阻塞，影响焊接过程的顺利进行，因此必须在 CO_2 气体减压前进行预热。

预热器一般采用电阻丝加热，功率为 100 W 左右。预热器电压应低于 36 V，外壳应接地可靠。

（5）干燥器。CO_2 气体保护焊供气系统中还存在干燥器。干燥器的作用是吸收 CO_2 气体中的水分，最大限度地减少 CO_2 气体中的水分含量。干燥器内装有干燥剂，如硅胶、脱水硫酸铜或无水氯化钙等，其中以无水氯化钙的效果最好，但它不能重复使用。硅胶和脱水硫酸铜干燥剂吸水后颜色发生变化，经过加热烘干后还可以重复使用。接在减压阀前面的称为高压干燥器，接在减压阀后面的称为低压干燥器。可以根据钢瓶中 CO_2 的纯度选用其中一个，或两个都用。如果 CO_2 的纯度较高，能满足焊接生产的要求，也可不设干燥器。

5. 水冷系统

水冷式焊枪的冷却水系统由水箱、水泵和冷却水管及水压开关组成。水箱里的冷却水经水泵流经冷却水管，经水压开关后流入焊枪，然后经冷却水管再回流水箱，形成冷却水循环。水压开关的作用是保证当冷却水未流经焊枪时，焊接系统不能启动焊接，以保护焊枪，避免焊枪由于未经冷却而烧坏。

6. 控制系统

控制系统的作用是对供气、送丝和供电系统实现控制。自动焊时，还要完成焊接小车行走或焊件运转等动作。

（1）对供气系统的控制。对供气系统的控制大致有三个过程：引弧时要求提前送气 2 ～ 3 s 以排除引弧区的空气；焊接时气流要均匀可靠；结束时，因熔池金属尚未冷却结晶，应滞后停气 2 ～ 3 s，给予继续保护。

（2）对送丝机构的控制。应保证焊丝的正常给送和停止；能均匀调节送丝速度；在焊接过程中对网路波动有补偿作用。

（3）对供电系统的控制。要求在控制焊接电源的同时，控制送丝部分。供电可在送丝之前接通，或与送丝同时接通。但在焊接结束时，为避免焊丝末端与熔池粘住，应有电源延时装置。当焊丝停止给送后，焊接电源仍保持接通 0.2 ～ 1 s，使电弧继续燃烧，以填满弧坑；或备有电流衰减装置。

控制系统将焊接电源、送丝系统、焊枪、行走系统、供气和冷却水系统有机地组合在一起，构成一个完整的、自动控制的焊接设备系统。

二、安全操作规程

对于防止触电、弧光、火灾、爆炸及破裂等与埋弧焊相同。但对于熔化极气体保护焊焊接时，更应注意点动操作时的安全：

（1）点动操作时不要为了确认焊丝是否被送出而观看导电嘴孔，不要将焊枪的前端靠近脸部、眼睛及身体。因为焊丝快速送出时，会刺伤脸部、眼睛或身体，非常危险。

（2）点动时不要将手指、头发、衣服等靠近送丝轮等转动部位，有被卷入的危险。

三、焊机的维护与保养

1. 安装

（1）距墙壁 20 cm 以上，两台并放相隔 30 cm 以上。

（2）放在避免阳光直射、避雨、湿度和灰尘小的房间。

（3）焊机外壳必须接地，电缆横截面面积应大于 14 mm^2。

（4）焊机输入、输出的连接必须牢固，并加以绝缘防护。

（5）焊机的输入、输出电缆截面面积应符合要求，且电缆不要过长。

2. 使用

（1）焊接前应将相应的功能旋钮、开关置于正确位置。

（2）焊机电源开关打开后，电源指示灯亮，冷却风扇转动，焊机进入准备焊接状态。

3. 维护保养

（1）每 6 个月用干燥的压缩空气清除焊机内部的灰尘一次。

（2）注意焊机不受外物的挤压、砸碰。

（3）焊机超载异常报警后，不要关闭电源开关，利用冷却风扇进行冷却，恢复正常后降低负载，再重新焊接。

4. 送丝机使用的注意事项

（1）送丝机必须与规定的焊接电源和焊枪配套使用。

（2）送丝机与焊接电源、焊枪和供气系统的连接必须紧固、密封，否则易造成送丝机的损坏或焊接过程的不稳定。

（3）焊接工作中应避免金属飞溅物落在送丝机上，并注意及时清理。

（4）送丝机应避免受到外力的强烈撞击，不要在潮湿的地面上工作。

（5）不要用拉动焊枪的方式来移动送丝机，以免造成损坏。

（6）送丝轮和 SUS 导套帽应注意清理，磨损严重或损坏时应及时更换。

（7）送丝机发生非使用故障时应请专业人员进行修理。

5. 焊枪使用时的注意事项

（1）焊枪必须与指定的送丝机、焊接电源配套使用。

（2）易损件及需更换的部件应选用正品。

（3）焊接时要注意焊枪的额定负载持续率。

（4）焊枪必须注意不得挤压、砸碰、强力拉拽，焊接结束时应放置在安全的位置。

（5）焊枪的各连接处必须紧固，每次焊接前均应进行检查。

（6）送丝管的规格、长短应符合要求，并定期进行清理。

（7）导电嘴与所用焊丝的规格必须一致，磨损后应及时更换。

（8）喷嘴、喷嘴接头、气筛必须完好、齐备，并保持良好的清洁、绝缘状态。

（9）焊接时一线制电缆的弯曲半径不得小于 300 mm。

（10）使用防堵剂，喷嘴、气筛和导电嘴的飞溅物要及时清理。

6. 供气系统有关部件功能与注意事项

（1）气瓶。应避免阳光的强烈照射或放置在热源旁边。焊接时要将气瓶稳固直立，不允许将其水平放置。

（2）气体调节器。

1）安装气体调节器前应先将气瓶阀门打开，放出瓶内的杂气并将瓶口污物吹净，防止污物堵塞气体调节器。

2）气体调节器与气瓶连接紧固时，压力表和流量护罩不得受力，安装好的气体调节器要与地面垂直，保证所指示的流量准确。

3）焊接结束将气瓶阀门关闭，打开焊机气体检查开关，放出流量计中高压气体，使压力表指针回零，关闭焊机电源开关。

4）流量计损坏或需要更换零部件时切不可自行拆卸，应请专业人员进行修理。气体流量计使用时必须保持正常、良好状态。

5）供气系统各连接处必须可靠连接，整个气体通路不得有泄漏现象发生，送丝软管的热缩管和密封圈及焊枪分流器、气体喷嘴保持正常或清洁状态。

四、常见故障处理

熔化极气体保护焊机常见的故障、产生原因及检修方法见表3–3。如果是焊机线路出现问题，一定要找专业人士维修，不得擅自拆装焊机。

表3–3 熔化极气体保护焊机常见的故障、产生原因及检修方法

序号	故障现象	产生原因	检修方法
1	合上电源开关后，风扇转动，但主电源指示灯不亮	指示灯故障	检查指示灯
2	合上电源开关后，风扇不转动，主电源指示灯也不亮	配电箱的闸刀没合上	检查配电箱
3	合上电源开关，主电源指示灯亮，但风扇不转	①熔丝熔断； ②风扇故障	①更换熔丝； ②检查风扇
4	合上焊枪开关，无保护气送出	①气瓶的出气阀关闭； ②气瓶的压力不足； ③气体电磁阀故障； ④电路出现故障	①将气阀打开； ②检查气压； ③检查电磁气阀； ④找专业人员维修
5	无提前送气或无滞后断气	气体控制回路故障	找专业人员维修
6	焊丝输送不均匀	①送丝轮磨损； ②送丝软管内铁粉堵塞； ③压丝手柄压力不够	①更换送丝轮； ②清理送丝软管； ③增加手柄内弹簧的压力或将手柄座向下移后紧固
7	保护气体不流出或不能切断	①电磁气阀失灵； ②流量器不通	①检查电磁气阀回路，如气阀两端有36 V交流电压，则是气阀损坏，应修理或更换； ②若采用的是CO_2气体，检修气体加热、减压流量器
8	送丝机构不运转	①送丝速度电位器在零位； ②送丝电路有故障； ③控制电路或送丝电路熔丝烧断	①调整送丝速度旋钮； ②找专业人员维修； ③更换熔丝
9	电弧不稳且飞溅大	①焊接参数选择不当； ②主电路晶闸管损坏； ③导电嘴磨损严重； ④焊丝伸出过长	①调整到合适的焊接参数； ②更换晶闸管； ③更换导电嘴； ④焊丝伸出长度适当

【任务实施】

CO_2焊设备的连接

1. 焊接电源与配电箱的连接

（1）将焊接电源后盖上端的输入端子罩卸下。

（2）将输入电缆（3 根）一端接到焊接电源的输入端子，并用绝缘布将可能与其他部位接触的裸露带电部位缠好，另一端接入配电箱的开关上。

（3）将输入端子罩重新安装到焊接电源上。

（4）将焊接电源用横截面面积为 14 mm^2 以上的电缆接地。

2. 焊接电源与工件的连接

（1）将母材电缆一端与焊接电源的（－）极相连，另一端与母材相连，且用绝缘布将可能会与其他部位接触的裸露带电部位缠好。

（2）母材必须用横截面面积为 14 mm^2 以上的电缆接地。

3. 焊接电源与送丝装置的连接

（1）将送丝机构用电缆与焊接电源（＋）极相连，且用绝缘布将可能会与其他部位接触的裸露带电部位缠好。

（2）用一根六芯电缆将送丝机构与焊接电源相连，并旋紧到位。

4. 气路与焊接电源的连接

（1）将减压流量调节器用安装螺母安装在气瓶上。

（2）将气管的一端接在气体调节器的气管接头上，另一端接在焊接电源的进气口，并拧紧。

（3）将加热器电缆插头（仅限于 CO_2 气体保护焊）插入焊接电源上的 CO_2 气体调节器专业插座。

CO_2焊枪与送丝机连接

5. 焊枪与送丝机的连接

将焊枪电缆线上的“送丝”“送气”“控制”线路分别与送丝机上的相应插孔相连，并紧固。

6. 安装焊丝

（1）将焊丝盘安装到送丝机构的轴上，注意焊丝的出丝方向要正确，并拧紧把手。

（2）安装与焊丝直径相配的送丝轮，送丝轮上的丝径标号应朝向外侧，如图 3-19 所示。图 3-20 和图 3-21 所示为送丝轮与焊丝直径配合错误与正确示意图。

必须拧紧紧固螺母以保证送丝轮槽与 SUS 导套帽的同心度。每天作业前应查看其是否松动，否则将增加送丝阻力或刮伤焊丝，从而引起焊接电弧不稳，影响焊接质量。

（3）抬起加压臂，如图 3-22 所示，将焊丝插入 SUS 导套帽 2 ～ 3 cm。

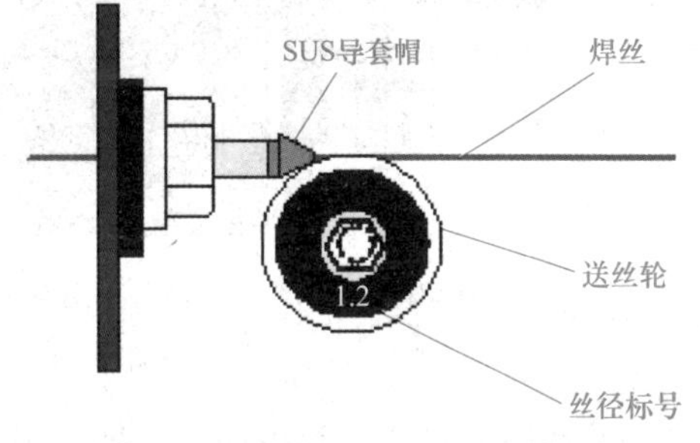

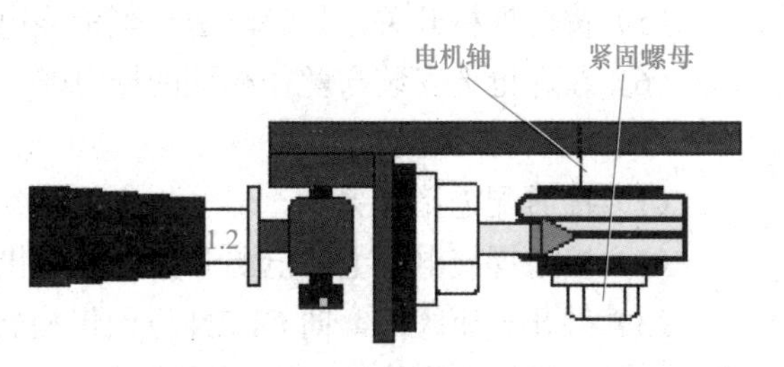

图 3-19　送丝轮的安装示意图

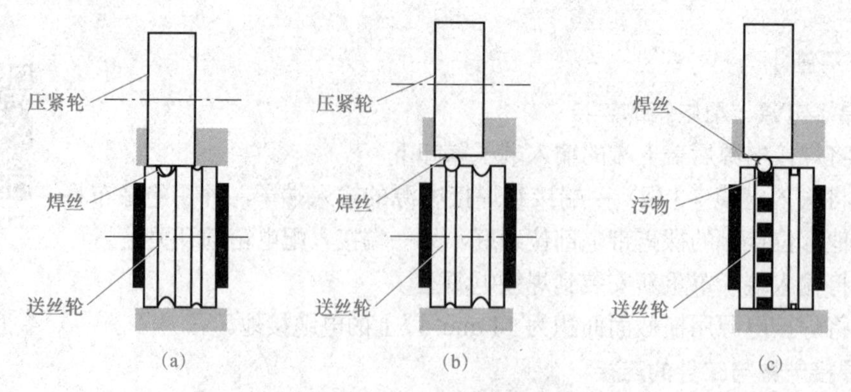

图 3-20 送丝轮的错误应用

(a) 送丝轮槽径大于焊丝直径，送丝推力不足；(b) 送丝轮槽径小于焊丝直径，推力不足，焊丝受损；(c) 送丝轮槽中污物过多同样引起推力不足

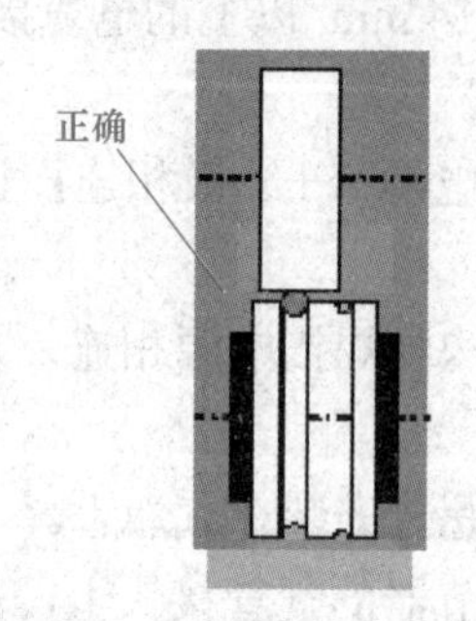

图 3-21 送丝轮的正确应用

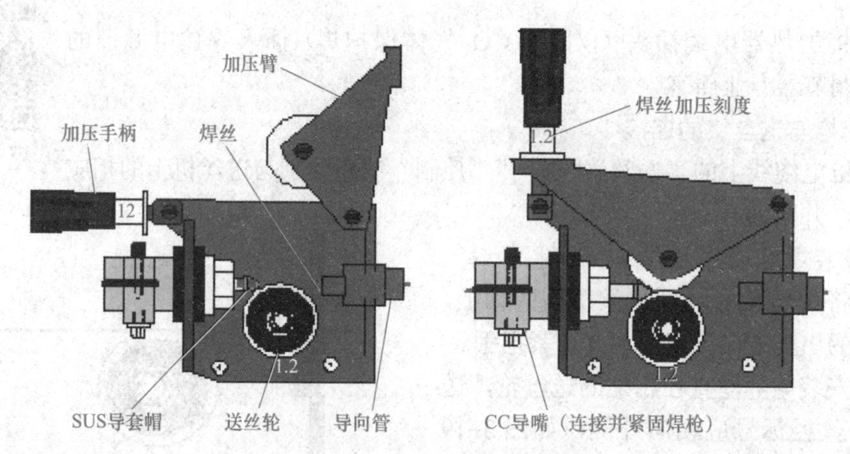

图 3-22 焊丝的安装示意图

（4）加压臂复位，并用加压手柄紧固，旋转加压手柄到所用焊丝直径刻度的上方。

（5）按住焊枪开关，将焊丝送出焊枪导电嘴 1 ～ 2 cm 后放开焊枪开关。

（6）在焊枪上安装与丝径相配的导电嘴，并拧紧喷嘴。

7. 调节气体流量

（1）接通配电箱开关。

（2）接通焊接电源上的电源开关，并将供气开关设在“检查”一侧。

（3）打开气瓶阀门，向 OPEN 方向慢慢转动流量调整旋钮，将流量计指示调整为设定值。此时，气体由焊枪端部出口处喷出。

（4）将供气开关设在“焊接”一侧。

8. 焊丝伸出长度的调节

采用手动送丝，将送丝机构上的送丝开关扳到手动送丝位置，即开始手动送丝。当焊枪导电嘴处焊丝伸出长度为 10 ～ 15 mm 时，立即将送丝开关扳到自动送丝位置，送丝停止。

9. 焊枪操作练习

使用送丝机操作面板上的“收弧”切换开关、“反复”切换开关与焊枪开关，可进行以下 3 种焊接操作。

（1）收弧“无”焊接。当送丝机操作面板上的“收弧”切换开关选择“无”时，焊接结束时没有收弧功能，故主要用于反复定位焊、瞬时焊和薄板焊接。

焊接时，把焊枪放在适合焊接的位置，按下焊枪开关，提前送气，延时后产生电弧，由于没有自锁，所以开关要一直按住，直到需要停焊时才松开开关，随着电流停止，电弧也随之熄灭，如图 3-23 所示。

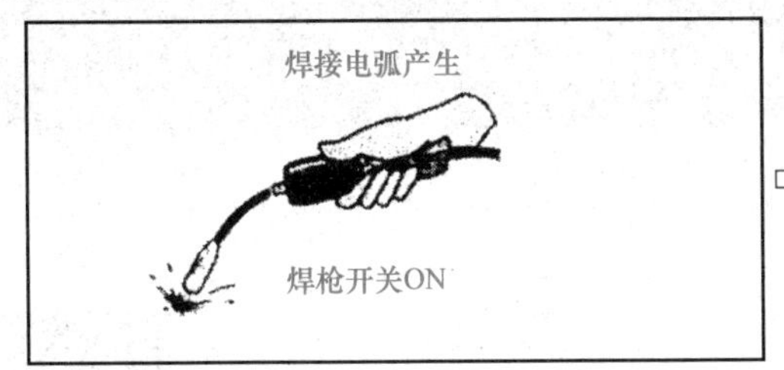

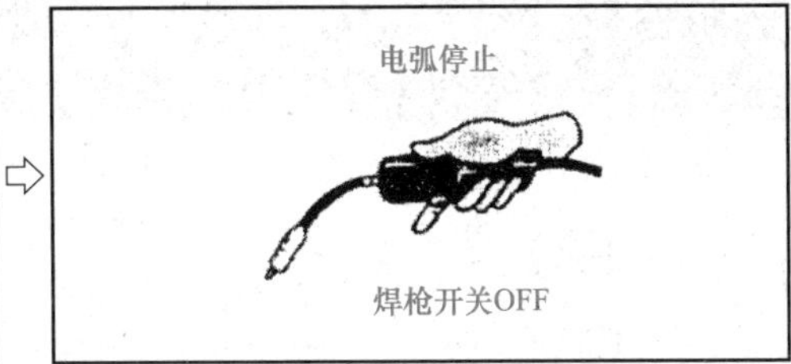

图 3-23　收弧“无”焊接操作顺序示意

（2）收弧“有”焊接。当送丝机操作面板上的“收弧”切换开关选择“有”时，焊接时具有收弧功能，适用于中厚板材的焊接，用于填补焊接结束时的凹陷。

焊接时，把焊枪放在适合焊接的位置，按下焊枪开关（保不保持都可），先开始送气，经过一段时间延时后开始送丝及起弧，输出焊接电流，进入正常焊接过程。第二次按下焊枪开关（一直按住）时，焊接电压、焊接电流先是减小至收弧电压及收弧电流，等到焊枪开关放开，焊接电压、送丝速度再次下降，焊接电流逐渐下降，经过回烧延时后自动停止，电弧熄灭，如图 3-24 所示。

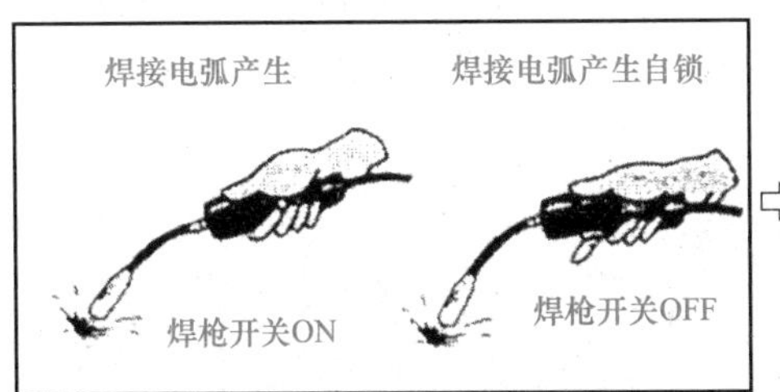

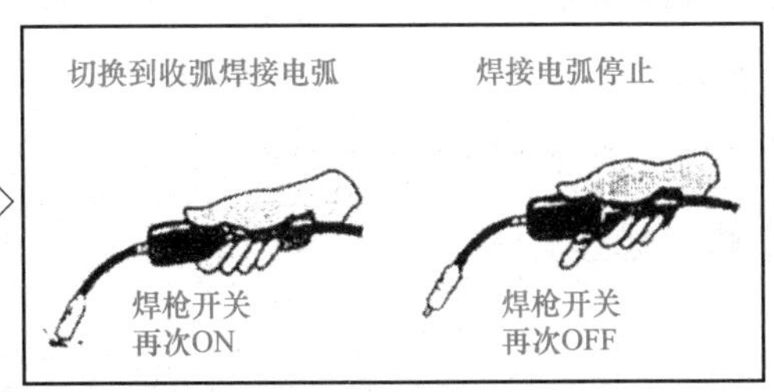

图 3-24　收弧“有”焊接操作顺序示意

（3）收弧“有”、反复“有”焊接。当送丝机操作面板上的“收弧”切换开关选择“有”，且“反复”切换开关选择“有”时，主要用于填补焊接结束时的弧坑。

焊接时，把焊枪放在适合焊接的位置，按下焊枪开关（保不保持都可），先开始送气，经过一段时间延时后开始送丝及起弧，输出焊接电流，进入正常焊接过程。第二次按下焊枪开关（一直按住）时，焊接电压、焊接电流先是减小至收弧电压及收弧电流，等到焊枪开关放开，焊接电压、送丝速度再次下降，焊接电流逐渐下降，经过回烧延时后自动停止，电弧熄灭。如在 2 s 内重新按下焊枪开关（一直按住），则会重复收弧条件至松开焊枪开关。依次重复操作，可实现多次收弧处理，如图 3–25 所示。

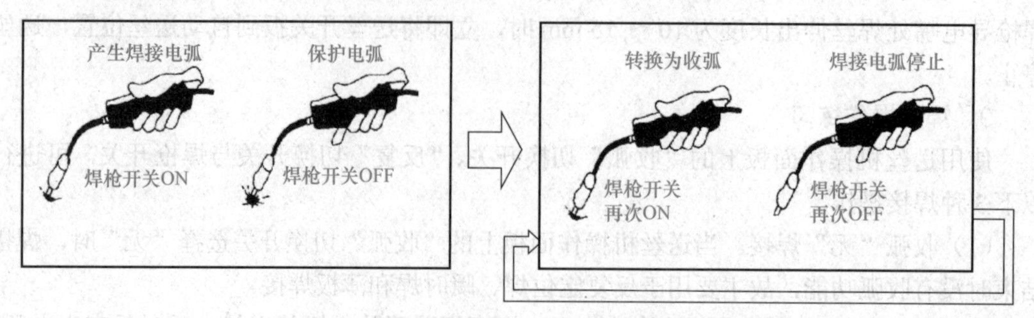

图 3–25　收弧“有”、反复“有”焊接操作顺序示意

任务三　认识 CO_2 气体保护焊

【学习目标】

认识 CO_2 气体保护焊

1. 知识目标

（1）掌握 CO_2 气体保护焊的特点、焊接材料及焊接参数的选择；

（2）掌握 CO_2 气体保护焊的冶金特点。

2. 能力目标

能够掌握 CO_2 气体保护焊焊接材料的选择及冶金特点。

3. 素养目标

（1）培养学生的职业道德能力；

（2）养成严谨专业的学习态度和认真负责的学习意识。

【任务描述】

通过本次任务的学习能掌握 CO_2 气体保护焊的特点、焊接材料和焊接参数的选择，以及 CO_2 气体保护焊的冶金特点。

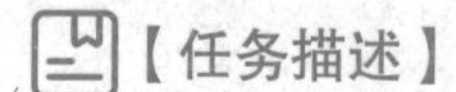

【知识储备】

一、CO_2 气体保护焊简介

CO_2 气体保护焊是以 CO_2 气体作为保护，填充金属丝作为电极的一种熔化极气体保护焊方法，简称 CO_2 焊。

1. CO_2 气体保护焊的分类

CO_2 气体保护焊可按照焊丝直径、操作方式、特殊应用和新工艺进行分类。目前，通常是根据焊丝直径和操作方法对 CO_2 气体保护焊进行分类。

（1）按照焊丝直径划分：当焊丝直径＜1.6 mm时，称为细丝CO_2气体保护焊，主要采用短路过渡形式，适用于薄板的焊接；当焊丝直径≥1.6 mm时，称为粗丝CO_2气体保护焊，一般采用大电流和较高的电弧电压，适用于中厚板的焊接。

（2）按照操作方式划分：可分为半自动CO_2焊和自动CO_2焊。其主要区别在于：半自动CO_2焊是用手工操作焊枪，完成电弧热源的移动，而送丝、送气由相应的机械装置来完成；自动CO_2焊电弧热源的移动、送丝、送气都是由相应的机械装置来完成的。自动CO_2焊主要用于较长的直线焊缝和环形焊缝的焊接；半自动CO_2焊的机动性较大，适用于不规则或较短的焊缝的焊接。

2. CO_2气体保护焊的特点

（1）CO_2气体保护焊的优点。

1）生产效率高。由于CO_2焊的焊丝直径比较细，因此焊接时电流密度大，熔敷效率高，焊后不需要清渣，节省了清渣的时间，提高了生产效率。CO_2焊的生产率比普通的焊条电弧焊高2～4倍。

2）焊接成本低。CO_2焊所用的CO_2气体，可以是专业生产的，也可以是制糖厂或酿酒厂的副产品，因此CO_2气体来源广、价格便宜，而且电能消耗少，故使焊接成本降低。通常CO_2焊的成本只有埋弧焊或焊条电弧焊的40%～50%。

3）焊接应力和变形小。由于CO_2焊电弧热量集中，焊接速度快，焊件受热面积小，同时CO_2气流对电弧具有较强的冷却作用。因此，焊接热影响区和焊后变形小，特别适用于薄板的焊接。

4）焊缝抗裂性好，抗锈能力强。CO_2气体在高温时具有强烈的氧化性，可减少熔池中游离态氢的含量，焊缝的抗裂性能好。同时CO_2焊对铁锈的敏感性比较低，焊缝中不易产生氢气孔，焊前对焊件表面清洁度要求不高。

5）操作简便，明弧焊接。只要不是采用药芯焊丝进行焊接，焊后就不需要清渣，从而使焊接工艺简化。另外，由于是明弧焊，可以直接观察电弧和熔池的情况，便于监控，有利于实现机械化和自动化焊接。

6）适用范围广。采用短路过渡，可焊接1 mm左右的薄板；也可用细颗粒过渡焊接中厚板；采用多层焊时，焊接厚度几乎不受限制；不仅可用于焊接低碳钢，也能焊接低合金钢。

（2）CO_2气体保护焊的缺点。

1）飞溅较大，并且焊缝表面成形较差。金属飞溅是CO_2焊中较为突出的问题，这也是CO_2焊的主要缺点。

2）很难用交流电源进行焊接，焊接设备结构比较复杂。

3）抗风能力差，给室外作业带来一定困难。

4）不能焊接易氧化的有色金属。

5）劳动条件较差。CO_2的弧光强度及紫外线强度分别是焊条电弧焊的2～3倍和20～40倍，电弧的辐射较强，且操作环境中CO的含量较大，对人体健康不利。

3. CO_2气体保护焊的应用

CO_2焊主要用于焊接低碳钢及低合金钢等黑色金属。对于不锈钢，由于焊缝金属有增碳的现象，影响耐晶间腐蚀性能，所以只能用于对焊缝性能要求不高的不锈钢件的焊接。此外，CO_2焊还可用于耐磨零件的堆焊、铸钢件的补焊以及异种材料的焊接。因此，CO_2焊在造船工业、化工机械、汽车制造、农业机械及航空工业中都得到了广泛的应用。

二、CO_2气体保护焊的焊接材料

CO_2焊所用的焊接材料包括CO_2气体和焊丝。

1. CO_2气体

焊接用的CO_2气体，都是将CO_2气体压缩成液态，可以储存在气瓶中备用，也可以集中储存在CO_2气站中，用输气管道输送。CO_2气瓶瓶体为铝白色，漆有“二氧化碳”黑色字样，容积为40 L，可装25 kg液态CO_2，气态CO_2的压力为4.90～6.86 MPa。

CO_2气体的纯度对焊缝金属的致密性和塑性有较大的影响，其中主要有害杂质是瓶内的水分和空气，其中以水分为主。因为随着水分的增加，焊缝中的氢含量也随之增加。因此，必须尽量降低CO_2气体中的含水量，避免即使不出现气孔也会降低塑性的可能。焊接用CO_2气体的纯度，要求不低于99.5%。CO_2气瓶里的CO_2气体中，水汽的含量与气体压力有关，气体压力越低，气体内水汽含量越高，焊接时越容易产生气孔。因此，CO_2气瓶内气体压力要求不低于1 MPa（即10个大气压）；降至1 MPa时，应停止使用。

由于CO_2气瓶中的CO_2气体含水量较高而且不稳定，为了获得优质焊缝，应在使用前对瓶装液态CO_2气体进行一定的处理，以提高纯度，降低其含水量和空气含量，一般可采取以下操作：

（1）将气瓶倒置1～2 h，使瓶中自由状态的水分沉积在瓶口端部。然后打开阀门放水，重复2～3次，每次间隔半小时左右，使水排出，再将气瓶放正。

（2）使用之前，打开气阀进行放气2～3 min，因为瓶内上面的气体通常含有较多的水分和氮气。

（3）在供气系统中最好安装干燥器，以进一步减少CO_2气体中的水分。

（4）瓶中气压降到低于1 MPa（即10个大气压）时停止使用。

2. 焊丝

（1）对焊丝的要求。根据CO_2焊的冶金特点，进行低碳钢和低合金钢、船用高强度钢焊接时，为保证焊缝具有较高的力学性能和防止气孔、减少飞溅，必须采用含锰、硅等脱氧元素的合金钢焊丝，同时还应限制焊丝中C、S、P的含量，通常要求w（C）$<0.10\%$，对于一般焊丝要求硫及磷含量均为w（S，P）$\leqslant 0.04\%$；对于高性能的优质焊丝，则要求硫及磷含量均为w（S，P）$\leqslant 0.03\%$。为了防锈及提高导电性，焊丝表面最好镀铜。

（2）焊丝型号、牌号及规格。CO_2焊焊丝通常分为实芯焊丝和药芯焊丝两种。实芯焊丝是由金属线材直接拉拔而成的焊丝；药芯焊丝是将薄钢带卷成圆形钢管或异形钢管的同时，在其中填满一定成分的药剂，经拉制而成的焊丝。本节以实芯焊丝为例介绍焊丝型号、牌号及规格，药芯焊丝的型号、牌号及规格将在以后学习中介绍。

对于气体保护焊焊丝，通常可以用型号和牌号来反映其主要性能特征及类别，焊丝型

号是以国家标准（或相应组织制定的标准）为依据，反映焊丝主要特性的一种表示方法。焊丝牌号是焊丝产品的具体命名，它可以由生产厂家制定，还可以由行业组织统一命名，制定全国焊材行业统一牌号。但必须按照国家标准要求，在产品说明和产品包装上注明产品“符合”或“相当”的型号。不加注者则认为是不符合国标的产品。每种焊丝产品只有一个牌号，但多种牌号的焊丝可以同时对应一种型号。

1）实芯焊丝牌号编制方法。

①首字母“H”表示实芯焊丝。

②字母“H”后的一位或两位数字表示焊丝的碳含量平均约数，单位为万分之一（0.01%）。

③化学元素符号及其后面的数字表示该元素含量的平均约数，单位为百分之一（%）。当合金元素含量≤ 1% 时，该元素化学符号后面的数字 1 省略。

④焊丝牌号尾部标有“A”或“E”时，“A”表示优质焊丝，说明该焊丝的硫、磷含量比普通焊丝低；“E”表示高级优质焊丝，其硫、磷含量更低。

焊丝牌号举例：

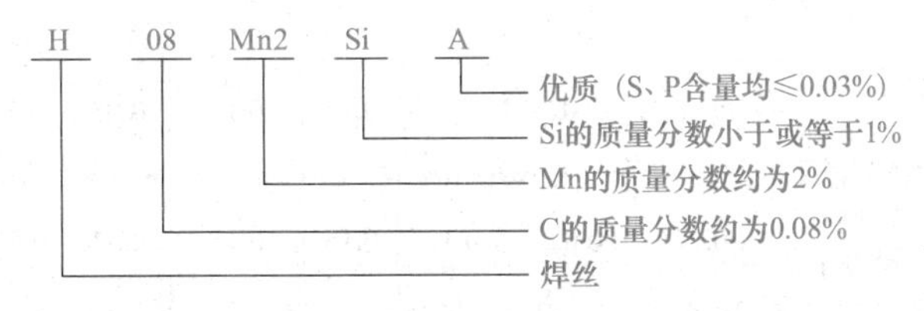

2）实芯焊丝型号编制方法。根据《熔化极气体保护电弧焊用非合金钢及细晶粒钢实心焊丝》（GB/T 8110—2020）规定，气体保护焊焊丝型号由三部分组成。ER 表示焊丝，ER 后面的两位数字表示熔敷金属的最低抗拉强度，短线“-”后面的字母或数字表示焊丝的化学成分的分类代号，其中碳钢焊丝用一位数字表示，有 1、2、3、4、6、7 共 6 个型号；碳钼钢焊丝用 A 表示；铬钼钢焊丝用 B 表示；镍钢焊丝用 Ni 表示；锰钼钢焊丝用 D 表示，后面数字表示同一合金系统的不同编号。附加其他化学成分时，用元素符号表示，并用短线“-”与前面数字分开。对于其他低合金焊丝，在抗拉强度后用“-”后缀编号数。当 w（C）≤ 0.05% 时，型号最后加字母 L。

焊丝型号举例：

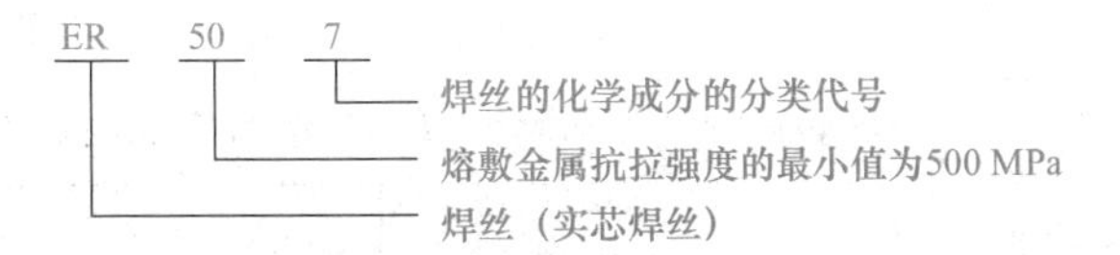

目前常用的 CO_2 焊焊丝有 ER49-1 和 ER50-6 等，常用焊丝牌号和型号及用途见表 3-4。

表 3-4　CO_2 焊常用焊丝牌号和型号及用途

焊丝牌号	焊丝型号	用途
H08Mn2SiA	ER49-1	用于焊接低碳钢及某些低合金结构钢
H11Mn2SiA	ER50-6	用于焊接碳钢及 500 MPa 级的造船、桥梁等结构用钢

CO_2 焊所用的焊丝直径为 0.5 ～ 5 mm，常用的焊丝直径有 0.6 mm、0.8 mm、1.0 mm、1.2 mm、1.6 mm、2.0 mm、2.5 mm、3.0 mm、4.0 mm、5.0 mm 等几种，其中直径小于 2.0 mm 的焊丝用于半自动 CO_2 焊，而直径大于 2.0 mm 的焊丝用于自动 CO_2 焊。CO_2 气体保护焊碳钢、低合金钢焊丝的化学成分及力学性能见表 3–5 和表 3–6。

表 3–5　常用焊丝的型号及化学成分

焊丝型号	化学成分（质量分数）%										
	C	Mn	Si	P	S	Ni	Cr	Mo	V	Cu	Al	Ti+Zr
ER49–1	0.11	1.80 ～ 2.10	0.65 ～ 0.95	0.025	0.025	0.30	0.20	—	—	0.50	—	—
ER50–2	0.07	0.90 ～ 1.40	0.40 ～ 0.70	0.025	0.025	0.15	0.15	0.15	0.03	0.50	0.05 ～ 0.15	Ti：0.05 ～ 0.15 Zr：0.02 ～ 0.12
ER50–3	0.06 ～ 0.15	0.90 ～ 1.40	0.45 ～ 0.75	0.025	0.025	0.15	0.15	0.15	0.03	0.50	—	—
ER50–4	0.06 ～ 0.15	1.00 ～ 1.50	0.65 ～ 0.85	0.025	0.025	0.15	0.15	0.15	0.03	0.50	—	—
ER50–6	0.06 ～ 0.15	1.40 ～ 1.85	0.80 ～ 1.15	0.025	0.025	0.15	0.15	0.15	0.03	0.50	—	—
ER50–7	0.07 ～ 0.15	1.50 ～ 2.00	0.50 ～ 0.80	0.025	0.025	0.15	0.15	0.15	0.03	0.50	—	—
ER55–D2	0.07 ～ 0.12	1.60 ～ 2.10	0.50 ～ 0.80	0.025	0.025	0.15	—	0.40 ～ 0.60	—	0.50	—	—
ER55–D2–Ti	0.12	1.20 ～ 1.90	0.40 ～ 0.80	0.025	0.025	—	—	0.20 ～ 0.50	—	0.50	—	Ti：0.05 ～ 0.20

表 3–6　CO_2 气体保护焊碳钢、低合金钢焊丝熔敷金属力学性能

焊丝型号	保护气体	熔敷金属拉伸试验			熔敷金属 V 形缺口冲击试验	
		R_m/MPa	$R_{p0.2}$/MPa	A/%	试验温度 /℃	kV/J
ER49–1	CO_2	≥ 490	≥ 372	≥ 20	室温	≥ 47
ER50–2		≥ 500	≥ 420	≥ 22	− 30	≥ 27
ER50–3					− 20	
ER50–4					不需要	
ER50–6					− 30	≥ 27
ER50–7						
ER55–D2		≥ 550	≥ 470	≥ 17		
ER55–D3–Ti						

三、CO_2 气体保护焊的冶金特点

常温下 CO_2 气体的化学性质呈中性，但在电弧高温下，CO_2 会分解出原子氧，从而具有强烈的氧化作用。这种强烈的氧化性，使 CO_2 焊在冶金方面具有自己的特点：使合金元素氧化烧损，从而降低焊缝金属的力学性能，还可能成为产生气孔和飞溅的根源。因此合金元素的氧化烧损、气孔和飞溅是 CO_2 气体保护焊冶金中的三个主要问题。

1. 合金元素的氧化烧损

CO_2 气体在电弧高温下将发生分解：

$$CO_2 \rightarrow CO + O$$

电弧空间同时存在 CO_2、CO 和 O 这三种成分，其中 CO 气体在焊接条件下不熔于金属，也不与金属发生作用，它对焊接质量危害不大；但是 CO_2 和 O 却能与铁及其他合金元素发生氧化反应：

$$Fe + CO_2 = FeO + CO$$

$$Fe + O = FeO$$

$$Si + 2O = SiO_2$$

$$Mn + O = MnO$$

$$C + O = CO$$

可见在高温条件下，CO_2 及其分解出的氧，都具有很强的氧化性。由于电弧气氛强烈的氧化性，焊缝中合金元素大量烧损，从而使焊缝金属的力学性能降低，因此必须进行脱氧。通常，在 CO_2 气体保护焊焊丝中（或药芯焊丝的药粉中）加入一定量的脱氧剂，常用的有 Al、Ti、Si、Mn。目前 CO_2 气体保护焊普遍使用的脱氧焊丝为 H08Mn2SiA。

2. CO_2 气体保护焊产生气孔的原因及防止措施

CO_2 气体保护焊焊接时，由于 CO_2 气流具有较强的冷却作用，熔池结晶较快，如果焊接时又使用化学成分不符合要求的焊丝、纯度不符合要求的 CO_2 气体及不正确的焊接工艺等，就很容易在焊缝中产生气孔。可能产生的气孔主要有 CO 气孔、氢气孔和氮气孔。

（1）CO 气孔。产生 CO 气孔的原因，主要是 Fe 被氧化生成 FeO，而 FeO 又与熔池中的 C 发生下列反应：

$$FeO + C = Fe + CO \uparrow$$

这个反应在熔池处于结晶温度时进行得比较剧烈，而这时熔池已开始结晶，反应生成的 CO 气体如果来不及逸出，则会生成 CO 气孔。如果焊丝中含有足够的脱氧元素，而且限制焊丝中的碳含量，就能有效地防止 CO 气孔的产生。所以在 CO_2 焊中，只要焊丝选择适当，产生 CO 气孔的可能性是很小的。

（2）氢气孔。氢气孔产生的主要原因是，熔池在高温时溶入了大量的氢，在结晶过程中又没有充分排出，留在焊缝金属中成为气孔。

氢的来源主要有焊件、焊丝表面的油污、铁锈及水分，以及 CO_2 气体中的水分。油污为碳氢化合物，铁锈是含结晶水的氧化铁，它们在电弧的高温下都能分解出氢。因此，为防止氢气孔，就要杜绝氢的来源。焊前应去除焊件及焊丝表面的铁锈、油污及其他杂质，更重要的是应注意 CO_2 气体中的含水量，因为 CO_2 气体中的水分常常是引起氢气孔的主要原因。

另外，由于高温时 CO_2 气体具有氧化性，可以减弱氢的不利影响，所以 CO_2 焊对铁

锈和水分没有埋弧焊那样敏感，具有较强的抗锈能力和抗潮能力。只要焊前对 CO_2 气体进行干燥处理去除水分，清除焊丝和焊件表面的杂质，产生氢气孔的可能性很小。

（3）氮气孔。氮气的来源：一是空气侵入焊接区；二是 CO_2 气体不纯，混有空气。试验表明，焊缝中的氮气孔是由于保护气层遭到破坏，大量空气侵入焊接区所造成的。造成保护气层失效的因素：过小的 CO_2 气体流量；喷嘴被飞溅物部分堵塞；喷嘴与焊件距离过大及焊接场地有侧向风；焊接速度过快，气流挺度不够；钢瓶内气体压力过低等。

总之，CO_2 焊最常发生的是氮气孔，而氮气主要来自空气。因此，在焊接过程中保持气流稳定可靠是防止焊缝中产生气孔的重要途径。

3. CO_2 气体保护焊飞溅产生的原因及防止措施

CO_2 焊产生飞溅的原因

飞溅是 CO_2 焊最主要的缺点，严重时甚至影响焊接过程的正常进行，产生飞溅的主要原因如下：

（1）冶金反应引起的飞溅。由于熔滴中的 C 被 O 或 FeO 氧化，生成 CO 气体，在电弧高温下 CO 气体急剧膨胀，使熔滴爆破而引起金属飞溅。

要减少飞溅，必须控制焊丝中的碳含量，应控制在 0.08% 左右。此外，采用含有较多脱氧元素的焊丝，也能减少飞溅。例如，目前采用的药芯焊丝 CO_2 焊，它是一种气－渣联合保护的焊接方法，在焊丝中加入一定量的脱氧剂、稳弧剂，使焊接过程十分稳定，所以飞溅大大减少。

（2）由极点压力引起的飞溅。焊接电弧中电子和正离子在电场作用下，以极高的速度分别撞击正、负两极的活性斑点而产生了机械压力，即形成极点压力。当采用正极性时，正离子飞向焊丝末端的熔滴，熔滴在很大的机械压力下破碎，形成较大的飞溅。要减少极点压力所引起的飞溅，必须采用直流反极性。因为反极性时，阻碍熔滴过渡的是电子的压力，由于电子的质量比正离子小，产生的极点压力较小，故飞溅也比较小。

（3）熔滴短路过渡引起的飞溅。这是 CO_2 焊短路过渡焊接过程中产生飞溅的最主要原因。当熔滴与熔池接触发生短路时，熔滴与焊丝之间形成液态金属小桥。随着短路电流的增加，液态金属小桥迅速加热，最后导致小桥金属发生汽化爆炸，引起飞溅。

引起短路过渡飞溅与短路电流增长速度有关。当短路电流增长速度过慢时，熔滴缩颈处的液态金属小桥不能很快烧断，使焊丝伸出部分在长时间的电阻热作用下，成段软化和断落，造成较多的飞溅；若短路电流增长速度太快，焊丝末端熔滴与熔池一接触，则短路电流立即增大。由于短路电流过大，过渡中的熔滴剧烈加热以及在电磁力的作用下，熔滴金属发生爆破而产生大量飞溅。所以可以通过改变焊接回路中的电感值来控制短路电流的增长速度，使增长速度适当，熔滴有规律地在缩颈处发生爆断，这时虽有飞溅，但颗粒较细，飞溅量减少。

焊接时为防止飞溅，必须正确地选择焊接参数。另外，还可以从焊接技术上采取措施，如采用 CO_2 潜弧焊。该方法是采用较大焊接电流、较小的电弧电压，把电弧压入熔池形成潜弧，使产生的飞溅落入熔池，从而使飞溅大大减少。这种方法熔深大、效率高，现已广泛应用于厚板焊接，CO_2 潜弧焊如图 3-26 所示。

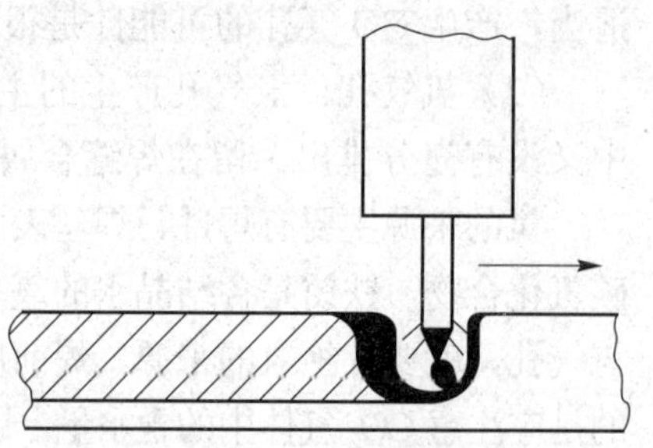

图 3-26　CO_2 潜弧焊示意

四、CO_2 气体保护焊的熔滴过渡

在 CO_2 焊中，为了获得稳定的焊接过程，熔滴过渡通常有短路过渡和滴状过渡两种形式。

1. 短路过渡

CO_2 焊在采用细焊丝、低电压和小电流焊接时，可获得短路过渡。短路过渡时，电弧长度较短，焊丝端部熔化的熔滴尚未成为大滴时便与熔池表面接触而短路。熔滴细小而过渡频率高，焊缝成形良好，同时焊接电流较小，焊接热输入低，故适用于薄板及全位置焊接。焊接薄板时，生产率高，变形小，焊接操作容易掌握，对焊工技术水准要求不高。因而短路过渡 CO_2 焊易于在生产中得到推广应用。短路过渡过程如图 3-27 所示。

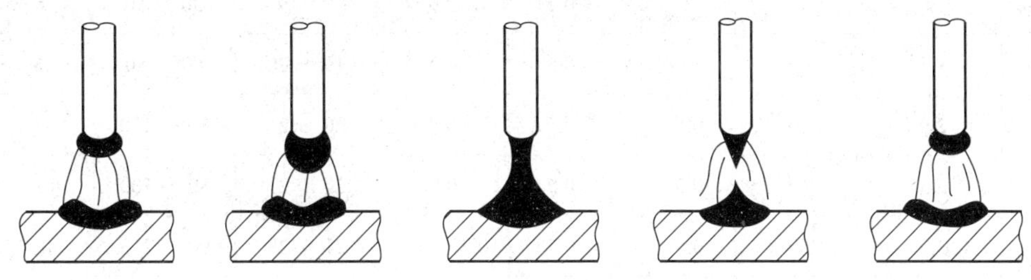

图 3-27　短路过渡过程示意

短路过渡时，电弧电压通常为 16 ～ 24 V。对于使用平特性电源的 CO_2 焊，当所用的焊丝直径为 0.8 ～ 1.6 mm，并采用短路过渡时，电弧电压可按下述经验公式推算：

$$U = 0.04I + 16 \pm 1.5\ (I < 300\ \text{A})$$

$$U = 0.04I + 16 \pm 2\ (I \geqslant 300\ \text{A})$$

式中　U——电弧电压（V）；

　　I——焊接电流（A）。

2. 滴状过渡

CO_2 焊在采用粗焊丝、较高电压和较大电流时，会出现滴状过渡。

滴状过渡有两种形式，一是大颗粒过渡，电流、电压比短路过渡稍高，电流一般在 400 A 以下，此时熔滴较大且不规则，过渡频率较低，易形成偏离焊丝轴线方向的非轴向过渡，如图 3-28 所示。这种大颗粒非轴向过渡，电弧不稳定，飞溅很大，成形差，在实际生产中不宜采用。二是细滴过渡，电流、电压进一步增大，电流一般在 400 A 以上。此时，由于电磁收缩力的加强，熔滴细化，过渡频率也随之增加。虽然仍为非轴向过渡，但飞溅相对较少，电弧较稳定，焊缝成形较好，故在生产中应用较广。因此，粗丝 CO_2 焊滴状过渡时，由于焊接电流较大，电弧穿透力强，熔深较大，多用于中、厚板的焊接。

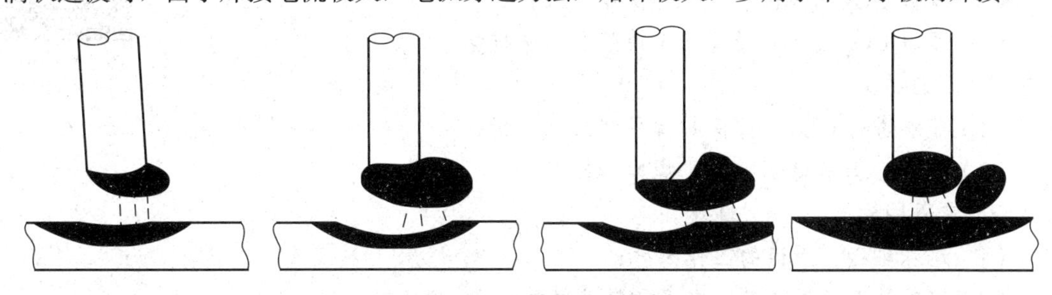

图 3-28　非轴向过渡示意

五、CO_2 气体保护焊焊接参数

各焊接参数对焊缝成形及焊接质量的影响在前面已介绍，在此不再重述。由于生产中细丝半自动 CO_2 焊工艺应用较广，因此列举一些细丝半自动 CO_2 焊焊接参数，见表 3-7，仅供参考。

表 3-7 细丝半自动 CO_2 焊焊接参数

接头形式	材料厚度/mm	坡口角度/（°）	钝边/mm	装配间隙/mm	焊丝直径/mm	电弧电压/V	焊接电流/A	气体流量/(L · min^{-1})
对接（I 形）	≤ 1.2	—	—	≤ 0.5	0.6	8 ～ 9	30 ～ 50	6 ～ 7
	1.5	—	—	≤ 0.5	0.7	19 ～ 20	60 ～ 80	6 ～ 7
对接（V 形）	2.0	60	0.5	≤ 0.5	0.8	20 ～ 21	80 ～ 100	7 ～ 8
	2.5	60	0.5	≤ 0.5	0.8	20 ～ 21	80 ～ 100	7 ～ 8
	3.0	60	0.5	≤ 0.5	0.8 ～ 1.0	21 ～ 23	90 ～ 115	8 ～ 10
	4.0	60	0.5	≤ 0.5	0.8 ～ 1.0	21 ～ 23	90 ～ 115	8 ～ 10
	12	60	1	3 ～ 3.5	1.0 ～ 1.2	21 ～ 23	100 ～ 130	15 ～ 20
T 形接头	4.0	—	—	≤ 0.5	0.8 ～ 1.0	21 ～ 23	100 ～ 120	13 ～ 15
	6.0	—	—	≤ 0.5	1.0 ～ 1.2	21 ～ 23	120 ～ 130	13 ～ 15
注：当进行立焊、横焊、仰焊时，电弧电压应取表中下限值								

任务四　实施 CO_2 气体保护焊平焊

【学习目标】

1. 知识目标

（1）掌握 CO_2 气体保护焊平焊工艺分析；

（2）掌握 CO_2 气体保护焊平焊操作方法；

（3）了解 CO_2 气体保护焊常见缺陷及预防措施。

CO_2 气体保护平焊

2. 能力目标

（1）能够进行 CO_2 气体保护焊平焊工艺分析；

（2）具备 CO_2 气体保护焊平焊操作技能。

3. 素养目标

（1）培养细心、严谨的工作态度；

（2）培养认真负责的劳动态度和敬业精神。

【任务描述】

针对焊接结构生产中经常遇到的采用 CO_2 气体保护焊进行平焊的生产任务，本次任务进行板对接平焊训练，训练图样如图 3-29 所示。

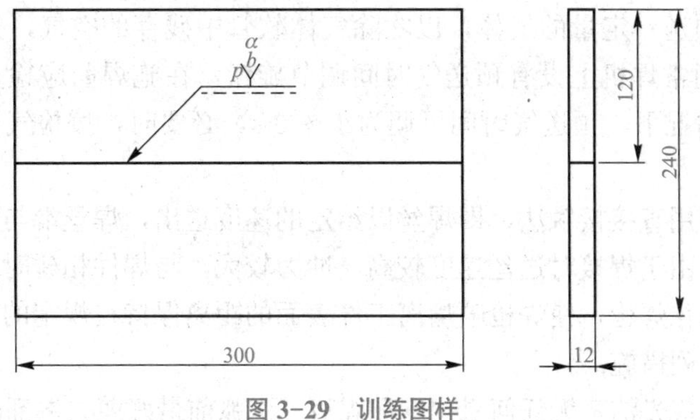

图 3-29 训练图样

板材为 Q235B 钢板，根据图样可知，板材尺寸为 300 mm×120 mm×12 mm，开 V 形坡口，根部间隙 b = 3.2 ～ 4.0 mm，坡口角度 α = 60°±5°，钝边 p = 0.5 ～ 1 mm。要求单面焊双面成形，焊缝表面无焊接缺陷，焊缝波纹均匀，宽窄一致，高低平整，焊缝与母材圆滑过渡，表面余高为 0 ～ 3 mm，焊后无变形。通过此任务使学生掌握 CO_2 气体保护焊平焊操作技能。

【知识储备】

一、工艺分析

1. 左焊法和右焊法

在 CO_2 气体保护焊焊接过程中，按焊件的形状和施工条件，可以采用左焊法和右焊法操作。左焊法操作时，焊枪自右向左移动，焊枪相对焊接方向反向倾斜，如图 3-30（a）所示；右焊法操作时，焊枪自左向右移动，焊枪朝焊接方向倾斜，如图 3-30（b）所示。

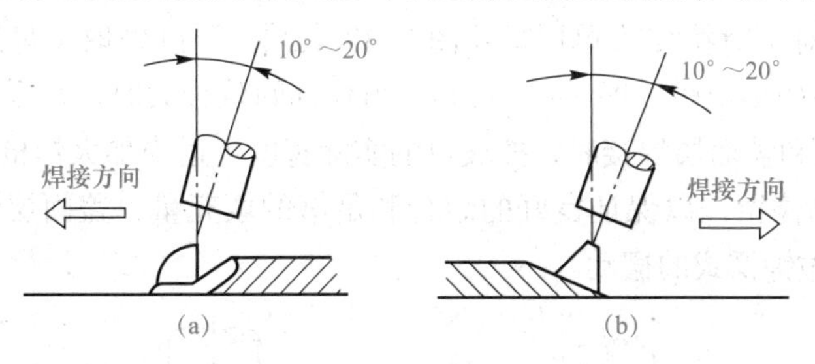

图 3-30 CO_2 焊时焊枪的运动方向

(a) 左焊法；(b) 右焊法

左焊法操作时，电弧的吹力作用在熔池及其前沿处，将熔池金属向前推进，由于电弧不直接作用在母材上，因此熔深较浅，焊道平坦且变宽。采用左焊法，虽然观察熔池困难，但易于掌握焊接方向，不易焊偏。左焊法适用于薄板的焊接。

右焊法操作时，气体对熔池的保护效果较好，电弧直接作用在母材上，熔深较大，焊道窄而高，但不易准确掌握焊接方向，容易焊偏，尤其对接焊时更明显。要求深熔焊时，通常采用右焊法。

2. 引弧和收弧技术

引弧前必须预送一定量的气体，以吹除气体软管中残存的空气，并使焊接区具有足够的保护气体。通常焊机上设有预送气时间调节旋钮，在施焊前应检查旋钮位置是否符合要求。在一般情况下，预送气时间可调为 1 ～ 3 s。必要时，按检气开关检查保护气体流量。

引弧操作多采用直接接触法，即焊丝以给定的速度送出，焊丝端与待焊工件接触形成短路而引燃电弧。由于焊接时送丝速度较高，冲力较大，与焊件相碰时会产生较大的反弹力。此时，必须压住焊枪，使焊枪喷嘴离工件表面的距离保持在规定的范围内。为确保引弧成功，应采取下列措施：

（1）焊丝端头应光洁，无任何氧化皮和焊渣，引弧前最好剪去端部的一段焊丝。

（2）应将引弧处工件表面清理干净，不允许附着影响导电性的任何污染物。

（3）采用粗丝（直径≥ 1.6 mm）焊接时，应选用具有慢速送丝引弧功能的送丝机。

焊缝起始端会不可避免地存在一些问题，对质量要求高的重要工件，可以采取以下两种解决办法：

（1）对于纵缝焊接，可以采用引弧板。

（2）对于环缝和其他封闭型焊缝，可以采用倒退重熔法，即在焊缝始端向前 20 mm 左右处引弧，再快速返回到起始点，然后以正常的焊接速度进行焊接。

收弧操作应按下列程序完成：按焊枪停止开关，先停丝，预置的返烧时间结束后再切断焊接电源，保护气体延迟给送一段时间后再停气。上述程序每一周期的时间可在焊机控制面板上预先设定。

与焊条电弧焊的操作相似，收弧前应先填满弧坑。纵缝焊接时，可将弧坑引到熄弧板上再收弧。环缝焊接时，可采用退焊法填补弧坑。

3. 焊枪倾角和摆动方式

对接平焊时，焊枪相对于焊件平面的倾角如图 3–31 所示。焊枪的位置和摆动方式如图 3–32 所示，对于对接接头单层焊［图 3–32（a)］，可以采取少量退焊的焊枪摆动方式；对于对接接头的多层焊［图 3–32（b)］，当根部间隙较大时，可采用少量的横向摆动的方式。对填充层和盖面层焊接时，按坡口的实际宽度，适当加大焊枪摆动幅度，并在坡口的侧壁作短时的停留，以保证良好的熔合和足够的填充量。盖面层焊接时，焊枪应按图 3–32（b）所示做钟摆式的摆动。

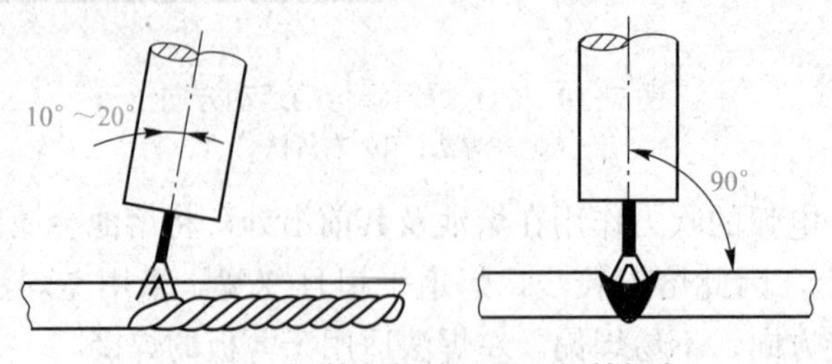

图 3–31　焊枪与焊接平面之间的倾角

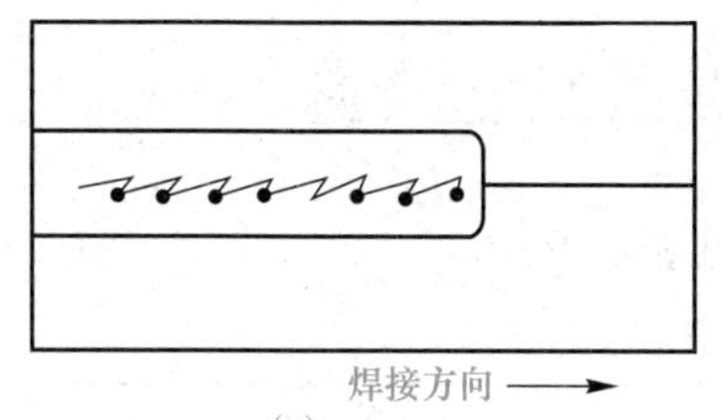

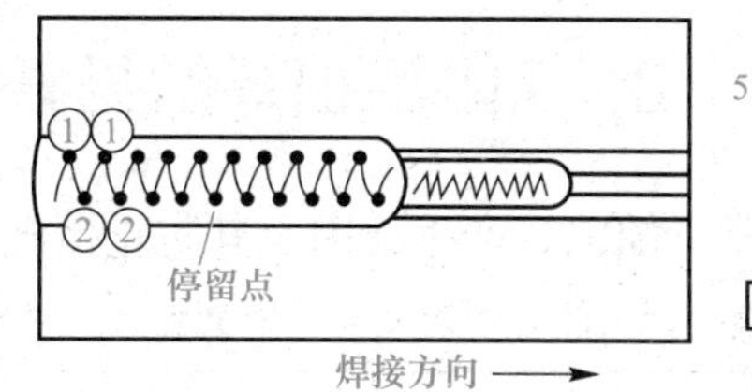

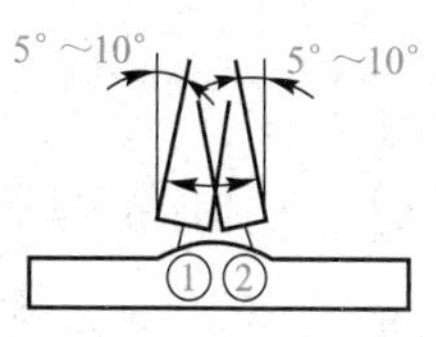

图 3-32　平焊位置焊接时焊枪的位置和摆动方式

（a）单层对接焊缝（焊枪纵向倾角 10°～20°，横向倾角为 90°）；
（b）多层对接焊缝（焊枪纵向倾角 10°～20°，横向倾角见右图）

二、工艺确定

Q235B CO_2 气体保护焊板对接平焊焊接工艺卡见表 3-8。

表 3-8　Q235B CO_2 气体保护焊板对接平焊焊接工艺卡

<table>
<tr><td rowspan="12">适用范围</td><td>材料牌号</td><td>Q235B</td><td colspan="5" rowspan="9">焊接接头简图：
60°
12
0.5～1
3.2～4</td></tr>
<tr><td>材料规格</td><td>300 mm×120 mm×12 mm</td></tr>
<tr><td>接头种类</td><td>对接</td></tr>
<tr><td>坡口形式</td><td>V 形</td></tr>
<tr><td>坡口角度</td><td>60°</td></tr>
<tr><td>钝边</td><td>0.5～1 mm</td></tr>
<tr><td>组对间隙</td><td>3.2～4 mm</td></tr>
<tr><td>焊接方法</td><td>GMAW</td></tr>
<tr><td>保护气体</td><td>CO_2</td></tr>
<tr><td>电源种类</td><td>直流</td><td rowspan="3">焊后热处理</td><td>种类</td><td>—</td><td>保温时间</td><td>—</td></tr>
<tr><td>电源极性</td><td>反接</td><td>加热方式</td><td>—</td><td>层间温度</td><td>—</td></tr>
<tr><td>焊接位置</td><td>1G</td><td>温度范围</td><td>—</td><td>测量方法</td><td>—</td></tr>
</table>

<table>
<tr><td></td><td colspan="6">焊接参数</td></tr>
<tr><td>焊道</td><td>焊材型号</td><td>焊材直径 /mm</td><td>焊接电流 /A</td><td>焊接电压 /V</td><td>保护气体流量 /（L·min^{-1}）</td><td>焊丝伸出长度 /mm</td></tr>
<tr><td>打底层</td><td rowspan="3">E49-1</td><td rowspan="3">ϕ1.2</td><td>90～100</td><td>18～20</td><td>12～15</td><td>12～18</td></tr>
<tr><td>填充层</td><td>140～160</td><td>20～22</td><td>12～15</td><td>12～18</td></tr>
<tr><td>盖面层</td><td>140～150</td><td>20～22</td><td>12～15</td><td>12～18</td></tr>
</table>

三、CO_2 气体保护焊常见缺陷及防止措施

CO_2 气体保护焊常见缺陷、产生原因及其防止措施见表 3–9。

表 3–9　CO_2 气体保护焊常见缺陷、产生原因及防止措施

序号	缺陷种类	产生的主要原因	防止措施
1	焊缝形状不规则	①焊丝伸出太长； ②焊丝太硬； ③电流相对电压太高； ④焊速太低； ⑤送丝速度不稳定	①减小伸出长度； ②调换焊丝； ③降低送丝速度； ④增高焊速； ⑤检查控制电路、电机送丝轮及压丝手柄内弹簧压紧程度
2	裂纹	①工件不清洁； ②焊丝含硫过高，含锰过低； ③焊接工艺不合理	①清洁工件； ②调换焊丝； ③改变工艺条件
3	咬边	①电弧电压过高； ②焊接速度太高； ③焊枪位置不当	①降低电弧电压； ②降低焊接速度； ③纠正焊枪位置
4	夹渣及未熔合	①熔深不够； ②运条不当； ③焊接速度过高或过低（电弧在熔池液体金属上产生）	①增加焊接电流； ②边缘要有足够的停顿时间； ③焊接速度与焊接电流配合恰当
5	飞溅严重	①极性接反； ②参数不当，如电流电压配合不当； ③导电嘴磨损； ④焊丝和焊件表面清洗不良； ⑤送丝速度不稳定； ⑥焊丝伸出太长	①应把负极接入工件； ②调整参数，电感值适中； ③更换导电嘴； ④注意焊丝和焊件表面的清洗； ⑤检查控制电路、电机、送丝轮及压丝手柄内弹簧压紧程度； ⑥减小喷嘴与焊件之间的距离（短路过渡焊时为 10 mm）
6	气孔	①气体不纯或含水分太多； ②喷嘴不正或被飞溅物堵塞； ③焊件不清洁或潮湿； ④周围空气对流太大； ⑤电流、电压、焊速过高、气体流量太小	①提纯气体； ②调整或清理； ③清洁焊件； ④设防风装置； ⑤调整焊接参数

【任务实施】

1．焊前准备

（1）工件准备。Q235B 钢板，300 mm×120 mm×12 mm，两块。采用气割的方式开坡口，坡口单边角度为 30°，钝边为 0.5 ～ 1 mm。检查钢板平直度，并修复平整。采用角

磨机将坡口及其附近 20 ～ 30 mm 范围内清理干净，露出金属光泽。

（2）焊接材料准备。实芯焊丝型号为 ER49-1（牌号为 H08Mn2SiA），直径为 ϕ1.2 mm；CO_2 气体纯度应＞ 99.5%，含水量≤ 0.05%。

（3）辅助工具及量具准备。在焊工操作作业区附近准备好钢丝刷、清渣锤、錾子、钢直尺、焊缝检验尺等工具和量具。

（4）装配定位。将两块钢板放于水平位置，使两端头平齐，在两端头进行定位焊，定位焊焊缝长度为 10 ～ 15 mm。装配间隙始焊处为 3.2 mm，终焊处为 4 mm，反变形量约为 3°，错边量≤ 1 mm。

（5）固定焊件。把装配好的焊件水平固定在操作平台或焊接胎架上。采用左焊法焊接，所以将组对间隙小的放在右侧。

（6）焊接参数设定。开启焊机，按照焊接工艺卡设定焊接参数。

2. 焊接操作

采用左焊法，焊接层次为三层三道。

（1）打底层焊接。将试件间隙小的一端放于右侧，在离试件右端点焊焊缝约 20 mm 坡口的一侧引弧。然后开始向左焊接打底焊道，焊枪沿坡口两侧做小幅度横向摆动，并控制电弧在距离底边 2 ～ 3 mm 处燃烧，当坡口底部熔孔直径达 3 ～ 4 mm 时，转入正常焊接。

1）电弧始终在坡口内做小幅度横向摆动，并在坡口两侧稍微停留，如图 3-33 所示，使熔孔直径比间隙大 0.5 ～ 1 mm，焊接时应根据间隙和熔孔直径的变化调整横向摆动幅度和焊接速度，尽可能维持熔孔直径不变，以获得宽窄和高低均匀的反面焊缝。

2）依靠电弧在坡口两侧的停留时间，保证坡口两侧熔合良好，使打底焊道两侧与坡口结合处稍下凹，焊道表面平整，如图 3-34 所示。

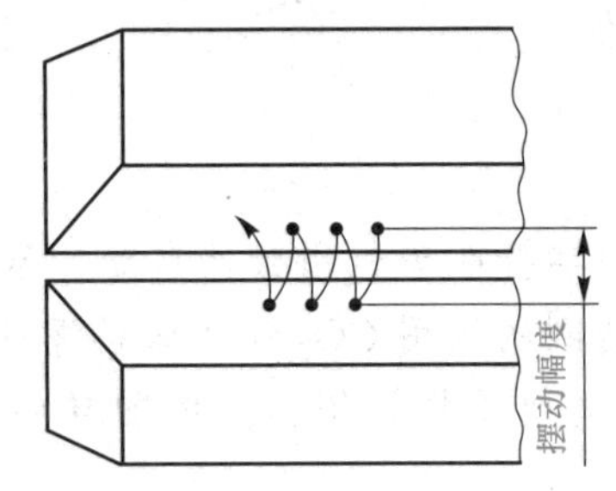

图 3-33　板对接焊缝的根部焊道的运条图（焊丝横摆到圆点“·”处稍作停留）

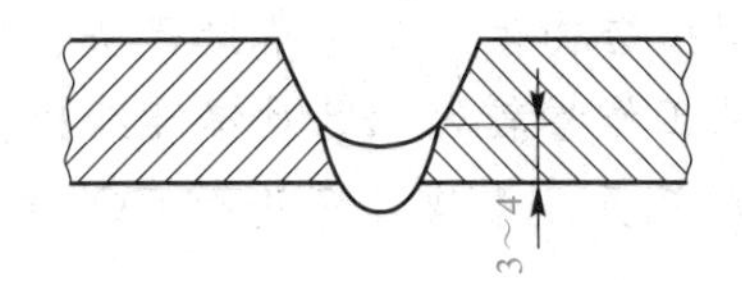

图 3-34　打底焊道

3）打底焊时，要严格控制喷嘴的高度，电弧必须在距离坡口底部 2 ～ 3 mm 处燃烧，保证打底层厚度不超过 4 mm。

（2）填充层焊接。调试填充层焊接参数，在试板右端开始焊填充层，焊枪的横向摆动幅度稍大于打底层，注意熔池两侧熔合情况，保证焊道表面平整并稍下凹，并使填充层的高度低于母材表面 1.5 ～ 2 mm，焊接时不允许烧化坡口棱边。

（3）盖面层焊接。调试好盖面层焊接参数后，从右端开始焊接，需注意下列事项：

1）保持喷嘴高度，焊接熔池边缘应超过坡口棱边 0.5 ～ 1.5 mm，并防止咬边。

2）焊枪横向摆动幅度应比填充焊时稍大，尽量保持焊接速度均匀，使焊缝外形美观。

3）收弧时一定要填满弧坑，并且收弧弧长要短，以免产生弧坑裂纹。

3. 清理现场

焊接结束后，首先关闭二氧化碳气瓶阀门，点动焊枪开关或点动焊机面板焊接检气开关，放掉减压器里面的余气，然后关闭焊接电源。清扫场地，按规定摆放工具，整理焊接电缆，确认无安全隐患，并做好使用记录。

4. 焊后检验

焊后对焊缝表面进行检验，用焊缝检验尺对焊缝进行测量，应满足要求。

任务五　实施 CO_2 气体保护焊平角焊

【学习目标】

1. 知识目标

（1）掌握 CO_2 气体保护焊平角焊工艺分析；

（2）掌握 CO_2 气体保护焊平角焊操作方法；

（3）了解 T 形接头平角焊常见缺陷及防止措施。

CO_2 气体保护平角焊

2. 能力目标

（1）能够进行 CO_2 气体保护焊平角焊工艺分析；

（2）具备 CO_2 气体保护焊平角焊操作技能。

3. 素养目标

（1）培养细心、严谨的工作态度；

（2）培养认真负责的劳动态度和敬业精神。

【任务描述】

在焊接结构生产中，角接接头、T 形接头、十字接头等应用最为广泛，因此角焊缝焊接的工作量较大。针对焊接结构生产中经常遇到的采用 CO_2 气体保护焊进行平角焊的生产任务，本次任务进行 CO_2 气体保护焊的角接平焊训练，训练图样如图 3-35 所示。

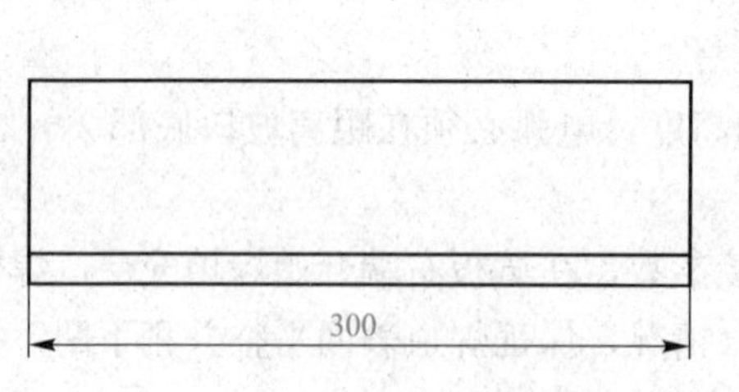

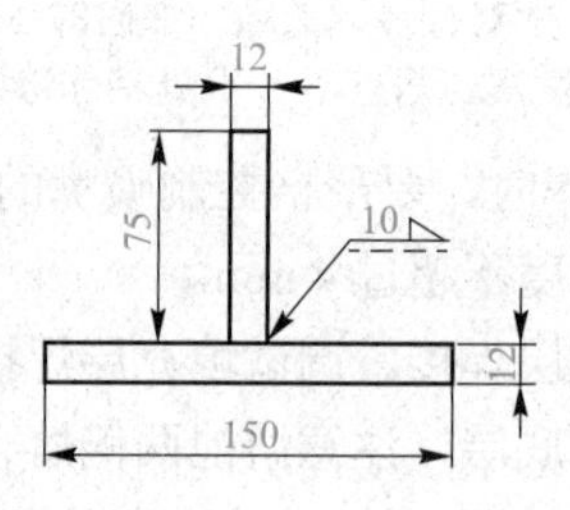

图 3-35　训练图样

板材为 Q235B，根据图样可知，两块试板尺寸分别为 300 mm×150 mm×12 mm 和 300 mm×75 mm×12 mm，组装成 T 形接头，进行单面平角焊，要求焊脚尺寸为 10 mm，焊缝表面无焊接缺陷，焊缝波纹均匀，宽窄一致，高低平整，焊后无变形。通过此任务使学生掌握 CO_2 气体保护焊平角焊操作技能。

【知识储备】

一、工艺分析

角接平焊（又称平角焊）是指 T 形接头平焊和搭接接头平焊。角接平焊焊缝处于倾角为 0°、180°，转角为 45°、135° 的焊接位置。角接平焊常采用的坡口形式主要有 I 形、K 形、单边 V 形等。

1. 不开坡口的角接平焊

当板厚小于 6 mm 时，一般采用不开坡口的两侧单层单道角接平焊。施焊前，要正确选择焊接电流与电弧电压的最佳匹配值，以获得完美的焊缝成形。

施焊时的操作要领与对接平焊基本相同。由于角接平焊在操作时容易产生未焊透、咬边、焊脚下垂等缺陷，所以在操作时必须选择合适的焊接参数，及时调整焊枪角度。当进行同等板厚单层单道角接平焊时，焊枪与两板之间的角度为 45°，如图 3-36（a）所示。焊枪的后倾夹角为 75° ～ 85°，如图 3-36（b）所示。当焊接不同板厚时，必须根据两板的厚度进行焊枪角度调节。一般焊枪角度应偏向厚板 5° 左右。焊接时焊枪应做圆周运动向前移动，如图 3-37 所示，使底板和立板受热均匀。

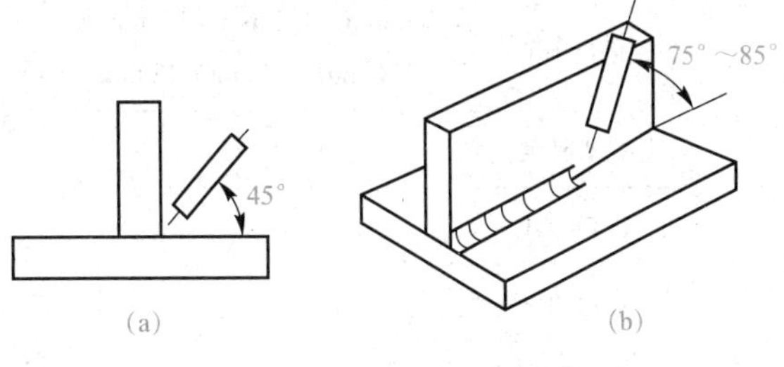

图 3-36　角接平焊焊枪角度示意

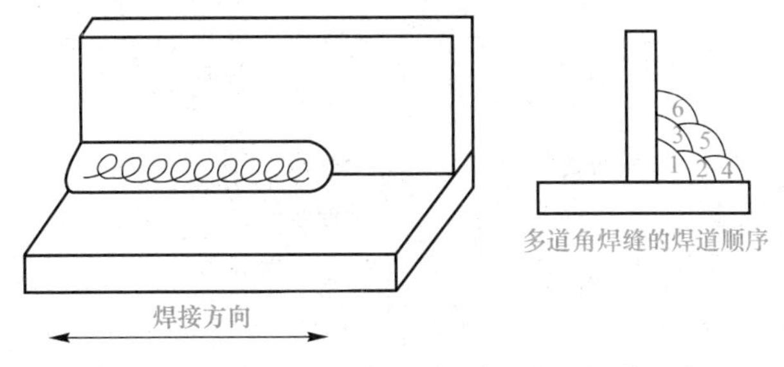

图 3-37　平角焊时焊枪的摆动方式及焊道顺序

2. 开坡口的角接平焊

当板厚大于 6 mm 时，电弧的热量很难熔透焊缝根部，为了保证焊透，需要开坡口。一般常用的坡口形式有 K 形和单边 V 形等。开坡口的角接平焊应用较广泛的是单层双面焊，如图 3-38 所示。施焊时，由于熔滴下垂，焊缝熔合不良，焊枪角度应稍偏向坡口面 3° ～ 5°，控制好熔池温度和熔池形状及尺寸大小，随时根据熔池情况调整焊接速度。焊完正面焊缝后，应将焊渣等污物清理干净后再进行背面焊缝的焊接。背面焊缝的焊接操作要领与正面焊缝相同。

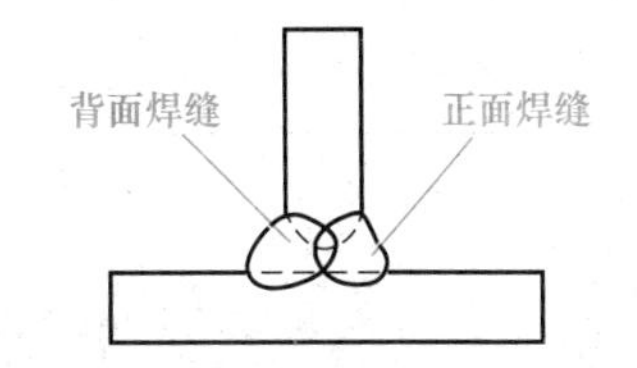

图 3-38　开坡口角接单层双面焊

3. 船形焊

船形焊时，T 形角接焊件的翼板与水平面夹角呈 45°，焊接时的操作要领与平焊相同。船形焊既能避免平角焊产生的咬边、焊瘤、未熔合等缺陷，又可以采用大电流和大直径焊丝焊接，不但能得到较大熔深，而且能大大提高焊接生产率，获得良好的经济效益。因此，焊接T形角接焊缝且焊件具备翻转条件时，应尽可能将工件置于船形位置焊接。

二、工艺确定

Q235B板 CO_2 气体保护焊T形接头平角焊焊接工艺卡见表3-10。

表3-10　Q235B板 CO_2 气体保护焊T形接头平角焊焊接工艺卡

<table>
<tr><td rowspan="12">适用
范围</td><td>材料牌号</td><td>Q235B</td><td colspan="5" rowspan="9">焊接接头简图：
12
10
12
10</td></tr>
<tr><td>材料规格</td><td>300 mm×150 mm×12 mm 和
300 mm×75 mm×12 mm</td></tr>
<tr><td>接头种类</td><td>T形</td></tr>
<tr><td>坡口形式</td><td>—</td></tr>
<tr><td>坡口角度</td><td>—</td></tr>
<tr><td>钝边</td><td>—</td></tr>
<tr><td>组对间隙</td><td>≤ 0.5 mm</td></tr>
<tr><td>焊接方法</td><td>GMAW</td></tr>
<tr><td>保护气体</td><td>CO_2</td></tr>
<tr><td>电源种类</td><td>直流</td><td rowspan="3">焊后
热处理</td><td>种类</td><td>—</td><td>保温时间</td><td>—</td></tr>
<tr><td>电源极性</td><td>反接</td><td>加热
方式</td><td>—</td><td>层间温度</td><td>—</td></tr>
<tr><td>焊接位置</td><td>2F</td><td>温度
范围</td><td>—</td><td>测量方法</td><td>—</td></tr>
</table>

<table>
<tr><td colspan="2"></td><td colspan="5">焊接参数</td></tr>
<tr><td>焊道</td><td>焊材型号</td><td>焊材直径
/mm</td><td>焊接电流
/A</td><td>焊接电压
/V</td><td>保护气体流量
/（L·min⁻¹）</td><td>焊丝伸出
长度/mm</td></tr>
<tr><td>打底层</td><td rowspan="2">E49-1</td><td rowspan="2">$\phi 1.2$</td><td>160～180</td><td>21～23</td><td>12～15</td><td>12～18</td></tr>
<tr><td>盖面层</td><td>140～150</td><td>21～22</td><td>12～15</td><td>12～18</td></tr>
</table>

三、T形接头平角焊常见缺陷及防止措施

T形接头平角焊常见缺陷、产生原因及防止措施见表3-11。

表 3-11 T形接头平角焊常见缺陷、产生原因及防止措施

缺陷	产生原因	防止措施
始焊处焊缝不在端头和接缝上	引弧操作方式不正确	按要求正确掌握引弧始焊技术
始焊处焊缝产生高低不平、宽窄不齐现象	引弧后焊速过快造成的	①进行适当预热； ②保证焊速均匀； ③小幅摆动
焊缝产生高低不平、宽窄不齐现象	①焊接速度不均匀； ②焊枪角度不正确； ③焊枪摆动不均匀	①保持焊速均匀； ②保持正确的焊枪角度； ③焊枪摆动应均匀，幅度不要太大
接头处有焊瘤	①接头时电弧停留时间过长； ②电弧下压不够	①控制接头处电弧停留时间； ②下压电弧
熄弧处产生弧坑塌陷、气孔	熄弧操作不正确	采用正确的熄弧操作，将弧坑处填满后再熄弧
弧坑处产生气孔	①熄弧时，弧坑温度过高； ②熄弧后，焊枪离开焊缝过早	①采用断弧法降温； ②熄弧后，焊枪应在熄弧处停留 2 ～ 5 s，保证气体保护效果

【任务实施】

1. 焊前准备

（1）工件准备。Q235B 钢板，300 mm×150 mm×12 mm 和 300 mm×75 mm×12 mm 各一件。检查钢板平直度，并修复平整。采用角磨机或钢丝刷对焊接区进行清理，需打磨试件表面，去除锈蚀、油污等，露出金属光泽。

（2）焊接材料准备。实芯焊丝型号为 ER49-1（牌号为 H08Mn2SiA），直径为 ϕ1.2 mm；CO_2 气体纯度应＞ 99.5%，含水量≤ 0.05%。

（3）辅助工具及量具准备。在焊工操作作业区附近准备好钢丝刷、清渣锤、錾子、钢直尺、焊缝检验尺等工具和量具。

（4）装配定位。将 150 mm 宽的钢板放于水平位置，将 75 mm 宽的钢板垂直置于水平板的 1/2 位置处，不留间隙，两端头应平齐。在焊件角焊缝的背面两端进行定位焊，定位焊缝的长度为 10 ～ 15 mm。定位焊时，焊接电流要比正式焊接电流大 15% ～ 20%，以保证定位焊缝的强度和焊透。用直角尺检查两钢板是否垂直，若不垂直，应进行矫正。

（5）固定焊件。把装配好的焊件水平固定在操作平台或焊接胎架上。

（6）焊接参数设定。开启焊机，按照焊接工艺卡设定焊接参数。

2. 焊接操作

采用左焊法，焊接层次为 2 层 3 道。

（1）打底层焊接。在距离右端 15 ～ 20 mm 处引燃电弧，迅速回焊到右端稍作停顿，此时焊丝对准平板距离分角线 1 mm 左右，焊丝与水平板的夹角为 40° ～ 50°，如图 3-39 所示。焊丝的前倾角为 10° ～ 20°，如图 3-40 所示。

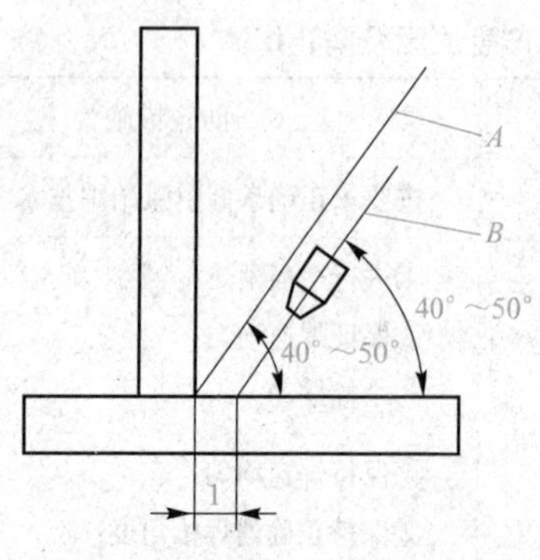

图 3-39　焊丝角度及位置

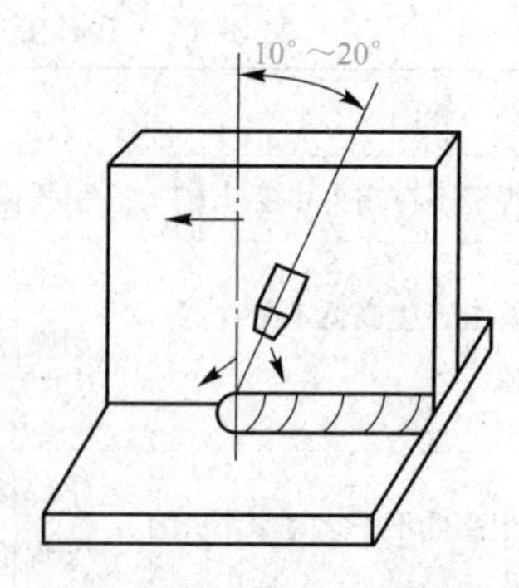

图 3-40　焊丝的前倾角

由于 CO_2 气体保护焊熔敷效率高，要求运枪平稳，可双手持枪。打底层焊道焊脚高度为 6 ～ 7 mm，如图 3-41 所示。焊接运弧时，要注意运弧摆动的方向，运弧摆动方向直接影响焊缝成形，如图 3-42 所示。

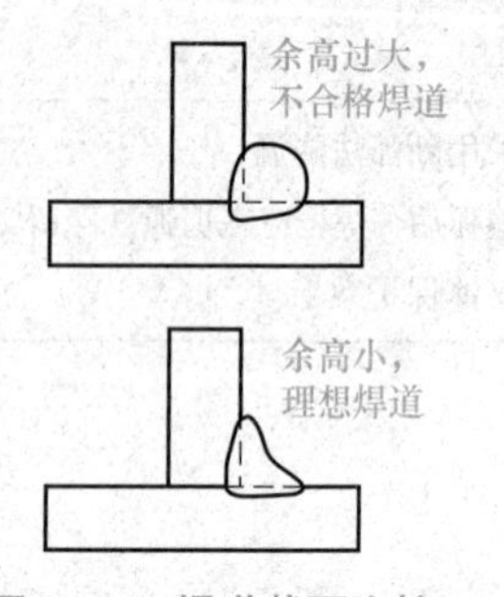

图 3-41　焊道截面比较

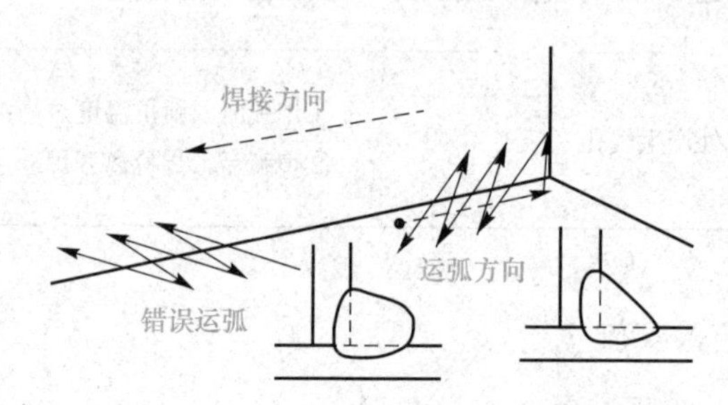

图 3-42　运弧方法比较

（2）盖面层焊接。清除打底层焊渣，避免夹渣缺陷。为了获得过渡圆滑的焊道，采用左焊法焊接上下两道盖面。焊接第一道时，焊丝对准打底层焊道下焊趾，小斜圆圈运枪，焊丝与水平板夹角为 50°，焊丝的前倾角为 10° ～ 20°。焊接过程中摆动幅度要大小一致，使熔池覆盖打底层焊道 2/3，1/3 熔池在平板上，焊接速度适宜，斜圆圈摆动时斜度要稍大，与平板熔合良好，下焊趾与立板距离相等，平滑过渡，避免焊趾出现应力集中，如图 3-43 所示。

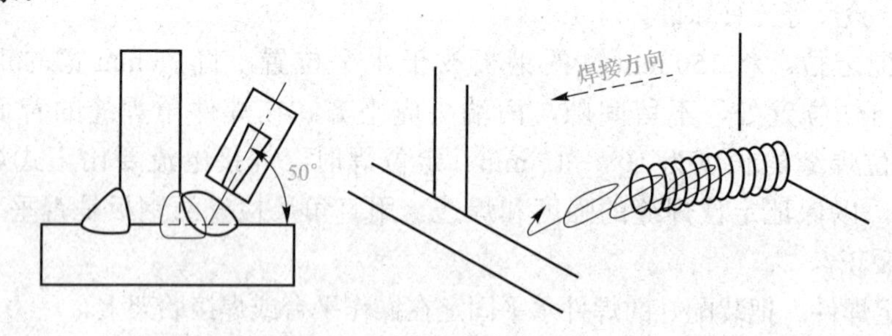

图 3-43　填充焊第一道

焊接第二道是采用直线往返，进三退二，焊丝与平板夹角为 40°，焊丝对准上一道焊趾，熔池覆盖打底层焊道 1/3 ～ 1/2 宽度，注意控制焊接速度，往返运弧，返回时适当停顿一下，以填满熔池，避免咬边缺陷，使焊道截面呈等腰三角形，焊脚高度为 10 mm，如图 3-44 所示。

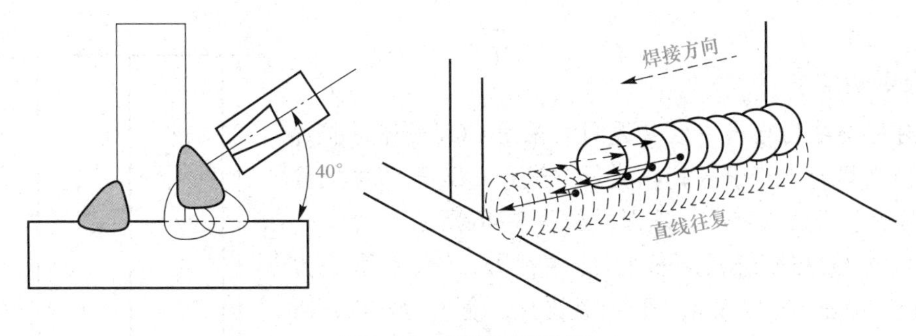

图 3-44　填充焊第二道

焊接过程中应根据熔池温度及熔合状态，随时调整焊枪角度、摆动形式、摆动幅度、焊接速度等，使焊道宽度各处相等，焊趾圆滑，焊道与焊道间熔合良好，如图 3-45 所示。

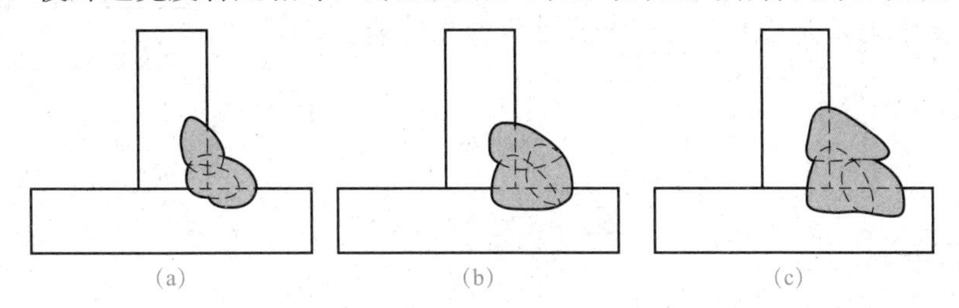

图 3-45　焊道截面形状

(a) 合格；(b) 不合格，余高大；(c) 不合格，道间沟槽深

3. 清理现场

焊接结束后，首先关闭二氧化碳气瓶阀门，点动焊枪开关或点动焊机面板焊接检气开关，放掉减压器里面的余气，然后关闭焊接电源。清扫场地，按规定摆放工具，整理焊接电缆，确认无安全隐患，并做好使用记录。

4. 焊后检验

焊后对焊缝表面进行检验，用焊缝检验尺对焊缝进行测量，应满足要求。

任务六　实施 CO_2 气体保护焊立焊

【学习目标】

CO_2 气体保护焊立焊

1. 知识目标

（1）掌握 CO_2 气体保护焊立焊工艺分析；

（2）掌握 CO_2 气体保护焊立焊操作方法。

2. 能力目标

（1）能够进行 CO_2 气体保护焊立焊工艺分析；

（2）具备 CO_2 气体保护焊立焊操作技能。

3. 素养目标

（1）培养细心、严谨的工作态度；

（2）培养认真负责的劳动态度和敬业精神。

【任务描述】

针对焊接结构生产中经常遇到的采用 CO_2 气体保护焊进行对接立焊的生产任务，本次任务进行 CO_2 气体保护焊对接立焊的学习及训练，训练图样如图 3-46 所示。

材料为 Q235A 钢板，根据图样可知，板材尺寸为 300 mm×120 mm×12 mm，开 V 形坡口，角度为 60°，间隙为 3 mm，钝边为 1 mm，进行对接立焊，要求单面焊双面成形，正反面焊缝波纹均匀，宽窄一致，高低平整，余高为 0 ～ 3 mm，焊接表面无任何焊接缺陷，焊后无变形。通过此任务使学生掌握 CO_2 气体保护焊立焊操作技能。

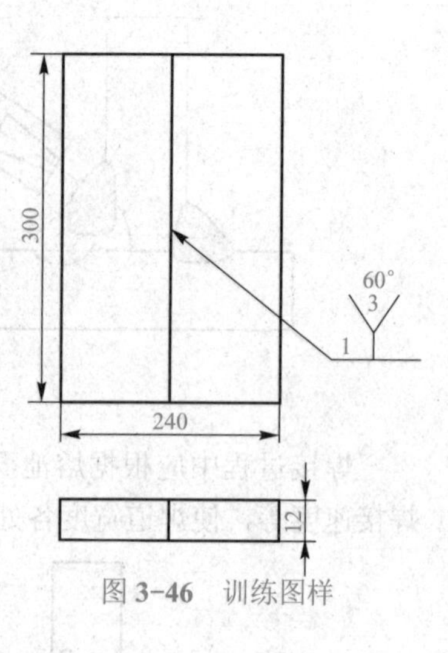

图 3-46　训练图样

【知识储备】

一、工艺分析

立焊位置焊接时，焊缝处于倾角为 90°（向上立焊）、270°（向下立焊）的焊接位置，由于液态金属在重力作用下易下坠，焊缝成形受到影响，容易产生焊接缺陷。因此，应正确匹配焊接电流与电弧电压，严格控制焊接速度。随时根据焊接过程中熔池温度变化和形状尺寸大小的变化情况，及时调整焊枪角度，灵活运弧，以保证焊接过程顺利进行。

立焊位置焊接时，焊接方向分向上立焊和向下立焊两种。由于向下立焊时，熔池金属因自重下坠，造成焊缝熔深较浅，没有足够的强度，应用范围较窄，目前生产中应用最广泛的仍是向上立焊。

1. 不开坡口的对接立焊

不开坡口的对接立焊常适用于薄板的焊接。施焊前，要正确调节合适的焊接电流和与其匹配的电弧电压的最佳值，以获得完美的焊缝成形。焊接时，采用 I 形坡口，热源自下向上进行焊接。由于立焊时易造成咬边、焊瘤、烧穿等缺陷。因此，采用的焊接参数应比平焊时小 10% ～ 15%，以减小熔池的体积，减少重力的影响。焊接时，焊枪与焊件角度呈 90°，焊枪下倾夹角为 75° ～ 85°，如图 3-47 所示。焊枪应采取连续的上下摆动的方式，如图 3-48 所示。

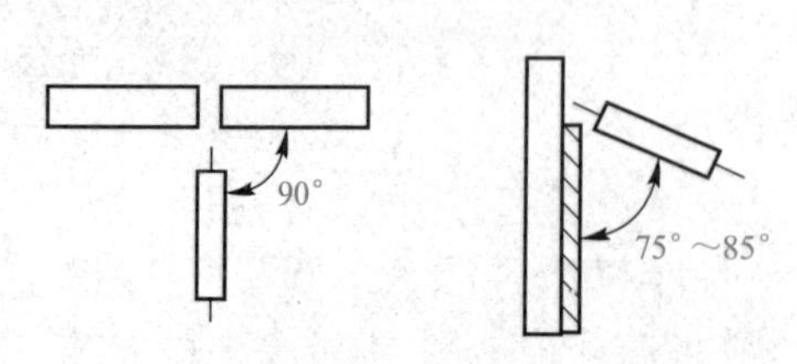

图 3-47　不开坡口对接立焊焊枪角度示意

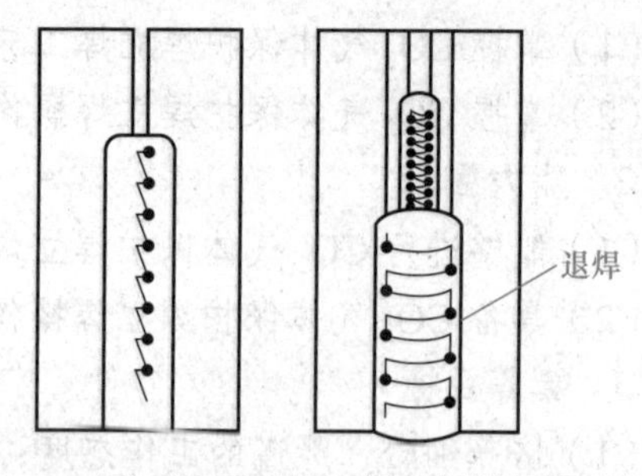

图 3-48　不开坡口对接立焊时焊枪的摆动方式

2. 开坡口的对接立焊

当板厚大于 6 mm 时，电弧的热量很难熔透焊缝根部，为了保证焊件焊透，必须开坡口。坡口形式主要根据焊件的厚度来选择，一般常用的对接坡口形式有 V 形、X 形等。

开坡口的焊件对接立焊时，一般采用多层单道双面焊和多层单道单面焊双面成形方法，焊接层数的多少，可根据焊件厚度确定。焊件板厚越厚，焊接层数越多。

（1）多层双面焊。多层双面焊包括打底焊、填充焊和盖面焊。其中每一层焊缝都为单道焊缝，如图 3-49（a）所示。热源自下向上进行焊接。

打底焊时，焊接电流、电弧电压、焊接速度及运弧方法等，可视坡口间隙大小而定。可采用月牙形或锯齿形横向摆动运弧法，注意坡口两侧熔合情况并防止烧穿。

填充焊时，焊接电流适当加大，电弧横向摆动到打底层焊缝边缘处稍作停留，避免出现沟槽现象。焊完最后一层填充层，焊缝应比母材表面低 1 ～ 2 mm，这样在盖面焊时能看清坡口，保证盖面层焊缝边缘平直、焊缝与母材圆滑过渡。

盖面焊时，电弧横向摆动的幅度随坡口宽度的增大而加大，电弧摆动到前一层焊缝的边缘时应稍作停顿，使坡口两侧温度均衡，焊缝熔合良好，边缘平直。焊完后的盖面层焊缝应宽窄整齐，高低平整，波纹均匀一致。

封底焊时，将焊件背面熔渣等污物清理干净后进行焊接，操作要领与不开坡口对接立焊相同。

（2）多层单面焊双面成形。多层单面焊双面成形焊道包括打底层、填充层和盖面层。热源自下向上进行焊接，其中打底焊是单面焊接，正反双面成形，因此操作难度较大，如图 3-49（b）所示。

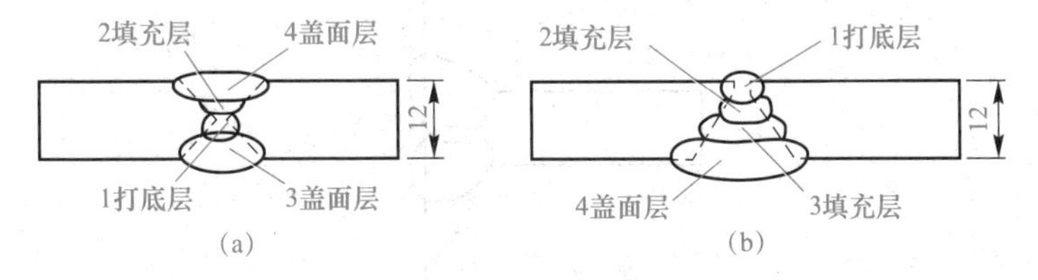

图 3-49 开坡口对接立焊焊层示意图

(a) X 形坡口；(b) V 形坡口

打底焊时，注意调整焊枪角度，把焊丝送入坡口根部，以电弧能将坡口两侧钝边完全熔化为好。应认真观察熔池的温度、形状和熔孔的大小。熔孔过大，背面焊缝余高过高，甚至形成焊瘤或烧穿。熔孔过小，坡口两侧根部易造成未焊透。电弧摆动到坡口两侧时稍作停顿，避免出现沟槽现象。

填充焊和盖面焊与多层双面焊相同。

3. 不开坡口的角接立焊

当板厚小于 6 mm 时，一般采用不开坡口的正面、背面单层角接立焊，热源自下向上进行焊接。施焊前，要正确调节合适的焊接电流与电弧电压，以获得完美的焊缝成形。由于角接立焊在操作时容易产生焊缝根部未焊透、焊缝两侧咬边、焊缝中部下垂等缺陷。所以在操作时必须选择合适的焊接参数，及时调整焊枪角度。当焊接相同板厚时，焊枪与两板之间的角度为 45°，如图 3-50（a）所示。焊枪下倾夹角为 75° ～ 85°，如图 3-50（b）所示。当焊接不同板厚时，还必须根据两板的厚度调节焊枪的角度，一般焊枪角度应偏向厚板约 5°。施焊时焊枪可采取三角形摆动方式，并在两边稍作停留，如图 3-51 所示。

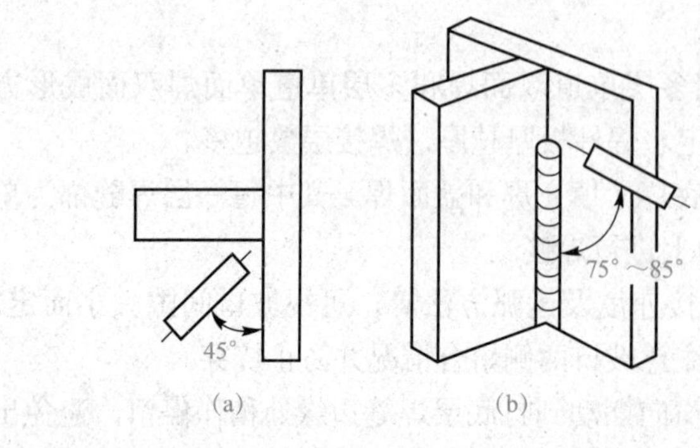

图 3-50　不开坡口角接立焊焊枪倾角示意图

图 3-51　不开坡口角接立焊焊枪摆动方式

4. 开坡口的角接立焊

当板厚大于 6 mm 时，电弧的热量很难熔透焊缝根部，为了保证焊件焊透，必须开坡口，一般常用的坡口形式有 K 形和单边 V 形等。开坡口的角接立焊应用广泛的是单层双面焊，如图 3-52 所示。施焊时，由于熔滴下垂，焊缝熔合不良，焊枪角度应稍偏向坡口面 3°～5°，控制好熔池温度和熔池形状及尺寸大小，随时根据熔池情况调整焊接速度。焊完正面焊缝后，应将背面焊渣等污物清理干净，再进行背面焊缝的焊接。背面焊缝的操作要领与正面焊缝相同。

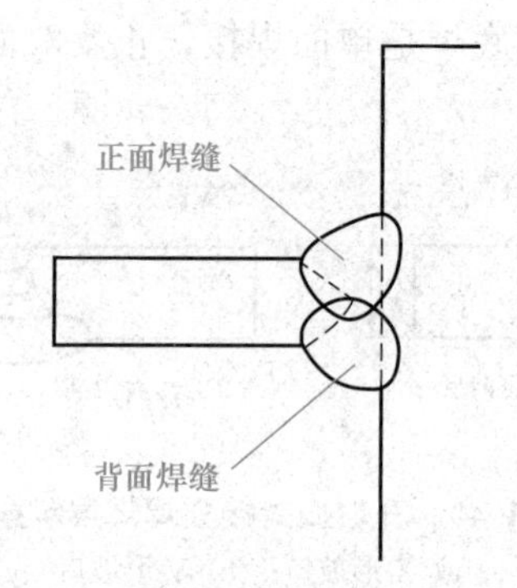

图 3-52　单层双面焊

二、工艺确定

本次任务中母材为厚度 12 mm 的 Q235A 钢，对接立焊，要求单面焊双面成形。为保证焊透，焊前需开坡口，采用 V 形坡口，坡口角度为 60°，钝边为 1 mm，装配间隙为 3 mm。焊丝仍然选用 H08Mn2SiA 焊丝，焊丝直径为 1.0 mm。为防止产生焊接变形，在焊前进行反变形，反变形量为 3°～5°，焊接参数的选择可参考表 3-7。

通过以上的焊接工艺分析，12 mm 厚的 Q235A 钢 CO_2 气体保护焊对接立焊焊接工艺卡见表 3-12。

表 3-12 CO_2 气体保护焊对接立焊焊接工艺卡

<table>
<tr><td rowspan="14">适用范围</td><td>材料牌号</td><td>Q235A</td><td colspan="5" rowspan="11">焊接坡口图：
60°
12
1
3</td></tr>
<tr><td>材料规格</td><td>12 mm</td></tr>
<tr><td>接头种类</td><td>对接</td></tr>
<tr><td>坡口形式</td><td>V</td></tr>
<tr><td>坡口角度</td><td>60°</td></tr>
<tr><td>钝边</td><td>1 mm</td></tr>
<tr><td>组对间隙</td><td>3 mm</td></tr>
<tr><td>背面清根</td><td>—</td></tr>
<tr><td>衬垫</td><td>—</td></tr>
<tr><td>焊接方法</td><td>GMAW</td></tr>
<tr><td>保护气体</td><td>CO_2</td></tr>
<tr><td>电源种类</td><td>直流</td><td rowspan="3">焊后热处理</td><td>种类</td><td>—</td><td>保温时间</td><td>—</td></tr>
<tr><td>电源极性</td><td>反极性</td><td>加热方式</td><td>—</td><td>层间温度</td><td>—</td></tr>
<tr><td>焊接位置</td><td>3G</td><td>温度范围</td><td>—</td><td>测量方法</td><td>—</td></tr>
</table>

<table>
<tr><td colspan="6">焊接参数</td></tr>
<tr><td>焊层</td><td>焊材牌号</td><td>焊材直径
/mm</td><td>焊接电流
/A</td><td>焊接电压
/V</td><td>气体流量
/（$L \cdot min^{-1}$）</td></tr>
<tr><td>打底层</td><td rowspan="2">H08Mn2SiA</td><td rowspan="2">1.0</td><td>100</td><td>20</td><td rowspan="2">15</td></tr>
<tr><td>填充层及盖面层</td><td>110 ～ 120</td><td>21</td></tr>
<tr><td colspan="6">备注：1．焊丝伸出长度为 10 mm 左右。
2．反变形量为 3° ～ 5°</td></tr>
</table>

CO_2 气体保护焊对接立焊

【任务实施】

1．焊前准备

（1）焊接材料。焊丝采用 H08Mn2SiA，直径为 $\phi1.0$ mm，保护气体采用 CO_2 气体，气体纯度要求达到 99.5%。

（2）开坡口。采用气割的方式开坡口，坡口单边角度为 30°，钝边为 1 mm。

（3）焊前清理。将坡口及其附近 20 ～ 30 mm 范围内清理干净，露出金属光泽。

（4）装配。将两块板放于水平位置，使两端头平齐，在两端头内进行定位焊，定位焊缝长度为 10 ～ 15 mm。装配间隙始焊处为 3 mm，终焊处为 3.5 mm，反变形量为 3° ～ 5°。定位焊时电流不宜过大，把装配好的焊件垂直位置固定在操作平台或焊接胎架上。

（5）设置焊接参数。按焊接工艺卡设定焊接参数。

2．焊接操作

（1）打底焊。焊接时控制焊枪与焊件的角度呈 90°，焊枪与焊缝的夹角为 75° ～ 85°。

焊接时将电弧作用在坡口钝边处，对准坡口根部左右摆动。当电弧摆动到坡口两侧时应稍作停顿，避免焊缝产生咬边和熔合不良现象。焊接过程中要认真观察熔池的温度、形状和熔孔的大小，使背面余高为 0 ～ 3 mm。

进行焊缝接头时，在收弧处后端 5 mm 处引燃电弧，快速摆动至接头端部时下压并稍作停顿，待填满弧坑后，向焊接方向正常施焊。

（2）填充焊。填充焊时焊枪角度、摆动方式与打底焊相同。焊接时，焊枪摆动到打底层焊缝或前一层焊缝边缘时稍作停留。最后一层填充层焊缝应比母材表面低 1 ～ 2 mm。

进行填充层焊缝接头时，在收弧处前端 5 mm 处引燃电弧，快速摆动至接头端部稍作停顿，待填满弧坑后，向焊接方向正常施焊。

（3）盖面焊。盖面焊时焊枪角度、摆动方式与打底焊相同。焊接时，焊枪摆动到填充层焊缝边缘时稍作停留。焊缝余高为 0 ～ 3 mm，焊缝宽度应比坡口略宽，但每侧不超过 2.5 mm。

3. 焊接质量检验

焊后对焊缝表面质量进行检验，并用焊缝检验尺对焊缝进行测量，应满足要求。

任务七　实施药芯焊丝 CO_2 气体保护焊横焊

【学习目标】

1. 知识目标

（1）掌握药芯焊丝 CO_2 气体保护焊横焊工艺分析；

（2）掌握药芯焊丝 CO_2 气体保护焊横焊操作方法。

药芯焊丝 CO_2 气体保护焊横焊

2. 能力目标

（1）能够进行药芯焊丝 CO_2 气体保护焊横焊工艺分析；

（2）具备药芯焊丝 CO_2 气体保护焊横焊操作技能。

3. 素养目标

（1）培养细心、严谨的工作态度；

（2）培养认真负责的劳动态度和敬业精神。

【任务描述】

药芯焊丝熔化极气体保护焊具有焊接生产率高、焊接质量优良、操作工艺性能好、焊接生产成本低、适用于全位置焊等优点，在桥梁、船舶、大型石油和天然气储罐、管道和海上建筑等重要焊接结构中得到推广应用，尤其是在低碳钢和低合金钢的焊接中，应用越来越广。针对焊接结构生产中经常遇到的采用 CO_2 气体保护焊进行对接横焊的生产任务，本次任务学习药芯焊丝的知识，并进行 CO_2 气体保护焊横焊训练，训练图样如图 3-53 所示。

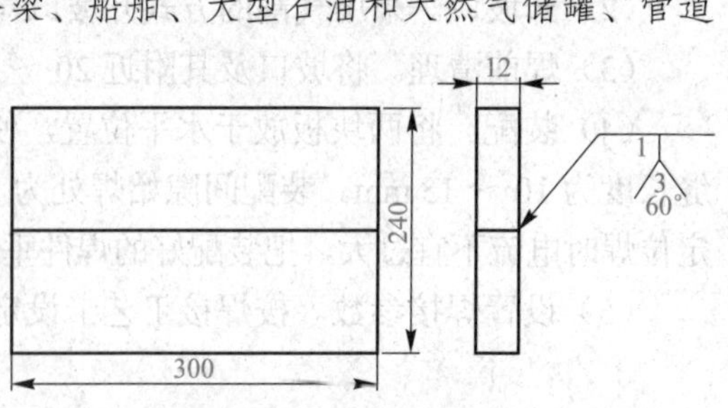

图 3-53　训练图样

母材为Q235A钢板，根据图样可知，试板尺寸为300 mm×120 mm×12 mm，开V形坡口，坡口角度为60°，间隙为3 mm，钝边为1 mm，进行对接横焊，要求单面焊双面成形，正反面焊缝波纹均匀，宽窄一致，高低平整，余高为0～3 mm，焊接表面无任何焊接缺陷，焊后无变形。

通过此任务使学生学习药芯焊丝的相关知识，掌握CO_2气体保护焊横焊操作技能。

●【知识储备】

一、工艺分析

1. 药芯焊丝电弧焊简介

药芯焊丝始创于20世纪30年代，约在20年后才在工业生产中得到实际应用。近20年来，药芯焊丝无论在品种、质量方面，还是在生产规模方面，发展相当迅速。在美国、日本等工业发达国家，其应用比例已超过20%。

按照对焊接熔池的保护方式，药芯焊丝电弧焊（FCAW）可分为自保护和气体保护两大类。采用自保护药芯焊丝电弧焊时，无须外加保护气体，靠药芯组分在电弧中燃烧产生的气体、金属蒸气和熔渣保护焊接熔池，并形成性能符合要求的焊缝金属。采用气体保护药芯焊丝电弧焊时，必须外加纯CO_2或Ar＋CO_2混合气体对焊接熔池进行保护，否则不能获得性能良好的焊缝质量。

2. 药芯焊丝电弧焊的特点

（1）药芯焊丝电弧焊的优点。

1）焊接效率高。药芯焊丝的熔敷率比实芯焊丝高15%～20%。

2）焊接质量优良。药芯焊丝电弧焊采用气渣联合保护，熔滴与熔渣之间进行较充分的冶金反应，可去除杂质，净化焊缝金属，并可对焊缝金属进行渗合金，易于保证焊缝金属的力学性能，焊缝金属具有较好的塑性和韧性。

3）操作工艺性好。药芯焊丝引弧容易，电弧稳定、柔和，焊接飞溅少且颗粒小，易于清除，焊缝表面平滑，外形美观，适用的焊接参数范围较大，焊接电流与电弧电压的匹配关系不太严格。与实芯焊丝相比，操作工艺性较好，容易掌握，适用于全位置焊接。

4）容易调整焊缝金属的成分。可按特定的技术要求，修改药芯组分配方，容易调整熔敷金属的化学成分和力学性能。

5）焊接生产成本低。与相同直径的实芯焊丝相比，药芯焊丝的导电截面小，电流密度大，可以达到更大的熔深。对于中厚板焊接接头，可以开I形坡口或减小坡口角度，可节省焊接材料50%～70%。同时也节省了能源消耗，降低了综合生产成本。

（2）药芯焊丝电弧焊的缺点。

1）焊接烟尘较大，影响焊接区的可视度。

2）药芯焊丝的抗压强度低，要求严格控制送丝轮的压紧力，压紧力过大、过小，都可能造成送丝不均匀，引起焊接过程不稳定。

3）药芯焊丝拆包后，在大气中存放时，容易吸附水分，且不宜再烘干，故要求尽快用完，这给焊接材料管理造成一定的困难。

3. 碳钢药芯焊丝的型号

碳钢药芯焊丝型号表示方法：首位字母“ E ”表示焊丝；字母“ E ”后面的前二位数字表示熔敷金属的最低抗拉强度；第三位数字表示推荐的焊接位置，“0”表示平焊和横焊位置，“ 1 ”表示全位置焊；“ T ”表示药芯焊丝；短线“ - ”后面的数字表示焊丝的工艺性能特点，该数字后面的字母表示保护气体的种类，字母“ M ”表示保护气体（体积分数）为 Ar（75% ～ 80%）＋ CO_2，无字母“ M ”表示保护气体为 CO_2 或为自保护；最后一位字母“ L ”表示焊丝熔敷金属的冲击性能，在－ 40 ℃时，V 形缺口冲击吸收功不小于 27 J，无字母“ L”，表示焊丝熔敷金属的冲击性能符合一般要求。碳钢药芯焊丝示例如下：

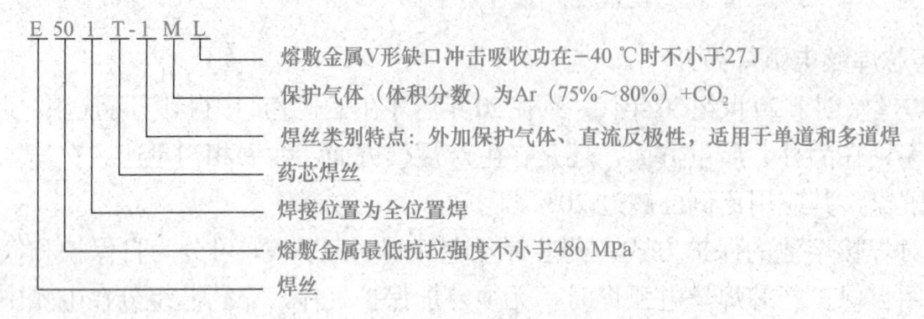

4. 药芯焊丝电弧焊的焊接参数

药芯焊丝电弧焊的主要焊接参数、焊接参数的选择原则及焊接参数选择不当对焊缝质量和焊接过程的影响与实芯焊丝相似，在此不再叙述。典型 CO_2 气体保护碳钢药芯焊丝电弧焊的焊接参数见表 3-13。

表 3-13　典型 CO_2 气体保护碳钢药芯焊丝电弧焊的焊接参数

焊丝直径 /mm	电流与极性	焊丝伸出长度 /mm	气体流量 /（L · min^{-1}）	送丝速度 /（m · min^{-1}）	电弧电压 /V	焊接电流 /A	焊丝型号
1.2	直流反极性	19	19 ～ 24	4.4	22 ～ 24	130	E501T-1
				6.4	24 ～ 26	165	
				7.6	25 ～ 27	190	
				8.9	26 ～ 28	210	
				10.2	27 ～ 29	230	
				13.3	29 ～ 31	275	
1.3				3.8	21 ～ 23	145	
				5.1	22 ～ 24	185	
				6.4	24 ～ 26	215	
				7.6	25 ～ 27	245	
				8.9	26 ～ 28	270	
				10.8	28 ～ 30	295	
1.6				3.2	22 ～ 24	170	
				3.8	22 ～ 24	190	
				5.1	23 ～ 25	235	
				6.4	24 ～ 26	275	
				7.6	26 ～ 28	310	
				9.5	28 ～ 30	365	

5. 横焊操作技术

横焊位置焊接时，焊缝处于倾角为 0°、180°，转角为 0°、180° 的焊接位置，由于液态金属在重力作用下易下淌，因此，在焊缝上侧易产生咬边缺陷，而在焊缝下侧易产生焊瘤和未熔合等缺陷。因此，要正确调节焊接电流与电弧电压，使之相匹配，并严格控制焊接速度。随时根据焊接过程中熔池温度变化和形状尺寸变化情况，及时调整焊枪角度，灵活运弧，以保证焊接过程顺利进行。

（1）不开坡口对接横焊。当焊接较薄焊件时，可采用不开坡口的对接双面横焊方法，它通常适用于不重要结构的焊接。施焊前，要正确调节焊接电流与电弧电压，使之相匹配，以获得好的焊缝成形。焊接时，焊枪下倾夹角为 80° ～ 90°，焊枪的前倾夹角为 75° ～ 85°，如图 3-54 所示。电弧可采用直线形或小锯齿形上下摆动方法进行焊接，这样使熔池中的熔化金属有机会结晶，以防止烧穿。焊件较厚时，电弧采用斜划圈方法进行焊接，可有效地防止焊缝上坡口咬边、焊缝下坡口熔化金属下淌等现象，以获得成形良好的焊缝。

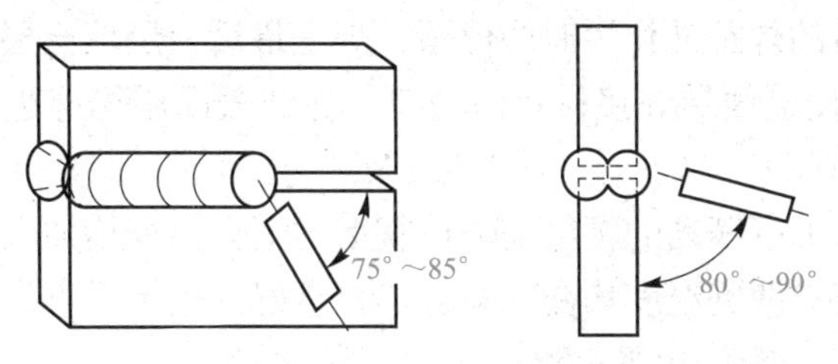

图 3-54　不开坡口焊件对接横焊焊枪角度

当焊接正面焊缝时，焊接熔深应达到焊件厚度的 2/3。焊接背面焊缝时，应将正面焊接时所渗漏的熔渣等杂物清理干净，焊接熔深达到焊件厚度的 2/3，保证正反面焊缝交界处有 1/3 的重叠，以保证焊件焊透。焊完后的正反面焊缝余高为 0 ～ 3 mm，焊缝宽度为 8 ～ 10 mm。

（2）开坡口对接横焊。开坡口的焊件对接横焊时，为了保证焊件焊透，当板厚为 6 ～ 8 mm 时，可采用多层双面焊操作。当焊件厚度大于 8 mm 时，可采用多层多道焊的单面焊双面成形技术。开坡口的焊件对接横焊常用的坡口形式有 V 形和 K 形坡口两种。

焊接层数的多少，可根据焊件厚度确定。焊件越厚，焊接层数越多。12 mm 厚开坡口焊件对接横焊焊层（道）数如图 3-55 所示，各层各道焊缝焊接时的焊枪角度如图 3-56 所示。

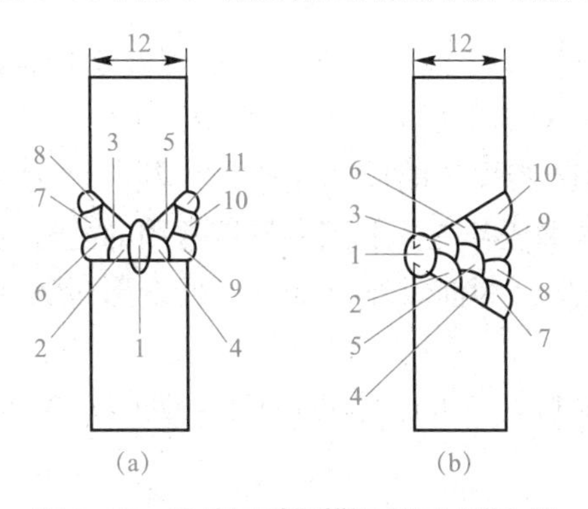

图 3-55　开坡口对接横焊焊层（道）数

(a) K 形坡口；(b) V 形坡口

1 ～ 11—焊接顺序

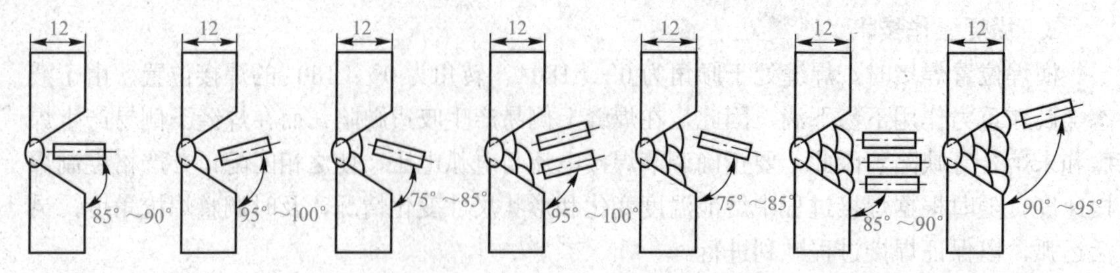

图 3-56　开坡口对接横焊焊枪角度示意

1）多层多道双面焊。多层多道双面焊包括打底焊、填充焊和盖面焊，如图 3-55（a）所示。

①打底焊时，采用单道焊法，焊接电流、电弧电压及运弧方法等可视坡口间隙大小而定。可采用月牙形或锯齿形上下摆动运弧法，注意坡口两侧熔合情况并防止烧穿。

②填充焊时，焊接电流适当加大，电弧上下摆动的幅度视坡口宽度的增大而加大，并在坡口侧壁和前层焊道的焊趾处作短时的停留。焊完最后一层填充层，焊缝应比母材表面低 1 ～ 2 mm，这样能使盖面层焊接时看清坡口，保证盖面层焊缝边缘平直，焊缝与母材圆滑过渡。

③盖面焊时，电弧上下摆动的幅度随坡口宽度的增大而继续加大，电弧摆动到坡口两侧时应稍作停顿，使坡口两侧温度均衡，焊缝熔合良好，边缘平直。焊完后的盖面层焊缝应宽窄整齐，高低平整，波纹均匀一致。

2）多层多道单面焊双面成形。多层多道单面焊双面成形焊道包括打底层、填充层和盖面层，如图 3-55（b）所示。

打底焊是单面焊接，正反双面成形，而且反面焊缝为正式表面焊缝，因此操作难度较大。打底焊时，注意调整焊枪角度，要把焊丝送入坡口根部，以电弧能将坡口两侧钝边完全熔化为好。认真观察熔池的温度、形状和熔孔的大小。熔孔过大，背面焊缝余高过高，甚至形成焊瘤或烧穿。熔孔过小，坡口两侧根部易造成未焊透。填充焊和盖面焊与多层多道双面焊相同。

二、工艺确定

在本次任务中，母材厚度为 12 mm，要求单面焊双面成形，因此采用 V 形坡口进行多层多道单面焊双面成形；对于低碳钢和低合金钢的 CO_2 气体保护焊，除了常用的实芯焊丝 H08Mn2SiA 外，目前药芯焊丝的应用越来越广泛，因为药芯焊丝具有生产效率高、焊接工艺性能好等优点。本次任务选择低碳钢焊接常用的药芯焊丝 E501T-1，焊丝直径为 ϕ1.2 mm。为了防止焊接变形，焊前预制反变形，反变形量为 3° ～ 5°，焊接参数选择可参考表 3-13。

通过以上的焊接工艺分析，12 mm 厚的 Q235A 钢 CO_2 气体保护焊对接横焊焊接工艺卡见表 3-14。

表 3-14　CO_2 气体保护焊对接横焊焊接工艺卡

<table>
<tr><td rowspan="14">适用范围</td><td>材料牌号</td><td>Q235A</td><td colspan="5" rowspan="11">焊接坡口图：</td></tr>
<tr><td>材料规格</td><td>12 mm</td></tr>
<tr><td>接头种类</td><td>对接</td></tr>
<tr><td>坡口形式</td><td>V</td></tr>
<tr><td>坡口角度</td><td>60°</td></tr>
<tr><td>钝边</td><td>1 mm</td></tr>
<tr><td>组对间隙</td><td>3 mm</td></tr>
<tr><td>背面清根</td><td>—</td></tr>
<tr><td>衬垫</td><td>—</td></tr>
<tr><td>焊接方法</td><td>FCAW</td></tr>
<tr><td>保护气体</td><td>CO_2</td></tr>
<tr><td>电源种类</td><td>直流</td><td rowspan="3">焊后热处理</td><td>种类</td><td>—</td><td>保温时间</td><td>—</td></tr>
<tr><td>电源极性</td><td>反极性</td><td>加热方式</td><td>—</td><td>层间温度</td><td>—</td></tr>
<tr><td>焊接位置</td><td>2G</td><td>温度范围</td><td>—</td><td>测量方法</td><td>—</td></tr>
</table>

<table>
<tr><td colspan="7">焊接参数</td></tr>
<tr><td>焊层</td><td>焊材型号</td><td>焊材直径 /mm</td><td>焊接电流 /A</td><td>焊接电压 /V</td><td>送丝速度 /（$m \cdot min^{-1}$）</td><td>气体流量 /（$L \cdot min^{-1}$）</td></tr>
<tr><td>打底层</td><td rowspan="2">E501T-1</td><td rowspan="2">1.2</td><td>130</td><td>22 ～ 24</td><td>4.4</td><td rowspan="2">20</td></tr>
<tr><td>填充层及盖面层</td><td>165</td><td>24 ～ 26</td><td>6.4</td></tr>
<tr><td colspan="7">注：1. 焊丝伸出长度为 19 mm 左右。
2. 反变形量为 3° ～ 5°</td></tr>
</table>

【任务实施】

1. 焊前准备

CO_2 气体保护焊对接横焊

（1）焊接材料。药芯焊丝型号为 E501T-1，焊丝直径为 1.2 mm；CO_2 气体纯度要求达到 99.5%。

（2）开坡口。采用气割的方式开坡口，坡口单边角度为 30°，钝边为 1 mm。

（3）焊前清理。将坡口及其附近 20 ～ 30 mm 范围内清理干净，露出金属光泽。

（4）装配。将两块板放于水平位置，使两端头平齐，在两端头内进行定位焊，定位焊长度为 10 ～ 15 mm。装配间隙始焊处为 3 mm，终焊处为 3.5 mm，反变形量为 3° ～ 5°。定位焊时电流不宜过大，把装配好的焊件竖直固定在操作平台或焊接胎架上，并使接缝位于水平方向。

（5）焊接参数设定。按焊接工艺卡设定焊接参数。

2. 焊接操作

CO_2 横焊

（1）打底焊。打底焊时，按图 3–56 所示控制焊枪角度。把焊丝送入坡口根部，为保证焊缝成形，电弧主要作用在上面板的坡口根部，如图 3–57 所示，以保证坡口两侧钝边完全熔化。焊接过程中采用小幅度锯齿形摆动，自右向左焊接，并要认真观察熔池的温度、形状和熔孔的大小。

若打底焊时电弧中断，则应将接头的焊渣清除干净，并将接头处焊道打磨成斜坡。在打磨了的焊道最高处引弧，并以小幅度锯齿形摆动，当接头区前端形成熔孔后，继续焊完打底层焊道。焊完打底层焊缝后，先清除焊渣，然后用角磨机将局部凸起的焊道磨平。

（2）填充焊。填充焊时，焊接电流适当加大，焊枪角度按图 3–56 所示随时进行调整，电弧上下摆动的幅度视坡口宽度的增大而加大，并在坡口侧壁和前层焊道的焊趾处作短时的停留，使每一道焊缝压在前一道焊缝的最高点。最后一层填充层焊完后，应保证填充层焊缝下边缘比母材表面低 1 ～ 2 mm，上边缘与母材表面基本平齐，如图 3–58 所示。每焊完一道焊缝，都要进行彻底清渣。

图 3–57　打底焊时电弧的作用点

1～2 mm

图 3–58　最后一层填充层焊缝与母材表面的位置关系

（3）盖面层焊接。盖面层焊接时，焊枪角度如图 3–56 所示，电弧上下摆动的幅度随坡口宽度的增大而继续加大，电弧摆动到坡口两侧时应稍作停顿，使坡口两侧温度均衡，焊缝熔合良好，边缘平直。

进行焊缝接头时，填充层和盖面层焊接时在收弧处前端 5 mm 处引燃电弧，快速摆动至接头端部稍作停顿，待填满弧坑后，向焊接方向正常施焊。

3. 焊接质量检验

焊后对焊缝表面质量进行检验，并用焊缝检验尺对焊缝进行测量，应满足要求。

任务八　实施水平固定铝合金管熔化极惰性气体保护焊

水平固定铝合金管 MIG 焊

【学习目标】

1. 知识目标

（1）掌握水平固定铝合金管熔化极惰性气体保护焊工艺分析；

（2）掌握水平固定铝合金管熔化极惰性气体保护焊操作方法。

2. 能力目标

（1）能够进行水平固定铝合金管熔化极惰性气体保护焊工艺分析；

（2）具备水平固定铝合金管熔化极惰性气体保护焊操作技能。

3. 素养目标

（1）培养细心、严谨的工作态度；

（2）培养认真负责的劳动态度和敬业精神。

【任务描述】

铝合金由于具有密度小、强度大、耐腐蚀、美观等特点，因此在现代焊接结构生产中的应用非常广泛，熔化极惰性气体保护焊是铝合金焊接的主要方法之一。本次任务是在学习熔化极惰性气体保护焊相关知识的基础上，学习水平固定铝合金管的熔化极惰性气体保护焊的操作技术，训练图样如图 3-59 所示。

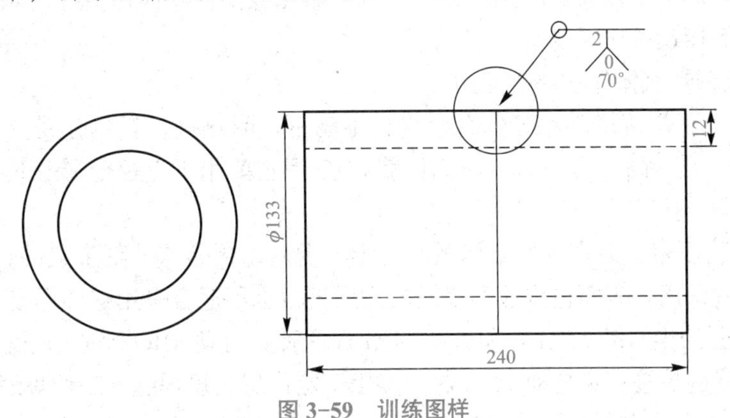

图 3-59　训练图样

材料为纯铝 1070，根据图样可知，管子的尺寸为 ϕ133 mm×120 mm×12 mm，水平固定，进行对接焊，开 V 形坡口，坡口角度为 70°，不留间隙，钝边为 2 mm，要求单面焊双面成形，焊缝表面无缺陷，波纹均匀，宽窄一致，高低平整，焊缝与母材圆滑过渡，表面余高为 0 ～ 3 mm。

通过本次任务，使学生在学习 MIG 焊的相关知识的基础上，掌握水平固定对接管的熔化极气体保护焊的操作技能。

【知识储备】

一、工艺分析

熔化极惰性气体保护焊简称 MIG 焊，是目前常用的电弧焊方法之一。MIG 焊是采用惰性气体作为保护气体，使用焊丝作为熔化电极的一种电弧焊方法。常用的保护气体有氩气、氦气或它们的混合气体。

1. 熔化极惰性气体保护焊的特点

（1）焊接质量好。由于采用惰性气体作为保护气体，保护效果好，因此，焊接过程稳定，变形小，飞溅极少或根本没有飞溅。焊接铝及铝合金时可采用直流反极性，具有良好的阴极破碎作用。与埋弧焊相比，由于气体保护焊是一种明弧焊，焊接过程中电弧以及熔池的加热熔化情况清晰可见，便于发现问题与及时调整，故焊接质量易于控制。

（2）焊接生产率高。由于是用焊丝作电极，可采用大的电流密度焊接，母材熔深大，焊丝熔化速度快，焊接大厚度铝、铜及其合金时比 TIG 焊的生产率高。多数情况下不需要采用药芯焊丝，所以焊接过程没有熔渣，焊后不需要清渣，省掉了清渣的辅助工时，因此生产效率更高。

（3）适用范围广，易于实现机械化和自动化。由于采用惰性气体作为保护，惰性气体不与熔池金属发生反应，保护效果好，因此几乎所有的金属材料都可以焊接，适用范围广，并且易于实现机械化和自动化。

MIG 焊的缺点在于无脱氧去氢作用，因此对母材及焊丝表面的水分、油、锈等杂质很敏感，所以对焊前清理要求特别严格；另外，熔化极惰性气体保护焊抗风能力差，不适合野外焊接；焊接设备比较复杂。

2. 熔化极惰性气体保护焊的应用

MIG 焊适用于焊接低碳钢、低合金钢、不锈钢、耐热钢、有色金属及其合金。但由于惰性气体生产成本高、价格高，因此目前 MIG 焊主要用于有色金属及其合金、不锈钢及某些合金钢的焊接。

MIG 焊虽然适用于大多数的金属及其合金，但对于低熔点或低沸点的金属材料如铅、锡、锌等，不宜采用。表面包覆这类金属的涂层钢板也不适合采用这类焊接方法。

MIG 焊可分为半自动 MIG 焊和自动 MIG 焊两种。自动 MIG 焊适用于较规则的纵缝、环缝及水平位置的焊接；半自动 MIG 焊大多用于定位焊、短焊缝、断续焊缝的焊接。

3. MIG 焊的焊接材料

MIG 焊的焊接材料包括焊丝和保护气体。

（1）保护气体。MIG 焊常用的保护气体主要有氩气、氦气或它们的混合气体。

1）氩气（Ar）。氩气是一种稀有气体，在空气中的含量为 0.935%（体积分数），它的沸点为－186 ℃，介于氧与氮的沸点之间，是分馏液态空气制取氧气时的副产品。氩气一般用瓶装供应，氩气瓶瓶体为银灰色，上有“氩”深绿色字样。

氩气的密度约为空气的 1.4 倍，因而焊接时不易漂浮散失，在平焊和横向角焊缝位置施焊时，能有效地排除焊接区域的空气。氩气是一种惰性气体，焊接过程中不与液态和固态金属发生化学冶金反应，使焊接冶金反应变得简单和容易控制，为获得高质量焊缝提供了良好的条件，因此特别适用于活泼金属的焊接。但是，氩气不像还原性气体或氧化性气体那样有脱氧或去氢的作用，所以对焊前的除油、去锈、去水等准备工作要求严格，否则会影响焊缝质量。

氩气的另一个特点是热导率很小，又是单原子气体，不消耗分解热，所以在氩气中燃烧的电弧热量损失较少。氩弧焊时，电弧一旦引燃，燃烧就很稳定，是各种保护气体中稳定性最好的一种，即使在低电压时也十分稳定，一般电弧电压仅为 8 ～ 15 V。

2）氦气（He）。与氩气一样，氦气也是一种惰性气体。氦气很轻，其密度约为空气的 1/7。它是从天然气中分离得到的，以液态或压缩气体的形式供应。

氦气保护焊的电弧温度和能量密度高，母材的热输入量较大，熔池的流动性增强，焊接效率较高，适用于大厚度和高导热性金属材料的焊接。

氦气比空气轻，仰焊时因为氦气上浮能保持良好的保护效果，因此很适用于仰焊位置；但在平焊位置焊接时，为了维持适当的保护效果，必须采用较大的气体流量，气体流量一般是纯氩气的 2 ～ 3 倍。由于纯氦气价格高，单独采用氦气保护，成本较高，因此纯氦气保护应用很少。

3）氩气和氦气混合气体。采用 Ar ＋ He 混合气体焊接时，具有 Ar 和 He 保护时所有的优点：电弧功率大、温度高、熔深大等。可用于焊接导热性强、厚度大的有色金属，如铝、钛、镍、铜及其合金等。在焊接大厚度铝及铝合金时，可改善焊缝成形、减少气孔、提高焊接生产率，氦气所占的比例随着焊件厚度的增加而增大。

4）氩气和氢气混合气体。氩气中加入氢气可提高电弧电压，从而提高电弧功率，增加熔透深度，并能防止咬边，抑制 CO 气孔的形成。Ar ＋ H_2 混合气体的应用只限于焊接不锈钢、镍基合金和镍－铜合金，因为氢气在一定含量范围内对这些材料不会引起有害的冶金影响，常用的成分是 Ar85% ＋ $H_2$15%，用它焊接厚度为 1.6 mm 以下的不锈钢对接接头，焊接速度可比纯氩气快 50%。

另外，氮气（N_2）与铜及铜合金不起化学作用，因而对于铜及铜合金，N_2 相当于惰性气体，因此可用于铜及其合金的焊接。N_2 是双原子气体，热导率比 Ar、He 高，弧柱的电场强度也较高，因此电弧功率和温度可大大提高，焊接铜时可降低或取消预热温度。N_2 可单独使用，也常与 Ar 混合使用。与同样用来焊接铜的 Ar ＋ He 混合气体相比，N_2 来源广泛，价格便宜，焊接成本低；但焊接时有飞溅，外观成形不如 Ar ＋ He 保护好。

（2）焊丝熔化极惰性气体保护焊使用的焊丝，通常情况下应与母材的成分相近，同时焊丝应具有良好的焊接工艺性，并能保证良好的接头性能。MIG 焊使用的焊丝直径一般为 0.8 ～ 2.5 mm。

4. 熔滴过渡特点

MIG 焊可采用短路过渡、射流过渡、亚射流过渡等熔滴过渡形式。短路过渡形式与 CO_2 气体保护焊相同，不再叙述，下面介绍射流过渡及亚射流过渡形式。

（1）射流过渡。射流过渡容易出现在以氩气或富氩气体作保护气体的焊接方法中，如熔化极氩弧焊、活性气体保护焊等。射流过渡时电弧形态如图 3-60（a）所示，呈圆锥形，这种形态有利于形成较强的等离子流，使焊丝末端的液态金属被削成铅笔尖状。在各种电弧力作用下，铅笔尖状的液态金属以细小颗粒连续不断地冲向熔池，过渡频率快、飞溅少、电弧稳定、热量集中、对焊件的穿透力强，可得到焊缝中心部位熔深明显增大的指状焊缝。射流过渡适用于焊接厚度较大（$\delta > 3$ mm）的焊件，不适合焊接薄板。

（2）亚射流过渡。在用 MIG 焊焊接铝及铝合金时，如果采用射流过渡的形式，因焊接电流大，电弧功率高，对熔池的冲击力太大，造成焊缝形状为“蘑菇”形，容易在焊缝根部产生气孔和裂纹等缺陷。同时，由于电弧长度较大，会降低气体的保护效果。为了解决上述问题，在焊接铝及铝合金时，常采用较小的电弧电压，其熔滴过渡是介于短路过渡和射流过渡之间的一种特殊形式，习惯上称之为亚射流过渡，电弧形态如图 3-60（b）所示。

亚射流过渡采用较小的电弧电压，弧长较短，当熔滴长大即将以射流过渡形式脱离焊丝端部时，即与熔池短路接触，电弧熄灭，熔滴在电磁力及表面张力的作用下产生颈缩断开，电弧复燃完成熔滴过渡。亚射流过渡的特点如下：

1）短路时间很短，短路电流对熔池的冲击力很小，过程稳定，焊缝成形美观。

2）焊接时，焊丝的熔化系数随电弧的缩短而增大，从而使亚射流过渡可采用等速送丝配以恒流外特性电源进行焊接。

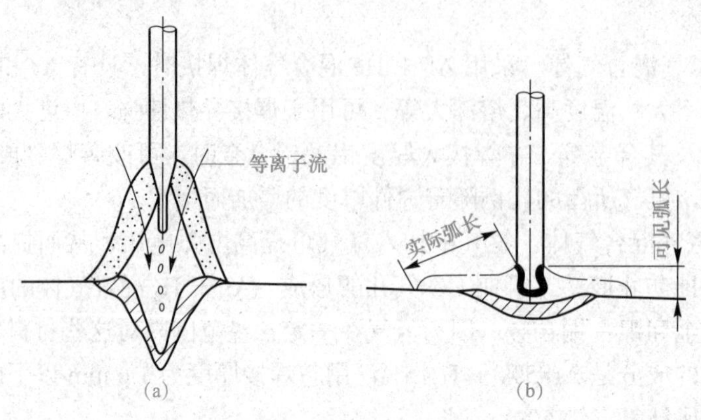

图 3-60　射流过渡和亚射流过渡的电弧形态及熔池形状比较示意

(a) 射流过渡；(b) 亚射流过渡

3）由于亚射流过渡时，电弧电压、焊接电流基本保持不变，所以焊缝熔宽和熔深比较均匀。同时，电弧潜入熔池中，热利用率高，加速了焊丝的熔化，也加强了对熔池底部的加热，从而改善了焊缝根部熔化状态，有利于提高焊缝质量。

4）由于采用的弧长较短，可提高气体保护效果，降低焊缝产生气孔和裂纹的倾向。

5. 焊接参数的选择

MIG 焊的焊接参数主要有焊接电流、电弧电压、焊接速度、焊丝伸出长度、焊丝倾角、焊丝直径、焊接位置、极性、保护气体的种类和流量等。

在选择参数时，应先根据焊件厚度、坡口形状选择焊丝直径，再由熔滴过渡形式确定焊接电流，并配以合适的电弧电压，其他参数的选择应以保证焊接过程稳定及焊缝质量为原则。另外，在焊接过程中，焊前调整好的焊接参数仍需要随时进行调整，以便获得良好的焊缝成形。

各焊接参数之间并不是独立的，而是需要相互配合，以获得稳定的焊接过程及良好的焊接质量。表 3-15 列出了纯铝半自动 MIG 焊的焊接参数。

表 3-15　纯铝半自动 MIG 焊的焊接参数

板厚 /mm	坡口形式	坡口尺寸	焊丝直径 /mm	焊接电流 /A	焊接电压 /V	氩气流量 /(L · min^{-1})	喷嘴直径 /mm	备注
6	I 形对接	间隙 0 ～ 2 mm	2.0	230 ～ 270	26 ～ 27	20 ～ 25	20	反面采用垫板，仅焊一层焊缝
8 ～ 12	单面 V 形坡口	间隙 0 ～ 2 mm 钝边 2 mm 坡口角度 70°	2.0	240 ～ 320	27 ～ 29	25 ～ 36	20	正面焊两层，反面焊一层

6. 水平固定管焊接操作技术

在水平固定管焊接生产中，主要采用开坡口的多层单道单面焊双面成形方法，而且这种方法应用极为广泛。焊接层数可根据焊件壁厚确定，开坡口的多层单道单面焊双面成形方法包括打底焊、填充焊和盖面焊。其中每一层焊缝都为单道焊缝，如图 3-61 所示。

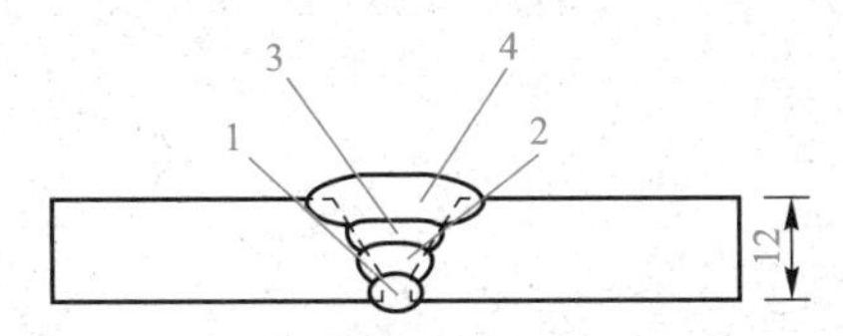

图 3-61　水平固定管焊接层数示意

1—打底层；2、3—填充层；4—盖面层

由于焊缝是水平环形的，所以在焊接过程中需经过仰焊、立焊、平焊等全位置的焊接，焊枪与焊缝的空间位置角度变化很大，为方便叙述施焊顺序，将环焊缝横断面看作钟表盘，划分成 3、6、9、12 点等时钟位置。把环焊缝又分为两个半周，即时钟 6 → 3 → 12 位置为前半周，6 → 9 → 12 位置为后半周，如图 3-62 所示。焊接时，把管子分成前半周和后半周两个半周进行焊接。焊枪的角度随着焊缝空间位置的变化而变化。所以，操作难度较大，容易造成 6 点仰焊位置内焊缝形成凹坑或未焊透，外焊缝形成焊瘤或超高；12 点平焊位置内焊缝形成焊瘤或烧穿，外焊缝形成焊缝过低或弧坑过深等缺陷，这是在焊接过程中必须注意防止的问题。

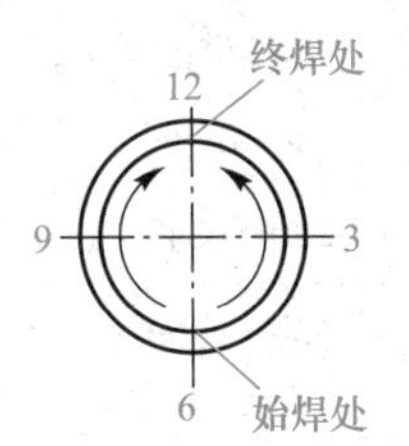

图 3-62　两半周焊接法示意

二、工艺确定

母材为 1070 的纯铝管，壁厚为 12 mm，开 V 形坡口，坡口角度为 70°，钝边为 2 mm；焊丝选择纯铝焊丝，型号为 SAl1070，焊丝直径为 2.0 mm。由于铝合金在高温时强度低，液态流动性能好，因此为防止液态金属流失，在不加垫板的情况下，应减小装配间隙，本次任务中装配间隙为 0 ～ 0.5 mm。铝及铝合金虽然热导率大，但在采用 MIG 焊时，由于电弧热量集中，焊接熔深大，故焊接板厚小于 25 mm 的铝板时可不进行预热，因此本次任务焊接时可不预热。为保证反面焊接质量，焊接时应在管内通氩气进行反面保护。焊接参数选择可参考表 3-15，由于管子焊接为全位置焊，因此焊接电流应比平焊时电流低 10% 左右。

通过以上的焊接工艺分析，壁厚 12 mm 的 1070 铝管水平固定 MIG 焊焊接工艺卡见表 3-16。

表 3–16　水平固定铝管 MIG 焊焊接工艺卡

<table>
<tr><td rowspan="11">适用范围</td><td>材料牌号</td><td>1070</td><td colspan="5" rowspan="11">焊接坡口图：</td></tr>
<tr><td>材料规格</td><td>12 mm</td></tr>
<tr><td>接头种类</td><td>对接</td></tr>
<tr><td>坡口形式</td><td>V</td></tr>
<tr><td>坡口角度</td><td>70°</td></tr>
<tr><td>钝边</td><td>2 mm</td></tr>
<tr><td>组对间隙</td><td>0 ～ 0.5 mm</td></tr>
<tr><td>背面清根</td><td>—</td></tr>
<tr><td>衬垫</td><td>—</td></tr>
<tr><td>焊接方法</td><td>MIG</td></tr>
<tr><td>保护气体</td><td>Ar</td></tr>
<tr><td></td><td>电源种类</td><td>直流</td><td rowspan="3">焊后热处理</td><td>种类</td><td>—</td><td>保温时间</td><td>—</td></tr>
<tr><td></td><td>电源极性</td><td>反极性</td><td>加热方式</td><td>—</td><td>层间温度</td><td>—</td></tr>
<tr><td></td><td>焊接位置</td><td>5G</td><td>温度范围</td><td>—</td><td>测量方法</td><td>—</td></tr>
</table>

<table>
<tr><td colspan="7">焊接参数</td></tr>
<tr><td>焊层</td><td>焊丝型号</td><td>焊丝直径
/mm</td><td>焊接电流
/A</td><td>电弧电压
/V</td><td>喷嘴直径
/mm</td><td>气体流量
/（L · min⁻¹）</td></tr>
<tr><td>打底层</td><td rowspan="2">SAl1070</td><td rowspan="2">2.0</td><td>220 ～ 240</td><td>25 ～ 27</td><td>20</td><td rowspan="2">25</td></tr>
<tr><td>填充层及盖面层</td><td>260 ～ 300</td><td>27 ～ 29</td><td>20</td></tr>
<tr><td colspan="7">备注：管内通氩气保护</td></tr>
</table>

【任务实施】

1. 焊前准备

（1）焊接材料。纯铝焊丝型号为 SAl1070，焊丝直径为 2.0 mm，保护气体为 Ar，纯度要求达到 99.99%。

（2）开坡口。采用坡口加工机开坡口，坡口单边角度为 35°，钝边为 2 mm。

（3）焊前清理。MIG 焊对焊件和焊丝表面的污染物非常敏感，故焊前表面清理工作至关重要。铝合金表面不仅有油污，而且表面存在一层熔点高、电阻大、具有保护作用的氧化膜。应先用丙酮或汽油擦洗坡口及坡口附近的油污（注意坡口附近的管子内表面也要进行擦洗），再用细钢丝轮、钢丝刷或刮刀将坡口及其附近区域 20 ～ 30 mm 范围内的氧化膜清理干净。

（4）装配。将两管水平放置在槽钢上，两管轴心对正，尽量不留装配间隙。通常采用三点定位，位置在 3、9、12 点位置附近，定位焊要求根部焊透，反面成形良好。不宜在 6 点位置进行定位焊，因为 6 点是起始焊点。定位焊缝长度为 10 ～ 20 mm，对定位焊缝要仔细检查，发现缺陷应铲除重焊。

将装配好的管子按水平位置固定在操作平台或焊接胎架上，在管子的一端将进气管塞进海绵封头，然后送氩气 2 min，再将另一端头用压敏粘胶纸封好，在压敏粘胶纸上开 4 ～ 5 只小孔，孔径为 2 ～ 3 mm，让氩气流通，准备施焊。

（5）设定焊接参数。按焊接工艺卡设定焊接参数。

2. 焊接操作

（1）打底焊。焊前应检查、清理导电嘴和喷嘴。打底焊时，在 6 点过约 10 mm 处引弧并开始焊接，焊枪做小幅度锯齿形摆动，如图 3–63 所示，摆动幅度不宜过大，且焊丝摆动到两侧稍作停留，只要看到坡口两侧母材金属熔化即可。为了避免焊丝穿出熔池或产生未焊透缺陷，焊丝不能离开熔池，焊丝宜在熔池前半区域约 1/3 处（如图 3–63 所示，l 为熔池长度）做横向摆动，逐渐上升。焊接过程中随时调整焊枪角度，如图 3–64 所示。焊枪前进的速度应视焊接位置而变，立焊时为了使熔池有较多的冷却时间，避免产生焊瘤，既要控制熔孔尺寸均匀，又要避免熔池脱节现象。焊到 12 点处收弧，相当于平焊收弧。

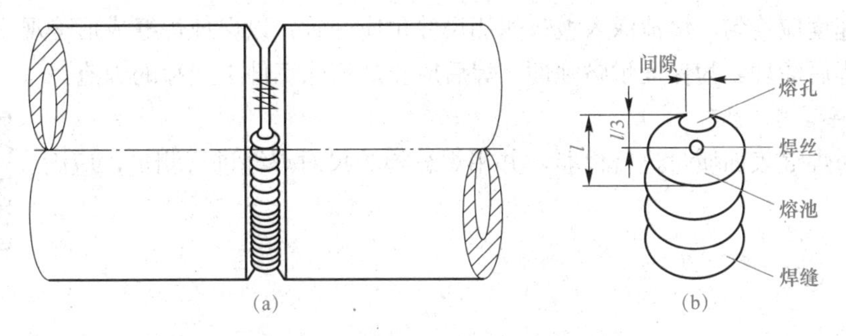

图 3–63 水平固定管对接的打底层焊接

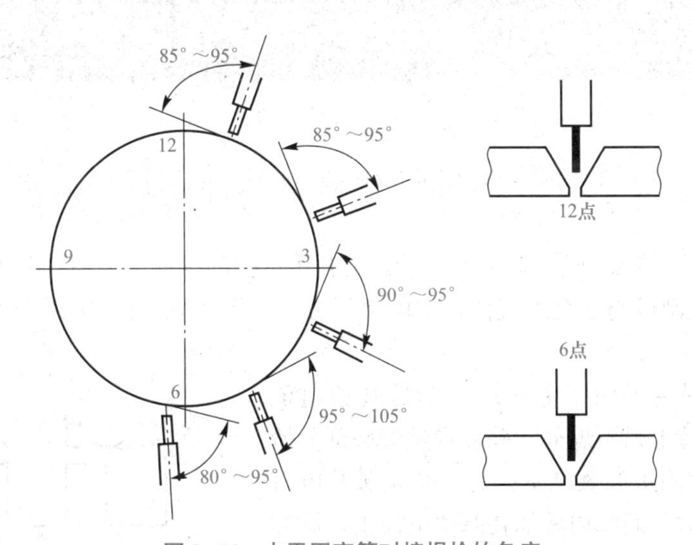

图 3–64 水平固定管对接焊枪的角度

焊后半圈前，先将 6 点和 12 点处焊缝始末端磨成斜坡状，长度为 10 ～ 20 mm。在打磨区域中过 6 点处引弧，引弧后拉回到打磨区端部开始焊接。按照打磨区域的形状摆动焊枪，焊接到打磨区极限位置时听到“噗噗”的击穿声后，即背面成形良好。接着像焊前半圈一样，焊接后半圈，直到焊至距 12 点 10 mm 时，焊丝改用直线形或极小幅度锯齿形摆动，焊过打磨区域收弧。

（2）填充焊。在填充层焊接前，应将打底层焊缝表面的飞溅物清理干净，并用角磨机将接头凸起处打磨平整，清理好喷嘴，调试好焊接参数后，即可进行焊接。焊填充层时的焊枪角度同打底层，焊丝宜在熔池中央 1/2 处左右摆动，采用锯齿形或月牙形摆动方式，摆动的幅度要参照前层焊缝的宽度，且焊丝摆动到两侧时稍作停留，而在中央部位速度略快些。

焊填充层后半圈前，必须将前半圈焊缝的始、末端打磨成斜坡形，尤其是 6 点处更应注意。焊后半圈方法基本上同前半圈，主要是对始、末端要求成形良好。焊完最后一层填充层后，焊缝厚度达到距管子表面 1 ～ 2 mm，且不能将管子坡口面边缘熔化。如发现局部高低不平，则应填平磨齐。

（3）盖面焊。焊前将填充层焊缝表面的飞溅物清理干净。盖面焊的操作方法与填充层相同，但焊枪横向摆动幅度应大于填充层，保证熔池深入坡口每侧边缘棱角 0.5 ～ 1.5 mm。电弧在坡口边缘停留的时间稍短，电弧回摆速度要缓慢。接头时，引弧点应在焊缝的中心上方，引弧后稍作稳定，即将电弧拉向熔池中心进行焊接。盖面层焊接时，焊接速度应均匀，熔池深入坡口两侧尺寸也应一致，以保证焊缝成形美观。

（4）焊后清理。为保证耐腐蚀性，焊后应立即清除工件上残存的焊渣。

3. 焊接质量检验

焊后对焊缝表面质量进行检验，并用焊缝检验尺对焊缝进行测量，应满足要求。

其他熔化极气体保护焊

【知识拓展】

其他熔化极气体保护焊

一、脉冲熔化极气体保护焊

脉冲熔化极气体保护焊（简称脉冲焊）是利用可控的脉冲电流所产生的脉冲电弧，熔化焊丝金属并控制熔滴过渡的气体保护电弧焊方法，图 3-65 所示为用于焊接的脉冲电流波形示意。

焊接电源提供了两个电流：一个是基值电流 I_s，其作用是维持电弧不熄灭，并使焊丝端头部分熔化，为下一次熔滴过渡做准备；另一个是脉冲电流 I_p，它在可调的时间间隔内叠加在基值电流上，脉冲电流比产生射流过渡的临界电流高，其作用是给熔滴施加一个较大的力，促使熔滴过渡。通常采用在每一个脉冲过程中仅过渡一个熔滴的熔滴过渡形式。两个电流相结合，其平均电流产生具有轴向射流过

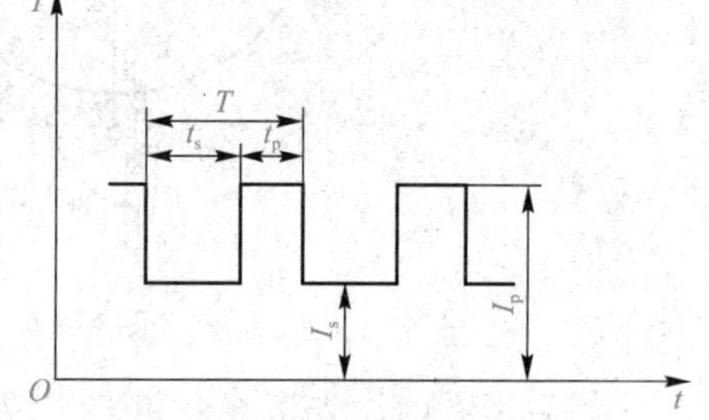

图 3-65　脉冲焊焊接电流波形示意

T—脉冲周期；t_p—脉冲电流持续时间；t_s—维弧时间；I_p—脉冲电流；I_s—基值电流

渡的稳定电弧。

1. 脉冲熔化极气体保护焊的特点

（1）电弧的热输入较低。脉冲射流过渡电弧中，虽然脉冲峰值电流超过某一临界电流值，但因其导电时间很短，故焊接的平均电流要比连续射流过渡的临界电流低得多，因而焊丝熔化速度和相应的送丝速度也可以降低很多。所以脉冲焊是一种在较低的焊接电流和焊丝熔化速度下获得射流过渡的熔化极气体保护焊方法，故特别适用于薄板、全位置和热敏感金属材料的焊接。

（2）可精确控制电弧的能量。可通过脉冲电流波形及脉冲参数的调节来控制电弧的能量，因此脉冲焊具有相当良好的工艺适应性。

（3）具有较宽的电流调节。范围连续射流过渡和短路过渡气体保护焊时，因受自身的熔滴过渡形式的限制，它们所能采用的电流范围是有限的。采用脉冲电流后，由于可在平均电流小于临界电流的条件下获得射流过渡，因而对于同一直径的焊丝，随着脉冲参数的变化，能在高至几百安培，低至几十安培的电流范围内稳定地进行焊接。脉冲熔化极气体保护焊的工作电流范围包括从短路过渡到射流过渡所有的电流区域，既能焊接厚板，又能焊接薄板。

（4）能用粗焊丝焊接薄板。例如，焊接铝和不锈钢时用 $\phi1.6$ mm 的焊丝，前者焊接电流只要 40 A，后者只要 90 A 就可使电弧稳定燃烧，实现细滴过渡。

用粗焊丝焊接薄板给工艺带来了很大方便。首先，送丝容易，对于铝及其合金等软质焊丝尤其明显；其次，粗焊丝比细焊丝挺直，焊接时不易偏摆。另外，使用粗焊丝可降低焊丝成本，并且表面积与体积之比减小，表面氧化膜与油污也相应较少，产生气孔的倾向减小。

（5）易实现全位置焊接。采用脉冲电流后，可用较小的平均电流进行焊接，因而熔池体积小，加上熔滴过渡和熔池金属加热是间歇性的，所以不易发生流淌现象，易于实现全位置焊接。此外，由于熔滴过渡的力与电流平方成正比，在脉冲峰值电流作用下，熔滴的轴向性比较好。无论是仰焊或立焊，都能迫使金属熔滴沿着电弧轴线向熔池过渡。所以进行全位置焊接时，在控制焊缝成形方面脉冲氩弧焊要比普通氩弧焊有利。

2. 脉冲参数的选择

脉冲熔化极气体保护焊与其他熔化极气体保护焊工艺的主要区别是脉冲参数的选择。其主要脉冲参数有基值电流、脉冲电流、脉冲电流持续时间、脉冲间歇时间和脉冲周期等。

（1）基值电流。基值电流的主要作用是在脉冲电流停歇时间维持焊丝与熔池之间的电离状态，保证电弧复燃稳定。同时预热母材和焊丝，使焊丝端部有一定的熔化量，为脉冲期间熔滴过渡做准备。在总的平均电流不变的条件下，基值电流越大，其脉冲特点越弱，使熔滴过渡失去可控性；基值电流太小，电弧引燃困难，熔滴过渡规律性差。

（2）脉冲电流。脉冲电流是决定脉冲能量的重要参数，它影响着熔滴的过渡力、尺寸和母材的熔深。在平均总电流不变的条件下，熔深随脉冲电流增加而增加，基值电流随脉冲电流增加而减小。

（3）脉冲电流持续时间。脉冲电流持续时间太长，会减弱脉冲焊接效果；脉冲电流持续时间太短，则不能产生所希望的射流过渡。

（4）脉冲间歇时间。脉冲间歇时间即基值电流作用时间，在脉冲周期一定时，脉冲间歇时间越长，焊丝熔化量增加，熔滴尺寸增大。脉冲间歇时间太长或太短，都会使脉冲焊接特点减弱。

（5）脉冲周期（或脉冲频率）。脉冲周期（或脉冲频率）也是决定脉冲能量的重要因素之一。对于一定的送丝速度，脉冲频率与熔滴尺寸成反比，而与母材熔深成正比。较高的脉冲频率适用于焊接厚板；较低的脉冲频率适用于焊接薄板。

脉冲熔化极气体保护焊的其他工艺参数，如焊接速度、焊丝伸出长度、焊丝直径等的选择原则，与普通熔化极气体保护焊基本相同。

二、窄间隙活性气体保护焊

窄间隙活性气体保护焊（简称窄间隙焊）是一种焊接厚板的高效率气体保护焊方法。它利用了熔化极气体保护焊不需要清渣的特点，对大厚度板材进行平对接焊时，留有 6 ～ 15 mm 间隙，以单道多层或双道多层焊填满接缝，从而实现厚板的焊接，如图 3-66 所示。

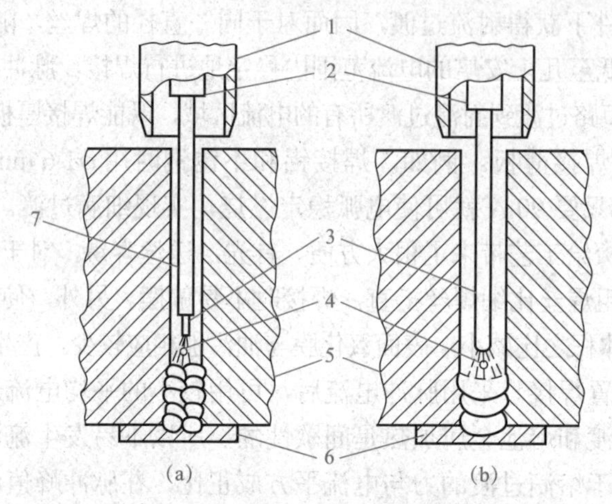

图 3-66　窄间隙活性气体保护焊示意

(a) 细丝窄间隙焊；(b) 粗丝窄间隙焊

1—喷嘴；2—导电嘴；3—焊丝；4—电弧；5—焊件；6—底垫；7—绝缘导管

1. 窄间隙活性气体保护焊的特点

（1）焊接生产率高，成本低，而且可以节约焊接材料的消耗量。

（2）焊缝截面小，对焊件热输入小，能减小焊接接头热影响区，焊接应力及变形小，使焊缝金属具有良好的力学性能。

（3）可降低对焊件预热和焊后热处理的要求。

2. 窄间隙活性混合气体保护焊技术

（1）细丝窄间隙焊。细丝窄间隙焊如图 3-66（a）所示。焊接时在 6 ～ 9 mm 的间隙中插入前后排列的两根绝缘导管（直径约为 4 mm），两根 $\phi0.8$ ～ 1 mm 的焊丝分别通过两根绝缘导管送出，各指向间隙的一边侧壁。两根焊丝各产生一个电弧，对间隙的两侧壁同时加热熔化，进行双道多层焊。也可采用单道焊丝加摆动的方式进行焊接。细丝窄间隙焊主要用氧化性气体（如 Ar80% ＋ $CO_2$20%）作为保护气体。若 CO_2 含量过多，会增大金属飞溅。焊接时应合理地选定焊接参数并保持合适的匹配关系，以保证获得稳定的射流过渡。另外，还要求送丝稳定和导向性好，以防止产生咬边和侧壁未熔合等缺陷。

（2）粗丝窄间隙焊。粗丝窄间隙焊如图 3-66（b）所示。焊接时一般采用直径

ϕ2.4 ～ ϕ4.8 mm 的焊丝，不套绝缘导管而直接插入间隙（通常为 10 ～ 15 mm）的底部，并对准焊缝中轴线进行单道多层焊。

粗丝窄间隙焊由于焊丝伸出长度较长（通常大于焊件的厚度），为了保证焊丝的对中，插入间隙前必须经过能够精确校正焊丝挺直度的校直机构，并应保持焊丝伸出长度不变。

粗丝窄间隙焊通常采用 Ar90% ＋ $CO_2$10% 或 Ar97% ＋ $O_2$3% 的混合气体作为保护气体。可以采用直流反极性或正极性进行焊接。采用反极性时，熔滴呈射流过渡，获得的熔深截面为“梨形”，在焊缝中间易产生裂纹。而采用正极性时，熔滴呈滴状过渡，熔深较浅，产生裂纹的倾向小。但直流正极性电弧稳定性差些，为了改变这种情况，目前也有采用脉冲电源进行焊接的。另外，为了避免焊缝出现裂纹，还必须严格控制焊丝的化学成分及焊接参数。

◎任务评价

熔化极气体保护焊操作评分表见表 3–17。

表 3–17　熔化极气体保护焊操作评分表

序号	项目	要求标准	扣分标准	配分	得分
1	操纵焊机	能够正确操纵焊机	焊机操纵不正确不得分	15	
2	焊接工艺参数选择	能够正确选择焊接工艺参数	参数选择不正确不得分	20	
3	焊道外形尺寸	宽度 8 ～ 10 mm，宽度差≤ 2 mm；余高 0 ～ 3 mm，余高差≤ 2 mm，焊角尺寸差≤ 2 mm	每超差一处扣 5 分	10	
4	焊缝缺陷	无气孔、凹陷、焊瘤、咬边、未焊透	每项各 5 分 出现一处不得分	25	
5	焊道外观成形	焊道波纹均匀、美观	酌情扣分	5	
6	焊件外形	无错边、变形	酌情扣分	10	
7	安全文明生产	（1）严格遵守安全操作规程； （2）遵守文明生产有关规定	酌情扣分	15	
8	裂纹	无裂纹	出现裂纹倒扣 20 分	0	
总分合计				100	

◎安全教育

事故案例：用氧气代替压缩空气，引起爆炸。

事故发生主要经过：在某个五金商店中，一位焊工正在大堂内维修压缩机和冷凝器，在进行最后的气压试验时，因无法压缩空气，焊工用氧气来代替，当试压至 0.98 MPa 时，压缩机出现漏气，该焊工立即进行补焊，在引弧的一瞬间，压缩机立即爆炸，店堂炸毁，焊工当场炸死，造成多人受伤。

事故发生的主要原因：

（1）店堂内不可作为焊接场所。

（2）焊补前应该打开一切孔盖，必须在没有压力的情况下进行补焊。

（3）氧气是助燃物质，不能替代压缩空气。

事故预防措施：

（1）店堂内不可作为焊接场所，如急需焊接也应采取切实可行的防护措施，即在动火点10 m内无任何易燃物品，备有相应的灭火器材等。

（2）补焊时应卸压。

（3）严禁用氧气替代压缩空气作试压气。

◎榜样的力量

焊工卢仁峰：焊接技能　极致追求

作为一名焊接工，左手几乎丧失劳动能力，许多人劝他改行，可倔强的他克服了常人难以想象的困难，练就一手绝技，成为国家级技能大师、中华技能大奖获得者、全国“最美职工”。他就是中国兵器首席技师中国兵器工业集团内蒙古第一机械集团有限公司焊工——“独手焊侠”卢仁峰。在3月2日揭晓的2021年“大国工匠年度人物”评选中，卢仁峰榜上有名。

1979年，年仅16岁的卢仁峰来到内蒙古第一机械集团从事焊接工作。当时他就给自己定了目标——学好、学精焊接技术。日积月累的刻苦训练，让他的焊接技术日臻成熟。然而，就在这时，卢仁峰遭遇到人生中最沉重的打击，一场突发灾难，让他的左手丧失劳动能力。后来，单位安排他做库管员，但卢仁峰没有接受，他做出了一个大家都没想到的决定——继续做焊工。那段日子，卢仁峰常常一连几个月吃住在车间，他给自己定下每天练习50根焊条的底线，常常一蹲就是几个小时。一次次的练习中，卢仁峰不断寻找替代左手的办法——特制手套、牙咬焊帽等。凭着这股倔劲，他不但恢复了焊接技术，仅靠右手练就一身电焊绝活，还攻克了一个个焊接难题，他的手工电弧焊单面焊双面成形技术堪称一绝，压力容器焊接缺陷返修合格率达百分之百，赢得“独手焊侠”的美誉。

一次，某军品项目的高压泵体突然出现裂纹，按常规需要更换泵体，可市场上没有相应的备件。卢仁峰主动请缨，在没有技术参数、没有可靠技术保障的情况下，他反复思考、试验，52个小时便用手中的焊枪止住了高压水流，挽回损失近400万元。

21世纪初，我国研制新型主战坦克和装甲车辆，这些国之重器使用坚硬的特种钢材作为装甲。材料的焊接难度极高，这让卢仁峰和同事们一筹莫展。爱琢磨的卢仁峰经过数百次攻关，终于解决了难题。

2009年，作为国庆阅兵装备的某型号车辆首次批量生产，在整车焊接蜗壳部位过程中，由于焊接变形和焊缝成形难以控制，致使平面度超差，严重影响整车的装配质量和进度。卢仁峰投入紧张的技术攻关中。从焊丝的型号到电流大小的选择，他和工友们反复研究细节，确定操作步骤。最终，利用焊接变形的特性，采用“正反面焊接，以变制变”的方法，使该产品生产合格率从60%提高到96%。

工友们常说，卢仁峰之所以被称为焊接“大师”，是因为有一手绝活——一动焊枪，他就知道钢材的可焊性如何，仅凭一块钢板掉在地上的声音，就能辨别出碳含量有多少，应采用怎样的工艺。在穿甲弹冲击和车体涉水等试验过程中，他焊接的坦克车体坚如磐石、密不透水。

通过多年的研究和实践，卢仁峰最终创造了熔化极氩弧焊、微束等离子弧焊、单面焊双面成形等操作技能，《短段逆向带压操作法》《特种车辆焊接变形控制》等多项成果，“HT火花塞异种钢焊接技术”等国家专利。

多年来，他牵头完成152项技术难题攻关，提出改进工艺建议200余项，一批关键技术瓶颈的突破为实现强军目标贡献了智慧和力量。

2017年，中华全国总工会向100个“全国示范性劳模和工匠人才创新工作室”授牌，内蒙古第一机械集团卢仁峰创新工作室荣耀上榜。

攻克难关，取得荣誉，这在卢仁峰看来并非工作的全部。作为“手艺人”，传承必不可少。他的工作室是希望的发源地，也是传承的大平台。卢仁峰带领的科研攻关班，被命名为“卢仁峰班组”。他虽然性格温和，但是教起徒弟却变得十分严苛。为了提高徒弟们焊接手法的精确度，他总结出“强化基础训练法”，每带一名新徒弟，不管过去基础如何，1年内必须每天进行5块板、30根焊条的“定位点焊”，每点误差不得大于0.5 mm，不合格就重来。

如今，卢仁峰已经带出了50多个徒弟，且个个都成了技术骨干。他带出的百余名工匠，都迅速成长为企业的技师、高级技师和技术能手，有的还获得了“全国劳动模范”“五一劳动奖章”和“全国技术能手”等殊荣。他归纳提炼出的《理论提高6 000字读本》、“三顶焊法”、“短段逆向操作法”、带水带压焊法等一批先进操作法，已成为公司焊工的必学“宝典”。

卢仁峰执着地在焊接岗位上坚守了40多年。“最大的心愿就是把这门手艺传下去”，面对众多荣誉，卢仁峰的心态非常平和。

项目小结

熔化极气体保护焊按常用保护气体种类的不同，主要可分为CO_2焊、MIG焊和MAG焊，这三种焊接方法在设备组成与操作技术方法上基本是相同的，但由于保护气体不同，所焊金属材料的种类也有所差别。熔化极气体保护焊的工作任务主要有平焊、立焊、横焊、仰焊及管子的焊接等。在本项目中，主要了解熔化极气体保护焊的原理及特点，在掌握熔化极气体保护焊设备操作方法的基础上，完成CO_2气体保护焊平焊、CO_2气体保护焊平角焊、CO_2气体保护焊立焊、药芯焊丝CO_2气体保护焊横焊、水平固定铝合金管熔化极惰性气体保护焊等典型焊接工艺，在操作练习的过程中，一定要遵守实训基地的规章制度、实训安全知识及安全操作规程。

综合训练

一、选择题

1. CO_2气体保护焊有许多优点，但（　　）不是CO_2焊的优点。

A. 飞溅少　　B. 生产率高　　C. 成本低　　D. 焊接变形小

2. CO_2气体保护焊用的CO_2气体纯度，一般要求不低于（　　）。

A. 99.5%　　B. 99.9%　　C. 99.95%　　D. 99.99%

3. 熔化极气体保护焊，CO_2 气瓶应小心轻放并（　　），与热源距离应大于 3 m。

A. 水平固定　　B. 竖立固定　　C. 倒立固定　　D. 倾斜固定

4. CO_2 气体没有（　　）特点。

A. 焊接时要使用干燥后的 CO_2 气体　　B. 在电弧高温下发生分解

C. 无色、无味　　D. 焊接时可以使用固态和气态 CO_2

5. 半自动二氧化碳气体保护焊机由电源、送丝机构、（　　）、焊枪及气路系统构成。

A. 焊缝成形装置　　B. 引弧和稳弧系统

C. 监视系统　　D. 控制系统

6. CO_2 焊时，焊丝伸出长度通常取决于焊丝直径，约以焊丝直径的（　　）倍为宜。

A. 3　　B. 5　　C. 10　　D. 15

7. 当 CO_2 气体保护焊采用（　　）焊时，所出现的熔滴过渡形式是短路过渡。

A. 细焊丝，小电流、低电弧电压　　B. 细焊丝，大电流、低电弧电压

C. 细焊丝，大电流、高电弧电压　　D. 细焊丝，小电流、高电弧电压

8. 二氧化碳气体保护焊时，若选用焊丝直径小于或等于 1.2 mm，则气体流量一般为（　　）L/min。

A. 8 ～ 15　　B. 15 ～ 25　　C. 6 ～ 10　　D. 25 ～ 35

9. 储存 CO_2 气体的气瓶容量为（　　）L。

A. 10　　B. 25　　C. 40　　D. 45

10. CO_2 焊焊接电流根据工件厚度、焊丝直径、施焊位置以及（　　）等来选择。

A. 工件成分　　B. 焊丝成分　　C. 电源种类与极性　D. 熔滴过渡形式

11. CO_2 焊一般采用（　　）电源进行焊接。

A. 直流正接　　B. 直流反接　　C. 交流

12. （　　）不是 CO_2 气体保护焊主要的冶金问题。

A. 合金元素的烧损　B. 气孔　　C. 飞溅　　D. 冷裂纹

13. CO_2 焊不可能产生的气孔是（　　）。

A. CO 气孔　　B. 氧气孔　　C. 氢气孔　　D. 氮气孔

14. 熔化极惰性气体保护焊，简称（　　）焊。

A. MIG　　B. TIG　　C. MAG　　D. SMAW

15. MIG 焊常用的保护气体不包括（　　）气体。

A. Ar　　B. He　　C. CO_2　　D. Ar ＋ He

16. 下列不属于熔化极惰性气体保护焊的优点的是（　　）。

A. 焊接质量好　　B. 对油污等杂质不敏感

C. 焊接生产率高　　D. 适用范围广

17. MIG 焊不适用于（　　）金属的焊接。

A. 铝及其合金　　B. 镁及其合金　　C. 不锈钢　　D. 锌

18. MIG 焊不可采用（　　）熔滴过渡形式。

A. 短路过渡　　B. 滴状过渡　　C. 射流过渡　　D. 亚射流过渡

二、判断题

1. 当焊丝直径小于 1.2 mm 时，称为细丝 CO_2 气体保护焊。（　　）

2. 焊丝直径≥ 1.6 mm 时，称为粗丝 CO_2 气体保护焊。 ( )

3. CO_2 焊可用于焊接易氧化的金属。 ( )

4. CO_2 焊具有焊接应力小和焊接变形小的优点。 ( )

5. CO_2 焊焊接时具有飞溅小的优点。 ( )

6. CO_2 焊是不锈钢焊接时常用的一种焊接方法。 ( )

7. CO_2 焊采用细焊丝短路过渡时，对焊接电源的动特性有较高的要求。 ( )

8. 左焊法操作时可获得较深的熔深，焊道平坦且变宽。 ( )

9. CO_2 焊时采用直流正极性可减小飞溅。 ( )

10. CO_2 焊时减少焊丝中的含碳量可减小飞溅。 ( )

11. CO_2 焊在采用细焊丝、大电压和小电流焊接时，可获得短路过渡。 ( )

12. CO_2 焊时，焊丝伸出长度过小，易造成飞溅物堵塞喷嘴，影响保护效果。( )

13. MIG 焊抗风能力差，不适合野外焊接。 ( )

14. 鹅径式焊枪适用于小直径焊丝。 ( )

15. MIG 焊通常采用直流电源，并且采用反接。 ( )

16. 熔化极活性混合气体保护焊是采用在惰性气体 Ar 中加入一定量的活性气体，如 H_2、O_2、CO_2 等。 ( )

三、填空题

1. 当焊丝直径为________时，称为细丝 CO_2 气体保护焊。

2. 细丝 CO_2 气体保护焊主要采用________过渡形式焊接薄板材料。

3. CO_2 焊主要用于________及________等金属的焊接。

4. CO_2 气体保护焊按所用焊丝直径可分为________和________两种。

5. 半自动 CO_2 气体保护焊的送丝方式有________、________、________三种。

6. CO_2 焊所用的焊接材料包括________和________。

7. 目前 CO_2 焊普遍使用的脱氧焊丝为________。

8. CO_2 焊可能产生的气孔主要有________、________和________。

9. CO_2 焊产生飞溅的原因主要是________、________和________。

10. CO_2 气体保护焊熔滴过渡的形式主要有________和________。

11. 熔化极惰性气体保护焊，简称________焊，是目前常用的电弧焊方法之一。

12. MIG 焊的焊接材料包括________和________。

四、问答题

1. 简述熔化极气体保护焊的特点。

2. 简述 CO_2 气体保护焊的特点。

3. 如何减小 CO_2 气瓶中的杂质对焊接质量的危害?

4. 简述 CO_2 气体保护焊时合金元素的氧化烧损及防止措施。

5. 简述 CO_2 气体保护焊产生气孔的原因及防止措施。

6. 简述 CO_2 气体保护焊飞溅产生的原因及防止措施。

7. 简述熔化极惰性气体保护焊的特点。

8. 采用 MAG 焊焊接不锈钢有什么优点?

04 项目四　钨极惰性气体保护焊

【项目导入】

随着现代轨道交通的高速发展，车辆轻量化已成为交通轨道运输现代化的主要研究方向，尤其是铝、镁合金等新型轻量化材料的不断研发，为轨道交通车辆轻量化提供了基础，并获得了广泛应用。焊接质量的控制对于轨道车辆的制造至关重要。由于铝、镁合金熔点低、密度小，采用传统的焊接加工方法，易烧穿、变形大、焊接质量得不到保证，所以采用电弧集中、焊后变形小、保护效果好、成形美观、焊接质量好的钨极惰性气体保护焊（TIG 焊）。

TIG 焊技术属于动车组铝合金车体焊接技术中最为常见的焊接技术之一，其主要是借助钨电极，采用燃烧于非熔化极电极及焊件间的电弧作为热源，同时电极和电弧区及熔化金属都用一层惰性气体保护，这样就能使电弧焊焊接质量达到较高的质量要求。该种焊接技术既可以是手工焊，也可以是自动焊，但就目前行业应用情况来看，动车组铝合金车体焊接领域采取的焊接方式比较固定，主要还沿用了传统的人工焊接方式。本项目主要介绍钨极惰性气体保护焊的原理，并完成典型钨极惰性气体保护焊焊接工艺分析及操作。

任务一　认识钨极惰性气体保护焊

【学习目标】

1. 知识目标

（1）了解钨极惰性气体保护焊的原理及应用；

（2）掌握钨极惰性气体保护焊的特点及焊接参数的选择。

2. 能力目标

能够掌握钨极惰性气体保护焊的特点及焊接参数的选择。

认识钨极惰性气体保护焊

3. 素养目标

（1）培养学生分析问题、解决问题的能力；

（2）养成严谨专业的学习态度和认真负责的学习意识。

【任务描述】

通过本次任务的学习能了解钨极惰性气体保护焊的原理及应用，掌握钨极惰性气体保护焊的特点及焊接参数的选择。

【知识储备】

一、钨极惰性气体保护焊简介

1. 钨极惰性气体保护焊原理

钨极惰性气体保护焊简称 TIG 焊。它是在惰性气体的保护下，利用钨电极与工件间产生的电弧热熔化母材和填充焊丝的一种焊接方法，如图 4-1 所示。焊接时，钨极是不熔化的，故容易维持电弧长度的恒定，且保护气体从焊枪的喷嘴中连续喷出，在电弧周围形成保护层隔绝空气，保护电极和焊接熔池以及邻近的热影响区，形成优质的焊接接头。保护气体可采用氩气、氦气或氩氦混合气体，特殊应用场合，可添加少量的氢气。用氩气作为保护气体的焊接方法称为钨极氩弧焊，用氦气作为保护气体的焊接方法称为氦弧焊。由于氦气价格高，在工业上钨极氩弧焊的应用比氦弧焊广泛得多。

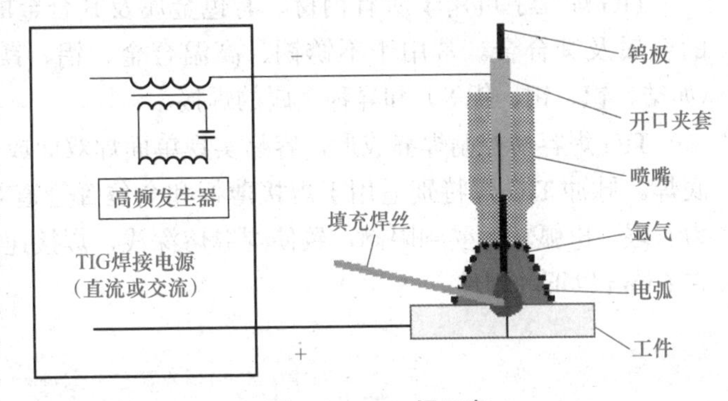

图 4-1　TIG 焊示意

2. TIG 焊分类

（1）按操作方式划分。按操作方式，TIG 焊可分为手工 TIG 焊、半自动 TIG 焊和自动 TIG 焊。这三种方式中，手工 TIG 焊应用最广泛，半自动 TIG 焊很少应用。

（2）按电流种类划分。按电流种类，TIG 焊可分为直流 TIG 焊、交流 TIG 焊和脉冲 TIG 焊。一般情况下，直流 TIG 焊用于焊接除铝、镁及其合金以外的各种金属材料；交流 TIG 焊可用于焊接铝、镁及其合金；脉冲 TIG 焊用于对热敏感的金属材料和薄板、超薄板构件的焊接以及用于薄壁管子的全位置焊接等。

3. TIG 焊的特点

（1）保护效果好。由于氩气和氦气是惰性气体，既不溶于液体金属，也不与金属起反应，而且密度比空气大，能有效地隔绝空气，所以能对钨极、熔池金属及热影响区进行很好的保护，防止焊缝被氧化、氮化。

（2）适用范围广。由于是惰性气体保护，所以可成功地焊接其他焊接方法不易焊接的易氧化、氮化、化学活泼性强的有色金属、不锈钢和各种合金。另外，钨极电弧稳定，即使在很小的焊接电流（$<$ 10 A）下也能稳定燃烧，并且热源与填充焊丝可分别控制，因而热输入量容易调节，特别适用于薄件、超薄件的焊接，且可进行各种位置的焊接，也是实现单面焊双面成形的理想方法。

（3）焊接质量好。TIG 焊时，由于电极不熔化，因此易维持恒定的电弧长度；氩气、氦气的热导率小，又不与液态金属反应，故不会造成焊缝中合金元素的烧损；同时，填充焊丝不通过电弧区，不会引起很大的飞溅，焊缝成形美观。所以，整个焊接过程十分稳定，易获得良好的焊接接头质量。

（4）焊接生产率低。由于钨极在焊接过程中不允许熔化，所以钨极载流能力较差，只能使用较小的焊接电流，因此焊缝熔深浅，熔敷速度低，生产率低。

（5）生产成本高。由于惰性气体价格比较高，与其他焊接方法相比生产成本高，故主要用于焊接铝、镁、钛、铜等有色金属以及不锈钢、耐热钢等。

（6）对工件清理要求高。由于惰性气体没有脱氧去氢的能力，所以对油污、水分、锈等非常敏感，因此对焊前的清理工作要求严格，尤其是焊接易氧化的铝、镁等有色金属时，要求更严格，否则会严重影响焊接质量。

4. TIG 焊的应用

TIG 焊几乎可用于所有钢材、有色金属及其合金的焊接，特别适用于化学性质活泼的金属及其合金。常用于不锈钢、高温合金、铝、镁、钛及其合金、难熔的活泼金属（如锆、钽、钼、铌等）和异种金属的焊接。

TIG 焊容易控制焊缝成形，容易实现单面焊双面成形，主要用于薄件焊接或厚件的打底焊。脉冲 TIG 焊特别适用于焊接薄板和全位置管道对接焊。但是，由于钨极的载流能力有限，电弧功率受到限制，致使焊缝熔深浅，焊接速度低，TIG 焊一般只用于焊接厚度在 6 mm 以下的焊件。

二、TIG 焊焊接参数的选择

TIG 焊的焊接参数有焊接电流、电弧电压、焊接速度、填丝速度、保护气体流量、喷嘴孔径、钨极直径与端部形状等，合理的焊接参数是获得优质焊接接头的重要保证。

TIG 焊时，可采用加填充焊丝或不加填充焊丝的方法形成焊缝。不加填充焊丝时，主要用于薄板焊接。两种情况下，焊缝成形的差异如图 4-2 所示。

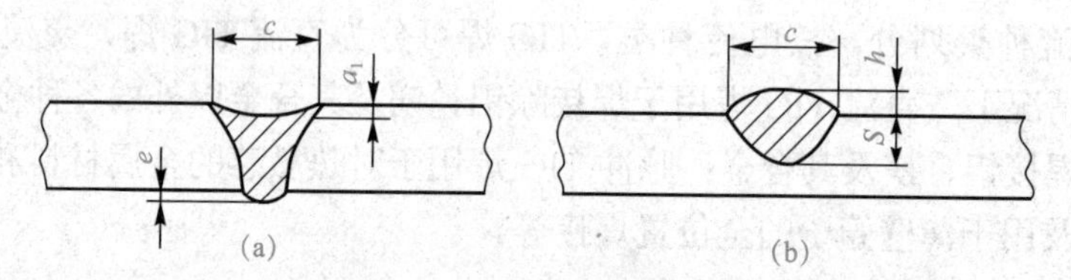

图 4-2 TIG 焊焊缝截面形状

(a) 不加填充焊丝；(b) 加填充焊丝

1. 焊接电流

焊接电流是 TIG 焊的主要参数。在其他条件不变的情况下，电弧能量与焊接电流成正比；焊接电流越大，可焊接的材料厚度越大。因此，焊接电流是根据焊件的材质与厚度来确定的。随着焊接电流的增大，凹陷深度 a_1、背面焊缝余高 e、熔透深度 S 以及焊缝宽度 c 都相应地增大，而焊缝余高 h 相应地减小，如图 4 2 所示。当焊接电流太大时，易引起焊缝咬边、焊漏等缺陷；反之，焊接电流太小时，易形成未焊透。

2. 电弧电压或电弧长度

当电弧长度增加时，即电弧电压增加，电弧热量也增加，焊缝熔宽略有增大。但电弧长度超过一定范围后，由于弧柱截面增大，电弧热的分布更加分散，热效率下降，电弧力对熔池的作用减小，导致熔宽和熔深均减小，甚至产生未焊透。同时电弧长度还影响到气体保护效果，在一定限度内，喷嘴到焊件的距离越短，则保护效果越好。一般在保证不短路的情况下，尽量采用较短的电弧进行焊接，这样不仅电弧热效率高，电弧加热集中、稳定，熔深均匀，而且焊件变形也小。另外，由于钨极氩弧焊没有熔滴过渡现象，不会因熔滴过渡造成短路过程，所以更有条件采用短弧焊。一般情况下，不加填充焊丝焊接时，电弧长度应控制在 1 ～ 3 mm 为宜；加填充焊丝焊接时，电弧长度为 3 ～ 6 mm。

3. 焊接速度

焊接时焊缝获得的热输入反比于焊接速度。在其他条件不变的情况下，焊接速度越小，热输入越大，则焊接凹陷深度 a_1、熔透深度 S、熔宽 c 都相应增大。反之，上述参数减小。当焊接速度过快时，焊缝易产生未焊透、气孔、夹渣和裂纹等缺陷。反之，焊接速度过慢时，焊缝又易产生焊穿和咬边现象。

从影响气体保护效果这方面看，随着焊接速度的增大，从喷嘴喷出的柔性保护气流，因为受到前方静止空气的阻滞作用，会产生变形和弯曲，如图 4-3（b）所示。当焊接速度过快时，就可能使电极末端、部分电弧和熔池暴露在空气中，如图 4-3（c）所示，从而恶化了保护作用，这种情况在自动高速焊时容易出现。此时，为了扩大有效保护范围，可适当加大喷嘴孔径和保护气流量。

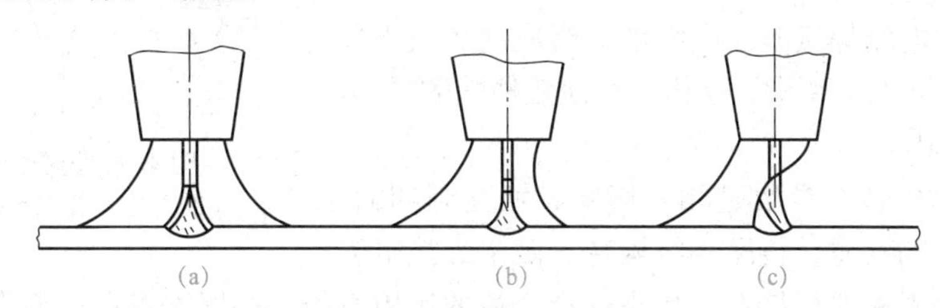

图 4-3　焊接速度对气体保护效果的影响

(a) 静止；(b) 正常速度；(c) 速度过快

鉴于以上原因，在 TIG 焊时，采用较低的焊接速度比较有利。焊接不锈钢、耐热合金和钛及钛合金材料时，尤其要注意选用较低的焊接速度，以便得到较大范围的气体保护区域。

4. 焊丝直径与填丝速度

焊丝直径与焊接板厚及接头间隙有关。当板厚及接头间隙较大时，可选择大一些的焊丝直径。焊丝直径选择不当可能造成焊缝成形不良、焊缝堆高过高或未焊透等缺陷。

填丝速度与焊丝直径、焊接电流、焊接速度、接头间隙等因素有关。一般焊丝直径大时，填丝速度应慢些；焊接电流、焊接速度、接头间隙大时，填丝速度应快些。填丝速度选择不当，可能造成焊缝出现未焊透、烧穿、焊缝凹陷、焊缝堆高太高、成形不光滑等缺陷。

5. 喷嘴孔径和保护气体流量

喷嘴孔径应根据钨极直径选取，可按下列经验公式计算：

$$D = 2d + 2 \sim 5\ \text{mm}$$

式中　D——喷嘴孔径（mm）；

　　　d——钨极直径（mm）。

在一定条件下，保护气体流量和喷嘴孔径有一个最佳范围，此时气体保护效果最佳，有效保护区最大。若保护气体流量过低，则气流挺度差，排开周围空气的能力弱，保护效果不佳；若保护气体流量太大，容易变成紊流，使空气卷入，也会降低保护效果。同样，在保护气体流量一定时，喷嘴孔径过小，则保护范围小，且因气流速度过高而形成紊流；喷嘴孔径过大，不仅妨碍焊工观察，而且气流流速过低、挺度小，保护效果也不好。所以，保护气体流量和喷嘴孔径要有一定配合。一般手工钨极氩弧焊喷嘴孔径范围为 5 ～ 20 mm，保护气体流量范围为 5 ～ 25 L/min。

6. 钨极直径和端部形状

钨极直径和端部形状将影响电弧的稳定性和焊缝成形。钨极直径的选择取决于焊件厚度、焊接电流的大小、电流种类和极性。原则上应尽可能选择小的电极直径来承担所需要的焊接电流。此外，钨极的许用电流还与钨极的伸出长度及冷却程度有关，如果伸出长度较大或冷却条件不良，则许用电流下降。一般钨极的伸出长度为 5 ～ 10 mm。

钨极端部形状应根据焊接电流的大小确定。在焊接薄板或焊接电流较小时，为便于引弧和稳弧，可用小直径钨极并磨成约 20º 的尖锥角，如图 4–4(a) 所示。电流较大时，电极锥角将导致弧柱的扩散，焊缝成形呈厚度小而宽度大的现象。电流越大，上述变化越明显。因此，大电流焊接时，应将电极磨成钝角或平顶锥形，如图 4–4（b）所示。这样，可使弧柱扩散减小，对焊件加热集中。

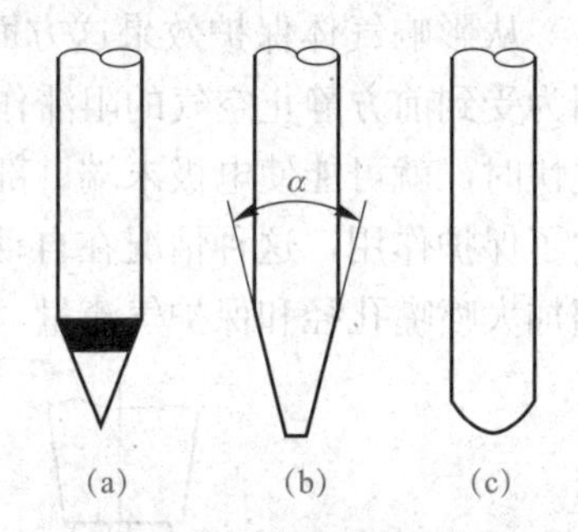

图 4–4　钨极端部形状

(a) 尖锥形；(b) 平顶锥形；(c) 半球形

焊接过程中各个参数是相互影响、相互制约的。首先根据焊件的材质、板厚和结构特点确定焊接电流和焊接速度；再根据焊接电流大小选择合适的钨极直径；根据喷嘴孔径 D 与钨极直径 d 之间的关系确定喷嘴孔径；根据喷嘴孔径与保护气体流量之间的配合关系，即保护效果来确定保护气体流量的大小。在初步选定焊接参数的基础上，根据试焊结果进行评判，并通过调试直到满意为止。

不锈钢板对接手工钨极氩弧焊直流正极性时的焊接参数见表 4–1。不锈钢管手工钨极氩弧焊的焊接参数见表 4–2。铝及铝合金手工钨极氩弧焊焊接参数见表 4–3。

表 4–1　不锈钢板对接手工 TIG 焊焊接参数（直流正极性，平焊）

接头形式	板厚/mm	钨极直径/mm	焊丝直径/mm	焊接电流/A	焊接速度/(mm·min^{-1})	氩气流量/(L·min^{-1})
	1.0	2	1.6	7 ～ 28	120 ～ 470	3 ～ 4
60°　1.6	4.8	2.4	3.2	第一层 100 第二层 125	90	5
	6	2.4	3.2	第一层 100 第二层 150	90	5

表 4-2　不锈钢管手工 TIG 焊的焊接参数

管材壁厚 /mm	钨极直径 /mm	焊丝直径 /mm	焊接层数	焊接电流 /A	电弧电压 /V	氩气流量 /（L·min^{-1}）	层间温度 /℃
1.5	2.5	1.5	1	40～60	8～10	8～12（焊枪） 10～15（管子内部）	≤150
2.0	2.5	2.0	1	50～70	9～11		
3～4	3.0	2.0	2	60～100	10～14		
5～8	3.0	2.0（打底层）	3	60～100（打底层）	10～14		
		2.5（填充层及盖面层）		80～140（填充层及盖面层）	10～16		

表 4-3　铝及铝合金手工 TIG 焊焊接参数（交流）

板厚 /mm	焊丝直径 /mm	钨极直径 /mm	预热温度 /℃	焊接电流 /A	氩气流量 /（L·min^{-1}）	喷嘴孔径 /mm	焊接层数（正 / 反）	备注
1	1.6	2	—	40～60	7～9	8	正 1	卷边焊
2	2～2.5	2～3	—	90～120	8～12	8～12	正 1	对接
4	3	4	—	180～200	10～15	8～12	（1～2）/1	V 形坡口对接
6	4	5	—	240～280	16～20	14～16	（1～2）/1	V 形坡口对接
8	4～5	5	100	260～320	16～20	14～16	2/1	V 形坡口对接
10	4～5	5	100～150	280～340	16～20	14～16	（3～4）/（1～2）	V 形坡口对接

三、加强气体保护措施

对氧化、氮化非常敏感的金属和合金（如钛及其合金等）或散热慢、高温停留时间长的材料（如不锈钢等），在采用 TIG 焊焊接时，为了加强气体保护效果，提高焊缝质量，一般要求加强保护，可采取以下措施。

1. 加挡板

接头形式不同，氩气流的保护效果也不相同。平对接缝和内角接缝焊接时，如图 4-5（a）所示，气体保护效果较好。当进行端接缝和外角焊缝焊接时，如图 4-5（b）所示，空气易沿焊件表面向上侵入熔池，破坏气体保护层，而引起焊缝氧化。为了改善气体保护效果，可采取预先加挡板的方法，如图 4-5（c）所示，也可以用加大气体流量和灵活控制焊枪相对于焊件位置等方法来提高气体保护效果。

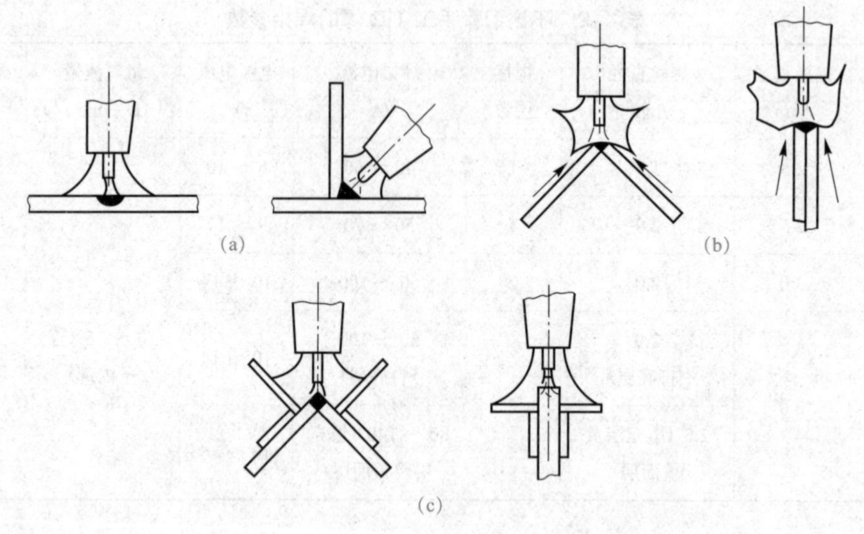

图 4-5 焊接接头形式对气体保护效果的影响

(a) 保护作用好；(b) 保护作用较差；(c) 加挡板后改善了保护作用

2. 扩大正面保护区

焊接容易氧化的金属及其合金（如钛合金）时不仅要求保护焊接区，而且对处于高温的焊缝及近缝区表面也需要进行保护。这时单靠焊枪喷嘴中喷出的气层保护是不够的。为了扩大保护区范围，常在焊枪喷嘴后面安装附加喷嘴，也称拖斗，如图 4-6 所示。附加喷嘴内可另供气也可不另供气。当用于焊接较厚的不锈钢和耐热合金材料时，可不另供气，而利用延长喷嘴喷出的气体在焊缝上停留的时间，达到扩大保护范围的目的，如图 4-6（a）所示。这种拖斗耗气不大，比较经济。当用于焊接钛合金时，则需另外供气，且在拖斗内安装气筛，使氩气在焊接区缓慢、平稳地流动，以利于提高保护效果，如图 4-6（b）所示。

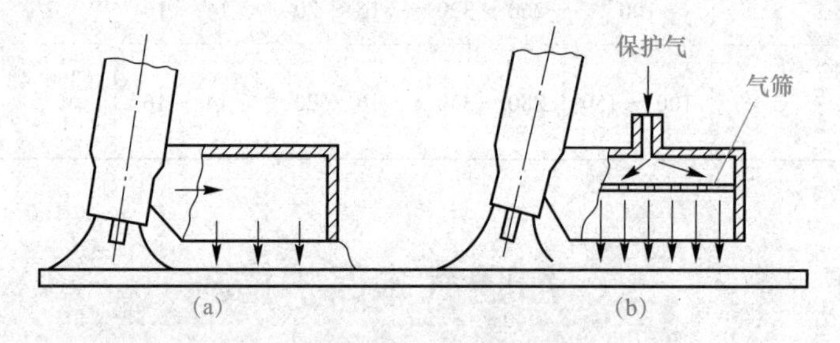

图 4-6 附加喷嘴（拖斗）的结构示意

(a) 附加喷嘴不通保护气；(b) 附加喷嘴通保护气

3. 反面保护

对某些焊件，既要求焊缝均匀，同时又不允许焊缝反面氧化，这时就要求在焊接过程中对焊缝反面也进行保护，如图 4-7 所示。焊接不锈钢或钛合金的小直径圆管或密闭的焊件时，可直接在密闭的空腔中送进氩气以保护焊缝反面；对于大直径筒形件或平板构件等，可用移动式充气罩，或在焊接夹具的铜垫板上开充气槽，以便送进氩气，对焊缝反面实施保护。通常反面氩气流量是正面氩气流量的 30% ～ 50%。

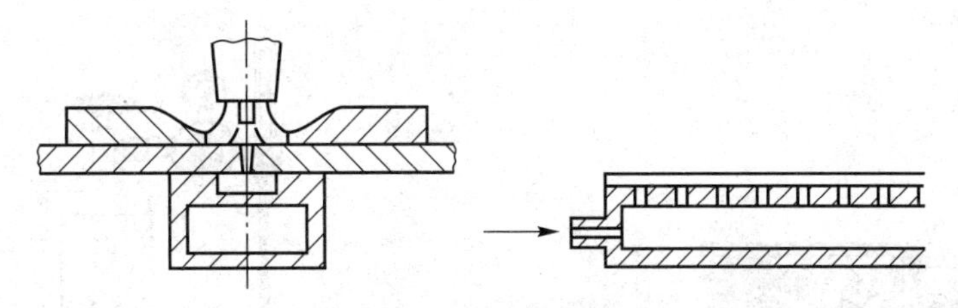

图 4-7 保护气直接通入焊缝反面保护示意

任务二 钨极惰性气体保护焊设备的操作

【学习目标】

1. 知识目标

(1)了解钨极惰性气体保护焊设备的组成、作用及日常维护方法;

(2)掌握钨极惰性气体保护焊设备的操作方法;

(3)了解钨极惰性气体保护焊设备的安全操作规程。

钨极氩弧焊设备操作

2. 能力目标

(1)能够掌握钨极惰性气体保护焊设备的操作方法;

(2)能够掌握钨极惰性气体保护焊设备常见故障的处理方法。

3. 素养目标

(1)培养学生细心、严谨的工作态度;

(2)培养学生的操作规范意识;

(3)培养学生的职业道德能力。

【任务描述】

通过本次任务的学习能了解钨极惰性气体保护焊设备的组成,并掌握其操作方法。

【知识储备】

一、TIG 焊设备的组成

TIG 焊设备主要由焊接电源、焊枪、供气系统、水冷系统和焊接控制装置等部分组成。对于自动焊还包括小车行走机构及送丝机构。手工 TIG 焊设备的一般结构如图 4-8 所示。

1. 焊接电源

无论是直流还是交流 TIG 焊,都要求焊接电源具有陡降的或垂直下降的外特性,以保证在弧长发生变化时,减小焊接电流的波动。

2. 焊枪

TIG 焊焊枪的作用是夹持电极、导电及输送保护气体。目前,国内使用的焊枪大体上

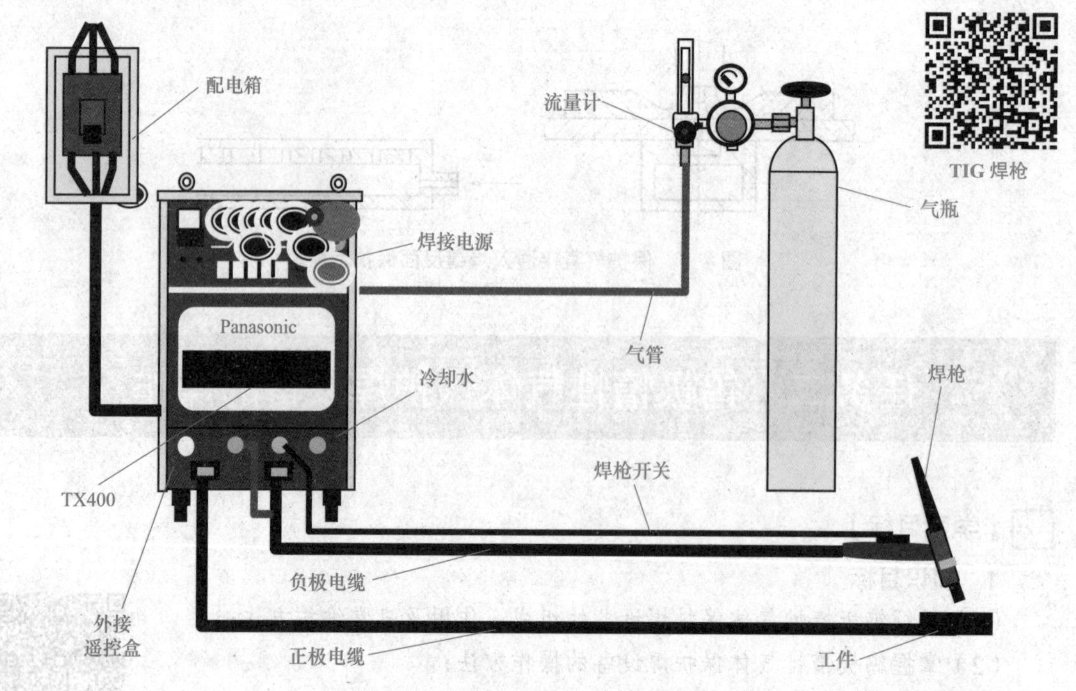

图 4-8　手工 TIG 焊设备组成

有两种：一种是气冷式焊枪，即利用气流冷却导电部件，不带水冷系统，结构简单，使用轻巧灵活，但最大允许焊接电流为 100 A，主要用于薄件的焊接；另一种为水冷式焊枪，其导电部件与焊接电缆采用循环水冷却，结构比较复杂，焊枪稍重，通常使用的焊接电流可超过 100 A。水冷式焊枪使用时务必保持冷却水路通畅，以免烧毁焊枪。使用这两种焊枪时都应注意避免超载工作，以延长焊枪的使用寿命。TIG 焊焊枪结构如图 4-9 所示。

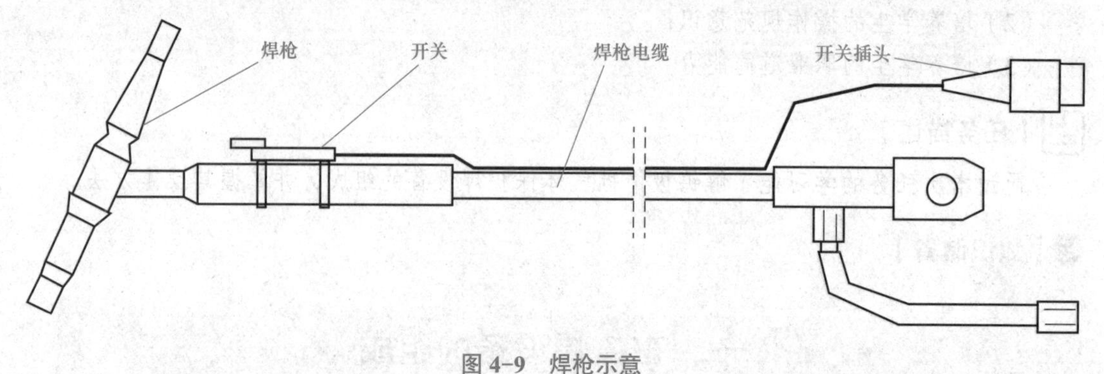

图 4-9　焊枪示意

TIG 焊焊枪的标志由形式符号及主要参数组成。焊枪的形式符号由两位字母表示，主要表示其冷却方式：“QQ”表示气冷；“QS”表示水冷。在形式符号后面的数字表示焊枪参数，例如：

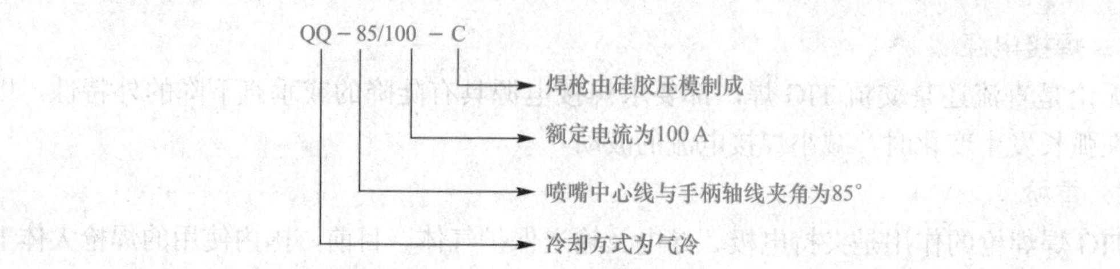

（1）喷嘴。按材质分可分为陶瓷喷嘴、石英喷嘴和金属喷嘴。金属喷嘴必须与焊枪的导电部分绝缘，否则碰触焊件后很容易烧毁喷嘴，金属喷嘴一般用于自动氩弧焊焊枪。陶瓷喷嘴既绝缘又耐热，应用广泛，但易碰碎，且长时间连续使用后喷嘴端部变得粗糙和凹凸不平，扰乱气流，破坏了氩气对熔池金属的良好保护，此时必须更换新喷嘴。石英喷嘴价格较高，但焊接时可见度好。

在允许的条件下，应尽可能采用小尺寸喷嘴，这样可保证焊工获得更好的能见度，且电弧燃烧稳定，对焊接部位的可及性也好。大尺寸的喷嘴对熔池的保护效果较好，高温时对周围大气敏感的金属（如钛合金）焊接时，必须采用大尺寸喷嘴。

常用喷嘴内表面的形状有圆柱形和圆锥形两种，如图 4-10 所示。圆柱形喷嘴有一段不变截面的气流通过，气体的喷出速度均匀，层流层厚度大，气体保护效果好；圆锥形喷嘴通道在出口处的截面变小，气流得到加速，所以挺度高，但易形成紊流而卷入外界气体，保护性能变差，其优点是熔池的可见度增强，给操作者带来方便。

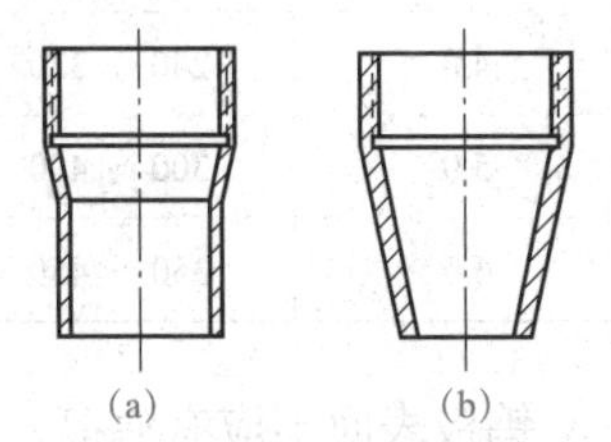

图 4-10　喷嘴形状

(a) 圆柱形；(b) 圆锥形

（2）电极。TIG 焊工艺中，电极材料对电弧的稳定性和焊缝质量有很大影响。TIG 焊电极应满足下列三个要求：

1）耐高温，焊接过程中不易损耗。否则，不但降低钨极本身的使用寿命，而且钨渗入熔池会造成焊缝夹钨，严重影响焊缝质量。

2）应具有较强的电子发射能力，以利于引弧及稳弧。电子发射能力与电极材料的逸出功有关，逸出功低的材料电子发射能力强，引弧和稳弧性能好。

3）应具有较大的电流容量。当焊接电流超过许用电流时，易使电极端部熔化形成熔珠，熔珠表面上的电弧斑点易受外界因素干扰而游动，使电弧飘荡不稳定；甚至熔珠落入熔池，影响焊缝质量。因此电极的许用电流要大一些，电极的许用电流与电极材料、电流种类和极性以及电极伸出长度有关。

常用的钨极有纯钨极、钍钨极和铈钨极等。钨的熔点为 3 400 ℃，是熔点最高的金属。由于其熔点高，在高温时有强烈的电子发射能力，是迄今为止最好的一种非熔化极材料。钨电极的纯度为 99.5%，当加入微量稀土元素钍、铈等的氧化物后，逸出功显著降低，载流能力明显提高，从而制成钍钨极、铈钨极等。

纯钨极价格比较低，而且使用交流时，整流效应小（即直流分量的影响小），电弧稳定；但引弧性能及导电性能差，载流能力差，使用寿命短。

钍钨极及铈钨极导电性能好，载流能力强，有较好的引弧性能，使用寿命长；但是价格较高，且使用交流电时，整流效应大，电弧稳定性差。同时钍和铈均为稀土元素，有一定的放射性，其中铈钨极放射性较小。钨极如图 4-11 所示，常用钨极的载流能力见表 4-4。

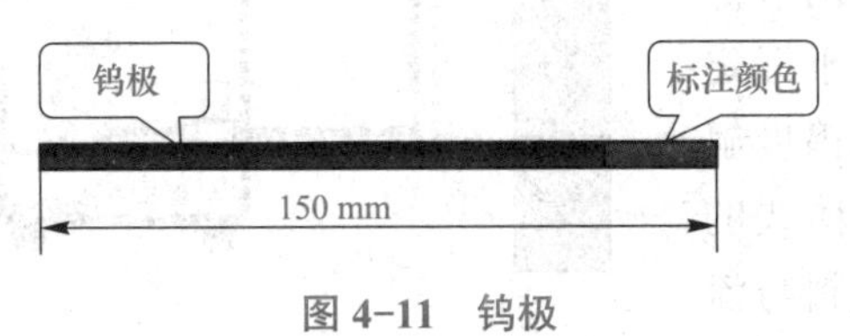

图 4-11　钨极

表 4-4　钨极载流能力　　A

电极直径 /mm	直流正极性			直流反极性	交流
	纯钨	钍钨	铈钨	纯钨	
1.0	20 ~ 60	15 ~ 80	20 ~ 80	—	—
1.6	40 ~ 100	70 ~ 150	50 ~ 160	10 ~ 30	20 ~ 100
2.0	60 ~ 150	100 ~ 200	100 ~ 200		
3.0	140 ~ 180	200 ~ 300	—	20 ~ 40	100 ~ 160
4.0	240 ~ 320	300 ~ 400	—	30 ~ 50	140 ~ 220
5.0	300 ~ 400	420 ~ 520	—	40 ~ 80	200 ~ 280
6.0	350 ~ 450	450 ~ 550	—	60 ~ 100	250 ~ 300

钨极表面不应有疤痕、裂纹、缩孔、毛刺或非金属夹杂物等缺陷。准备就绪的钨电极应存放在清洁的地方。若表面沾有油污等污物，务必清除干净，否则会污染焊缝金属和在焊枪夹头接触处打弧。

（3）焊枪的组装。焊枪的组装如图 4-12 所示，组装顺序及注意事项如下：

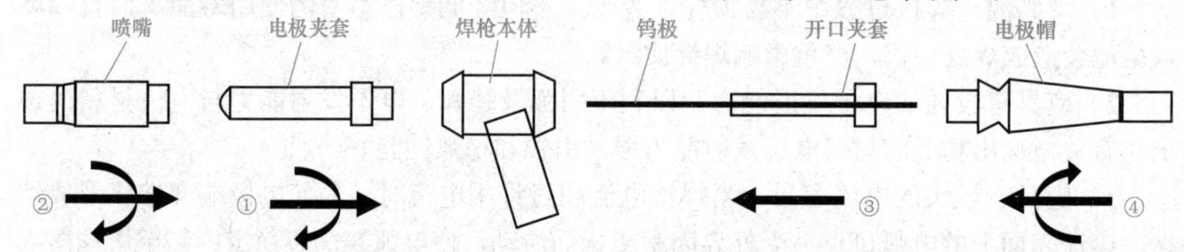

图 4-12　焊枪组装示意

1）首先将电极夹套与焊枪本体安装牢固，保证导电良好。

2）将喷嘴安装到焊枪本体上。

3）将钨极和开口夹套插入已安装好的电极夹套内，注意钨极直径与开口夹套规格必须一致。

TIG 焊枪的拆装

4）将电极帽与焊枪本体拧紧，通过电极夹套和开口夹套将钨极夹紧，保证导电良好，否则易造成焊枪的烧损。

3. 供气系统

供气系统主要由钢瓶、减压阀、流量计、电磁气阀组成，如图 4-13 所示。

减压阀用以减压和调节保护气体压力，流量计用于标定和调节保护气体流量。钨极氩弧焊机通常采用组合一体式的减压流量计，即将减压阀与流量计做成一体，如图 4-14 所

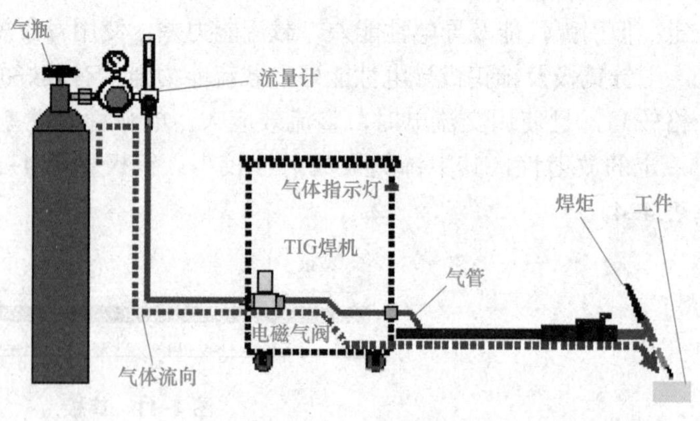

图 4-13　供气系统

示，使用更方便、可靠。电磁气阀以电信号控制气流的通断，电磁气阀的开启和关闭受控于控制系统，从而达到提前送气和滞后断气的目的。

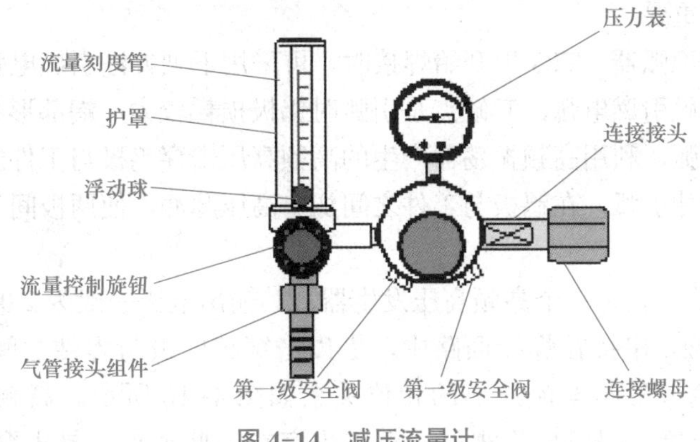

图 4-14　减压流量计

4. 水冷系统

水冷系统主要用来冷却焊接电缆、焊枪和钨极。如果焊接电流小于 100 A，就不需要水冷。对于手工水冷式焊枪，通常将焊接电缆装入通水软管中做成水冷电缆，这样可大大提高焊接电缆承载电流的能力，减轻电缆重量，使焊枪更轻便。同时为了保证冷却水可靠接通并有一定压力才能启动焊接设备，通常在氩弧焊机中设有保护水压开关。对于水冷系统，应注意以下几方面：

（1）接通焊枪，冷却水开始循环后，水箱水位若有所下降，应及时进行补充。

（2）为防止冬季冷却水冻结，可加入防冻液，但比例应小于 20%，过大会使水黏度增加，冷却水流通不畅，影响冷却效果，甚至导致流量开关不动作，焊机报警停止工作。

冷却水循环装置与焊机的连接示意如图 4-15 所示。

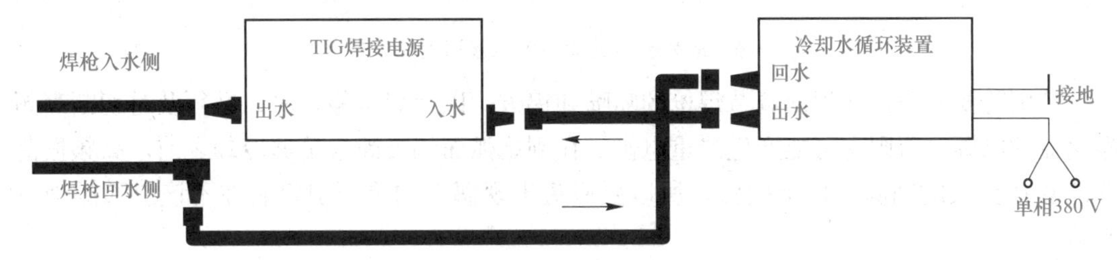

图 4-15　冷却水循环装置与焊机的连接示意

5. 控制系统

TIG 焊设备的控制系统在小功率设备中和焊接电源在同一箱子里，称为一体式结构。在大功率设备中，控制系统与焊接电源则是分立的，为一单独的控制箱，如 NSA-500-1 型交流手工 TIG 焊机。

控制系统由引弧器、稳弧器、行车（或转动）速度控制器、程序控制器、电磁气阀和水压开关等构成。

（1）对控制系统的要求。

1）焊前提前 1.5 ～ 4 s 输送保护气体，以驱除管内空气。

2）焊后延迟 5 ～ 15 s 停气，以保护尚未冷却的钨极和焊缝。

3）自动控制引弧器、稳弧器的启动和停止。

4）手工或自动接通和切断焊接电源。

5）焊接结束前电流能自动衰减，以消除火口和防止弧坑开裂，这对于环缝焊接及热裂纹敏感材料尤其重要。

（2）引弧器和稳弧器。TIG 焊开始焊接时，可采用下列方法引燃电弧：接触引弧，即依靠钨极和工件接触引燃电弧，其缺点是引弧时钨极损耗较大，端部形状容易被破坏，应尽量少用；高频引弧，利用高频振荡器产生的高频高压击穿钨极与工件之间的气体间隙而引燃电弧；高压脉冲引弧，在钨极与工件之间加一高压脉冲，使两极间气体介质电离而引燃电弧。

1）高频振荡器。它是一个高频高压发生器，其输出电压一般为 2 000 ～ 3 000 V，频率为 150 ～ 260 kHz，串接在焊接回路中，借以击穿钨电极与焊件之间的间隙而引燃焊接电弧。高频振荡波形与电流波形的相位关系如图 4–16 所示。高频振荡器是非接触引弧的一种常用装置，引弧效果很好，但它也存在一些缺点：易击穿焊接电缆或焊接回路中的其他电气元件；危及焊接操作工安全，操作工易被电击；产生的高频电磁波对周围工作的电子仪器有干扰作用。因此除在引弧时用得较多外，在稳弧方面已逐渐少用。

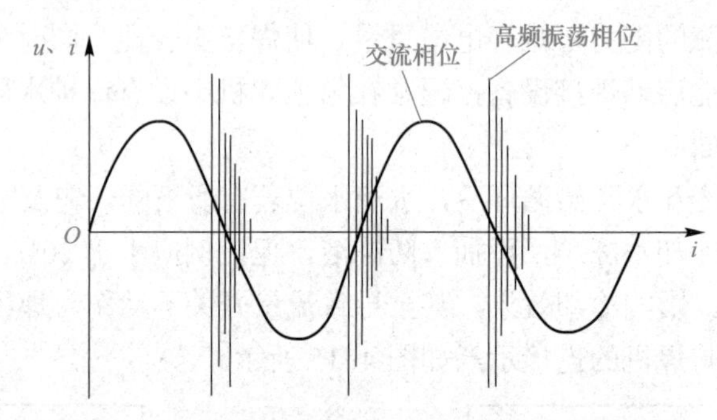

图 4–16　高频振荡波形与电流波形的相位关系

特别需要注意，在焊前调节焊枪的喷嘴和钨极，以及焊接停止时，必须及时切断高频振荡器的电源，否则有可能产生严重电击。在刚熄弧而钨极尚未足够冷却之前，高频振荡器能够在更大的间隙条件下引弧，所以要避免出现偶然的重新引弧和在不该引弧的地方起弧。

2）高压脉冲发生器。高压脉冲发生器是一种继高频振荡器后出现的非接触引弧装置，它避免了高频电对人体的危害、对电子器件的击穿以及对无线电接收的干扰。

交流钨极氩弧焊时，由于电极与焊件材料的物理性质相差较大，因而焊件处于负极性半周时，引燃电弧比较困难，特别是使用交流钨极氩弧焊焊接铝、镁及其合金时，这种情况更加突出。因此为了使高压脉冲引弧可靠，应当在焊件处于负极性半周的峰值时，叠加高压引弧脉冲，效果最佳。引弧脉冲电压与电网电压瞬时值间的相位关系如图 4–17 所示。

3）高压脉冲稳弧器。为解决用交流 TIG 焊焊接铝合金时，电流由正极性到负极性的过零瞬间，电弧重新引燃比较困难的问题，可采用高压脉冲稳弧器在焊件由正极性向负极性转变的时刻，向弧隙提供一高压脉冲来帮助电弧重燃。稳弧脉冲与电源电压和电弧电流间的相位关系如图 4–18 所示。这种方法易保证相位要求，稳弧效果良好。

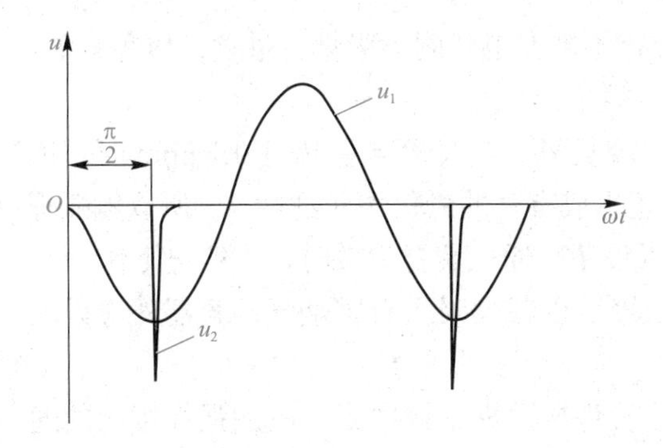

图 4-17　高压引弧脉冲与电源电压的相位关系
u_1—电源电压；u_2—高压引弧脉冲电压

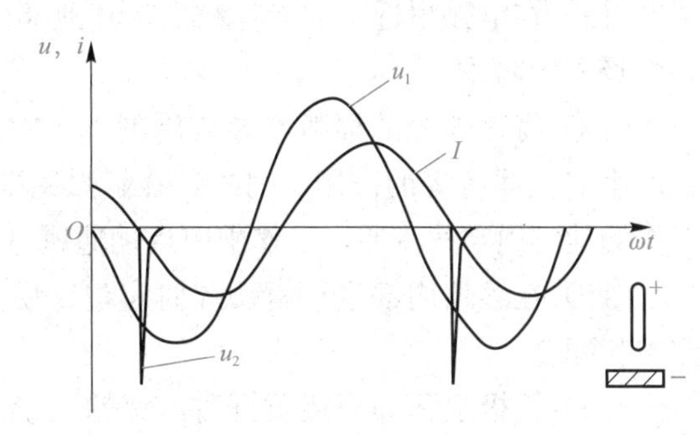

图 4-18　稳弧脉冲与电源电压和电弧电流间的相位关系
u_1—电源电压；u_2—高压稳弧脉冲电压；I—电弧电流

稳弧脉冲和引弧脉冲共用一套脉冲发生电路，但都有各自的触发电路。这一方法简单易行，成本不高，而且效果好。

（3）电流衰减装置。电流衰减装置的作用是在焊接停止时，诱导焊接电流逐渐减小，填满弧坑，降低熔融金属在结晶时的冷却速度，避免收弧处出现龟裂等缺陷。

6. 送丝机构和焊接小车

自动钨极氩弧焊机的送丝机构和焊接小车的机械结构与埋弧焊机相似，在此不再重述。

二、安全操作规程

（1）工作前检查设备、工具是否良好。

（2）检查焊接电源、控制系统是否有效接地。传动部分是否有润滑油，转动是否正常。氩气、水源必须畅通，如有漏水现象，应立即通知修理。

（3）检查焊枪是否能正常工作，地线接地是否可靠。

（4）检查高频引弧系统、焊接系统是否工作正常，导线、电缆接头是否连接可靠。

（5）氩弧焊操纵按钮不得远离电弧，以便在发生故障时可以随时关闭。

（6）采用高频引弧必须经常检查是否漏电。小功率的高频高压电虽不会电击操作者，但当绝缘性能不良时，高频电会灼伤操作者的手皮，且很难治愈，所以焊接手把的绝缘性能一定要可靠。

（7）设备发生故障应停电检修，操作工人不得自行修理。

（8）氩气瓶不许撞砸，立放必须有支架，并远离明火 3 m 以上。

（9）钍钨棒应存放于铅盒内，避免大量钍钨棒集中在一起时，其放射性剂量超出安全规定而伤人。

（10）磨钍钨极时必须戴口罩、手套，并遵守砂轮机操作规程。最好选用铈钨极（放射量小些），砂轮机必须装抽风装置。

（11）氩弧焊操作者必须戴好面罩、手套，穿好工作服、工作鞋，以避免弧光中的紫外线和红外线的辐射。

（12）操作者应随时佩戴静电防尘口罩，操作时尽量减少高频电作用时间，连续工作时间不得超过 6 小时。

（13）在电弧附近不准赤身和裸露其他部位，不准在电弧附近吸烟、进食，以免臭氧、烟尘吸入体内。

（14）氩弧弧光的辐射能导致周围空气中出现臭氧。当臭氧含量超过 0.1 ppm 时，就会产生对人体有害的作用。另外，在氩弧周围还生成有害的氮化物（如 NO），所以氩弧焊工作场地必须空气流通，工作中应启动通风排毒设备。通风装置失效时，应停止工作。

（15）在容器内部进行氩弧焊时应戴专用面罩，以减少吸入有害烟气，容器外应设人监护和配合。

（16）钨极氩弧焊焊接黄铜时，锌的大量蒸发将导致焊工锌中毒，应加强焊接区的通风。在不能进行通风的局部空间施焊时，应戴能供给新鲜空气的面罩或防毒面具。

三、焊机的维护与保养

经常性地实施定期保养和检修，可确保焊机的使用性能及提高安全性，并延长其使用寿命。在实施焊机内部或外部等接头端子检查时，必须把电源开关关闭后方可施行。

1. 平时注意事项

（1）开关类是否动作可靠。

（2）当焊机通电时，冷却风扇旋转是否平顺。

（3）是否有异常的振动，声音和气味是否发生异常，气体是否泄漏。

（4）电线的接头及绝缘包扎是否有松懈或剥落。

（5）焊接电缆线及各接线部位是否有异常的发热现象。

2. 每 3 ～ 6 个月的保养事项

（1）清除积尘。利用清洁干燥的压缩空气将焊机内部的积尘吹拭清除。尤其是变压器、电抗线圈及线圈间的空隙等部位要特别清拭干净。

（2）电力配线的接线部位检查。入力侧、出力侧等端子，以及外部配线的接线部位，内部配线的接线部位等处的接线螺栓是否有松动，生锈时要把锈除去，以保证接触导电良好。

（3）检查焊机外壳的接地是否可靠。

3. 年度保养和检查

在年度的保养和检查时，应进行不良零件的更换、外壳的修补及绝缘劣化部位的补强等综合修补工作。

四、常见故障处理

焊机常见故障、产生原因及检修方法见表 4-5。如果是焊机线路出现问题，一定要找专业人士维修，不得擅自拆装焊机。

表 4-5 焊机常见故障、产生原因及检修方法

故障现象	产生原因	检修方法
合上电源开关，电源指示灯不亮，拨动焊枪开关，无任何动作	①电源开关接触不良或损坏； ②熔丝烧断； ③指示灯损坏	①更换开关； ②更换熔丝； ③更换指示灯

续表

故障现象	产生原因	检修方法
电源指示灯亮，水流开关指示灯不亮，拨动焊枪开关，无任何动作	①水流开关失灵或损坏； ②水流量小	①更换或修复水流开关； ②增大水流量
电源及水流指示灯均亮，拨动焊枪开关，无任何动作	①焊枪开关损坏； ②控制焊枪开关的继电器损坏	①更换焊枪开关； ②更换继电器
焊机启动正常，但无保护气体输出	①气路堵塞； ②电磁气阀损坏或气阀线圈接入端接触不良	①清理气路； ②检修电磁气阀或更换气阀； ③检修接线处

【任务实施】

1. 焊接电源与配电箱的连接

（1）将焊接电源后盖上端的输入端子罩卸下。

（2）将输入电缆（3 根）一端接到焊接电源的输入端子，并用绝缘布将可能与其他部位接触的裸露带电部位缠好，另一端接入配电箱的开关。

（3）将输入端子罩重新安装到焊接电源上。

（4）将焊接电源用横截面面积为 14 mm^2 以上的电缆接地。

2. 气瓶、减压流量调节器与焊接电源的连接

（1）将减压流量调节器用安装螺母安装在气瓶上。

（2）将气管的一端接在气体调节器的气管接头上，另一端接在焊接电源的气体入口处。

3. 焊接电源与工件的连接（直流正极性接法）

（1）将母材电缆一端与焊接电源的正极相连，另一端与母材相连，且用绝缘布将可能与其他部位接触的裸露带电部位缠好。

（2）用横截面面积为 14 mm^2 以上的电缆将母材接地。

4. 焊接电源与焊枪的连接

（1）将焊枪电缆一端与焊接电源的负极相连，且用绝缘布将可能会与其他部位接触的裸露带电部位缠好。

（2）将焊枪上的焊枪开关接在焊接电源的焊枪开关插座。

（3）将焊枪气管接焊接电源的气体出口。

TIG 焊设备连线

5. 水管路的连接

（1）连接冷却水装置的给水口和电源水入口。

（2）连接焊接电源的水出口和焊枪的给水口。

（3）连接焊枪排水口和冷却水装置的回水口。

6. 调节气体流量

（1）接通配电箱开关。

（2）接通焊接电源上的电源开关，并将供气开关设在“检查”一侧。

（3）打开气瓶阀门，向 OPEN 方向慢慢转动流量调整旋钮，将流量计指示调整为设定值。

（4）将供气开关设在“焊接”一侧。

7. 焊接操作

（1）根据需要选择“空冷”或“水冷”。

（2）设置焊接参数。

（3）手握焊枪（握焊枪方法：焊枪一般采用T式握炬法，如图4-19所示，即中指托住焊枪把柄，拇指与食指夹持焊枪，同时食指控制焊枪开关的操作），使焊枪距工件2～4 mm，钨极距工件1.5 mm±0.3 mm时按下手柄开关（引弧时焊枪角度如图4-20所示），电弧即被引燃并可开始焊接。

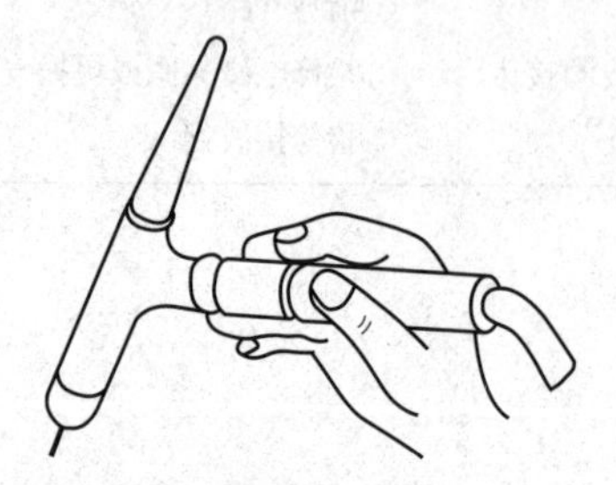

图4-19　握持焊枪姿态

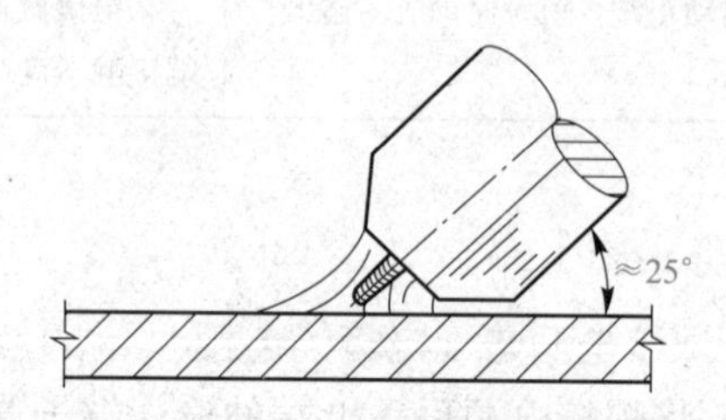

图4-20　高频引弧时，焊枪喷嘴和钨极相对于焊件表面的位置

（4）平焊时通常采用左焊法。在焊接过程中，焊枪应保持均匀的直线运动。钨极中心线与焊接处工件表面应保持70°～80°夹角。若填加填充焊丝，则填充焊丝与工件表面夹角应控制为10°～20°，如图4-21所示。

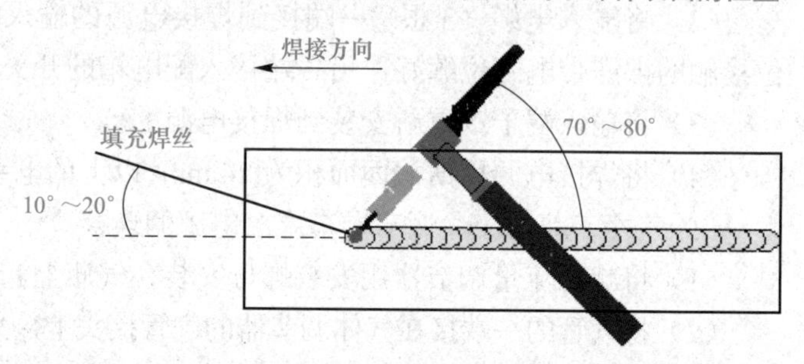

图4-21　平焊时焊枪及填充焊丝与工件的相对位置示意

（5）松开手柄开关即熄弧，氩气继续送给一段时间，以保护焊缝及钨极不被氧化，此时勿移走焊枪。

（6）焊接结束约3 min后，切断焊接电源面板上的电源开关。

（7）关闭气瓶开关。

（8）切断配电箱开关。

任务三　实施不锈钢的直流正极性钨极氩弧焊

【学习目标】

1. 知识目标

（1）掌握不锈钢的直流正极性钨极氩弧焊工艺分析；

（2）掌握不锈钢的直流正极性钨极氩弧焊操作方法；

（3）了解不锈钢的直流正极性钨极氩弧焊常见缺陷及预防措施。

不锈钢的直流正极性钨极氩弧焊

2. 能力目标

（1）能够进行不锈钢的直流正极性钨极氩弧焊工艺分析；

（2）具备不锈钢的直流正极性钨极氩弧焊操作技能。

3. 素养目标

（1）培养学生细心、严谨的工作态度；

（2）培养学生的质量意识、安全意识。

【任务描述】

在石油化工装备、制冷装置、输油气管线、船舶以及建筑工程中，不锈钢已占有越来越重要的地位。在我国，随着工业现代化进程的加快，这类钢的应用比例不断扩大。TIG焊是奥氏体不锈钢最适用的焊接方法之一，但由于其熔敷率较低，生产成本较高，大多用于10 mm以下薄板和薄壁管的焊接。根据这一生产原型，本次任务进行不锈钢管的钨极氩弧焊训练，训练图样如图4–22所示。

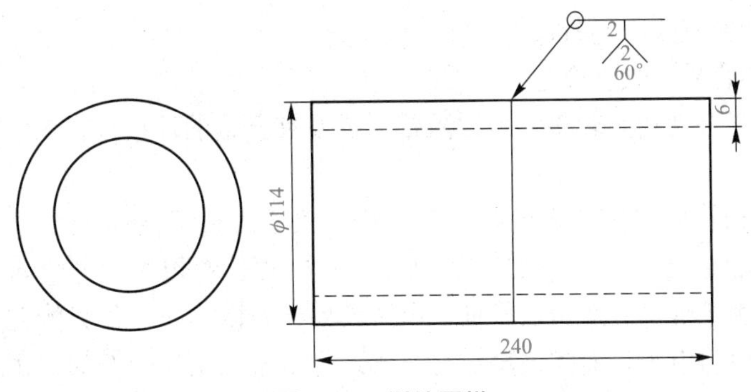

图4–22　训练图样

母材为12Cr18Ni9不锈钢管，根据图样可知，管径为114 mm，壁厚为6 mm，开V形坡口，坡口角度为60°，钝边为2 mm，间隙为2 mm。要求单面焊双面成形，焊缝外表无咬边、气孔、裂纹等缺陷，正反面成形均匀、美观。通过此任务使学生在学习直流钨极氩弧焊相关知识的同时，掌握管子的钨极氩弧焊操作技能。

【知识储备】

一、工艺分析

1. 直流钨极氩弧焊的特点及应用

根据焊接时所用电流种类的不同，TIG焊常用的有直流TIG焊和交流TIG焊。一般情况下，直流TIG焊用于焊接除铝、镁及其合金以外的各种金属材料。直流钨极氩弧焊时，电流没有极性的变化，因而电弧非常稳定，是一种常用的氩弧焊方法。按其电源极性接法的不同，又可将直流钨极氩弧焊分为直流正极性钨极氩弧焊和直流反极性钨极氩弧焊两种。

（1）直流正极性钨极氩弧焊的特点及应用。采用直流正极性钨极氩弧焊焊接时，焊件接电源正极，钨极接电源负极，如图4–23（a）所示。由于钨极熔点很高，热发射电子的能力强，电弧中带电粒子绝大多数是从钨极上以热发射形式产生的电子。这些电子撞击焊件（正极），释放出全部动能和位能（逸出功），产生大量热能加热焊件，从而形成深而窄的焊缝，如图 4-24（a）所示。该方法生产率高，焊件收缩应力和变形小。另外，由于钨极接受正离子撞击时放出的能量比较小，而且由于钨极在发射电子时需要付出大量的逸出功，所以钨极上总的产热量比较少，因而钨极不易过热，烧损少；与采用交流 TIG 焊和直流反极性 TIG 焊相比，对于同一焊接电流值，直流正极性 TIG 焊可以采用直径较小的钨极。再者，由于钨极热发射能力强，采用小直径钨极时，电流密度大，有利于电弧稳定。

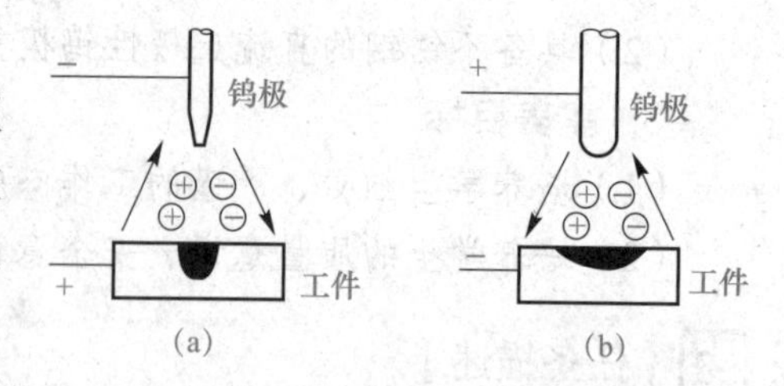

图 4-23　直流正极性与反极性焊接示意
(a) 直流正极性；(b) 直流反极性

综上所述，直流正极性 TIG 焊有如下特点：

1）熔池深而窄，焊接生产率高，焊件的收缩应力和变形小。

2）钨极许用电流大，寿命长。

3）电弧引燃容易，燃烧稳定。

阴极破碎作用

总之，直流正极性优点较多，所以除铝、镁及其合金的焊接外，TIG 焊一般采用直流正极性焊接。

（2）直流反极性钨极氩弧焊的特点及应用。采用直流反极性 TIG 焊时，焊件接电源负极，钨极接电源正极，如图 4-23（b）所示。这时焊件和钨极的导电和产热情况与直流正极性时相反。由于焊件一般熔点较低，电子发射比较困难，往往只能在焊件表面温度较高的阴极斑点处发射电子，而阴极斑点总是出现在电子逸出功较低的氧化膜处。当阴极斑点受到弧柱中的正离子流的强烈撞击时，温度很高，氧化膜很快被汽化破碎，显露出纯净的金属表面，电子发射条件也由此变差。这时阴极斑点就会自动转移到附近有氧化膜存在的地方，如此下去，就会把焊件焊接区表面的氧化膜清除掉，这种现象称为阴极破碎（或称为阴极雾化）现象。

阴极破碎现象对于焊接工件表面存在难熔氧化物的金属有特殊的意义，例如，铝是易氧化的金属，它的表面有一层致密的 Al_2O_3 附着层，它的熔点为 2 050 ℃，比铝的熔点 657 ℃高很多，用一般的方法很难去除，使焊接过程难以顺利进行。若采用直流反极性 TIG 焊，则可获得弧到膜除的显著效果，使焊缝表面光亮美观，成形良好。

但是直流反极性 TIG 焊时钨极处于正极，阳极产热量多于阴极，大量电子撞击钨极，放出大量的热，很容易使钨极过热而烧损，使用同样直径的电极时，就必须减小许用电流，或者为了满足焊接电流的要求，就必须使用更大直径的电极，见表 4-4；另外，由于在焊件上放出的热量不多，焊缝熔深浅，如图 4-24（b）所示，生产率低，所以 TIG 焊中，除了铝、镁及其合金的薄件焊接外，很少采用直流反极性 TIG 焊。

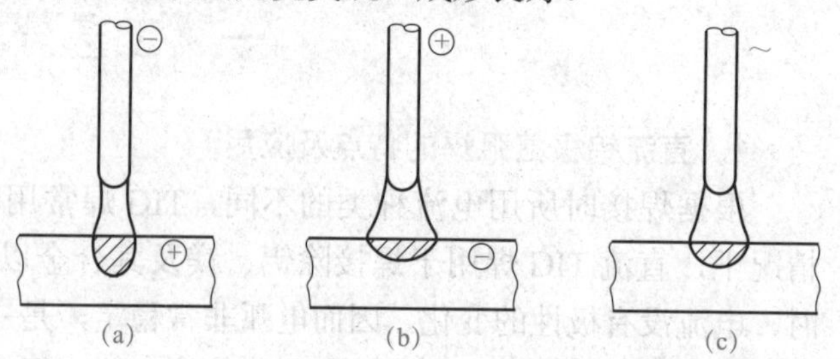

图 4-24　TIG 焊电流种类与极性对焊缝形状的影响示意
(a) 直流正极性；(b) 直流反极性；(c) 交流

2. TIG 焊的操作技术

焊接过程中，为保证焊接质量，应正确掌握焊接操作技术。

（1）手工 TIG 焊的操作技术。

1）引弧。氩弧焊引弧有两种方法，即非接触引弧（高频振荡引弧或脉冲引弧）和接触引弧，最好采用非接触引弧。采用非接触引弧时，应先使钨极端头与工件表面相距 2 ～ 4 mm，然后接通引弧器电路，在高频电流或高压脉冲电流的作用下击穿钨极下的气体间隙而引燃电弧。这种引弧方法可靠性高，且由于钨极不与焊件接触，因而钨极不致因短路而烧损，同时还可以防止焊缝因电极材料熔化而形成夹钨等缺陷。

在使用无引弧器的设备施焊时，需采用接触引弧法，即将钨电极末端与焊件直接短路，然后迅速拉开而引燃电弧。接触引弧时，引弧可靠性较差。钨极与焊件接触，可能使钨极端部局部熔化而混入焊缝金属中，造成夹钨的缺陷。为了防止焊缝产生夹钨，可使用引弧板。引弧时，钨极与引弧板接触，待钨极烧热后，再到焊缝中引弧。从引弧板移到焊件上引弧时，一定要准确对准接缝。禁止在接缝两侧引弧，以避免击伤焊件。

引弧后，焊枪应停留在起弧位置不动，对接缝进行预热，待电弧熔化母材形成明亮清净的熔池，并出现熔孔后，方可填加焊丝，然后进行正常焊接。

2）焊枪的运动。焊接时通常采用左焊法，焊枪和焊缝成 70° ～ 80° 夹角，钨极伸出长度为 2 ～ 4 mm，电弧长度略大于钨极直径。焊枪尽可能做直线运动，手要稳，焊丝给送要有规律，速度要均匀，不能时快时慢，这样才能保证焊波的平整。通常不做往复直线运动，可以做小幅度的锯齿形横向摆动，摆动幅度依据需要而定，不允许做大幅度的横向摆动。

3）填加焊丝的方法。填充焊丝时，焊丝与接缝成 10° ～ 20° 夹角。填加焊丝的方法有连续填丝法、断续填丝法、紧贴坡口填丝法、管内填丝法等。

①连续填丝法，即用左手中指、无名指、小指夹住焊丝，控制送丝方向，用拇指、食指捏住焊丝配合送进焊丝，如图 4-25 所示，手臂动作很小，可以连续填丝，可将长焊丝用到残留部分在 80 ～ 100 mm 以下。这种方法多应用于大电流、焊丝填加量大的场合。

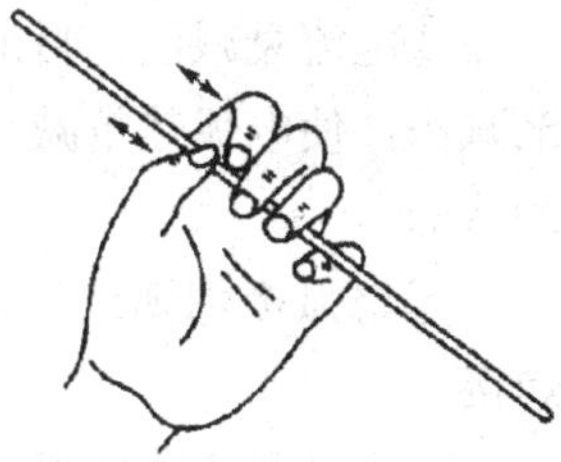

图 4-25　连续填丝操作姿态

②断续填丝法，即用左手拇指、食指、中指捏住焊丝，靠手腕向熔池送进。待电弧熔化母材金属后，焊丝送进，成熔滴落入熔池后又退出，但焊丝末端不能退出气体保护区。送进焊丝是靠手臂和手腕的上、下反复动作。这种方法适用于全位置焊接。

③紧贴坡口填丝法，即管子焊接时，将焊丝弯成圆形，紧贴在管子坡口间隙，用焊枪电弧绕圆管一周，在电弧熔化坡口的同时也熔化了焊丝。焊丝直径应大于坡口间隙，焊接时焊丝不得妨碍焊工的视线，通常用于难于操作的场合。

④管内填丝法，即水平固定管子全位置对接焊时，在仰焊根部易产生内凹的缺陷（焊缝背面不但没有余高，反而低于管子内表面），为了解决这个问题，把坡口间隙放大（3 ～ 5 mm），焊丝从坡口间隙伸入管内，电弧在管外坡口处加热，如图 4-26 所示。焊丝在管内熔化，使焊缝背面有余高。

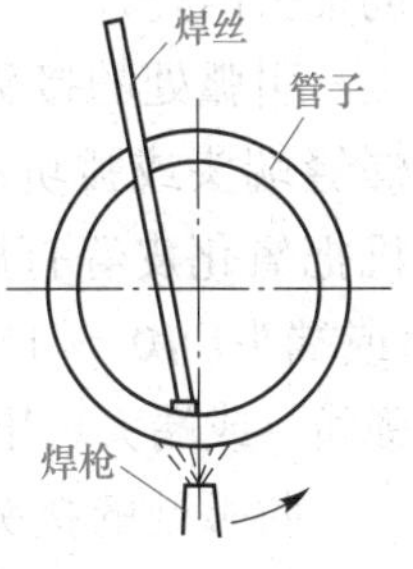

图 4-26　管内填丝法

填丝时的注意事项：必须待坡口两侧熔化后才可填丝，否则会产生未熔合缺陷；断续填丝时焊丝与焊件的夹角为 10° ～ 20°，焊丝从熔池前沿送进，随后退回，动作循环；当坡口间隙大于焊丝直径时，焊丝应跟随电弧做同步横向摆动。送丝速度应和焊接速度相适应；填加焊丝时，应把焊丝放在熔池内前端约 1/3 熔池长度处，如图 4–27（a）所示，不可把焊丝直接伸入电弧中，如图 4–27（b）所示，这会产生响声和焊道表面成形不良（灰黑不亮）的现象；填丝时，特别注意焊丝不能和钨极相碰。如不慎相碰，发生瞬时短路，将产生很大的爆溅和烟雾，使焊缝污染并产生夹钨。遇此情况应立即停止焊接，用砂轮机磨掉被污染处，露出金属光泽。钨极应在别处重新引弧，熔化掉污染部分或重新磨尖；焊丝从熔池中退出时，焊丝的末端必须在氩气保护范围内，否则焊丝端头会被空气氧化而造成氧化物夹杂，也可能产生气孔。

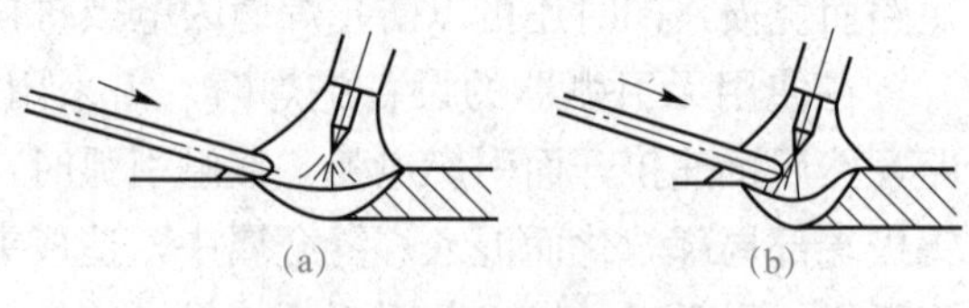

图 4–27　填丝的位置

（a）正确；（b）不正确

4）熄弧。收弧时，若收弧不好，可能造成大的弧坑和缩孔，焊接某些合金钢时，甚至会产生裂纹。常采用的熄弧方法有增加焊速法、断弧法、电流衰减法、熄弧板熄弧法等。

①增加焊速法，即在焊接终止时，焊枪前移速度逐渐加快，焊丝给送量逐渐减小，直至焊件不熔化时为止，焊缝从宽到窄。此法简单可行，效果良好，但对焊工技术要求比较高。

②断弧法，即焊接终止时，焊接速度减慢，焊枪向后倾斜角度加大，焊丝给送量增加，电弧成点焊状态，熄弧再引弧，直到弧坑填满并适当增加为止。

③电流衰减法，目前大部分氩弧焊机都具有电流自动衰减装置，即熄弧时焊接电流逐渐减小，使电弧热量减少，从而熔池逐渐缩小，以至于母材不能熔化，达到收弧处无缩孔的目的。

④熄弧板熄弧法，即在熄弧板上进行熄弧，焊完后将熄弧板割掉，此法用于平板的焊接。

无论是引弧或熄弧，值得注意的是都必须在氩气保护下进行，否则暴露在空气中的钨电极和焊缝金属易造成高温氧化，影响引弧、熄弧效果和焊缝质量。因此，引弧时氩气必须提前 3 ～ 5 s 输送，以排除气路和焊接区的空气；熄弧时，需延时 5 ～ 10 s 断气，以保护高温状态下的钨电极和焊缝金属。

5）焊缝接头。对于手工钨极氩弧焊而言，由于焊接时可以不加焊丝，所以连接处能避免焊缝接头过高的问题，因此手工钨极氩弧焊的焊缝接头可分为引弧处的接头和收弧处的接头两类。

引弧处的接头是指后焊焊缝的端头连接前焊焊缝的弧坑或端头。焊前应先检查前焊焊缝端头或弧坑的质量，若质量合格，可直接焊接。若表面有氧化皮等，则应用砂轮机把氧化皮等打磨掉，并将过高的端头磨成坡形。在前焊焊缝上引弧，引弧点离弧坑（或端头）10 ～ 15 mm，如图 4–28（a）所示，引弧后不加焊丝，电弧缓慢向左移，待原弧坑（或端头）开始熔化形成熔池和熔孔后，开始填加焊丝，按正常方法进行焊接操作。

收弧处的接头是指后焊焊缝的弧坑连接前焊焊缝的弧坑或端头。按正常方法焊接遇及前焊焊缝的端头（或弧坑）时，电弧减慢前行，少加焊丝，待电弧重新熔化焊缝形成的熔池宽度达到前焊焊缝的两侧时，电弧继续前行，少加焊丝或不加焊丝，待再焊过 10 ～ 15 mm 进行收弧，如图 4-28（b）所示。

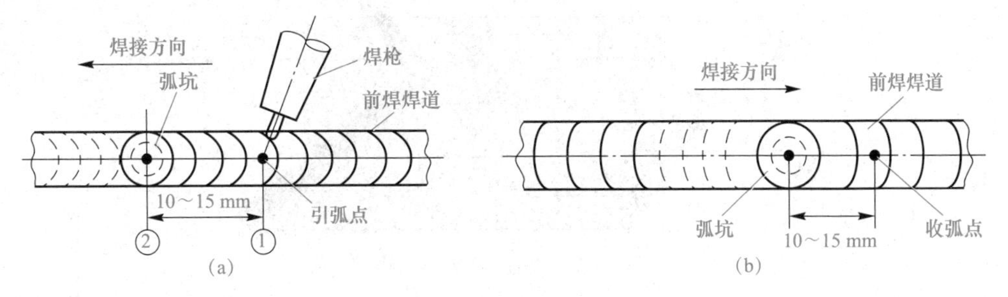

图 4-28 引弧处和收弧处的接头

6）各种位置焊接时的操作要点。

①平焊操作要点：焊接时通常采用左焊法，如图 4-21 所示。在焊接过程中，焊枪应保持均匀的直线运动。有时为使焊缝得到必要的宽度，焊枪除了做直线运动外，还可以做适当的横向摆动，但不宜跳动，这种方法主要用于带坡口的厚板焊接。

②角焊操作要点：钨极伸出长度一般取 5 ～ 6 mm，若伸出长度过长，易引起气体保护不良的现象。电弧指向两工件中心，偏斜时易产生咬边及焊瘤，如图 4-29 所示。

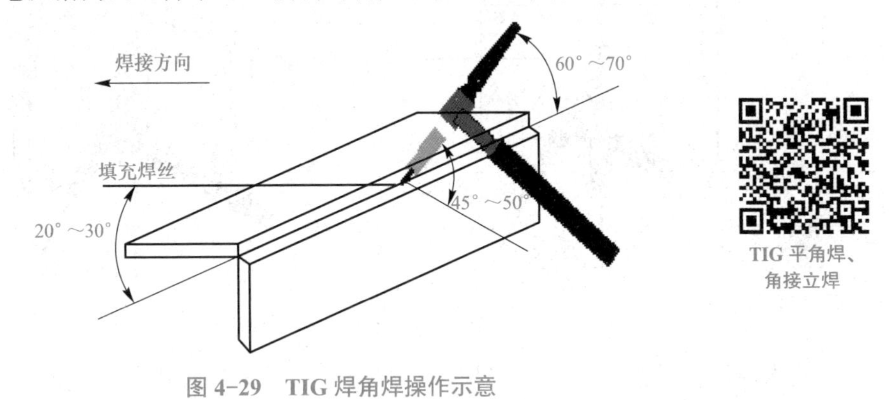

图 4-29 TIG 焊角焊操作示意

③搭接角焊操作要点：焊接薄板时可不加填充焊丝，但搭接面不能有间隙；应保证弧长约等于所用电极直径。焊缝宽度约为电极直径的 2 倍；加填充焊丝焊接时，焊缝宽度约为电极直径的 2.5 ～ 3 倍。从熔池上方填丝可防止产生咬边，如图 4-30 所示。

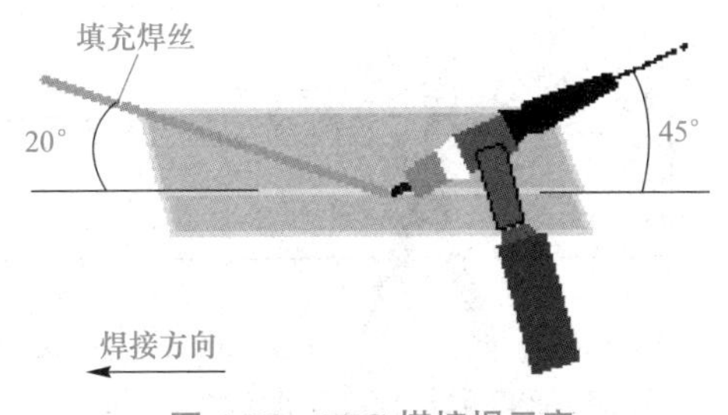

图 4-30 TIG 搭接焊示意

④水平角焊操作要点：钨极伸出喷嘴距离为 7 ～ 8 mm，钨极和工件间距离为 2 ～ 3 mm，过长形不成焊缝；焊炬倾角不能过大，以免气体保护不良。熔池形成后再填丝，并在熔池上方填丝，如图 4-31 所示。

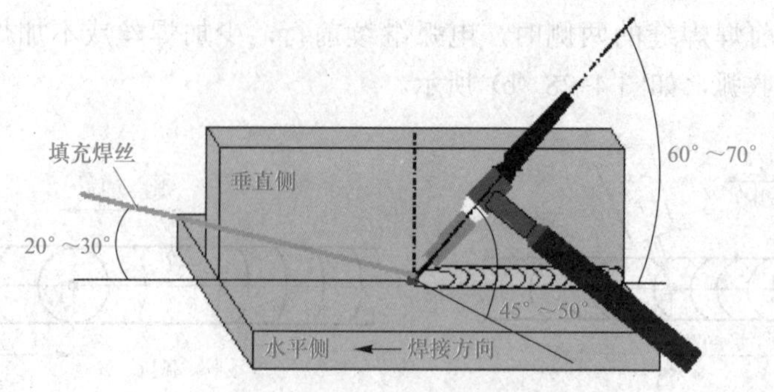

图 4-31　TIG 平角焊示意

⑤立焊操作要点：焊接时，因重力作用，易出现凸状焊缝，注意掌握熔池的大小。立焊时熔敷金属的流动与平焊不同，应注意焊缝不要出现咬边。熔池形成后再填丝，应在熔池上方填丝，如图 4-32 所示。

TIG 焊对接立焊

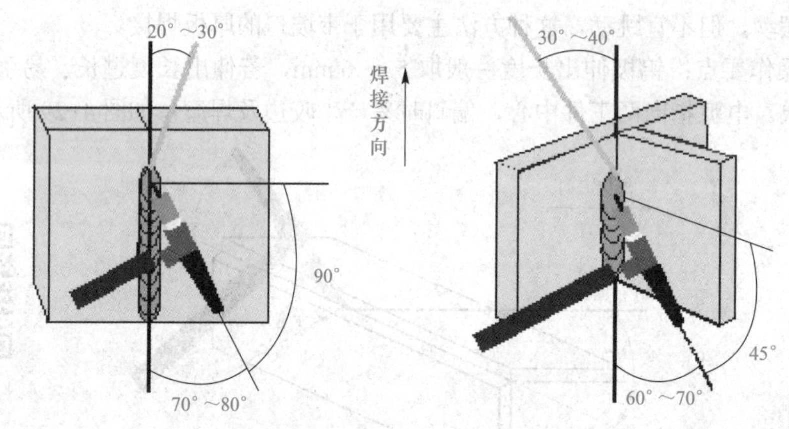

图 4-32　TIG 立焊操作示意

⑥横焊操作要点：因重力等作用，焊缝上边易出现咬边，下边易出现焊瘤。为防止熔敷金属的下垂，焊枪角度应保持在 100°。熔池形成后再填丝，在熔池前上方填丝，如图 4-33 所示。

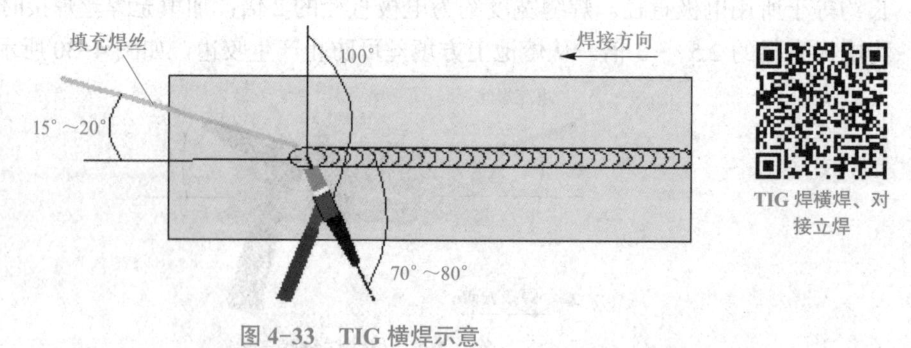

图 4-33　TIG 横焊示意

⑦仰焊操作要点：仰焊是所有焊接姿势中最难操作的一种，焊接时重力对熔池的影响比立焊和横焊更显著。熔池观察困难，保持焊炬的稳定和均匀填丝更困难，因此仰焊焊接时必须保持焊接姿势的稳定，如图 4-34 所示。

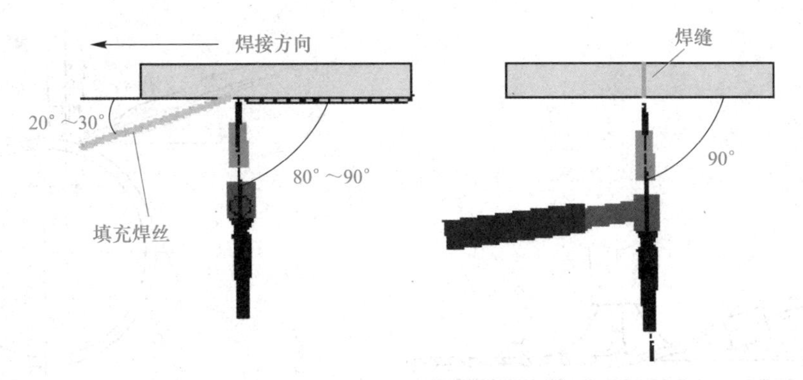

图 4-34　TIG 仰焊示意

⑧环缝焊接要点：当进行管子或筒形构件的对接或搭接环形焊缝焊接时，焊枪和填充焊丝与焊件之间的相对位置如图 4-35 所示。这时焊接熔池金属基本上处于平焊位置，操作方便，焊缝成形好。也可以采用稍带有上爬坡位置或下坡位置的焊接，如管壁较厚的工件，可用上爬坡位置施焊，以获得较大的焊缝熔透深度，同时还可减少焊接层数。

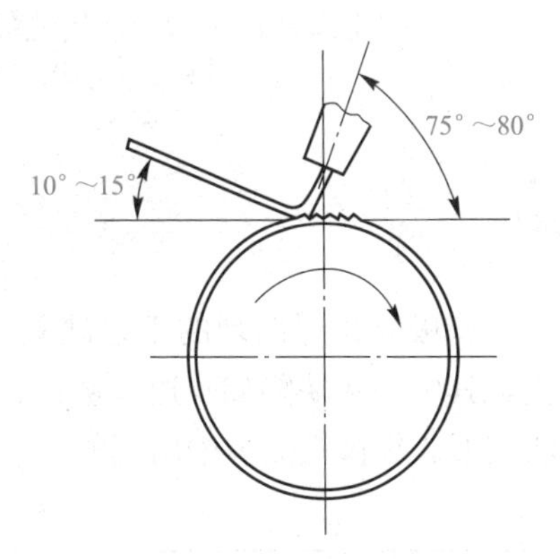

图 4-35　环缝焊接时焊枪及填充焊丝与工件的相对位置

（2）自动 TIG 焊操作技术。自动 TIG 焊比手工 TIG 焊更加稳定可靠，常用于大型结构比较规则的焊缝，如直缝和环缝的焊接。由于焊接过程自动进行，其操作方法与手工 TIG 焊有所不同。

1）引弧。由于钨极与焊件之间距离不能灵活移动，所以自动 TIG 焊的引弧方法绝大部分采用引弧器。在无引弧器装置的焊机中，引弧是采用在钨极端头与焊件之间插入钨棒（或碳棒），发生瞬时短路，并迅速抽离钨棒（或碳棒）而引燃电弧。这种方法，如果操作不当，往往会导致电弧光刺伤眼睛或使电极端头折断，因此不常使用。

2）焊接。根据所焊工件形状的不同，可分为平对接自动 TIG 焊和环缝自动 TIG 焊。

①平对接自动 TIG 焊。自动钨极氩弧焊也有加填充焊丝和不加填充焊丝两种。加填充焊丝时，焊枪和焊丝与焊件的相对位置如图 4-36 所示，在施焊前要使钨极对准接缝中心。

为了简化引弧和收弧控制，并消除引弧和收弧对焊缝成形和质量的影响，应在接缝两端加引弧板和熄弧板。

②环缝自动 TIG 焊。自动 TIG 焊焊接环缝时，焊枪和填充焊丝与工件的相对位置如图 4-37 所示。焊枪应逆旋转方向偏离焊件中心线一定距离（L），这样便于送丝和保证焊缝的良好成形。偏离值的大小主要与焊接电流、焊件旋转速度及焊件直径等参数有关。引弧时，应逐渐增加焊接电流到正常值，同时输送焊丝，进入正常焊接。在焊接收尾时，应使焊缝首尾重叠 30 ～ 40 mm，以保证连接处完全焊透和圆滑过渡，防止产生弧坑缩孔和裂纹等缺陷。重叠开始后，应降低送丝速度，均匀提高焊件的转动速度，同时衰减焊接电流到一定值后再停止送丝，直至重叠完毕切断电源并熄弧停车。

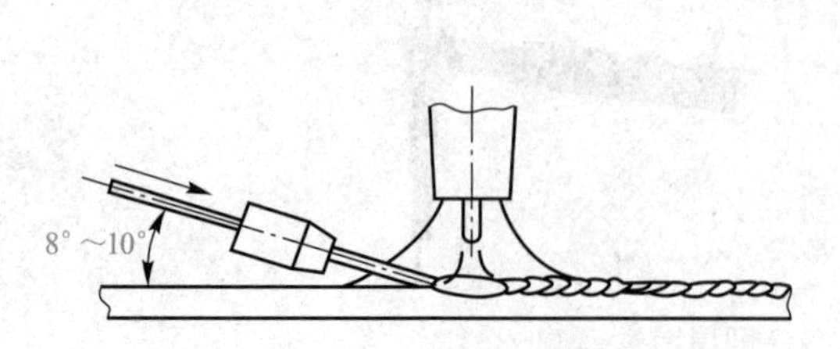

图 4-36　钨极自动氩弧焊焊枪及焊丝与焊件的相对位置

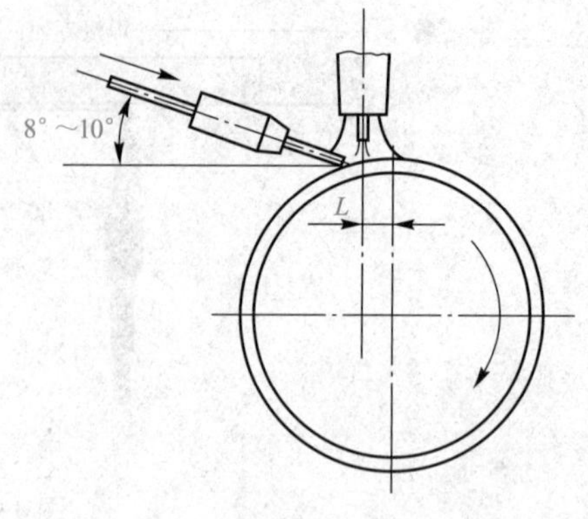

图 4-37　环缝钨极自动氩弧焊焊枪及焊丝与焊件的相对位置

二、常见工艺缺陷及防止措施

钨极氩弧焊出现的工艺缺陷与被焊材料、工装夹具、焊接设备、焊接参数等紧密相关。其中一些缺陷如咬边、烧穿、未焊透、满溢、表面成形不规则等，与一般的电弧焊方法相似。钨极氩弧焊中出现的工艺缺陷、产生原因及防止措施见表 4-6。

表 4-6　钨极氩弧焊特有的工艺缺陷、产生原因及防止措施

缺陷	产生原因	防止措施
夹钨	①接触引弧； ②钨电极熔化	①采用高频振荡器或高压脉冲发生器引弧； ②减小焊接电流或加大钨极直径，旋紧钨电极夹头和减小钨电极伸出长度； ③调换有裂纹或撕裂的钨电极
气体保护效果差	氢气、氮气、空气、水气等有害气体污染	①采用纯度大于 99.9% 的氩气； ②有足够的提前送气和滞后断气时间； ③正确连接气管和水管，不可混淆； ④做好焊前清理工作； ⑤正确选择保护气体流量、喷嘴尺寸、电极伸出长度等
电弧不稳	①焊件上有油污； ②接头坡口太窄； ③钨电极污染； ④钨电极直径过大； ⑤弧长过长	①做好焊前清理工作； ②加宽坡口，缩短弧长； ③去除污染部分； ④使用正确尺寸的钨电极及夹头； ⑤压低电弧
钨极损耗过剧	①反极性连接； ②停焊时钨电极被氧化； ③夹头过热； ④钨电极直径过小； ⑤气体保护不好，钨电极氧化	①增大钨电极直径或改为正极性连接； ②增加滞后停气时间，不少于 1 s/10 A； ③磨光钨电极，调换夹头； ④调大直径； ⑤清理喷嘴，缩短喷嘴至工件的距离，适当增加氩气流量

三、工艺确定

本次任务所焊母材为12Cr18Ni9奥氏体不锈钢，因此采用直流正极性TIG焊，焊丝牌号为H0Cr19Ni9；为保证焊接质量，氩气纯度应大于或等于99.99%；焊接参数选择可参考表4-2。焊接ϕ114 mm×6 mm的12Cr18Ni9不锈钢管的焊接工艺卡见表4-7。

表4-7　ϕ114 mm×6 mm的12Cr18Ni9不锈钢管直流正极性TIG焊焊接工艺卡

<table>
<tr><td rowspan="13">适用范围</td><td>材料牌号</td><td>12Cr18Ni9</td><td colspan="5" rowspan="10">焊接坡口图：</td></tr>
<tr><td>材料规格</td><td>ϕ114 mm×6 mm</td></tr>
<tr><td>接头种类</td><td>对接</td></tr>
<tr><td>坡口形式</td><td>V</td></tr>
<tr><td>坡口角度</td><td>60°</td></tr>
<tr><td>钝边</td><td>2 mm</td></tr>
<tr><td>组对间隙</td><td>2 mm</td></tr>
<tr><td>背面清根</td><td>—</td></tr>
<tr><td>衬垫</td><td>—</td></tr>
<tr><td>焊接方法</td><td>TIG</td></tr>
<tr><td>电源种类</td><td>直流</td><td rowspan="3">焊后热处理</td><td>种类</td><td>—</td><td>保温时间</td><td>—</td></tr>
<tr><td>电源极性</td><td>正极性</td><td>加热方式</td><td>—</td><td>层间温度</td><td>≤ 100 ℃</td></tr>
<tr><td>焊接位置</td><td>1G</td><td>温度范围</td><td>—</td><td>测量方法</td><td>—</td></tr>
<tr><td colspan="8">焊接参数</td></tr>
<tr><td>焊层</td><td>钨极直径/mm</td><td>焊材牌号</td><td>焊材直径/mm</td><td>喷嘴直径/mm</td><td>焊接电流/A</td><td>电弧电压/V</td><td>氩气流量/（L·min^{-1}）</td></tr>
<tr><td>打底层</td><td rowspan="2">3.0</td><td rowspan="2">H0Cr19Ni9</td><td>2.0</td><td rowspan="2">12</td><td>60～100</td><td>10～14</td><td rowspan="2">正面8～12
反面10～14</td></tr>
<tr><td>填充层及盖面层</td><td>2.5</td><td>80～140</td><td>10～16</td></tr>
<tr><td colspan="8">备注：1. 电极为铈钨极。
2. 氩气纯度应大于或等于99.99%</td></tr>
</table>

【任务实施】

1. 焊前准备

（1）焊接材料的选择。母材为ϕ114 mm×6 mm的12Cr18Ni9不锈钢管，考虑到焊接时会有合金成分的损失，焊丝选用H0Cr19Ni9，焊丝直径为2.5 mm。钨极选择铈钨极，直径为3.0 mm，氩气纯度≥99.99%。

（2）磨制并安装钨极。将钨棒末端磨成尖锥形，角度约为20°，并将磨好的钨极安装到焊枪上。

（3）坡口加工。采用坡口加工机开V形坡口，单边坡口角度为30°，钝边为2 mm。

（4）焊前清理。氩气没有脱氧去氢的能力，为了确保焊接质量，焊前必须经过严格清理，清除焊丝及工件坡口和坡口两侧至少 20 mm 范围内的油污、水分、灰尘、氧化膜等。首先采用汽油、丙酮等有机溶剂擦拭不锈钢管坡口内外至少 20 mm 范围，并对焊丝表面进行擦拭。再用砂布将焊件接头两侧 20 ～ 30 mm 宽度内的氧化膜清除干净。在工作中，清理后的焊件与焊丝必须妥善放置与保管，一般应在 24 h 内焊完，如果存放中弄脏或放置时间太长，其表面氧化膜仍会增厚并吸附水分，因而为保证焊缝质量，必须在焊前重新清理。

（5）装配。将两个不锈钢管放在槽钢上，进行装配定位焊，装配间隙为 2 ～ 3 mm，定位焊缝长为 6 ～ 10 mm，整个环缝定位焊取 4 处，但不要在 3 点、6 点、9 点和 12 点位置上进行定位焊。定位焊缝应保证焊透和反面焊缝成形，如发现裂纹、气孔、未焊透、夹渣等缺陷应磨掉，在附近重新进行定位焊，焊缝过高也应磨薄。

（6）设定焊接参数。按焊接工艺卡设定焊接参数。

（7）管子两端及接缝的封闭。先将接缝用胶布封好，接着在管子的一端将进气管塞进海绵封头，然后送氩气 2 min，再将另一端头用压敏粘胶纸封好，并在压敏粘胶纸上开 4 ～ 5 只小孔，孔径为 2 ～ 3 mm，让氩气流通，3 ～ 4 min 后即可焊接。每焊一段接缝前拆除该接缝上的胶布。

插入式铝合金管板水平固定全位置 TIG 焊

2. 焊接操作

（1）打底层焊接。

1）引弧。接通电源开关，在焊枪距工件 1 ～ 5 mm，钨极距工件 1.5 mm±0.3 mm 处按下手柄开关（图 4-20），气路开始输送氩气，相隔 2 ～ 7 s 后自动引弧。

2）焊接。打底层焊时，将焊缝分成两个半圆，每半圆分成两段。管子水平放置，先焊上半圈（焊前拆除接缝上半圈的胶布），一段从 3 点位置焊到 0 点，另一段从 9 点位置焊到 12 点，如图 4-38 所示。由于焊工可以转变位置，所以可以将向上焊转为向左焊。焊好上半圈后，将管子翻身转 180°，管子仍是水平位置，用同样的方法焊另半圈。

焊接开始时，首先将焊枪做环向运动，以建立熔池，然后焊枪略向后移动并倾斜，填充焊丝才能缓慢送进。将焊丝末端送进熔池边缘，待焊丝端部熔化的熔滴进入熔池后，即将焊丝移出熔池，如此反复，使焊丝不断送进熔化。但是要切记焊丝端头不能移出氩气保护区，否则遇高温焊丝端头会被氧化，在下次送入熔池熔化时会将氧化物带入熔池，降低焊缝质量。同时，还需注意，焊丝不能与钨极接触或直接伸入弧柱中，否则钨极将被焊丝金属包覆或焊丝在高温弧柱内瞬时熔化产生飞溅，从而破坏了电弧稳定燃烧和氩气的保护作用，增加了焊丝和焊件氧化的可能性。

为了得到良好的气体保护效果，在不妨碍视线的情况下，应尽量缩短喷嘴到焊件的距离，采用短弧焊接，一般弧长为 4 ～ 7 mm。焊丝与工件间角度不宜过大，否则会扰乱电弧和气流的稳定。在焊接过程中，观察焊缝金属表面的颜色，如表面呈灰色或黑色，则表明气体保护效果不好，焊缝表面颜色与气体保护效果见表 4-8，应加强焊接区的保护。

表 4-8 焊缝表面颜色与气体保护效果

焊件材料	效果				
	最好	良好	较好	不良	最坏
不锈钢	银白、金黄	蓝色	红灰	灰色	黑色

3）收弧。焊缝在收弧处要求不存在明显的下凹以及气孔与裂纹等缺陷。为此，在收弧处应多加填充焊丝，使弧坑填满后停止送丝，但填充焊丝的末端仍处在氩气流保护下以防止被氧化。熄弧后，不要立即抬起焊枪，使焊枪在焊缝中停留 3 ～ 15 s，待钨极和熔池冷却后，再抬起焊枪，停止供气，以防止焊缝和钨极受到氧化。

焊接过程要重视焊缝接头的熔透和成形。焊后要用砂轮机或不锈钢钢丝刷清理焊缝的焊屑和表面氧化物。

（2）填充层及盖面层焊接。第一层焊好后，焊第二层，也是先焊上半圈，焊接电流应增大，焊枪摆动幅度应增大，焊缝的接头和第一层接头要错开。焊好上半圈，将管子翻身，焊第二层的另半圈，方法同前。焊前要清理前层焊缝的表面。

焊第三层，焊前对第二层焊缝应进行清理。同样也是先焊上半圈，翻身后焊另半圈。图 4-38 为三层环缝焊接的顺序。焊接过程结束，关断焊机、切断电路和气路。

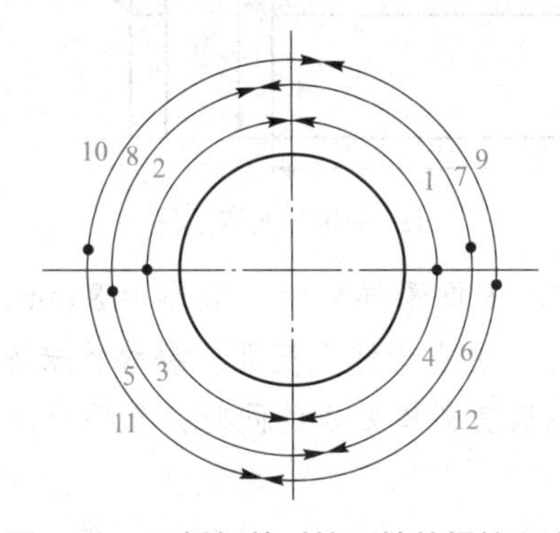

图 4-38　不锈钢管对接环缝的焊接顺序

3. 焊后质量检验

焊后对焊缝质量进行检验，焊缝表面应无气孔、裂纹、咬边，反面应焊透，且正面焊缝成形均匀、美观。

任务四　实施铝合金交流钨极氩弧焊

【学习目标】

铝合金交流钨极氩弧焊

1. 知识目标

（1）掌握铝合金交流钨极氩弧焊工艺分析；

（2）掌握铝合金交流钨极氩弧焊操作方法；

（3）了解铝合金交流钨极氩弧焊常见缺陷及预防措施。

2. 能力目标

（1）能够进行铝合金交流钨极氩弧焊工艺分析；

（2）具备铝合金交流钨极氩弧焊操作技能。

3. 素养目标

（1）培养学生细心、严谨的工作态度；

（2）培养学生认真负责的劳动态度和敬业精神。

【任务描述】

在现代焊接结构中，采用有色金属作为结构材料已占有一定的比例，尤其是铝及铝合金，由于其比强度高、密度小和耐腐蚀性好等优点，在许多焊接结构中已作为钢的代用材料并得到广泛的应用。在铝及铝合金的焊接中，TIG 焊是一种接头质量最高的焊接工艺方法，而且通常采用交流焊接电源。根据这一生产原型，本次任务进行铝合金板的对接平焊，焊接图样如图 4-39 所示。

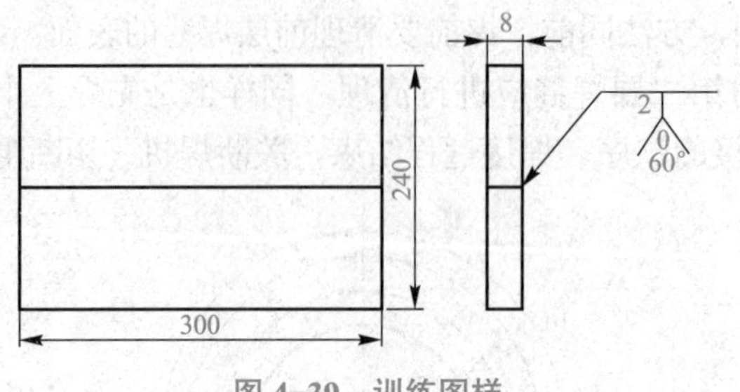

图 4-39 训练图样

母材为 5083 铝镁合金板，根据图样可知，板厚为 8 mm，开 V 形坡口，坡口角度为 60°，钝边为 2 mm，不留间隙。要求焊缝无气孔、裂纹、未焊透，且正反面成形良好。通过此任务使学生在学习交流钨极氩弧焊知识的同时，掌握交流钨极氩弧焊工艺。

【知识储备】

一、工艺分析

铝及铝合金的 TIG 焊中，多采用交流电源。因为交流 TIG 焊时，电流极性每半个周期交换一次，因而兼备了直流正极性 TIG 焊和直流反极性 TIG 焊两者的优点。在交流负极性的半周里，焊件金属表面氧化膜会因“阴极破碎”作用而被清除；在交流正极性半周里，钨极又可以得到一定程度的冷却，可减少钨极烧损，且此时发射电子容易，有利于电弧的稳定燃烧，如图 4-40 所示。交流 TIG 焊时，焊缝形状也介于直流正极性 TIG 焊与直流反极性 TIG 焊之间，如图 4-24（c）所示。实践证明，用交流 TIG 焊焊接铝、镁及其合金能获得满意的焊接质量。但这时又会由于电弧在正、负半周里导电情况的差别，而出现交流电弧过零复燃和焊接回路中产生直流分量的问题。

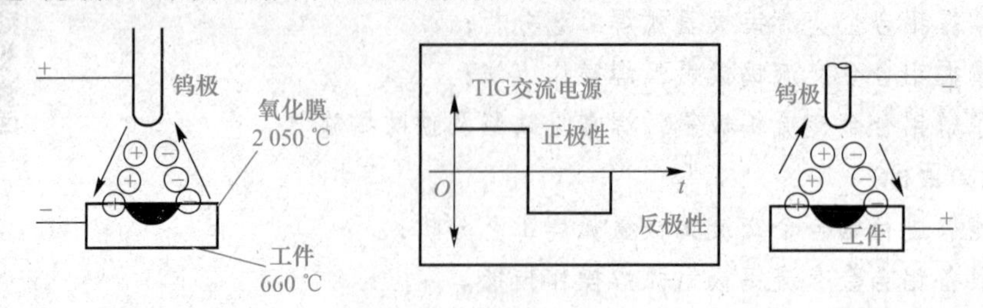

图 4-40 交流电源焊铝

1. 过零复燃

交流电流过零时，电弧熄灭，弧柱温度下降，促进电弧空间带电粒子的复合，电弧空间的电离度随之下降。特别是工件作为阴极的半周，因电子发射能力较低，电流过零点后电弧的复燃特别困难。为了解决这一问题，必须采取稳弧措施，具体措施为提高焊接电源的空载电压、采用高频振荡器或高压脉冲稳弧器。

2. 直流分量

（1）直流分量产生的原因。交流 TIG 焊正半波时，钨极为负极，因其熔点和沸点高，且导热差、直径小、热电子发射容易，所以电弧电压低、焊接电流大、导电时间长；负半波时，工件为负极，其熔点和沸点低，且尺寸大、散热快、电子发射困难，所以电弧电压高、焊接电流小、导电时间短。于是在交流钨极氩弧焊焊接铝、镁及其合金等金属材料时，就会形成正、负半波中电弧电压、电弧电流、通电时间不对称的现象，如图 4-41 所示，而且母材金属与电极的熔点、沸点、导热性相差越大（如钨和铝、镁），上述不对称情况就更严重。

由于两半周的电流不对称，因而交流电弧的电流可看成由两部分组成：一是交流电流，二是叠加在交流部分上的直流电流，如图 4-41（b）所示，后者称为直流分量，其方向是由焊件流向钨极，相当于在焊接回路中存在一个正极性直流电源。这种在交流电弧中产生直流分量的现象，称为交流钨极氩弧焊的整流作用。

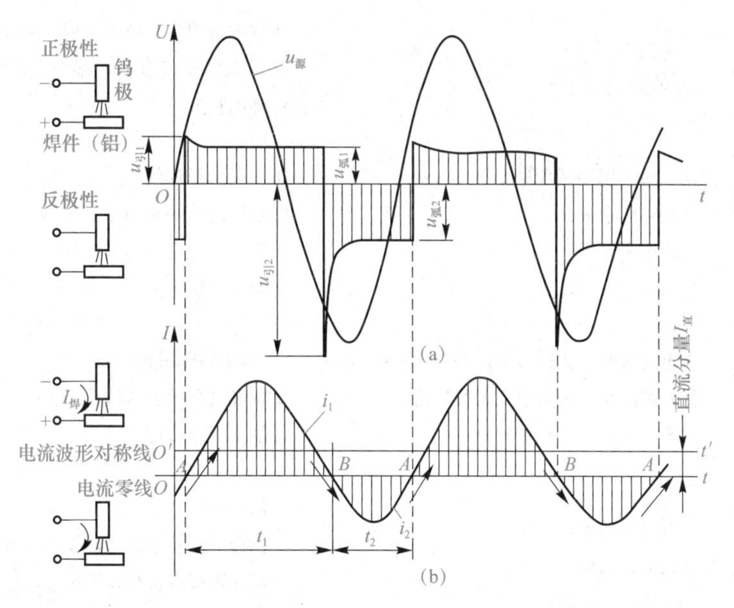

图 4-41　交流 TIG 焊时电弧电压和电弧电流波形及直流分量示意

(a) 电压波形；(b) 电流波形

（2）直流分量的危害及防止措施。直流分量首先会使负极性（焊件为负极）半周的电流幅值减小且作用时间缩短，因而减弱了“阴极破碎”作用；同时直流分量使焊接变压器的工件条件恶化，造成焊接变压器发热，甚至烧毁。因此必须限制或消除直流分量，才能保证焊接过程的顺利进行。直流分量可通过在焊接回路中串联直流电源、串联电阻和二极管、串联电容来消除，如图 4-42 所示。

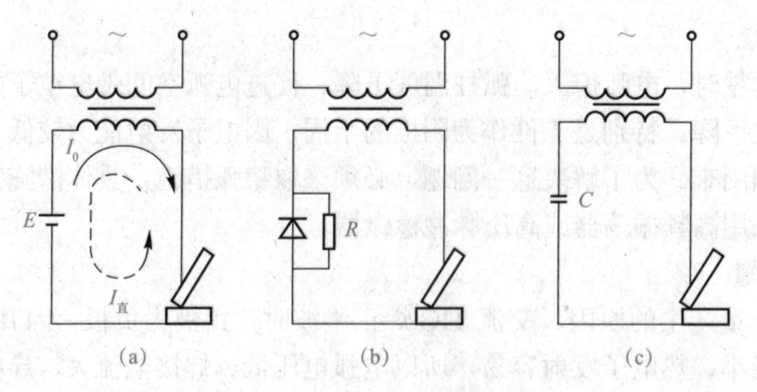

图 3-42　消除直流分量的方法

(a) 在焊接回路中串联直流电源；(b) 在焊接回路中串联二极管和电阻；(c) 在焊接回路中串联电容

二、铝合金 TIG 焊常见缺陷及防止措施

铝合金 TIG 焊常见缺陷、产生原因及防止措施见表 4-9。

表 4-9　铝合金 TIG 焊常见缺陷、产生原因及防止措施

缺陷	产生原因	防止措施
气孔	①氢污染； ②焊接参数不当	①加强对焊件、填充金属、喷嘴等的清理工作； ②加大气体流量和焊接电流，减小焊接速度和钨极伸出长度
裂纹	①焊缝金属中镁含量不足； ②拘束度过大； ③弧坑未填满； ④熔池过大、过热	①正确选择焊丝； ②合理选择焊接顺序； ③采用电流衰减填满弧坑或加引弧板、熄弧板； ④减小焊接电流
未焊透	①电流太小，弧长过大，焊速太快； ②间隙过小，钝边过大，坡口角太小； ③表面和层间存在氧化物	①正确选择焊接参数； ②正确进行接头和坡口准备； ③加强焊前清理
焊缝表面粗糙，成形不规则	①电弧不稳定； ②钨电极污染； ③电流值不正确； ④气体保护不充分	①保持正确的电弧长度，减小直流分量； ②钨极伸出长度适当，操作技术熟练； ③正确选择电极材料及尺寸、焊接参数； ④正确选择氩气流量，焊前加强对焊枪的清理，防止穿堂风

三、工艺确定

本次任务焊接的母材为 5083 铝镁合金板，因此采用交流 TIG 焊；铝镁合金焊接时一般选用同材质焊丝，但考虑到抗裂性能，焊接含 3% 镁的铝合金时，常选用含镁量稍高的

焊丝，因此本次任务选择 SAl5183 焊丝；因板厚小于 8 mm 的小铝件一般不用预热，因此本次任务焊前不需进行预热。焊接参数选择可参考表 4–3。

通过以上工艺分析，焊接 8 mm 厚的 5083 铝镁合金板，采用交流 TIG 焊时的焊接工艺卡见表 4–10。

表 4–10　8 mm 厚铝镁合金板交流 TIG 焊焊接工艺卡

<table>
<tr><td rowspan="13">适用范围</td><td>材料牌号</td><td>5083 铝镁合金</td><td colspan="5" rowspan="10">焊接坡口图：
60°
8
2</td></tr>
<tr><td>材料规格</td><td>8 mm</td></tr>
<tr><td>接头种类</td><td>对接</td></tr>
<tr><td>坡口形式</td><td>V</td></tr>
<tr><td>坡口角度</td><td>60°</td></tr>
<tr><td>钝边</td><td>2 mm</td></tr>
<tr><td>组对间隙</td><td>0</td></tr>
<tr><td>背面清根</td><td>风凿及手动锉刀</td></tr>
<tr><td>衬垫</td><td>—</td></tr>
<tr><td>焊接方法</td><td>TIG</td></tr>
<tr><td>电源种类</td><td>交流</td><td rowspan="3">焊后热处理</td><td>种类</td><td>—</td><td>保温时间</td><td>—</td></tr>
<tr><td>电源极性</td><td>—</td><td>加热方式</td><td>—</td><td>层间温度</td><td>—</td></tr>
<tr><td>焊接位置</td><td>1G</td><td>温度范围</td><td>—</td><td>测量方法</td><td>—</td></tr>
</table>

<table>
<tr><td colspan="7">焊接参数</td></tr>
<tr><td>焊层</td><td>钨极直径
/mm</td><td>焊材
牌号</td><td>焊材直径
/mm</td><td>喷嘴直径
/mm</td><td>焊接电流
/A</td><td>氩气流量
/（L · min⁻¹）</td></tr>
<tr><td>正面坡口 2 层</td><td rowspan="2">5.0</td><td rowspan="2">SAl5183</td><td rowspan="2">4.0</td><td rowspan="2">14</td><td rowspan="2">260 ～ 320</td><td rowspan="2">16 ～ 20</td></tr>
<tr><td>反面封底 1 层</td></tr>
<tr><td colspan="7">注：氩气纯度应大于或等于 99.99%</td></tr>
</table>

【任务实施】

1. 焊前准备

（1）焊接材料的选择。焊丝选择 SAl5183 铝镁焊丝，直径为 4.0 mm。钨极直径为 5.0 mm；氩气纯度为 99.99%。

（2）坡口制备。开 V 形坡口，角度为 60°，钝边为 2 mm。

（3）焊前清理。用有机溶剂丙酮等擦拭焊丝和焊件表面的油污，然后用细钢丝刷将坡口两侧的氧化膜刷净，直至露出金属光泽。

（4）装配。采用同材质的铝镁合金制作引弧板和熄弧板，尺寸为 60 mm×40 mm。引弧板和熄弧板用定位焊焊在母材上，并控制装配间隙为 0 ～ 0.5 mm，这样在正式接缝的坡口内不需要定位焊，有利于提高焊接质量。

（5）设定焊接参数。按焊接工艺卡设定焊接参数。

2. 焊接操作

（1）焊打底层。采用左焊法，焊枪和焊缝成 70° ～ 80° 角，焊丝和接缝成 15° ～ 20° 角，钨极伸出长度为 3 ～ 5 mm。

1）引弧。在引弧板上进行引弧，引弧后焊枪不动，当感觉到该处变软欲熔化时，开始填加焊丝。

2）填丝。焊接铝镁合金时，可采用进多退少的运动方式移动焊枪，前进时填加焊丝，使熔滴熔入坡口根部与前一熔池相衔接。这样不仅能完成熔滴熔入熔池，保证有一定的熔深，又能防止熔池过热而烧穿。焊接过程中，焊丝熔化端要始终处在氩气的保护下进行填丝。

3）收弧。收弧时应当加快焊接速度，同时多加些焊丝填满弧坑，防止弧坑裂纹。

4）断弧处理。氩弧焊过程中，由于某种原因会发生突然断弧，此时处于熔化状态的熔池和焊丝端头立即被氧化，因此必须对焊缝进行清理，清除氧化膜。对于焊丝可采取两种做法：一是用钢丝钳剪去 10 ～ 15 mm ；二是将焊丝调头使用，将焊丝氧化部分作为手持部分。

（2）焊盖面层。焊盖面层前对打底层焊缝做填平磨齐工作，打底层的焊缝厚度，距离铝板表面约 2 mm。可以用相同的焊接参数焊盖面层，操作方法也与打底层基本相同，焊枪可以略做横向摆动。

（3）焊封底层。焊封底层前对打底层焊缝（包括引弧板和熄弧板上的焊缝）进行清理，清理方法是先用风凿粗加工，后用手工锉刀细加工，清根深度为 3 mm。焊封底层的焊接参数同打底层，焊接操作方法也基本相同，封底焊烧穿的可能性较小。

3. 焊后检查

焊后检查焊缝，应无裂纹、气孔、未焊透，且正反两面成形均匀、美观。

知识拓展

【知识拓展】

热丝 TIG 焊

一、焊接原理

热丝 TIG 焊是为了克服一般 TIG 焊生产率低这一缺点而发展起来的，其原理如图 4-43 所示。在普通 TIG 焊的基础上，附加一根焊丝插入熔池，并在焊丝进入熔池之前约 100 mm 处，由加热电源通过导电块对其通电，依靠电阻热将焊丝加热至预定温度，以与钨极成 40° ～ 60° 角从电弧的后方送入熔池，完成整个焊接过程。

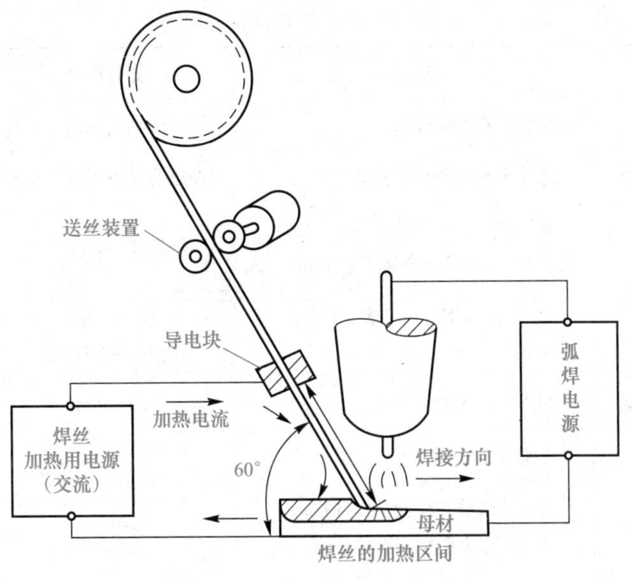

图 4-43　热丝 TIG 焊示意

二、热丝 TIG 焊的特点

1. 热丝 TIG 焊的优点

热丝 TIG 焊的熔敷速度可比普通 TIG 焊提高 2 倍，从而使焊接速度增加 3 ～ 5 倍，大大提高了生产率。由于热丝 TIG 焊熔敷效率高，焊接熔池热输入相对减少，所以焊接热影响区变窄，这对于热敏感材料焊接非常有利。

2. 热丝 TIG 焊的缺点

热丝 TIG 焊时，由于流过焊丝的电流会产生磁场，从而电弧产生磁偏吹而沿焊缝做纵向偏摆，为此应采用交流电源加热填充焊丝，以减小磁偏吹。在这种情况下，当加热电流不超过焊接电流的 60% 时，电弧摆动的幅度可以被限制在 30° 左右。为了使焊丝加热电流不超过焊接电流的 60%，通常焊丝最大直径限制为 1.2 mm。如果焊丝过粗，由于电阻小，需增加加热电流，这对防止磁偏吹是不利的。

三、热丝 TIG 焊的应用

热丝 TIG 焊已成功应用于焊接碳钢、低合金钢、不锈钢、镍和钛等。对于铝和铜，由于电阻率小，需要很大的加热电流，从而造成过大的磁偏吹，影响焊接质量，因此不采用这种方法。

◎任务评价

钨极氩弧焊评分标准见表 4-11。

表 4-11　钨极氩弧焊评分标准

序号	项目	要求标准	扣分标准	配分	得分
1	操纵焊机	能够正确操纵焊机	焊机操纵不正确不得分	15	
2	焊接参数选择	能够正确选择焊接参数	参数选择不正确不得分	20	
3	焊道外形尺寸	宽度＜12 mm，宽度差≤1 mm；余高 0 ～ 2 mm，余高差≤1 mm	每超差一处扣 5 分	10	
4	焊缝缺陷	无气孔、凹陷、焊瘤、咬边、未焊透	每项各 5 分，出现一处不得分	25	
5	焊道外观成形	焊道波纹均匀、美观	酌情扣分	5	
6	焊件外形	无错边、变形	酌情扣分	10	
7	安全文明生产	（1）严格遵守安全操作规程；（2）遵守文明生产有关规定	酌情扣分	15	
8	裂纹	无裂纹	出现裂纹倒扣 20 分	0	
总分合计				100	

◎安全教育

事故案例：焊补汽油桶爆炸。

事故发生主要经过：某工厂汽车队一个有裂缝的汽油桶需要焊补，焊工班提出未采取措施直接焊补有危险，但汽车队说这个空桶是干的，没有危险。结果，在未采取任何安全措施的情况下，焊工班就开始进行焊补。当时有一位焊工蹲在地上烧气焊，另一位工人用手扶着汽油桶。刚开始焊接时汽油桶就发生了爆炸，两端封头飞出，桶体被炸成一块铁板，正在操作的气焊工当场被炸死。

事故发生的主要原因：车用汽油的爆炸极限为 0.89% ～ 5.16%，爆炸下限非常低。因此，尽管空桶是干的，但只要油桶内壁的铁锈表面微孔吸附少量残油，或桶内卷缝里的残留甚至油污挥发扩散的汽油蒸气，很容易达到甚至超过爆炸下限，遇焊接火焰或电弧就会发生爆炸，加上能打开的孔洞盖子没有打开，爆炸时威力就会更大。

事故预防措施：

（1）严禁焊补切割未经安全处理的燃料容器和管道。

（2）严禁焊补切割未开孔洞的密封容器。

（3）燃料容器的焊补需按规定采取有关安全组织措施。

◎榜样的力量

大国工匠：导弹精细焊接大师王锋

将多个直径 4 mm（手机充电线直径大小）、壁厚只有 0.5 mm、不同弯曲形状、易变形的不锈钢管路焊接在一起，焊缝要求达到航天一级焊缝标准（高于国家标准），并且控制变形，让直径 2 mm 的钢球顺利通过。这是什么水平？

这就是 80 后焊接大师王锋的绝活。为导弹各种复杂零部件进行天衣无缝的“缝合”，完成后的产品还要耐高压、耐腐蚀、气密合格，难度不亚于外科医生缝合血管、皮肤。凭借钻研精神和过硬技术，某项以往成功率仅为30%的焊接难题，在他手中成功率达100%。

王锋，北京平谷人，怀着对航天的向往，一毕业就来到航天科工二院283厂工作。作为283厂的焊接大师和高级技师，王锋精于氩弧焊技术，长于复杂零件高难度焊接任务。

10多年来，他几乎参与了二院所有型号的焊接任务。在研制型号的一次次复杂、高难度的焊接攻关中，王锋锻炼成为车间手工焊的“第一把焊枪”。

航天产品因其特殊性，讲究零缺陷。许多复杂零部件无法用自动化焊接机器完成，只能依靠手动焊接。而质量的严苛标准，对他们这些操作者的焊接技术提出了更高的要求。

由于产品材质特殊，焊接过程中稍有不慎就会出现气孔、夹渣，形成焊接缺陷，以往的焊接合格率仅能达到30%。当他接手这项任务时，也深感身上的担子沉甸甸的。“要么一次成功，要么产品报废，必须小心谨慎，不能出现丝毫差错……”

为了啃下这块硬骨头，在近1年的时间里，王锋反复开展焊接试验。为了实时掌握焊接熔池的变化，焊接时眼睛必须死死盯住焊点，一条焊缝下来3分钟不眨眼，当熄焊的一瞬间，眼睛一闭眼泪便哗哗往下流。

为了达到要求，王锋练就了连续焊接三分钟不眨眼的硬功夫。“焊接讲究心到、眼到、手到，手眼配合很重要。”王锋一遍遍地琢磨、尝试、改进，终于找到了诀窍。以前焊缝的外观差异能用肉眼识别，经过王锋的不断改进，焊缝越来越漂亮，而且质量过关。经王锋之手焊接的上百件壳体竟然没有出现过一件质量问题，合格率达到100%。

值得注意的一个细节是，王锋干活特别精细，每次焊接前，他总是把工装平台仔细地擦拭干净，把待焊零件一丝不苟地打磨刮净，他焊接用的手套永远是雪白的，他的工作服上从来看不到一丁点的油污。他说，一定要认真对待每一个细节，细节决定成败。

凭着这股严谨认真的态度，这些年来，他先后攻克了多项高难度任务，一些焊接任务在厂里只有他才能够完成，成为车间公认的焊接“第一人”。王锋的过人之处就在于，他能将多个直径4 mm（手机充电线直径大小）、壁厚只有0.5 mm、不同弯曲形状、易变形的不锈钢管路焊接在一起，焊缝要求达到航天一级焊缝标准（高于国家标准），并且控制变形，让直径2 mm的钢球顺利通过。

技术过硬只是其一，更重要的是王锋做事始终讲究“用心”和“恒心”合二为一。在某次项目攻关时，为了确保质量和效率，他从早上8点一直干到第二天凌晨2点，整整18个小时，除了匆匆吃盒饭的时间，就是持续不断地工作。

任务完成后，他和车间工友一起去吃夜宵，从来不喝酒的王锋，竟然一口气喝了三瓶啤酒。大家都很惊讶，王锋却不好意思地说，“忙晕乎了，一整天忘喝水，茶水太烫，我渴得慌。”

王锋不光在厂内很有名气，许多企业和研究所也都纷纷找上门来，为的就是请王锋协助焊接一些复杂产品。某重大工程项目中，负责总体设计方案的研究所曾与多家单位进行接洽，最终将产品加工任务交给王锋所在单位，其中王锋过硬的焊接技能在其间发挥了重要的作用。最终，在车间和王锋的攻关下，产品如期交付，出色地完成了任务。

虽然，这些年来，王锋取得了很多荣誉和成绩，但是他始终没有停止奋斗的步伐。在王锋看来，一个好的环境对于梦想的实现很重要，航天给了他圆梦的舞台，让他的梦想照亮现实。

谈及未来，王锋表示将勇攀高峰，抓紧一切时间钻研掌握国内外前沿技术，一步步积累和创新，为导弹制造多贡献力量，不断提高自己的焊接技能水平。

项目小结

钨极惰性气体保护焊由于惰性气体保护，可焊接的金属材料广，不需要使用焊剂就可以焊接几乎所有的金属，特别适用于化学性质活泼的金属及合金。在本项目中，主要了解钨极惰性气体保护焊的原理及特点，在掌握钨极惰性气体保护焊设备操作方法的基础上，完成不锈钢的直流正极性钨极氩弧焊及铝合金交流钨极氩弧焊等典型焊接工艺，在操作练习的过程中，一定要注意遵守实训基地的规章制度、实训安全知识及安全操作规程。

综合训练

一、选择题

1. TIG 焊时，保护气体不可采用（　　）。

A. 氩气　　B. 氦气　　C. CO_2　　D. 氩氦混合气体

2. TIG 焊不具有（　　）的优点。

A. 保护效果好　　B. 适用范围广

C. 焊接质量好　　D. 对工件清理要求不高

3. TIG 焊机启动正常，但无保护气体输出，不应采取（　　）措施。

A. 清理气路　　B. 检修电磁气阀

C. 增大气体流量　　D. 检修接线处

4. TIG 焊时，合上电源开关，电源指示灯不亮，拨动焊把开关，无任何动作，不应采取（　　）措施。

A. 检查开关　　B. 检查继电器　　C. 检查熔丝　　D. 检查指示灯

5. TIG 焊时，电弧引燃后焊接过程电弧不稳定，不应采取（　　）措施。

A. 检查稳弧器　　B. 检查消除直流分量的元件

C. 检查焊接电源　　D. 检查继电器

6. TIG 焊采用直流正极性焊接时，不具有的特点是（　　）。

A. 具有阴极雾化作用　　B. 钨极寿命长

C. 钨极许用电流大　　D. 电弧引燃容易，燃烧稳定

7. TIG 焊采用直流反极性焊接时，不具有的特点是（　　）。

A. 钨极不易过热熔化而烧损　　B. 钨极的载流能力小

C. 焊接生产率低　　D. 主要用于铝、镁及其合金的薄件焊接

8. TIG 焊时，一般钨极的伸出长度为（　　）mm。

A. 2～3　　B. 5～10　　C. 10～15　　D. 15～20

9. 钨极氩弧焊在焊缝中产生夹钨的原因，不可能是由于（　　）造成的。

A. 接触引弧　　B. 钨电极熔化　　C. 焊接速度过快　　D. 使用电流过大

10. 钨极氩弧焊时气体保护效果差，不可能是由于（　　）造成的。

A. 焊前清理不干净　　B. 保护气体流量不足

C. 提前送气和滞后断气时间不足　　D. 氩气纯度不高

11. 钨极氩弧焊时钨极损耗过剧，可能是由于（　　）造成的。

A. 正极性连接　　B. 钨电极直径过小

C. 钨电极直径过大　　D. 良好的气体保护效果

二、判断题

1. 采用 TIG 焊焊接时，钨极是不熔化的。（　　）

2. 直流 TIG 焊主要用于焊接铝、镁及其合金。（　　）

3. 交流 TIG 焊可用于焊接铝、镁及其合金。（　　）

4. 惰性气体，既不溶于液体金属，也不与金属起反应，保护效果好。（　　）

5. TIG 焊不适用于焊接化学活泼性强的有色金属。（　　）

6. TIG 焊不适用于薄件、超薄件的焊接。（　　）

7. TIG 焊可采用大电流进行焊接，因此焊接生产率高。（　　）

8. TIG 焊的生产成本高，故主要用于焊接铝、镁、钛、铜等有色金属，以及不锈钢、耐热钢等。（　　）

9. TIG 焊由于是采用惰性气体进行保护，所以对工件焊前清理要求不高。（　　）

10. TIG 焊不容易实现单面焊双面成形。（　　）

11. TIG 焊一般只用于焊接厚度在 6 mm 以下的焊件。（　　）

12. TIG 焊时，使用气冷式焊枪或水冷式焊枪时都应注意避免超载工作，以延长焊枪的使用寿命。（　　）

13. 氩气瓶外涂有灰色漆以示标记，并写有“氩气”字样。（　　）

14. 氦气比空气轻，仰焊时因为氦气上浮能保持良好的保护效果，因此很适用于仰焊位置。（　　）

15. 氩气电弧稳定柔和，阴极清理作用好；氦气电弧发热量大而集中，具有较大的熔深。（　　）

16. 氩气瓶不许撞砸，立放必须有支架，并远离明火 3 m 以上。（　　）

17. 采用直流正极性钨极氩弧焊焊接时，钨极接电源正极，焊件接电源负极。（　　）

18. 一般手工氩弧焊喷嘴内径范围为 5 ～ 20 mm，保护气流量范围为 5 ～ 25 L/min。（　　）

19. 在交流 TIG 焊负极性的半波里，焊件金属表面氧化膜会因“阴极破碎”作用而被清除；在交流正极性半周里，钨极又可以得到一定程度的冷却，可减轻钨极烧损。（　　）

20. 直流分量会减弱“阴极破碎”作用。（　　）

三、填空题

1. 钨极惰性气体保护焊简称________焊。

2. TIG 焊按电流种类分可分为________、________和________。

3. TIG 焊设备主要由焊接电源、引弧及稳弧装置、________、________、水冷系统和________等部分组成。

4. 无论是直流或交流 TIG 焊，都要求焊接电源具有________的外特性，以保证在弧长发生变化时，减小焊接电流的波动。

5. TIG 焊焊枪标志中的“QQ”表示________；“QS”表示________。

6. 氩气的密度比空气的密度________，平焊和横向角焊缝位置施焊时保护效果________。

7. 采用氩气作为保护气体，由于氩气的热导率很________，又是单原子气体，所以在氩气中燃烧的电弧热量损失较________。

8. TIG 焊的供气系统主要由________、________、________、电磁气阀的控制电路及气路组成。

9. 氩气瓶不许撞砸，立放必须有支架，并远离明火________m 以上。

10. 由于电弧在正、负半周导电情况的差别，回路中会产生________的问题。

四、问答题

1. 简述 TIG 焊的特点。

2. 说明下列 TIG 焊焊枪标号的含义：QQ–85/100–C。

3. 简述对 TIG 焊焊枪中的电极有什么要求。

4. 简述直流正极性 TIG 焊的特点及应用。

5. 简述直流反极性钨极氩弧焊的特点及应用。

6. 什么叫阴极破碎现象？

7. 交流 TIG 焊焊接铝、镁及其合金时易产生什么问题？产生的原因是什么？如何防止？

05 项目五　等离子弧焊接与切割

【项目导入】

在石油施工技术领域，焊接是极为重要的专业技术之一。当前，国际地缘政治复杂多变，能源安全风险持续增加；国内资源劣质化加剧、勘探对象日益复杂，保障国家能源安全面临严峻挑战。习近平总书记先后作出“大力提升国内油气勘探开发力度”“能源的饭碗必须端在自己手里”等重要批示指示。从2013年长庆油田油气当量突破5 000万吨建成“西部大庆”到玛湖、庆城大油田横空出世，资源家底日渐丰实；天然气发展迅速，主力气区同时发力，鼓足中国气势。在中国的油气版图中，中国石油稳做能源保供“定盘星”。征战“死亡之海”塔克拉玛干沙漠，挺进“黄羊和雄鹰都过不去”的秋里塔格……中国石油人实现了国内原油连续10年保持1亿吨以上效益稳产，天然气产量连续两年在油气结构中占比超过50%，“5435”海外业务发展格局形成并不断完善，油气保供主体地位得到夯实。

而各种管道、球形储罐、立式储罐及炼化装置都要通过高可靠性的焊接来实现装配和完成。这些设备在加工制作及维修工作中对焊接质量提出了很高的要求，采用普通的焊接方法难以满足要求。采用等离子弧焊接则可以保证上述设备的焊接质量，满足加工制作和日常维护工作对焊接提出的要求，因此，等离子弧焊接在石油行业的施工中发挥着越来越重要的作用。

任务一　认识等离子弧

【学习目标】

1. 知识目标

（1）了解等离子弧产生的原理、特点、类型及应用；

（2）掌握双弧现象的危害及防止措施。

认识等离子弧焊接

2. 能力目标

能够掌握双弧现象的危害及防止措施。

3. 素养目标

（1）培养学生分析问题、解决问题的能力；

（2）养成严谨专业的学习态度和认真负责的学习意识；

（3）培养学生自主学习和自我提升的能力。

【任务描述】

通过本次任务的学习能了解等离子弧产生的原理、特点、类型及应用，掌握双弧现象的危害及防止措施。

【知识储备】

一、等离子弧简介

1. 等离子弧产生的原理

等离子弧焊（PAW）是利用等离子弧作为热源的一种焊接方法。等离子弧是电弧的一种特殊形式，是自由电弧被压缩后形成的。从本质上讲，它仍然是一种气体导电现象。

常见电弧焊的电弧为自由电弧，电弧未受到外界的压缩，当电弧电流增大时，弧柱直径也随之增大，因此弧柱中的电流密度近乎常数，其温度也被限制为 5 730 ～ 7 730 ℃，电弧中的气体电离是不充分的。如果在提高电弧功率的同时，限制弧柱截面的扩大或减小弧柱直径，即对自由电弧的弧柱进行强迫“压缩”，就能获得导电截面收缩得比较小、能量更加集中、弧柱中气体几乎完全电离、完全由带正电的正离子和带负电的电子所组成的等离子体状态的电弧，即等离子弧。

目前广泛采用的压缩电弧产生方法是将钨极缩入喷嘴内部，并且在水冷喷嘴中通以一定压力和流量的离子气，强迫电弧通过喷嘴孔道，如图 5-1 所示。此时电弧受到下述三种压缩作用。

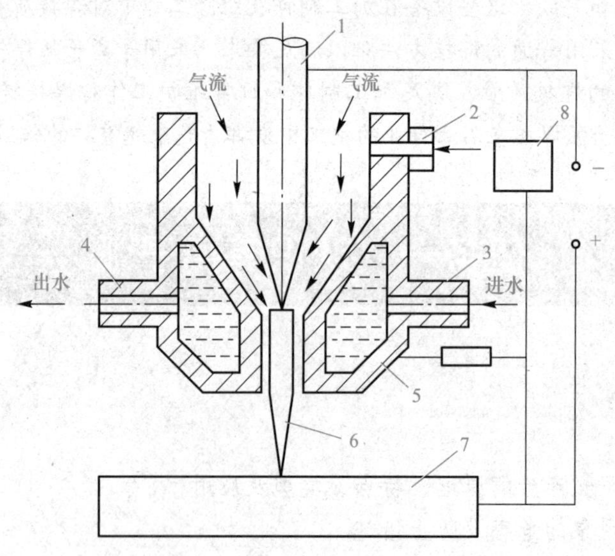

等离子弧产生原理

图 5-1　等离子弧发生装置原理图

1—钨极；2—进气管；3—进水管；4—出水管；
5—喷嘴；6—等离子弧；7—焊件；8—高频振荡器

（1）机械压缩作用。当把一个用水冷却的铜制喷嘴放置在电弧通道上，强迫这个“自由电弧”从细小的喷嘴孔道中通过，弧柱直径受到喷嘴孔径的机械约束而不能自由扩大，而使电弧截面受到压缩，这种作用称为机械压缩作用。

（2）热收缩作用。当电弧通过水冷却的喷嘴，同时又受到外部不断送来的高速冷却气流（如氮气、氩气、空气等）的冷却作用时，弧柱外围受到强烈冷却，使其外围的电离度大大减弱，电弧电流只能从弧柱中心通过，即导电截面进一步缩小，而电流密度、温度和能量密度则进一步提高，这种作用称为热收缩作用。

（3）电磁收缩作用。带电粒子在弧柱内的运动，可看成是电流在一束平行的“导线”内移动，由于这些“导线”自身的磁场所产生的电磁力，这些“导线”相互吸引，因此产生电磁收缩作用。由于机械压缩作用和热收缩作用使电弧中心的电流密度已经很高，电磁收缩作用明显增强，从而使电弧更进一步地受到压缩。

在上述三种压缩作用中，喷嘴孔径的机械压缩作用是前提；热收缩作用则是电弧被压缩的最主要原因；电磁收缩作用是必然存在的，它对电弧的压缩也起到一定作用。

2. 等离子弧的特点

（1）温度高、能量密度大。由于等离子弧有很高的导电性，承受很大的电流密度，因此可以通过极大的电流，故具有极高的温度；又因其截面很小，所以能量高度集中。一般等离子弧在喷嘴出口中心温度已达 20 000 ℃，而用于切割的等离子弧在喷嘴附近温度可达 30 000 ℃。

（2）等离子弧近似圆柱形，电弧挺度好。由于等离子弧被压缩，其形态近似于圆柱形，因此挺度好，电弧的扩散角很小，仅为 5°，如图 5-2 所示。而自由电弧的形态是圆锥形的，电弧的扩散角比较大，约为 45°。因此当弧长发生相同的波动时，等离子弧加热面积的波动要小得多。

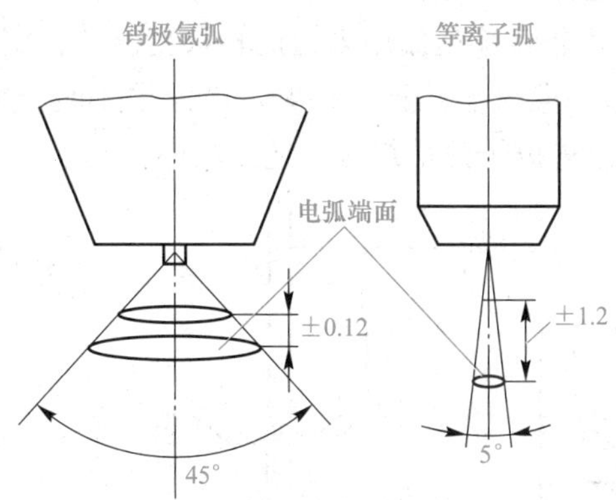

图 5-2　钨极氩弧和等离子弧的扩散角

（3）等离子弧的稳定性好。等离子弧的电离度高，因此稳定性好。外界气流和磁场对等离子弧的影响较小，不易发生电弧偏吹和漂移现象。焊接电流在 10 A 以下时，一般的钨极氩弧焊很难稳定，常产生电弧漂移，指向性也常受到破坏。而采用微束等离子弧，当电流小至 0.1 A 时，等离子弧仍可稳定燃烧，指向性好。这些特性在用小电流焊接极薄焊件时特别有利。

（4）具有很强的机械冲刷力。等离子弧发生装置内通入常温压缩气体，气体受电弧高温加热而膨胀，在喷嘴的阻碍下使气体压缩力大大增加，当高压气流由喷嘴细小通道中喷出时，可达到很高的速度（可超过声速），所以等离子弧有很强的机械冲刷力。

（5）等离子弧呈电中性。由于等离子弧中正离子和电子等带电粒子所带的正、负电荷数量相等，因此整个等离子弧呈电中性。

3. 等离子弧的类型及应用

等离子弧按接线方式和工作方式不同，可分为非转移型弧、转移型弧和联合型弧三种类型，如图 5-3 所示。

（1）非转移型弧（非转移型等离子弧）。钨极接电源的负极，喷嘴接电源的正极，焊件不接电源，电弧产生在钨极和喷嘴之间，在离子气流的作用下电弧从喷嘴孔喷出，电弧受到压缩而形成等离子弧，如图 5-3（a）所示。由于焊件不接电源，所以可用于焊接和切割非金属材料。但也正是由于焊件不接电源，工作时只靠等离子弧加热，故其温度比转移型弧低，能量密度也没有转移型弧高。喷嘴受热较多，大量热能通过喷嘴散失，所以喷嘴应更好地冷却，否则其寿命不长。非转移型弧主要在等离子弧喷涂、焊接和切割较薄的金属及非金属时采用。

（2）转移型弧（转移型等离子弧）。钨极接电源的负极、焊件接电源的正极，等离子弧燃烧于钨极与焊件之间，如图 5-3（b）所示。但这种等离子弧不能直接产生，必须先在钨极和喷嘴之间接通维弧电源，以引燃小电流的非转移型弧，然后将非转移型弧通过喷嘴过渡到焊件表面，再引燃钨极与焊件之间的转移型弧，并自动切断维弧电源。采用转移型弧工作时，等离子弧温度高、能量密度大，焊件上获得的热量多，热的有效利用率高。此种电弧常用于等离子弧切割、等离子弧焊接和等离子弧堆焊等工艺方法中。

（3）联合型弧（联合型等离子弧）。在工作过程中非转移型弧和转移型弧同时存在，则称为联合型（或混合型）弧，如图 5-3（c）所示。两个电弧可以用两台单独的焊接电源供电，也可以用一台焊接电源中间串接一定电阻后向两个电弧供电。其中的转移型弧主要用来加热焊件和填充金属，非转移型弧用来协助转移型弧的稳定燃烧（小电流时）和对填充金属进行预热（堆焊时）。联合型弧稳定性好，电流很小时也能保持电弧稳定，主要用于微束等离子弧焊接和粉末等离子弧堆焊等工艺方法中。

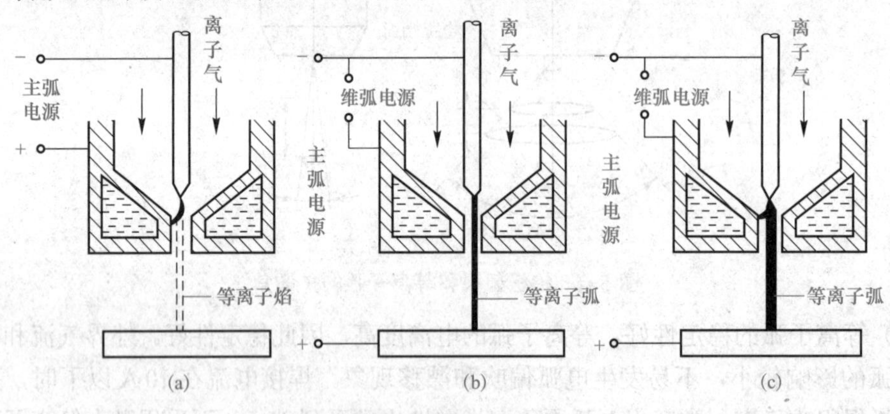

图 5-3　等离子弧的形式

(a) 非转移型；(b) 转移型；(c) 联合型

二、双弧现象

在使用转移型等离子弧焊接或切割过程中，正常的等离子弧应稳定地在钨极与焊件之间燃烧，但由于某种原因，往往还会在钨极和喷嘴及喷嘴和工件之间产生与主弧并列的电弧，如图 5-4 所示，这种现象称为等离子弧的双弧现象。

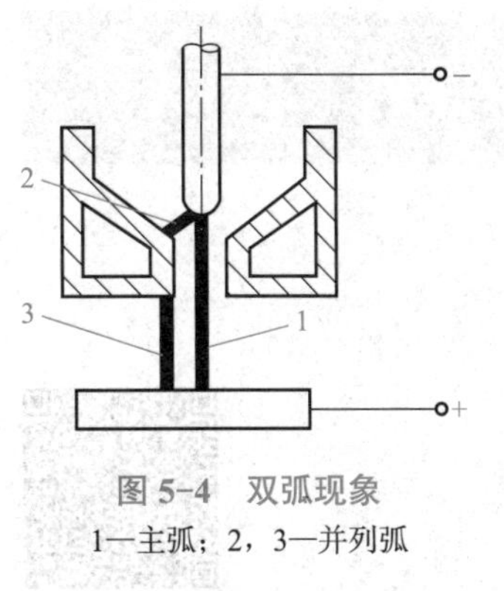

图 5-4　双弧现象
1—主弧；2，3—并列弧

1. 形成双弧的原因

在等离子弧焊接或切割时，等离子弧弧柱与喷嘴孔壁之间存在着由离子气所形成的冷气膜。由于铜喷嘴的冷却作用，这层冷气膜具有比较低的温度和电离度，对弧柱向喷嘴的传热和导电都具有较强的阻滞作用。因此，一方面，冷气膜的存在起到绝热作用，可防止喷嘴因过热而烧坏；另一方面，冷气膜的存在相当于在弧柱和喷嘴孔壁之间有一绝缘套筒存在，它隔断了喷嘴与弧柱间电的联系，因此等离子弧能稳定燃烧，不会产生双弧。当冷气膜被击穿时，绝热和绝缘作用消失，就会产生双弧现象。

2. 双弧的危害

等离子弧焊接或切割过程中，双弧带来的危害主要表现在以下几方面：

（1）破坏等离子弧的稳定性，使焊接或切割过程不能稳定进行，恶化焊缝成形和割口质量。

（2）产生双弧时，在钨极和焊件之间同时形成两条并列的导电通路，减小了主弧电流，降低了主弧的电功率，因而使焊接熔透能力和切割时的切割厚度都减小了。

（3）双弧一旦产生，喷嘴就成为并列电弧的电极，就有并列电弧的电流通过，此时等离子弧和喷嘴内孔壁之间的冷气膜又受到破坏，因而使喷嘴受到强烈加热，故容易烧坏喷嘴，使焊接或切割工作无法进行。

3. 防止双弧的措施

双弧的形成主要是喷嘴结构设计不合理或焊接参数选择不当造成的。因此，防止等离子弧产生双弧的措施主要有以下几点：

（1）正确选择焊接电流。在其他条件不变时，增大焊接电流，等离子弧弧柱直径也增大，使冷气膜厚度减小，故容易产生双弧。因此一定尺寸的喷嘴，其使用电流应小于其许用电流值，特别注意应减小电弧转移时的冲击电流。

（2）选择合适的离子气成分和流量。当离子气成分不同时，对电弧的冷却作用也不同，产生双弧的倾向也不一样。例如，采用 $Ar + H_2$ 作为离子气时，由于氢的冷却作用强，弧柱直径缩小，使冷气膜的厚度增大，因此不易产生双弧。同时，增大离子气流量也会增强对电弧的冷却作用，从而减小产生双弧的可能。

（3）喷嘴结构设计应合理。喷嘴结构参数对形成双弧起决定性作用。减小喷嘴孔径或增大孔道长度，会使冷气膜厚度减小而容易被击穿，故容易产生双弧。同理，钨极的内缩长度增加时，也容易引起双弧。因此，设计时应注意喷嘴孔道不能太长；电极和喷嘴应尽可能对中；电极内缩量也不能太大。

（4）喷嘴的冷却效果。如果喷嘴的水冷效果不良，必然会使冷气膜的厚度减小而容易引起双弧现象。因此，喷嘴应具有良好的冷却效果。

（5）喷嘴端面至焊件表面距离不能过小。如果此距离过小，则会造成等离子弧的热量从焊件表面反射到喷嘴端面，使喷嘴温度升高而导致冷气膜厚度减小，故容易产生双弧。

任务二　等离子弧焊设备的操作

【学习目标】

1. 知识目标

（1）了解等离子弧焊设备的组成及日常维护方法；

（2）掌握等离子弧焊设备的操作方法；

（3）了解等离子弧焊设备的安全操作规程。

等离子弧焊设备操作

2. 能力目标

（1）能够掌握等离子弧焊设备的操作方法；

（2）能够掌握等离子弧焊设备常见故障的处理方法。

3. 素养目标

（1）培养细心、严谨的工作态度；

（2）培养学生的操作规范意识；

（3）培养学生的职业道德能力。

【任务描述】

通过本次任务的学习，在了解等离子弧焊设备组成的基础上，掌握等离子弧焊设备的操作方法。

【知识储备】

一、等离子弧焊设备的组成

按操作方式不同，等离子弧焊设备可分为手工等离子弧焊设备和自动等离子弧焊设备两大类。手工等离子弧焊设备主要由焊接电源、焊枪、控制系统、供气系统和水冷系统等部分组成，如图 5-5 所示；自动等离子弧焊设备除上述部分外，还有焊接小车和送丝机构。

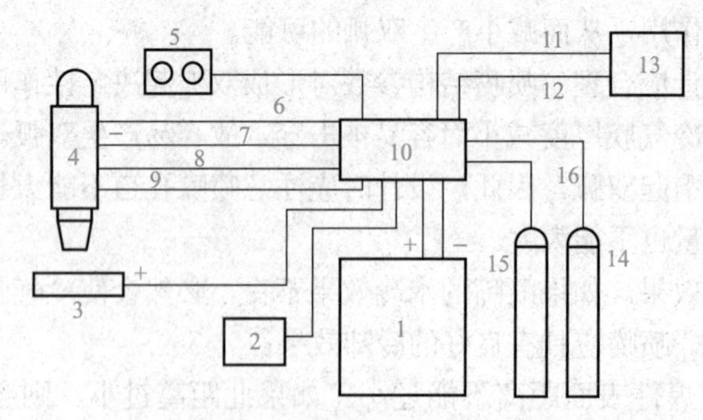

图 5-5　等离子弧焊设备的构成

1—焊接电源；2—控制盒；3—焊机；4—等离子弧焊炬；5—脚踏开关；
6—水冷焊接电缆（接电源负极）；7—等离子气管；8—水冷却电缆（接电源正极）；
9—保护气体管；10—控制系统；11、12—冷却水出入口；13—水泵；14、15—气源及减压阀；16—气管

1. 焊接电源

等离子弧焊设备一般采用具有陡降或垂直下降外特性的直流弧焊电源。电源空载电压根据离子气的种类而定，如采用纯氩气作离子气，电源空载电压只需 80 V 左右；而采用 $Ar + H_2$ 的混合气体作离子气时，电源空载电压则需要 110 ～ 120 V。需要特别指出的是：微束等离子弧焊设备最好采用垂直下降外特性的电源，以提高等离子弧的稳定性。为保证收弧处的焊接质量，不留下弧坑，等离子弧焊接一般采用电流衰减法熄弧，因此应具有电流衰减装置。

2. 焊枪

等离子弧焊枪的设计应保证等离子弧燃烧稳定、引弧及转弧可靠、电弧压缩性好、绝缘和通气，以及冷却可靠、更换电极方便、喷嘴和电极对中性好。焊枪主要由上枪体、下枪体、喷嘴和钨极夹持机构等组成，如图 5-6 所示。上下枪体都接电源，但极性不同，所以上下枪体之间应可靠绝缘。冷却水一般由下枪体水套进入，由上枪体水套流出，以保证水冷效果。

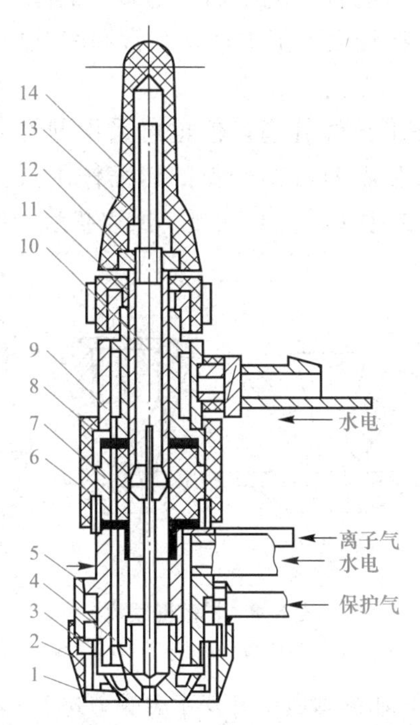

图 5-6　等离子弧焊枪结构（容量为 300 A）

1—喷嘴；2—保护套外环；3、4、6—密封圈；5—下枪体水套；
7—绝缘柱；8、13—绝缘套；9—上枪体水套；10—电极夹头；11—套管；12—螺母；14—钨极

（1）喷嘴。喷嘴是等离子弧发生器的关键部分，其形状和几何尺寸对等离子弧的压缩程度和稳定性具有决定性的影响，喷嘴的主要结构参数如图 5-7 所示。

其中，喷嘴孔径 d 直接影响到等离子弧机械压缩的程度、等离子弧的稳定性和喷嘴的使用寿命。在电流和离子气流量不变的情况下，孔径 d 越小，对电弧的机械压缩作用就越强，则等离子弧的温度和能量密度也越高，穿透力越大。但孔径太小会产生双弧现象，反而会破坏等离子弧的稳定性，甚至烧坏喷嘴。对每一孔径的喷嘴都有一个合理的电流范围，因此应根据所使用的电流和离子气流量确定孔径 d。

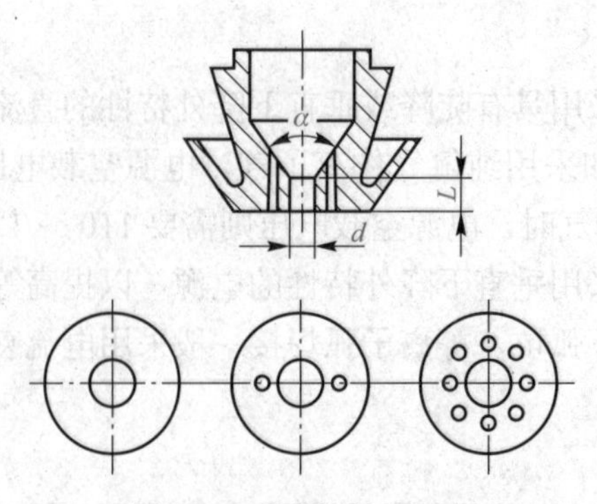

图 5-7　喷嘴的基本形式

喷嘴孔道长度 L 对电弧的压缩作用也有较大影响。当喷嘴孔径 d 确定后，随 L 增大，对电弧的压缩作用增强。为防止产生双弧现象，L 与 d 应很好地配合，L/d 通常称为喷嘴的孔道比。喷嘴的用途不同，其孔道比也不相同。

锥角 α 对电弧的压缩作用也有一定影响。随 α 角的减小，对电弧的压缩作用增强，但影响程度较小，故 α 角可在较大范围内选择，常用的锥角为 60°～75°，最小可用到 25°。

大多数的喷嘴采用圆柱形压缩孔道，但也可采用圆锥形、台阶圆柱形等扩散形喷嘴，如图 5-8 所示。扩散形喷嘴对等离子弧的压缩作用减弱了，但这种喷嘴可以采用更大的焊接电流而不产生（或很少产生）双弧。所以扩散形喷嘴适用于大电流、厚板的焊接。

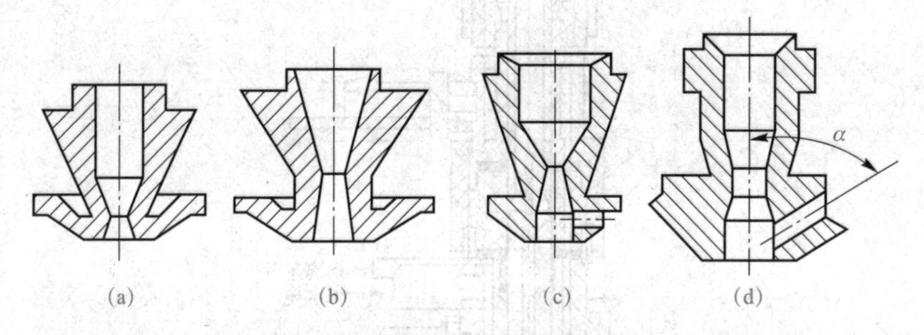

图 5-8　扩散形喷嘴

(a)、(b) 圆锥形，分别用于焊接与切割；(c)、(d) 台阶圆柱形，分别用于喷涂与堆焊

喷嘴一般采用导热性好的纯铜制造，并要求有良好的冷却效果。大功率喷嘴必须采用直接水冷，且冷却水要有足够的压力和流量，否则喷嘴的使用寿命极短。为提高冷却效果，喷嘴壁厚一般不大于 2.5 mm。

（2）电极。目前等离子弧电极材料常用的是钍钨极或铈钨极，它们比纯钨极的电子发射能力强，因此在同样直径下可使用较大的工作电流，烧损也慢。另外，如用锆作电极，则可使用空气作工作气体，因为它在空气中工作时，表面可形成一层熔点很高的氧化锆及氮化锆。若在氮与氢的混合气体中，其寿命接近钍钨极。但这种锆电极在氩气中工作时，几分钟就消耗完了。

电极形式分棒状和镶嵌式两种，如图 5-9 所示。棒状电极形状与钨极氩弧焊所用的相同，一般为铈钨极，如图 5-9（a）所示。棒状电极端头磨成尖锥形，有利于可靠引弧和提高电弧稳定性。电流较小或电极直径较大时，锥角可以小一些。电流大时，端头可磨成圆台形或球形，以减少电极烧损。镶嵌式电极适用于大电流，端部一般为平的。如果嵌入材料凸出基体，嵌入材料端部也可磨成圆台形或球形，如图 5-9（b）所示。镶嵌式电极易于直接水冷。表 5-1 列出了不同直径棒状电极的许用电流范围。

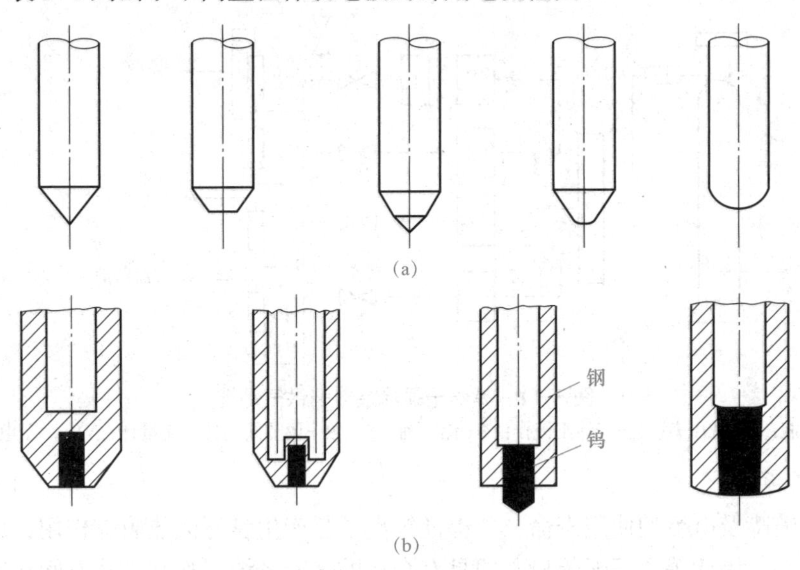

图 5-9 电极形状

(a) 棒状电极；(b) 镶嵌式电极

表 5-1 等离子弧焊接棒状电极的许用电流范围

电极直径 ϕ/mm	焊接电流 I/A	电极直径 ϕ/mm	焊接电流 I/A
0.35	0 ~ 15	2.4	150 ~ 250
0.5	5 ~ 20	3.2	250 ~ 400
1.0	15 ~ 80	4.0	400 ~ 500
1.6	70 ~ 150	5.0 ~ 9.0	500 ~ 1 000

电极端点至喷嘴孔道起始端的距离为电极内缩量 l_g，如图 5-10 所示。l_g 的大小对等离子弧的性能有很大影响，l_g 增大，压缩程度提高，但 l_g 过大易引起双弧现象。故一般焊枪中取 l_g = 1 mm±0.2 mm；割枪中取 l_g = l±（2 ~ 3）mm（l 为喷嘴孔道长度）。

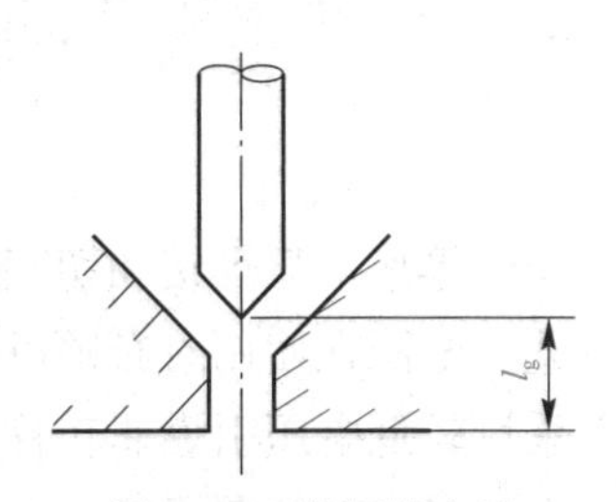

图 5-10 钨极的内缩

钨极与喷嘴的同心度如果不好，不仅影响焊缝或割缝质量，而且也是产生双弧的重要原因，因此安装时应调整好钨极与喷嘴的同心度。

3. 供气系统

与氩弧焊或 CO_2 气体保护焊相比，等离子弧焊机的供气系统比较复杂。典型供气系统如图 5-11 所示，包括离子气、焊接区保护气、背面保护气等。为保证引弧和收弧处的焊缝质量，离子气可分两路供给，其中一路经电磁气阀放入大气，以实现离子气衰减。为避免保护气对离子气的干扰，焊接区保护气和离子气最好由独立气路分开供给。

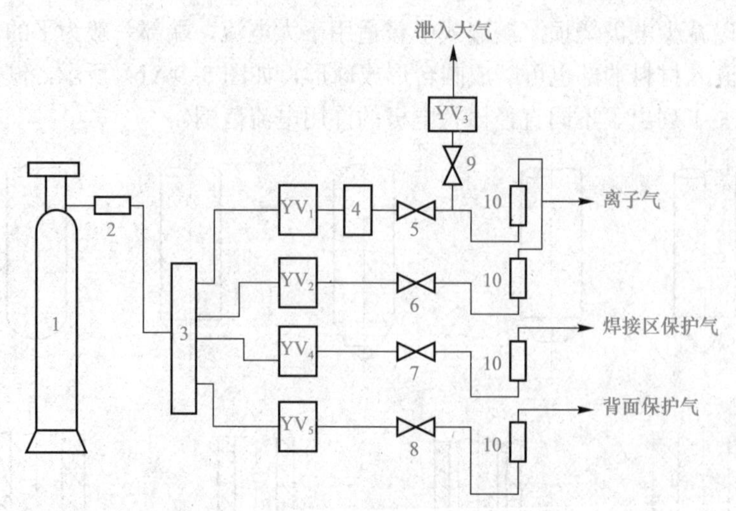

图 5-11　等离子弧焊接典型供气系统

1—氩气瓶；2—减压表；3—气体汇流排；4—储气桶；5 ～ 9—调节阀；10—流量计；$YV_{1\sim5}$—电磁气阀

4. 水冷系统

为延长喷嘴及电极的使用寿命，并保证等离子弧产生良好的热收缩作用，应对焊枪进行良好的冷却，因此等离子弧焊机必须具有合适的水冷系统。冷却方式有间接冷却和直接冷却两种。间接冷却时冷却水从下枪体进入，从上枪体流出；直接冷却时喷嘴及电极分别进行水冷却，冷却效果好，一般用在具有镶嵌式电极的焊枪结构中。

5. 控制系统

等离子弧焊设备的控制系统一般包括高频引弧电路、拖动控制电路、延时电路和程序控制电路等部分。控制系统一般应具有如下功能：可预调气体流量并实现离子气流的衰减；焊前能进行对中调试；调节焊接小车的行走速度及填充焊丝的送进速度；提前送气，滞后停气；可靠地引弧及转弧；实现起弧电流递增，熄弧电流递减；无冷却水时不能开机；发生故障及时停机。

二、安全操作规程

1. 防电击

等离子弧焊接和切割用电源的空载电压较高，尤其在手工操作时，有电击的危险。因此，电源在使用时必须可靠接地，焊枪枪体或割枪枪体与手触摸部分必须可靠绝缘。可以采用较低电压引燃非转移型弧后再接通较高电压的转移型弧回路。如果启动开关装在手把上，必须对外露开关套上绝缘橡胶管，避免手直接接触开关。

在检查修理前，必须切断电源，在电源未切断前不允许卸下焊机面板，以免触及焊机导电部分。

2. 防电弧光辐射

电弧光辐射强度大，主要由紫外线辐射、可见光辐射与红外线辐射组成。等离子弧比其他电弧的光辐射强度更大，尤其是紫外线强度，故对皮肤损伤严重，操作者在焊接或切割时必须戴上面罩、手套，颈部也要保护。面罩上除具有黑色目镜外，最好加上吸收紫外线的镜片。自动操作时，可在操作者与操作区设置防护屏。等离子弧切割时，可采用水中切割方法，利用水来吸收光辐射。

3. 防灰尘与烟气

等离子弧焊接和切割过程中伴随有大量汽化的金属蒸气、臭氧、氮化物等。尤其切割时，由于气体流量大，致使工作场地上的灰尘大量扬起，这些烟气与灰尘对操作工人的呼吸道、肺等产生严重影响，因此要求工作场地必须配置良好的通风设备。切割时，在栅格工作台下方还可安置排风装置，也可采取水中切割方法。

4. 防噪声

等离子弧会产生高强度、高频率的噪声，尤其采用大功率等离子弧切割时，其噪声更大，这对操作者的听觉系统和神经系统非常有害。要求操作者必须佩戴耳塞，如果可能，尽量采用自动化切割，使操作者在隔声良好的操作室内工作，也可以采取水中切割方法，利用水来吸收噪声。

5. 防高频

等离子弧焊接和切割都采用高频振荡器引弧，但高频对人体有一定的危害。引弧频率选择 20 ～ 60 kHz 较为合适，还要求工件接地可靠。转移型弧引燃后，立即可靠地切断高频振荡器电源。

6. 防爆炸

工作场所附近不可安置易燃品。

7. 结束后检查

工作完毕或临时离开工作场地时，必须切断电源、关闭水源及气源。

三、焊机的维护与保养

（1）每三到六个月对设备内部进行清理，用干燥的压缩空气清除焊接电源内部的尘埃；特别是变压器、电抗器、各种电缆和半导体电子器件。

（2）焊机长期不用，应每三个月空载运行不少于 30 min。

（3）定期检查各个接头部位是否松动、锈蚀。

（4）定期检查焊接电缆和各连接导线是否老化或绝缘能力降低，以免漏电造成设备损伤或人体伤害。

（5）定期检查焊机内的水管、气管有无老化或破损，接头处有无泄漏，以免漏电造成设备损坏或人体伤害。

四、常见故障处理

在等离子弧焊接过程中，由于错误操作或意外情况可能导致在焊接过程中出现一些问题，如不及时解决，可能会导致严重的后果，表 5-2 列出了等离子弧焊接常见问题、产生原因及防止措施。

表 5-2　等离子弧焊接常见问题、产生原因及防止措施

常见问题	产生原因	防止措施
产生双弧	①电流过大； ②离子气过小； ③钨极与喷嘴的同心度不好； ④电极内缩量过大； ⑤喷嘴的孔道比过大； ⑥喷嘴被飞溅物堵塞	①减小焊接电流； ②增加离子气流量； ③调整钨极与喷嘴的同心度； ④减小电极内缩量； ⑤减小孔道比； ⑥清理喷嘴
等离子喷嘴处冒烟	①水箱未打开； ②焊枪无冷却水	①打开水箱开关； ②检查水冷系统
焊接过程中电极烧损严重	①采用了反极性接法； ②气体保护不良； ③钨极直径与所用电流不匹配； ④弧压过高	①改用正极性接法； ②加强气体保护效果； ③更换与焊接电流相匹配的钨极； ④减小弧压

【任务实施】

等离子弧焊接操作如下：

（1）打开电源开关，电源指示灯亮。

（2）接通冷却水箱电源，水冷指示灯亮，检查水路是否畅通和有无漏水，如有漏水、渗水，关闭水泵电源进行处理。

（3）将检气开关拨至“检气”位置，打开气瓶开关，调节等离子气流量。

（4）焊接前，按下焊枪开关，检查高频是否正常，可通过调整高频发生器放电间隙的大小，控制高频强弱。

（5）引弧时，焊枪开关操作方法：闭合焊枪开关→气体接通→ 0.3 s 后产生高频→引弧维弧电路接通（开始引弧）→起弧并且主电路接通→高频自动切除→电流缓升至正常焊接电流。

（6）焊接时的操作与钨极氩弧焊操作技术相同。

（7）熄弧时，焊枪开关操作方法：放开焊枪开关→电流缓降，至熄弧电流（约 10 A）时电弧自动熄灭→熄弧后延时断气，主电路延时 10 s 后断开。

（8）关断焊机，切断水、电、气路。

任务三　实施不锈钢板的等离子弧焊接

【学习目标】

不锈钢板的等离子弧焊接

1. 知识目标

（1）掌握等离子弧焊的基本方法、应用、工艺特点及焊接参数的选择；

（2）掌握不锈钢板的等离子弧焊接工艺分析；

（3）掌握不锈钢板的等离子弧焊接操作方法；

（4）了解不锈钢板的等离子弧焊接常见缺陷及预防措施。

2. 能力目标

（1）能够进行不锈钢板的等离子弧焊接工艺分析；

（2）具备不锈钢板的等离子弧焊接操作技能。

3. 素养目标

（1）培养学生细心、严谨的工作态度；

（2）培养学生的质量意识、安全意识；

（3）培养学生的职业道德能力。

【任务描述】

由于等离子弧的弧温高，一次性可穿透 8 mm 以下的奥氏体不锈钢板对接缝，并通过小孔效应可实现单面焊双面成形，因此与传统的 TIG 焊相比，可大大提高焊接效率。另外，等离子弧比普通电弧更稳定，且外界干扰因素对等离子弧特性的影响较小，可以焊制质量更稳定、可靠的焊接接头，故特别适用于对接头质量要求较高的奥氏体不锈钢的焊接。在某些现代工业装备制造业中，手工和自动等离子弧焊正在不断扩大其应用范围。因此，本次任务将进行不锈钢板的等离子弧焊接，焊接图样如图 5-12 所示。

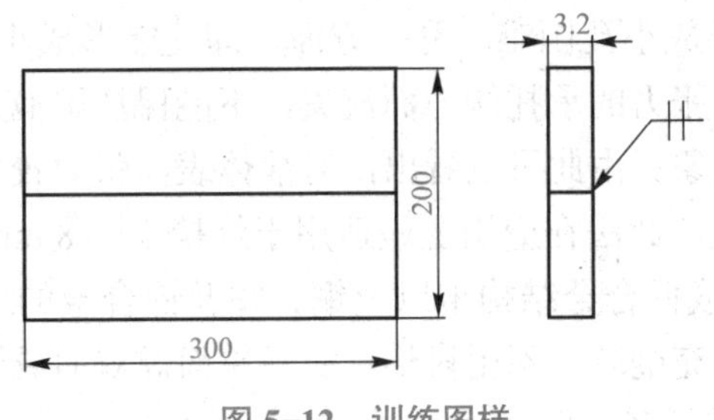

图 5-12 训练图样

母材为 12Cr18Ni9 奥氏体不锈钢，根据图样可知，板厚为 3.2 mm，不开坡口对接焊，不留间隙。要求单面焊双面成形，焊缝外表无咬边、气孔、裂纹等缺陷，正反面成形均匀、美观。通过此任务使学生在学习等离子弧焊接知识的同时，掌握等离子弧焊接工艺。

【知识储备】

一、工艺分析

1. 等离子弧焊的基本方法及应用

按焊缝成形原理，等离子弧焊有三种基本方法：穿透型等离子弧焊、熔透型等离子弧焊、微束等离子弧焊。此外，还有一些派生类型，如脉冲等离子弧焊、交流等离子弧焊、熔化极等离子弧焊等。

穿孔形等离子弧焊接

（1）穿透型等离子弧焊。穿透型等离子弧焊又称穿孔型焊接法，即大电流焊接法。该方法是利用等离子弧直径小、温度高、能量密度大、穿透力强的特点，焊接时等离子弧把焊件完全穿透并在等离子流力作用下形成一个穿透焊件的小孔（在小孔背面露出等离子弧），熔化金属被排挤在小孔周围，依靠表面张力的承托而不会流失，如图 5-13 所示。随着焊枪向前移动，熔池中的液态金属在电弧吹力、表面张力作用下沿熔池壁向熔池后方移动，于是小孔也跟着焊枪向前移动，形成完全熔透的正反面都有波纹的焊缝，即所谓的“小孔效应”。由于这种小孔效应，不用衬垫就可实现单面焊双面成形。焊接时一般不加填充金属，但如果对焊缝余高有要求，也可加入填充金属。目前，大电流（100 ～ 500 A）等离子弧焊接通常采用这种方法。

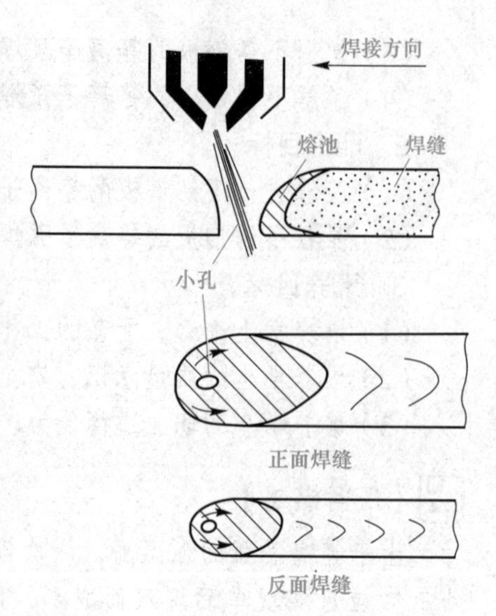

图 5-13　穿透型等离子弧焊接

采用穿透型等离子弧焊接法时，要保证焊件完全熔透且正反面都能成形，关键是能形成穿透性的小孔，并精确控制小孔尺寸，以满足保持熔池金属平衡的要求。另外，小孔效应只有在足够的能量密度条件下才能形成。板厚增加时所需的能量密度也增加，而等离子弧的能量密度难以再进一步提高。因此，穿透型等离子弧焊接法只能在一定的板厚条件下才能实现。焊件太薄时，由于小孔不能被液体金属完全封闭，故不能实现小孔焊接法。如果焊件太厚，一方面受到等离子弧能量密度的限制，形成小孔困难。另一方面，即使能形成小孔，也会因熔化金属多，液体金属的质量大于表面张力的承托能力而流失，不能保持熔池金属平衡，严重时将会形成小孔空腔而造成切割现象。由此可以看出，对液体表面张力较大的金属，穿透型等离子弧焊接的厚度可以大一些。此法在应用上最适用于焊接 3 ～ 8 mm 不锈钢、12 mm 以下钛合金、2 ～ 6 mm 低碳钢或低合金结构钢以及铜、镍及镍合金的对接焊。在上述厚度范围内，可不开坡口、不加填充金属、不用衬垫，实现单面焊双面成形。当焊件厚度大于上述范围时，需开 V 形坡口进行多层焊。

（2）熔透型等离子弧焊。熔透型等离子弧焊又称熔入型焊接法，它采用较小的焊接电流（15 ～ 100 A）和较小的离子气流量，焊接过程中只熔化焊件而不产生小孔效应。基本焊法与钨极氩弧焊相似，焊接时可不加填充金属。主要用于薄板（0.5 ～ 2.5 mm）的焊接、多层焊打底焊道以后各层的焊接以及角焊缝的焊接。

（3）微束等离子弧焊。焊接电流在 30 A 以下的等离子弧焊通常称为微束等离子弧焊。这种方法使用很小的喷嘴孔径（ϕ0.5 ～ 1.5 mm），得到针状细小的等离子弧，主要用于焊接厚度 1 mm 以下的超薄、超小精密焊件。

微束等离子弧焊通常采用联合型等离子弧，采用两个独立的焊接电源。一个电源向钨极与喷嘴之间的非转移型弧供电，这个电弧称为维弧，其供电电源为维弧电源。维弧电流一般为 2 ～ 5 A，维弧电源的空载电压一般大于 90 V，以便引弧。另一个电源向钨极与焊件间的转移型弧（主弧）供电，以进行焊接。焊接过程中两个电弧同时工作。维弧的作用是在小电流下帮助和维持转移型弧工作。在焊接电流小于 10 A 时维弧的作用尤为明显。当维弧电流大于 2 A 时，转移型等离子弧在小至 0.1 A 焊接电流下仍可稳定燃烧，因此小电流时微束等离子弧十分稳定。

上述三种等离子弧焊接方法均可采用脉冲电流，借以提高焊接过程的稳定性，此时称为脉冲等离子弧焊。脉冲等离子弧易于控制热输入和熔池，适用于全位置焊接，并且其焊接热影响区和焊接变形都更小。尤其是脉冲微束等离子弧焊，特点更突出，因而应用较广。

交流等离子弧焊具有阴极清理作用，主要用来焊接铝、镁及其合金。熔化极等离子弧焊实质上是一种等离子弧和 MIG 焊组合在一起的联焊方法，这两种方法目前用得尚不多。

2. 等离子弧焊的工艺特点

（1）焊接生产率高，焊件变形小。由于等离子弧的温度高、能量密度大、熔透能力强，因此可用比钨极氩弧焊高得多的焊接速度施焊。这样不仅可以提高焊接生产率，而且可以减小熔宽、增大熔深，因而可以减小热影响区宽度和焊接变形。

（2）焊缝成形好，质量高。由于等离子弧的形态近似圆柱形，挺度好，因此当弧长发生波动时，熔池表面的加热面积变化不大，对焊缝成形的影响较小，容易得到均匀的焊缝成形。同时由于钨极内缩在喷嘴里面，焊接时钨极与焊件不接触，因此可减少钨极烧损和防止焊缝夹钨。特别适用于对焊缝质量要求高、批量生产的焊接件。

（3）易于实现单面焊双面成形。采用穿透型等离子弧焊接，容易实现单面焊双面成形。

（4）适用范围广。由于等离子弧焊一般使用氩气作为离子气和保护气，所以可用于焊接几乎所有的金属及合金；等离子弧焊的焊缝成形具有深而窄的特点，热影响区小，特别适用于焊接对热作用较敏感的钢材，如奥氏体不锈钢和高合金耐热钢等。同时由于等离子弧的稳定性好，使用很小的焊接电流也能保证等离子弧的稳定，故还可以焊接超薄件。

3. 等离子弧焊接参数的选择

等离子弧焊接时，焊接的方式主要有穿透等离子弧焊和熔透等离子弧焊（包括微束等离子弧焊）两种。在采用穿透型等离子弧焊时，焊接过程中确保小孔的稳定是获得优质焊缝的前提。影响小孔稳定性的工艺参数包括焊接电流、喷嘴孔径、离子气种类和流量、焊接速度、喷嘴端面至焊件表面的距离及保护气成分和流量等。

（1）焊接电流。当其他条件不变时，焊接电流增加，等离子弧的热功率也增加，熔透能力增强。因此，应根据焊件的材质和厚度首先确定焊接电流。在采用穿透型等离子弧焊接法时，如果电流太小，则形成小孔的直径也小，甚至不能形成小孔，无法实现穿透型等离子弧焊接；如果电流过大，则形成的小孔直径也过大，熔化金属过多，易造成熔池金属坠落，也无法实现穿透型等离子弧焊接。同时，电流过大还容易引起双弧现象。因此，当喷嘴孔径及其他焊接参数一定时，焊接电流应控制在一定范围内。

（2）喷嘴孔径。喷嘴孔径直接决定等离子弧的压缩程度，是选择其他参数的前提。在焊接生产过程中，当焊件厚度增大时，焊接电流也应增大，但一定孔径的喷嘴的许用电流是有限制的，见表 5-3。因此，一般应按焊件厚度和所需电流值确定喷嘴孔径。

表 5-3　喷嘴孔径与许用电流

喷嘴孔径 /mm	1.0	2.0	2.5	3.0	3.5	4	4.5
许用电流 /A	≤ 30	40 ～ 150	140 ～ 180	180 ～ 250	250 ～ 350	350 ～ 400	450 ～ 500

（3）离子气种类及流量。目前应用最广的离子气是氩气，适用于所有金属。为提高焊接生产率和改善接头质量，针对不同金属可在氩气中加入其他气体。例如，焊接不锈钢和

镍合金时，可在氩气中加入体积分数为 5% ～ 7.5% 的氢气；焊接钛及钛合金时，可在氩气中加入体积分数为 50% ～ 75% 的氦气。

当其他条件不变时，离子气流量增加，等离子弧的冲力和穿透力都增大。因此，要实现稳定的穿透型等离子弧焊接过程，必须要有足够的离子气流量；但离子气流量太大时，会使等离子弧的冲力过大而将熔池金属冲掉，同样无法实现穿透型等离子弧焊接。

（4）焊接速度。当其他条件不变时，提高焊接速度，则输入到焊缝的热量减少，在穿透型等离子弧焊接时，小孔直径将减小；如果焊速太高，则不能形成小孔，故不能实现穿透型等离子弧焊接。但此时若能增大焊接电流或离子气流量，则又能实现稳定的穿透型等离子弧焊接。因此，焊接速度的确定，取决于焊接电流和离子气流量。

在穿透型等离子弧焊接过程中，焊接电流、离子气流量和焊接速度这三个参数应相互匹配。匹配的一般规律：当焊接电流一定时，若增加离子气流量，则应相应增加焊接速度；当离子气流量一定时，若增加焊接速度，则应相应增加焊接电流；当焊接速度一定时，若增加离子气流量，则应相应减小焊接电流。

（5）喷嘴端面至工件表面的距离。喷嘴端面至工件表面的距离为喷嘴高度。生产实践证明喷嘴高度应保持在 3 ～ 8 mm 较为合适。如果喷嘴高度过大，会增加等离子弧的热量损失，使熔透能力减小，保护效果变差；但若喷嘴高度太小，则不便操作，喷嘴也易被飞溅物堵塞，还容易产生双弧现象。

（6）保护气成分及流量。采用等离子弧焊接时，除向焊枪输入离子气外，还要输入保护气，以充分保护熔池不受大气污染。大电流等离子弧焊时保护气与离子气成分应相同，否则会影响等离子弧的稳定性。小电流等离子弧焊时，离子气与保护气成分可以相同，也可以不同，因为此时气体成分对等离子弧的稳定性影响不大。保护气一般采用氩气，焊接铜、不锈钢、低合金钢时，为防止焊缝缺陷，通常在氩气中加入一定量的氦气、氢气或二氧化碳等气体。保护气流量应与离子气流量有一个适当的比例。如果保护气流量过大，则会造成气流紊乱，影响等离子弧的稳定性和保护效果。穿透型等离子弧焊接时，保护气流量一般选择 15 ～ 30 L/min。

常用的穿透型等离子弧焊焊接参数见表 5–4。

表 5–4　穿透型等离子弧焊焊接参数

材料	厚度 /mm	坡口形式	焊接电流 /A	电弧电压 /V	焊接速度 /(cm · min^{-1})	气体成分（体积分数）	气体流量 /(L · min^{-1})	
							离子气	保护气
碳钢	3.2	I	185	28	30	Ar	6.1	28
低合金钢	4.2	I	200	29	25	Ar	5.7	28
	6.4		275	33	36		7.1	
不锈钢	2.4	I	115	30	61	Ar95% ＋ $H_2$5%	2.8	17
	3.2		145	32	76		4.7	17
	4.8		165	36	41		6.1	21
	6.4		240	38	36		8.5	24

熔透型等离子弧焊的焊接参数种类与穿透型等离子弧焊基本相同。焊件熔化和焊缝成

形过程则与钨极氩弧焊相似。中、小电流（0.1 ～ 100 A）熔透型等子弧焊通常采用联合型弧。由于非转移型弧（维弧）的存在，主弧在很小电流下（1 A 以下）也能稳定燃烧。但维弧电流过大容易损坏喷嘴，一般选用 2 ～ 5 A。

二、工艺确定

本次任务为焊接 3.2 mm 的不锈钢，采用穿透型等离子弧焊方法进行单面焊双面成形。由于采用穿透型等离子弧焊接不锈钢时，一次焊透的厚度可达 8 mm，所以 3.2 mm 厚的不锈钢板不需开坡口，不留间隙。由于不开坡口、不留间隙，因此不需填加焊丝。为保证焊接质量，在焊接前应加装引弧板和熄弧板。穿透型等离子弧焊接时，为保证获得稳定的小孔效应，装配间隙不应超过板厚的 1/10，最好不大于 0.5 mm；错边应控制在不大于板厚的 0.15 倍，且不大于 1.0 mm。因此本任务中，装配时最大允许间隙为 0.3 mm，错边不大于 0.5 mm。焊接参数的选择可参考表 5–4。

根据以上工艺分析，焊接 3.2 mm 的 12Cr18Ni9 不锈钢板，采用穿透型等离子弧焊方法进行单面焊双面成形的焊接工艺卡见表 5–5。

表 5–5　3.2 mm 的 12Cr18Ni9 不锈钢板穿透型等离子弧焊焊接工艺卡

适用范围	材料牌号	12Cr18Ni9	焊接接头：3.2				
	材料规格	3.2 mm					
	接头种类	对接					
	坡口形式	I					
	坡口角度	—					
	钝边	—					
	组对间隙	＜ 0.3 mm					
	背面清根	—					
	衬垫	—					
	焊接方法	PAW					
	电源种类	直流	焊后热处理	种类	—	保温时间	—
	电源极性	正极性		加热方式	—	层间温度	—
	焊接位置	1G		温度范围	—	测量方法	—

焊接参数

焊层	钨极直径 /mm	喷嘴直径 /mm	焊接电流 /A	电弧电压 /V	焊接速度 /（mm · min^{-1}）	气体成分（体积分数）	气体流量 /（L · min^{-1}）	
							离子气	保护气
—	1.6	2.5	145	32	760	Ar95% ＋ $H_2$5%	4.7	17

注：错边量＜ 0.5 mm

三、常见焊缝缺陷及防止措施

等离子弧焊缝的表面缺陷主要有余高过大、未填满、咬边、未焊透、表面裂纹等；内部缺陷主要有气孔、未熔合和内部裂纹等。其中以气孔、咬边和裂纹最为常见。常见缺陷及防止措施见表 5-6。

表 5-6 等离子弧焊接常见缺陷及防止措施

缺陷	产生原因	防止措施
气孔	①焊接速度过快； ②焊件清理不彻底； ③电弧电压过高； ④填充焊丝送进速度过快； ⑤焊接电流过大； ⑥引弧和熄弧处焊接参数配合不当	①降低焊接速度； ②彻底清理焊件表面； ③减小弧压； ④降低送丝速度； ⑤减小焊接电流； ⑥引弧和熄弧处选择合适的焊接参数，焊枪适当后倾
咬边	①离子气流量过大； ②焊接电流过大； ③焊接速度过大； ④焊枪向一侧倾斜； ⑤装配时存在错边； ⑥电极与压缩喷嘴不同心； ⑦出现磁偏吹现象； ⑧采用多孔喷嘴时，两侧辅助孔位置偏斜	①减小离子气流量； ②减小焊接电流； ③减小焊接速度； ④摆正焊枪； ⑤减小错边量； ⑥使电极与压缩喷嘴同心； ⑦正确连接电缆，减小磁偏吹； ⑧防止两侧辅助孔位置偏斜
裂纹	①结构拘束度大； ②气体保护效果差； ③焊接工艺不当	①减小拘束度； ②改善气体保护效果； ③调整焊接热输入，采取预热、保温等措施

【任务实施】

1. 焊前准备

（1）开坡口。采用机械切割的方式下料，不需开坡口，但要保证切割边缘平齐。

（2）焊前清理。在焊接区及其附近 20 ～ 30 mm 范围内，用汽油、丙酮擦洗，将待焊处表面的油、污垢、漆等污物清理干净，然后用清水冲洗、吹干，严禁用砂轮机打磨。

（3）装配。可三点定位，且在对接接头两端焊上引弧板和熄弧板。装配间隙不大于 0.3 mm，错边不大于 0.5 mm。

（4）焊接参数的设定。按焊接工艺卡设定焊接参数。

2. 焊接操作

（1）引弧。在采用穿透型等离子弧焊接法焊接板厚大于 3 mm 的板材时，由于焊接电流较大，引弧处容易产生气孔、下凹等缺陷，因此应在引弧板上进行引弧，即在引弧板上形成小孔，然后逐渐过渡到工件上去。

（2）焊接。焊接时焊枪应朝焊接方向倾斜 25° ～ 35°。在焊接过程中应注意保证小孔的形成。

（3）熄弧。在熄弧板上进行熄弧，即将小孔闭合在熄弧板上。

3. 焊后质量检验

焊后对焊缝质量进行检验，焊缝表面应无气孔、裂纹、咬边，且正反两面焊缝成形均匀、美观。

任务四　实施不锈钢板的等离子弧切割

【学习目标】

1. 知识目标

（1）掌握不锈钢板的等离子弧切割工艺分析；

（2）掌握不锈钢板的等离子弧切割原理、特点及参数的选择；

（3）掌握不锈钢板的等离子弧切割操作方法；

（4）掌握不锈钢板的等离子弧切割常见材料的割口缺陷及其产生原因。

不锈钢的等离子弧切割

2. 能力目标

（1）能够进行不锈钢板的等离子弧切割工艺分析；

（2）具备不锈钢板的等离子弧切割操作技能。

3. 素养目标

（1）培养学生细心、严谨的工作态度；

（2）培养学生的质量意识、安全意识；

（3）培养学生的沟通能力及团队合作精神。

【任务描述】

等离子弧切割技术虽然问世不到50年，但其由于切割效率和切割质量高，切割成本低，在0.1～30 mm厚的钢材切割应用中正逐步走向主流。等离子弧切割适用于所有金属材料和部分非金属材料，是切割不锈钢、铝及铝合金、铜及铜合金等有色金属的有效方法。根据这一生产原型，本次任务采用等离子弧切割一块长300 mm、宽100 mm、厚8 mm的不锈钢，要求割口平直、无熔化圆角，割口下部无毛刺。通过此任务使学生在学习等离子弧切割知识的基础上，掌握等离子弧切割工艺。

【知识储备】

一、工艺分析

1. 等离子弧切割原理

等离子弧切割是以高温的等离子弧作为热源，将被切割的金属或非金属局部迅速熔化，同时利用压缩的高速气流的机械冲刷力将已熔化的金属或非金属吹走而形成狭窄割口的切割方法。它与氧－乙炔火焰切割的原理有本质的不同。氧－乙炔火焰切割主要是依靠氧与部分金属的化合燃烧和氧气流的吹力，使燃烧的金属氧化物熔渣脱离基体而形成割口。因此，氧－乙炔火焰切割不能切割燃点高、导热好、氧化物熔点高和黏滞性大的材料。等离子弧切割过程不是依靠氧化反应，而是依靠熔化切割工件，等离子弧的温度可达30 000 ℃，目前所有金属材料及非金属材料都能被等离子弧熔化，因而它的适用范围比氧－乙炔火焰切割要大得多。

等离子弧切割原理如图 5-14 所示，其中图 5-14（a）采用转移型弧，适用于金属材料切割；图 5-14（b）采用非转移型弧，既可用于金属材料切割，也可用于非金属材料切割，但由于工件不接电源，电弧挺度差，故能切割的金属材料厚度较小。

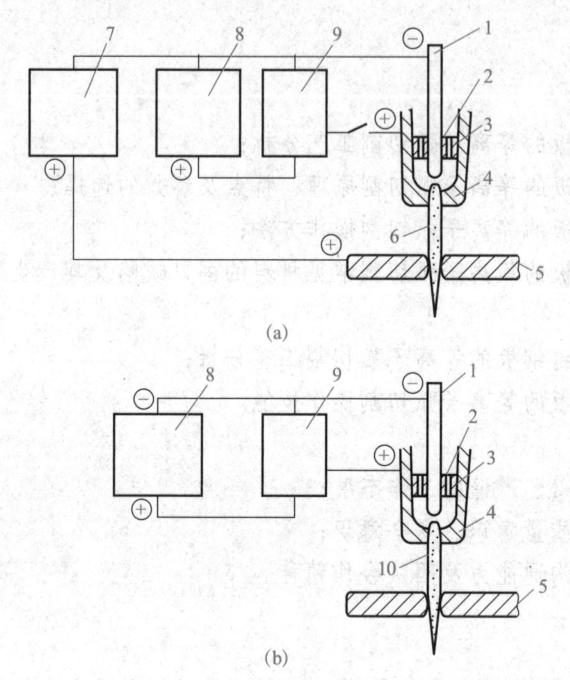

图 5-14　等离子弧切割原理示意

(a) 转移型等离子弧切割；(b) 非转移型等离子弧切割

1—电极；2—离子气；3—对中环；4—喷嘴；5—工件；6—转移弧；

7—转移弧电源；8—非转移弧电源；9—高频振荡器；10—等离子焰

2. 等离子弧切割特点

（1）切割速度快，生产率高。由于等离子弧的温度高、能量集中，且弧柱挺度好，电弧冲击力大，所以它是目前所采用的切割方法中，切割速度最快的。

（2）割口质量好。等离子弧切割时，能得到比较狭窄、光洁、整齐、无黏渣、接近垂直的割口，而且产生的热影响区和变形都比较小，其硬度变化也不大，切割质量好。特别在切割不锈钢时能很快通过敏化温度区间，故不会降低割口处金属的耐腐蚀性能；切割淬火倾向较大的钢材时，虽然割口处金属的硬度也会升高，甚至会出现裂纹，但由于淬硬层的深度非常小，通过焊接过程可以消除，所以切割边可直接用于装配焊接。

（3）应用范围广。由于等离子弧的温度高、能量集中，所以能切割各种高熔点金属及其他切割方法不能切割的金属材料，如不锈钢、铸铁、铝、镁、铜等。在使用非转移型等离子弧时还能切割非金属材料，如石块、耐火砖、水泥块等。

等离子弧切割的不足之处：设备比氧－乙炔火焰切割复杂、投资较大；电源的空载电压较高，操作时应注意安全；切割时产生的气体会影响人体健康，操作时应注意通风。另外，还必须注意防弧光辐射、防噪声、防高频等。

3. 等离子弧切割设备

等离子弧切割设备与等离子弧焊接设备大致相同，主要不同之处是切割时所用的电压、电流和离子气流量都比焊接时高，而且全部是离子气，不需要保护气（割枪没有外喷嘴）。因此，等离子弧切割设备的供气系统比等离子弧焊接设备的供气系统简单，不用保护气体和气流衰减回路。

4. 等离子弧切割参数的选择

等离子弧切割参数较多，主要有离子气种类和流量、空载电压、喷嘴孔径、切割电流和切割电压、切割速度和喷嘴高度等。各种参数对切割过程的稳定性和切割质量均有不同程度的影响，切割时必须依据切割材料的种类、工件厚度和具体要求进行选择。

（1）离子气种类和流量。等离子弧切割时，气体的作用是压缩电弧、防止钨极氧化、吹掉割缝中的熔化金属、保护喷嘴不被烧坏。离子气种类和流量对上述作用有直接影响，从而影响切割质量。

应根据被切割材料的种类选择不同的离子气，最常用的离子气有氮气、空气、氮＋氩、氩＋氢、氮＋氢＋氩等。气体的纯度应＞99%。双原子气体由于具有较好的热压缩作用，因此有利于切割厚板，但其引弧和稳弧性能较差。普通板材的切割可选用3：2的氩＋氢混合气体，当切割5 mm以下薄板和耐热合金钢板时可再加入少量氮气，以改善割口质量。氮气常作为水再压缩等离子弧切割用气体。空气等离子弧切割采用压缩空气作切割气体，用以切割碳钢和低合金钢，割口毛刺少。

提高离子气流量，既能提高切割电压，又能增强对电弧的压缩作用；有利于提高切割速度和切割质量。但离子气流量过大时，会因过大的气体流量带走大量的热量，反而使切割能力下降和电弧不稳定。一种割枪使用的离子气流量的大小，在一般情况下不变，当切割厚度变化较大时才做适当改变。切割厚度小于100 mm的不锈钢时，离子气流量一般为40～60 L/min；切割厚度大于100 mm的不锈钢时，离子气流量一般为65 L/min。

（2）空载电压。等离子弧切割要求电源具有较高的空载电压（一般不低于150 V），因为空载电压低将限制切割电压的提高，不利于厚件的切割。切割大厚度的工件时，空载电压必须在220 V以上，最高可达400 V。另外，采用双原子气体切割大厚度板材时，为了易于引弧和稳弧，提高切割速度，也需要高的空载电压。由于等离子弧切割空载电压较高，操作时必须注意安全。

（3）喷嘴孔径。喷嘴孔径的大小应根据切割工件厚度和选用的离子气种类确定。切割厚度较大时，要求喷嘴孔径也要相应增大；使用氩＋氢混合气体时，喷嘴孔径可适当小一些，使用氮气时应大一些。

每一直径的喷嘴都有一个允许使用的电流极限值，如超过这个极限值，则容易产生双弧现象。因此，当工件厚度增大时，在提高切割电流的同时，喷嘴孔径也要相应增大（孔道长度也应增大）。切割喷嘴的孔道比l/d一般为1.5～1.8。

（4）切割电流和切割电压。切割电流和切割电压是决定切割电弧功率的两个重要参数。切割电流与电极尺寸、喷嘴孔径、切割速度有关。电流增大会使弧柱变粗、割口加宽，且易烧损喷嘴；对于一定喷嘴孔径存在一个最大许用电流，超过时就会烧损喷嘴。其他参数一定时，切割电流与喷嘴孔径的关系为 $I=（30\sim100）d$。

切割大厚度工件时，以提高切割电压最为有效。但电压过高或接近空载电压时，电弧难以稳定，为保证电弧稳定，要求切割电压不大于空载电压的 2/3。

（5）切割速度。切割速度取决于工件的材质、厚度、切割功率、气体种类和流量、喷嘴孔径等。切割速度的快慢不仅影响切割效率，而且影响割口质量。在切割功率相同的情况下，由于铝的熔点低，切割速度应快些；钢的熔点较高，切割速度应慢些；铜的导热性好，散热快，切割速度应更慢些。

（6）喷嘴高度。随着喷嘴高度的增大，等离子弧的切割电压提高，功率增大；但同时使弧柱长度增大，热量损失增大，导致切割质量下降。喷嘴高度太小时，既不便于观察，又容易造成喷嘴与工件短路。一般在手工切割时取喷嘴高度为 8 ～ 10 mm；自动切割时喷嘴高度为 6 ～ 8 mm。

5. 空气等离子弧切割

采用压缩空气作为离子气的等离子弧切割称为空气等离子弧切割。一方面由于空气来源广，因而切割成本低，为等离子弧切割用于普通钢材开辟了广阔的前景；另一方面用空气作离子气时，等离子弧能量大，加之在切割过程中氧与被切割金属发生氧化反应而放热，因而切割速度快，生产率高。近年来，空气等离子弧切割发展较快、应用越来越广泛，不仅能用于普通碳钢与低合金钢的切割，也可用于切割铜、不锈钢、铝及其他材料。空气等离子弧切割特别适合切割厚度在 30 mm 以下的碳钢和低合金钢。

空气等离子弧切割中存在的两个主要问题：一是电极受到强烈的氧化而烧损，电极端头形状难以保持；二是不能采用纯钨电极或含氧化物的钨电极，因此限制了该方法的广泛应用。在实际生产中，采用的措施如下：

（1）采用镶嵌式锆（或铪）电极，并采用直接水冷式结构，由于在空气中工作可形成锆（或铪）的氧化物，易于发射电子，且熔点高，延长了电极的使用寿命。

（2）增加一个内喷嘴，单独对电极通以惰性气体保护，减小电极的氧化烧损。

空气等离子弧切割方法如图 5-15 所示，分为两种形式：图 5-15（a）所示为单一空气式，它的离子气和切割气都为压缩空气，因而割枪结构简单，但压缩空气的氧化性很强，不能采用钨电极，而应采用纯锆、纯铪或其合金做成镶嵌式电极；图 5-15（b）所示为复合式，它的离子气为惰性气体，切割气为压缩空气，因而割枪结构复杂，但可以采用钨电极。

小电流空气等离子弧切割参数见表 5-7。

表 5-7　小电流空气等离子弧切割参数

材料	厚度/mm	切割电流/A	空气压力/kPa	空气流量/（L · min⁻¹）	喷嘴孔径/mm	切割速度/（mm · min⁻¹）
碳钢	2 4 6 8	25	343	8	1.0	＞1 000 700 400 220

续表

材料	厚度 /mm	切割电流 /A	空气压力 /kPa	空气流量 /（L·min^{-1}）	喷嘴孔径 /mm	切割速度 /(mm·min^{-1})
不锈钢	2 4 6 8	25	343	8	1.0	1 000 610 400 200
铝	2 4	25	343	8	1.0	1 020 350
注：割缝宽度不超过 1.2 mm，上、下宽度差不超过 0.2 mm						

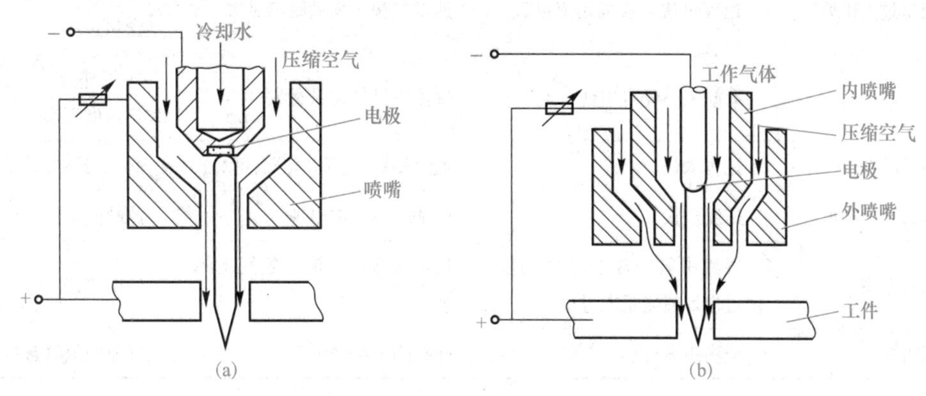

图 5-15　空气等离子弧切割方法示意
(a) 单一空气式；(b) 复合式

二、工艺确定

本次任务为切割 8 mm 厚的不锈钢板，为了降低成本，可采用空气等离子弧切割。空气等离子弧切割不锈钢时，具有切割面良好、切割速度快、易获得无黏渣的切割面、工作气体易取得、操作成本低等优点。电极采用锆电极，切割参数见表 5-8。

表 5-8　空气等离子弧切割参数

材料	厚度 /mm	切割电流 /A	空气压力 /kPa	空气流量 /（L·min^{-1}）	喷嘴孔径 /mm	切割速度 /(mm·min^{-1})
不锈钢	8	25	343	8	1.0	200

三、常用材料割口缺陷及产生原因

割口质量主要以割口宽度、割口垂直度、割口表面粗糙度、割口底部熔瘤（毛刺）及割口热影响区的硬度和宽度等进行评定。良好的割口质量应该是割口光洁、割口窄、割口上部呈直角、无熔化圆角、割口下部无毛刺、割口表面硬度不影响割后的机加工。常用材料进行等离子弧切割时的割口缺陷及产生原因见表 5-9。

表 5-9　常用材料的割口缺陷及产生原因

缺陷类型	产生原因		
	低碳钢	不锈钢	铝
上表面割口呈圆形	速度过快，喷嘴距离过大	速度过快，喷嘴距离过大	此缺陷不经常出现
上表面有毛刺	喷嘴距离过大	喷嘴距离过大，气流中氢气含量过高	喷嘴距离过大
上表面粗糙	此缺陷不经常出现	喷嘴距离过大，气流中氢气含量过高，速度太慢	气流中氢气含量过小
侧面呈过大正坡口	速度过快，喷嘴距离过大	速度过快，喷嘴距离过大	速度过快，气流中氢气含量过小
侧面呈凹形	此缺陷不经常出现	气流中氢气含量过大	气流中氢气比例过大，速度太慢
侧面呈凸形	速度太快	速度太快，气流中氢气含量太小	此缺陷不经常出现
背面边缘呈圆形	速度过快	此缺陷不经常出现	此缺陷不经常出现
背面有毛刺	气流中氢气含量过大，速度过慢，喷嘴距离过小	速度太慢，气流中氢气比例过大	速度过快
背面粗糙	喷嘴距离过小	此缺陷不经常出现	气流中氢气含量太小

如果采用的切割参数合适而割口质量不理想，则要着重检查电极与喷嘴的同心度以及喷嘴结构是否合适。另外，喷嘴的烧损会严重影响割口质量。

利用等离子弧切割开坡口时，要特别注意割口底部不能残留熔渣，不然会增加焊接装配的困难。

【任务实施】

等离子弧切割

1. 切割前准备工作

（1）连接好设备后，认真检查，尤其是接好接地线，确保一切正常。

（2）检查工作场地在 5 m 范围内不应有易燃、易爆物品。

（3）闭合开关，向主机供电。

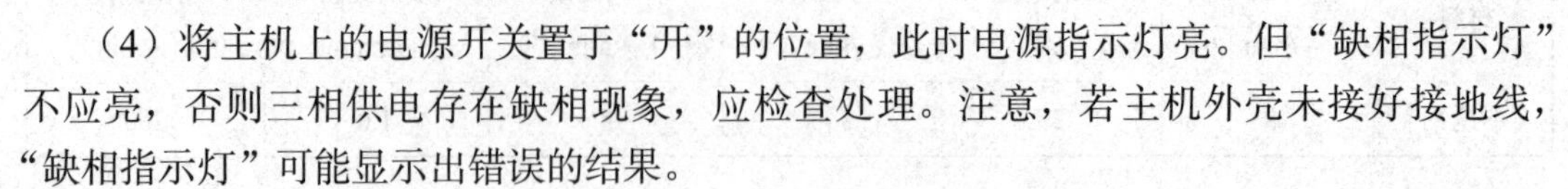

（4）将主机上的电源开关置于“开”的位置，此时电源指示灯亮。但“缺相指示灯”不应亮，否则三相供电存在缺相现象，应检查处理。注意，若主机外壳未接好接地线，“缺相指示灯”可能显示出错误的结果。

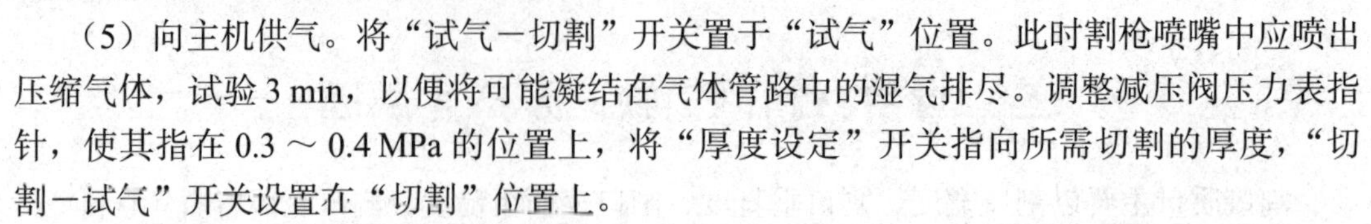

（5）向主机供气。将“试气－切割”开关置于“试气”位置。此时割枪喷嘴中应喷出压缩气体，试验 3 min，以便将可能凝结在气体管路中的湿气排尽。调整减压阀压力表指针，使其指在 0.3 ～ 0.4 MPa 的位置上，将“厚度设定”开关指向所需切割的厚度，“切割－试气”开关设置在“切割”位置上。

2. 切割

（1）将喷嘴中心孔对准工件边缘，打开割枪开关，引燃等离子弧，并割穿工件，然后沿割线方向匀速移动割枪。切割速度是以割穿为前提，宜快不宜慢，太慢将影响割口质量。

（2）切割终了，关闭切割开关。此时压缩气体仍在喷出，数秒后停喷，移开割枪，完成了切割全过程。

连续使用 15 min 后应停机，待变压器冷却后才能继续工作，如果连续工作时间太长，将使变压器温升超过 120 ℃，这时过热保护装置动作，使设备无法继续工作。

3. 割口质量检查

切割完成后，检查割口质量，要求割口平直、无熔化圆角、割口下部无毛刺。

水再压缩等离子弧切割

【知识拓展】

水再压缩等离子弧切割

该方法是在普通的等离子弧外围再用高速水束进行压缩。切割时，从割枪喷出的除等离子气体外，还伴有高速流动的水束，共同迅速地将熔化金属排开，形成割口。其切割方法如图 5-16 所示。

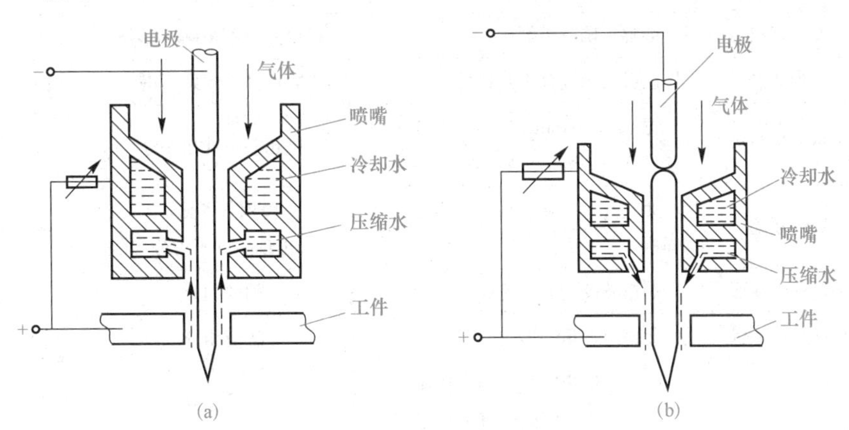

图 5-16　水再压缩等离子弧切割方法示意
(a) 径向喷水式；(b) 轴向喷水式

高速水流由一高压水源提供，在割枪中既对喷嘴起冷却作用，又对等离子弧起再压缩作用。高速水流的作用具体如下：

（1）水流能增加喷嘴冷却，从而增强等离子弧的热收缩效应，使等离子弧的能量更为集中，因而可增加切割速度。

（2）一部分压缩水被蒸发，分解成氢与氧，它们与工作气体共同组成切割气体，使等离子弧具有更高的能量。

（3）由于氧的存在，特别在切割低碳钢和低合金钢时，引起剧烈的氧化反应，增强了材质的燃烧和熔化。

图 5-16（a）、（b）分别表示了压缩水的两种喷射形式，其中径向喷水式对电弧的压缩

作用更强烈。

水再压缩等离子弧切割由于水压很高，切割时水喷溅严重，因此一般是在水槽中进行。将工件浸入水中切割，可有效防止切割时产生的金属蒸气、烟尘、弧光等，大大改善了工作条件。同时，由于水的冷却作用，可使割口平整、宽度小，割后工件变形小，因而提高了割口质量。

水再压缩等离子弧切割的缺点如下：

（1）由于割枪置于水中，引弧时先要排开枪体内的水，因而离子气流量增大，引弧困难，必须提高电源的空载电压。

（2）水对引弧高频电有强烈的吸收作用，因而在割枪结构上要增强枪体与水的隔绝，必须提高高频振荡器的功率。

（3）水中切割降低了电弧的热能效率，为保证一定的切割生产率，则必须提高切割电流或电压。

（4）水的电阻比空气小得多，因而易形成双弧现象。

◎任务评价

等离子弧焊评分标准见表 5-10，等离子弧切割评分标准见表 5-11。

表 5-10　等离子弧焊评分标准

序号	项目	要求标准	扣分标准	配分	得分
1	操纵焊机	能够正确操纵焊机	焊机操纵不正确不得分	15	
2	焊接参数选择	能够正确选择工艺参数	参数选择不正确不得分	20	
3	焊道外形尺寸	宽度＜ 10 mm，宽度差≤ 1 mm；余高 0 ～ 2 mm，余高差≤ 1 mm	每超差一处扣 5 分	10	
4	焊缝缺陷	无气孔、凹陷、焊瘤、咬边、未焊透	每项各 5 分，出现一处不得分	25	
5	焊道外观成形	焊道波纹均匀、美观	酌情扣分	5	
6	焊件外观形状	无错边、角变形	酌情扣分	10	
7	安全文明生产	（1）严格遵守安全操作规程；（2）遵守文明生产有关规定	酌情扣分	15	
8	裂纹	无裂纹	出现裂纹倒扣 20 分	0	
总分合计				100	

表 5-11　等离子弧切割评分标准

序号	项目	要求标准	扣分标准	配分	得分
1	操纵切割机	能够正确操纵切割机	切割机操纵不正确不得分	15	
2	切割参数选择	能够正确选择切割参数	参数选择不正确不得分	20	
3	切割线偏差	切割线偏差不得超过 ±1.3 mm	每超差一处扣 5 分	10	
4	切割质量	无熔化圆角、无熔洞、无侧面凸形、无侧面凹形、无毛刺	每项各 5 分出现一处不得分	25	

续表

序号	项目	要求标准	扣分标准	配分	得分
5	切割表面质量	表面光滑、切纹细密、铁渣易于清理	酌情扣分	15	
6	安全文明生产	（1）严格遵守安全操作规程； （2）遵守文明生产有关规定	违反有关规定，视情况扣总分 5 ～ 30 分	15	
总分合计				100	

◎安全教育

事故案例：等离子弧焊健康危害事故。

事故发生的主要经过：某厂两名焊工在等离子弧焊接作业中，一名焊工突然流鼻血，另一名焊工嗓子也不舒服。经医生检查后发现，两名焊工的血液中，白细胞都大量减少，低于健康标准。

原来，这两名焊工已经连续从事等离子弧焊接作业 6 个多月，而且作业场所狭窄，无抽烟吸尘装置，两名焊工早就感觉身体不舒服，但不知原因。

事故发生的主要原因：

（1）等离子弧焊接过程中伴随着大量汽化的金属蒸气、臭氧、氮氧化物等，这些烟气和灰尘对操作工人的呼吸道、肺等都会产生严重影响。

（2）工人对这种新工艺产生的危害性及如何防护缺乏了解，未使用适当的个人防护用品。

事故预防措施：

（1）企业的技术工艺部门在采用这种工艺时，应同时制定劳动卫生技术措施。

（2）企业的安全、生产部门对实施这种工艺安排恰当的场所，配置抽烟吸尘装置，降低有害气体、烟尘的浓度，使之符合国家劳动卫生标准。

◎榜样的力量

“大国工匠”张冬伟：用焊枪书写荣耀

LNG（液化天然气）船是一种“海上超级冷冻车”，用于在海面上运输液化天然气，是国际上公认的高技术、高难度、高附加值的“三高”船舶。它被誉为“造船工业皇冠上的明珠”，其建造技术只有少数几个国家掌握，我国从 2004 年 12 月首次承接建造 LNG 船，2008 年成功交付中国第一艘大型 LNG 船——“大鹏昊”。

张冬伟是中国船舶集团沪东中华造船（集团）有限公司的高级技师，从技校电焊专业毕业后，一直从事焊接工作。因过人的焊接技术，他屡次在重量级大赛中获得名次，2004 年被选拔为国内首批建造 LNG 船的 16 名殷瓦钢焊接技师之一。

液化天然气船简称 LNG 船，是指专门运输液化天然气的“船舶”。LNG 船就像一个热水瓶，外壳如同船的外体，其内胆装的是 −163 ℃的天然气。

张冬伟主要负责焊接 LNG 船的最核心的部件，即液货舱围护系统的殷瓦钢。建造 LNG 船最大的难点就在于殷瓦钢的焊接。殷瓦钢只有 0.7 mm，相当于两个鸡蛋壳的厚度，焊接时稍有不慎就会烧穿，对焊接质量要求极高，如同在钢板上“绣花”。此外，殷瓦钢还非常“娇气”，用手轻轻触摸，第二天很可能就会生锈，所以焊接时不能留下一颗汗珠、一个手印。这要求焊接工人们不仅具备精湛技艺，还要有超常耐心和专注度。

一条 LNG 船焊接总长 150 km，90% 的长度是使用机器自动焊接。

张冬伟说：“在刚建造 LNG 船的时候，基本上买的都是进口的自动焊机，经过这十年的发展，随着接船量的越来越多，自动焊机的国产率也越来越高了，像 96 型的自动焊机，基本上都已经实现国产化了。”

张冬伟说，96 型围护系统的线型运动焊接还是需要由人工来完成，但是张冬伟参与的沪东中华焊接团队已经研发出我国首台 Mark3 型等离子弧自动焊机，用来实现波浪形钢板的自动焊接。

2020 年 9 月，为法国达飞航运集团建造的全球首艘 2.3 万箱双燃料动力集装箱船在沪东中华造船基地交付，这条世界上最大型的集装箱船，一举打破了国外船企长期的技术垄断，标志着我国高端海洋装备制造实现从跟跑到领跑的重大飞跃，也是实施海洋强国战略的重大战略成果，而这艘海上巨无霸的绿色心脏就是运用了 Mark3 薄膜型燃料舱。

Mark3 薄膜型围护系统采用的是厚度仅为 1.2 mm 的 304 L 不锈钢波浪形波纹板，该系统的主要优点是不锈钢厚度较厚，焊接要求相对容易，不锈钢板价格相对于殷瓦钢更为经济。

由于国外厂商对 Mark3 自动焊机进行了技术封锁，为了不被“卡脖子”，张冬伟参与的沪东中华焊接团队日夜求索，仅用一年半的时间就研发出我国首台 Mark3 型等离子弧自动焊机。

“在全球，没有一家船厂，既能够建造 96 型围护系统又能够建造 Mark3 型围护系统，沪东中华造船（集团）两个围护系统都能造。”张冬伟自豪地说。

一艘 17.4 万 m^3 的 LNG 船有 4 个液货舱，一个液货舱大概就有五六个篮球场的大小，整条船的焊缝可达 150 km，焊后需要进行多项密闭性试验，保证全舱零漏点。LNG 船具有极强的可燃性，如果焊缝上出现哪怕是一个针眼大小的漏点，就有可能造成整船的天然气爆炸，后果不堪设想。

沪东中华造船（集团）有限公司围护系统部部长沈杰说：“建造 LNG 船比较难的一个点就是殷瓦钢的焊接，比如说我们单个货舱，第一次殷瓦钢焊接的缺陷或漏点从最早的 10 个到现在稳定在 5 个以内，并且多次出现单舱零漏点，就是一次性焊接就没有任何缺陷，我们的焊接质量水平明显高于国际上其他船厂的水平。”

2012 至 2022 年间，张冬伟共参与建造了在建和建成的 LNG 船有 21 艘之多。2012 年，当时第二代的 LNG 船建造周期需要 30 个月，到现在，以 17.4 万 m^3 的 LNG 船为例，建造周期已经稳定在 22 个月左右。2012 年发布的第二代 LNG 船，当时的建造技术还落后于国际上一代到现在的第五代 LNG 船，建造技术已经处于国际上领先的水平了。

2022 年 8 月，由中国自主研发设计、代表当今世界大型 LNG 运输船领域最高技术水平的中国第五代“长恒系列”，17.4 万 m^3 LNG 运输船由设计蓝图“驶向”实船建造。面对能源危机的日益严峻，国际市场对于 LNG 运输船的需求急剧上升，相信中国的 LNG 船凭借过硬的技术水平，在全球市场上将会吸引越来越多的目光。

项目小结

等离子弧是电弧的一种特殊形式。当自由电弧被压缩后，即可形成等离子电弧。利用等离子弧可以进行焊接和切割。在本项目中，主要了解等离子弧产生的原理及特点，在掌握等离子弧焊设备操作方法的基础上，完成不锈钢板的等离子弧焊接以及不锈钢板的等离子弧切割等典型操作工艺，在操作练习的过程中，一定要注意遵守实训基地的规章制度、实训安全知识及安全操作规程。

综合训练

一、选择题

1. 等离子弧的特点不包括（　　）。

A. 温度高　　B. 能量密度大　　C. 电弧挺度好　　D. 弧柱直径大

2. 在等离子弧焊接与切割中，（　　）可用于非金属的焊接与切割。

A. 转移型弧　　B. 非转移型弧　　C. 联合型弧

3. 在采用很小的电流（如 100 mA）进行焊接时，（　　）的电弧稳定性最好。

A. 转移型弧　　B. 非转移型弧　　C. 联合型弧

4. 等离子弧焊接过程中产生了双弧，不可能是由于（　　）原因造成的。

A. 弧压过高　　B. 电流过大

C. 离子气过小　　D. 钨极与喷嘴的同心度不好

5. 焊接电流在（　　）以下的等离子弧焊通常称为微束等离子弧焊，主要用于焊接厚度（　　）以下的超薄、超小精密的焊件。

A. 30 A，1 mm　　B. 50 A，1 mm　　C. 30 A，2 mm　　D. 50 A，2 mm

6. 等离子弧焊接或切割过程中，双弧现象所导致的危害不包括（　　）。

A. 破坏电弧的稳定性　　B. 降低焊接和切割能力

C. 产生夹钨　　D. 烧坏喷嘴

7. 在等离子弧切割功率相同的情况下，切割铝时的切割速度应（　　）；切割钢时的切割速度应（　　）。

A. 慢些，快些　　B. 快些，慢些

二、判断题

1. 等离子弧受到的三种压缩作用中，热收缩作用是前提。（　　）
2. 等离子弧弧柱形态近似圆锥形。（　　）
3. 等离子弧弧长发生波动时，等离子弧加热面积的波动要小得多。（　　）
4. 非转移型弧是钨极接电源的负极，喷嘴接电源的正极，焊件不接电源。（　　）
5. 转移型弧可用于焊接和切割非金属。（　　）
6. 转移型弧是电弧直接产生于钨极和工件之间。（　　）
7. 等离子弧的喷嘴孔径越小，对电弧的机械压缩作用就越强，但孔径太小时会产生双弧现象。（　　）
8. 钨电极端头磨成尖锥形，不利于可靠引弧和提高电弧稳定性。（　　）

9. 钨电极端头磨成圆台形或球形，可减少电极烧损。 (　　)

10. 电极端点至喷嘴孔道起始端的距离为电极内缩量。 (　　)

11. 电极内缩量减小，等离子弧的压缩程度减小。 (　　)

12. 钨极与喷嘴的同心度如果不好，易产生双弧。 (　　)

13. 操作者在进行等离子弧焊接或切割时必须戴上良好的面罩、手套，颈部也要保护。 (　　)

14. 水下等离子弧切割，可以利用水来吸收光辐射、噪声、防灰尘与烟气。 (　　)

15. 利用穿透型等离子弧焊，不用衬垫就可实现单面焊双面成形。 (　　)

16. 等离子弧切割淬火倾向较大的钢材时，一般情况下切割边不可直接用于装配焊接。 (　　)

17. 由于等离子弧切割空载电压较高，操作时必须注意安全。 (　　)

18. 其他参数一定时，等离子弧切割电流与喷嘴孔径的关系为 $I=(30\sim100)d$。 (　　)

19. 一般在手工等离子弧切割时取喷嘴高度为 8 ～ 10 mm；自动切割时喷嘴高度为 6 ～ 8 mm。 (　　)

三、填空题

1. 等离子弧受到三种压缩作用，即________、________和________。

2. 等离子弧受到的三种压缩作用中，________压缩作用是前提。

3. 等离子弧按接线方式和工作方式不同，可分为________、________和________三种类型。

4. 手工等离子弧焊设备主要由焊接电源、焊枪、________、________和________等部分组成。

5. 按焊缝成形原理，等离子弧焊有下列三种基本方法，即________、________和________。

6. 在等离子弧的焊接或切割过程中，如果发现在________和________之间存在电弧，则产生了双弧现象。

7. 等离子弧切割的优点有________、________、________和________。

四、问答题

1. 简述等离子弧的特点。

2. 等离子弧有哪几种类型？分别有何特点？适用于哪些场合？

3. 什么是双弧现象？

4. 简述形成双弧的原因。

5. 简述双弧的危害及防止双弧的措施。

6. 在等离子弧中什么情况下可用锆作电极？

7. 什么是穿透型等离子弧焊？

8. 简述等离子弧焊接的工艺特点。

9. 简述等离子弧切割原理。

10. 等离子弧切割与气割在本质上有什么不同？

06 项目六　埋弧焊

【项目导入】

2022年6月17日，我国完全自主设计建造，采用平直通长飞行甲板，配置电磁弹射和阻拦装置，满载排水量8万余吨的第3艘航母、首艘弹射型航母“福建舰”下水。航母甲板并非一块整体的钢板，而是按照要求由一块块的专用钢板进行拼接，由很多不规则的钢板拼接而成。在国产航母的建造过程中，焊接技术是中国船舶制造工业的重大突破之一，航母焊接质量就是战斗力。航母甲板的最底层背面要做隔热处理，舰载机产生的尾焰不能把热量传导进甲板的下面，底层甲板还必须具备防水渗透功能，采用焊接工艺。航母甲板的厚度为40～60 mm，这已经属于超厚板材的焊接，因此使用普通的焊接方法是无能为力的，现代一般使用窄间隙埋弧焊焊接。埋弧焊的过程其实就是将焊料注入焊接口，然后使用电弧将焊料加热，焊料熔化并凝固后就能将两块板材严丝合缝地粘贴在一起，形成焊缝。为了保证强度和平整度，电弧焊都是一层层浇筑焊料进行焊接，航母甲板的焊接可能要经过5～10道工序的反复焊接才能够完成。本项目主要介绍埋弧焊的原理、典型埋弧焊焊接工艺分析及焊接操作。

任务一　认识埋弧焊

【学习目标】

1. 知识目标

（1）了解埋弧焊的原理及应用；

（2）掌握埋弧焊的特点、焊接材料及焊接参数的选择。

认识埋弧焊

2. 能力目标

能够掌握埋弧焊的特点、焊接材料及焊接参数的选择。

3. 素养目标

（1）培养学生分析问题、解决问题的能力；

（2）培养学生文字书写、语言表达和阅读能力；

（3）引导学生养成严谨专业的学习态度和认真负责的学习意识。

【任务描述】

通过本次任务的学习能了解埋弧焊的原理及应用，掌握埋弧焊的特点、焊接材料及焊接参数的选择。

【知识储备】

一、埋弧焊简介

埋弧焊（SAW）是目前广泛使用的一种生产效率较高的机械化焊接方法。它与焊条电弧焊相比虽然灵活性差一些，但焊接质量好、效率高、成本低、劳动条件好。

埋弧焊也是利用电弧作为热源的一种焊接方法。这种方法是利用焊丝和焊件之间的电弧所产生的热量熔化焊丝、焊剂和母材而形成焊缝的。焊丝作为填充金属，焊剂对焊接区具有保护和合金化作用。电弧是在一层颗粒状的可熔化焊剂覆盖下燃烧，电弧光不外露，因此被称为埋弧焊。

埋弧焊焊接过程如图 6-1 所示。焊接时电源的两极分别接在导电嘴和焊件上，焊前先行调节，使焊丝通过导电嘴与焊件接触，并在焊丝周围撒上焊剂，然后启动电源，则电流经过导电嘴、焊丝与焊件构成焊接回路，然后焊丝反抽，则在焊丝与工件之间引燃电弧。电弧热将焊丝端部及电弧附近的母材和焊剂熔化。熔化的金属形成熔池，熔融的焊剂成为熔渣。熔渣覆盖在熔池上面，而熔渣外层是未熔化的焊剂，因此熔渣和焊剂一起保护熔池，使其与周围空气隔离，并使弧光不能散射出来。电弧向前移动时，电弧力将熔池中的液体金属推向熔池后方，则熔池前方的金属暴露在电弧强烈辐射下而熔化，形成新的熔

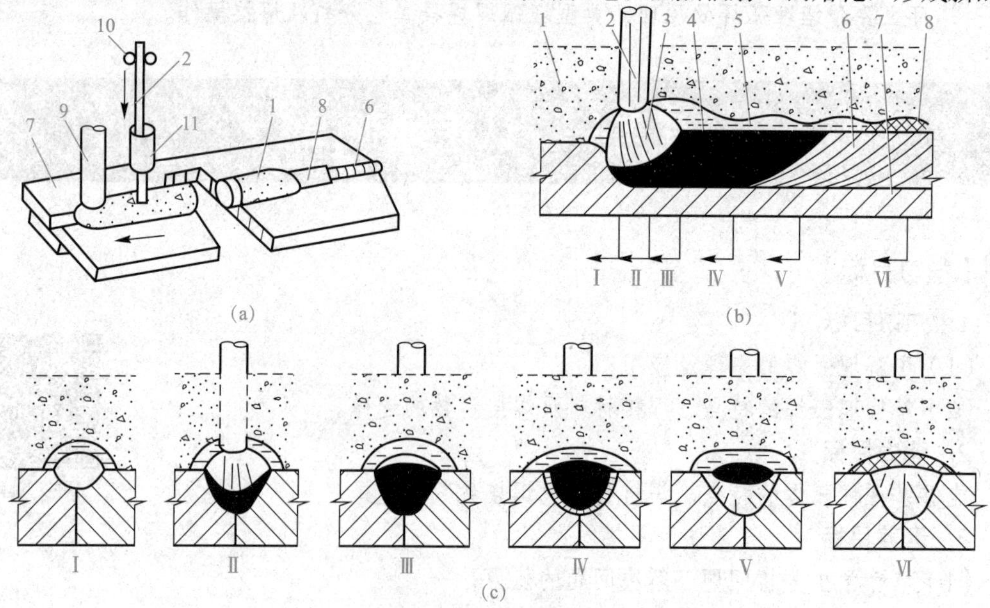

图 6-1　埋弧焊焊接过程

(a) 焊接过程；(b) 纵向断面；(c) 横向断面

1—焊剂；2—焊丝；3—电弧；4—熔池；5—熔渣；6—焊缝；

7—工件；8—焊渣；9—焊剂漏斗；10—送丝轮；11—导电嘴

池，而电弧后方的熔池金属冷却结晶形成焊缝，熔渣也凝固成焊渣覆盖在焊缝表面。熔渣除对熔池和焊缝金属起机械保护作用外，焊接过程中还与熔化金属发生冶金反应，从而影响焊缝金属的化学成分。同时熔渣的凝固温度低于液态金属的结晶温度，熔渣总是比液态金属凝固迟一些，这就使混入熔池中的熔渣、溶解在液态金属中的气体和冶金反应中产生的气体能够不断逸出，焊缝不易产生夹渣和气孔等缺陷。未熔化的焊剂不仅具有隔离空气、屏蔽电弧光的作用，而且提高了电弧的热效率。

焊接时，焊机的启动、引弧、送丝、机头（或焊件）移动等过程全部是机械化控制，焊工只需按动相应的按钮即可完成工作。

二、埋弧焊的特点

1. 埋弧焊的优点

（1）焊接生产率高。由于埋弧焊是经过导电嘴将焊接电流导入焊丝的，与焊条电弧焊相比，导电的焊丝长度短，其表面又无药皮包覆，不存在药皮成分受热分解的限制，因此允许使用比焊条电弧焊大得多的电流（表 6–1），使埋弧焊的电弧功率、熔透深度及焊丝的熔化速度都相应增大。在特定条件下，可实现 20 mm 以下钢板开 I 形坡口一次焊透。另外，由于焊剂和熔渣的隔热作用，电弧基本上没有热的辐射散失，金属飞溅也小，虽然用于熔化焊剂的热量损耗较大，但热效率仍然大大增加。因此使埋弧焊的焊接速度大大提高，可达 60 ～ 150 m/h，而焊条电弧焊的焊接速度不超过 6 ～ 8 m/h，故埋弧焊具有更高的生产率。

表 6–1　焊条电弧焊与埋弧焊的焊接电流和电流密度比较

焊条或焊丝直径 /mm	焊条电弧焊		埋弧焊	
	焊接电流 /A	电流密度 /（$A \cdot mm^{-2}$）	焊接电流 /A	电流密度 /（$A \cdot mm^{-2}$）
1.6	25 ～ 45	12.5 ～ 20.0	150 ～ 400	74.6 ～ 199.0
2.0	40 ～ 65	12.7 ～ 20.7	200 ～ 600	63.7 ～ 191.0
2.5	50 ～ 80	10.2 ～ 16.3	260 ～ 700	53.0 ～ 142.7
3.2	100 ～ 130	12.4 ～ 16.2	300 ～ 900	37.3 ～ 112.0
4.0	160 ～ 210	14.4 ～ 16.7	400 ～ 1 000	31.8 ～ 79.6
5.0	200 ～ 270	10.2 ～ 13.8	520 ～ 1 100	26.5 ～ 56.0
5.8	260 ～ 300	9.8 ～ 11.4	600 ～ 1 200	22.7 ～ 45.4

（2）焊接质量好。首先，埋弧焊时电弧及熔池均处在焊剂与熔渣的保护之中，保护效果比焊条电弧焊好。其次，焊剂的存在也使熔池金属结晶速度减缓，液态金属与熔渣之间有较多的时间进行冶金反应，减少了焊缝中产生气孔、裂纹等缺陷的可能性，焊缝化学成分稳定，表面成形美观，力学性能好。此外，埋弧焊时，焊接参数可通过自动调节系统保持稳定，焊缝质量对焊工操作技术的依赖程度也大大降低。因此埋弧焊焊接质量好。

（3）焊接成本低。由于埋弧焊使用的焊接电流大，可使焊件获得较大的熔深，故埋弧焊时焊件可开I形坡口或开小角度坡口，因而既节约了因加工坡口而消耗掉的焊件金属和加工工时，也减少了焊缝中焊丝的填充量。而且由于焊接时金属飞溅极少，又没有焊条头的损失，所以也节约了填充金属。此外，埋弧焊的热量集中、热效率高，故在单位长度焊缝上所消耗的电能也大大减少。正是由于上述原因，在使用埋弧焊焊接厚大焊件时，可获得较好的经济效益。

（4）劳动条件好。由于埋弧焊实现了焊接过程的机械化，操作简便，焊接过程中操作者只是监控焊机，因而大大减轻了焊工的劳动强度。另外，埋弧焊时电弧是在焊剂层下燃烧，没有弧光的有害影响，不用戴面罩，且放出的烟尘和有害气体也较少，所以焊工的劳动条件大为改善。

（5）焊件变形小。由于埋弧焊热能集中，焊接速度快，焊接层数减少，因此焊件的变形比焊条电弧焊小。

2. 埋弧焊的缺点

（1）难以在空间位置施焊。因为埋弧焊采用颗粒状焊剂，而且埋弧焊的熔池比焊条电弧焊大得多，为保证焊剂、熔池金属和熔渣不流失，埋弧焊通常只用于平焊或倾斜度不大的位置的焊接。其他位置的埋弧焊，需采取特殊措施保证焊剂能覆盖焊接区时才能进行焊接。

（2）对焊件装配质量要求高。由于电弧埋在焊剂层下，操作人员不能直接观察电弧与坡口的相对位置，当焊件装配质量不好时，易焊偏而影响焊接质量。因此，埋弧焊时焊件装配必须保证接口间隙均匀、焊件平整、无错边现象。

（3）不适合焊接薄板。由于埋弧焊电弧的电场强度较高，焊接电流小于100 A时电弧稳定性不好，故不适合焊接太薄的焊件。

（4）不适合短焊缝的焊接。埋弧焊由于受焊接小车的限制，机动灵活性差，一般只适合焊接长直焊缝或大圆弧焊缝。对于焊接弯曲、不规则的焊缝或短焊缝则比较困难。

（5）不适合焊接易氧化的金属材料。由于埋弧焊时所用焊剂中通常含有SiO_2、MnO等氧化性较强的成分，因此不能用于焊接易氧化的金属材料，如铝、钛等金属及其合金。

三、埋弧焊的应用

凡是焊缝可以保持在水平位置或倾斜度不大的焊件，不管是对接、角接还是搭接接头，都可以采用埋弧焊焊接，如平板的拼接缝、圆筒形焊件的纵缝和环缝、各种焊接结构中的角接缝和搭接缝等。

埋弧焊可焊接的焊件厚度范围很大，除了厚度在5 mm以下的焊件由于容易烧穿，故很少采用埋弧焊外，较厚的焊件都可采用埋弧焊焊接。目前，埋弧焊焊接的最大厚度已达650 mm。

由于埋弧焊熔深大、生产率高、机械化程度高，因而适用于焊接中厚板结构的长焊缝。在造船、锅炉与压力容器、桥梁、起重机械、工程机械等制造部门有广泛的应用，是当今焊接生产中应用最普遍的焊接方法之一。

埋弧焊除用于金属构件的连接外，还可以在基体金属表面堆焊耐磨或耐腐蚀的合金层。

随着焊接冶金技术与焊接材料生产技术的发展，适合埋弧焊的材料已从碳素结构钢发展到低合金结构钢、不锈钢、耐热钢以及某些有色金属，如镍基合金、铜合金等。

铸铁因不能承受高热输入量引起的热应力，一般不能用埋弧焊焊接。铝、镁及其合金因没有适用的焊剂，目前还不能使用埋弧焊焊接。铅、锌等低熔点金属材料也不适合采用埋弧焊焊接。

四、埋弧焊的焊接材料

埋弧焊的焊接材料包括焊丝和焊剂。埋弧焊时焊丝与焊剂直接参与焊接过程中的冶金反应，因而它们的化学成分和物理性能都会影响焊接过程，并通过焊接过程对焊缝金属的化学成分、组织和性能产生影响，正确地选择焊丝和焊剂并合理地配合使用，是埋弧焊技术的一项重要内容。

1. 焊丝

焊丝作为填充金属，是焊缝金属的组成部分，所以对焊缝质量有直接影响。按照焊丝的成分和用途可将其分为碳素结构钢焊丝、合金结构钢焊丝和不锈钢焊丝三大类。随着埋弧焊所焊金属种类的增加，焊丝的品种也在增加，目前生产中已开始应用高合金钢焊丝、各种有色金属焊丝和堆焊用的特殊合金焊丝等新品种。目前常用的埋弧焊焊丝有 H08A、H08MnA、H10Mn2 等。

一般焊丝是成卷供应的。为适应焊接不同厚度材料的要求，同一牌号的焊丝可加工成不同的直径。埋弧焊常用的焊丝直径有 2 mm、3 mm、4 mm、5 mm 和 6 mm 五种。焊丝表面应清洁光滑，不带毛刺，以便焊接时能顺利地送进，以免给焊接过程带来干扰。除不锈钢焊丝和有色金属焊丝外，各种低碳钢和低合金钢焊丝的表面最好镀铜，镀铜层既可防止焊丝生锈，又可使导电嘴与焊丝间的导电更加可靠，提高电弧的稳定性。使用前要求将焊丝表面的油、锈等清理干净，以免影响焊接质量。

2. 焊剂

在焊接过程中，埋弧焊焊剂的作用与焊条药皮类似。它不仅能保护熔池，有效地防止有害气体的侵入，而且起着稳弧、造渣、脱氧、渗合金、减少硫和磷杂质等作用。焊剂在埋弧焊中的主要作用是造渣，以隔绝空气对熔池金属的污染；控制焊缝金属的化学成分，保证焊缝金属的力学性能；防止气孔、裂纹和夹渣等缺陷的产生。同时，焊剂在焊后能减缓焊缝金属的冷却速度，有利于气体逸出和改善焊缝金属的组织和表面成形。

焊剂的种类有很多，主要是按制造方法和化学成分进行分类。按制造方法可将焊剂分为熔炼焊剂、烧结焊剂、陶质焊剂三大类，其中烧结焊剂和陶质焊剂属于非熔炼焊剂。由于熔炼焊剂在制造过程中经过高温加热，因此在焊剂中无法加入脱氧剂和铁合金，使焊接过程中脱氧不完全，不能大量渗合金。目前，生产中应用最广的熔炼焊剂为 HJ431（高锰高硅低氟型）等。非熔炼焊剂由于制造过程中未经高温熔炼，焊剂中加入的脱氧剂和铁合金等几乎没有损失，可以通过焊剂向焊缝过渡大量的合金成分，补充焊丝中合金元素的烧损。非熔炼焊剂常用来焊接高合金钢或进行堆焊。

焊剂在保存时应注意防潮，使用前必须按规定的温度烘干并保温。一般烘干温度为

250 ～ 300 ℃，保温 2 h；中氟、高氟焊剂烘焙温度为 350 ～ 400 ℃，保温 2 h。烘焙后的焊剂要等待冷却到 150 ℃左右出炉，焊剂重复烘焙次数一般不宜超过 5 次。

3. 焊剂与焊丝的配合

埋弧焊时，焊缝的化学成分和性能是由焊丝和焊剂共同决定的，因此要使焊缝金属获得较为理想的化学成分和力学性能，必须根据焊件的成分和性能，正确、合理地选配焊丝和焊剂。

（1）低碳钢埋弧焊时焊剂与焊丝的选配。由于低碳钢的强度低，要求焊缝金属中的合金成分不多，所以既可以通过焊丝渗合金（锰），也可以通过焊剂渗合金。通过焊丝渗锰，可以提高焊缝的低温冲击韧性。通过焊剂渗锰和硅，有利于改善焊缝的抗热裂性能和提高焊缝的韧性。焊丝与焊剂的配合方式有以下几种：

1）用沸腾钢焊丝如 H08A 和 H08MnA 等焊接时，必须采用高锰高硅焊剂，如 HJ43×系列。由于低碳钢母材和焊丝中的锰、硅含量都比较低，因此焊缝中所需的锰、硅含量必须通过冶金反应得到。高锰高硅焊剂中 MnO 和 SiO_2 的含量较多，可以通过冶金反应向焊缝中过渡合金元素锰和硅，通常渗入的硅含量为 0.1% ～ 0.2%，锰含量为 0.1% ～ 0.4%，能保证焊缝金属的质量要求。另外，这种配合方式中熔渣具有较强的氧化性，故抗氢气孔性能较好，而且熔池中的碳烧损较多，使焊缝的碳含量降低。同时熔渣中的 MnO 又具有去硫作用，可提高焊缝金属的抗裂性能。目前，低碳钢埋弧焊时，多选用这种焊剂与焊丝的配合。

2）当焊接对接头韧性要求较高的厚板时，应选用中锰中硅焊剂，如 HJ320、SJ301 等，配合 H10Mn2 高锰焊丝，直接由焊丝向焊缝金属渗锰，并通过焊剂中 SiO_2 的还原反应，使焊缝金属适量渗硅，可以获得冲击韧性较高的焊缝金属。

3）当工件表面锈蚀较多时，应选择抗锈能力较强的 SJ501 焊剂，并按强度要求选择相应牌号的焊丝。

低碳钢埋弧焊选用的焊丝和焊剂见表 6-2。

表 6-2　低碳钢埋弧焊选用的焊丝和焊剂

<table>
<tr><th>钢材牌号</th><th>焊丝</th><th>焊剂</th></tr>
<tr><td>Q235，Q255</td><td>H08A，H08E</td><td rowspan="7">HJ431，HJ430，HJ330
SJ101，SJ301，SJ302，SJ401，
SJ403，SJ501，SJ502，SJ503</td></tr>
<tr><td>Q275</td><td>H08MnA</td></tr>
<tr><td>10，15，20</td><td>H08A，H08MnA</td></tr>
<tr><td>25</td><td>H08A，H10MnA</td></tr>
<tr><td>20G</td><td>H08MnA，H08MnSiA，H10Mn2</td></tr>
<tr><td>20R</td><td rowspan="2">H08MnA</td></tr>
<tr><td>16q</td></tr>
</table>

（2）低合金钢埋弧焊焊丝与焊剂的选配。目前低合金钢焊接时，也多选用 II08A 或 H08MnA 焊丝配合高锰高硅焊剂 HJ431、HJ430。但低合金钢焊接时，由于钢材强度较高，对淬硬较敏感，接头热影响区和焊缝金属产生冷裂纹的倾向较大。因此，低合金钢进行

埋弧焊时，可选择碱度较高的 HJ25× 系列低氢型焊剂，因为这些焊剂均为低锰中硅焊剂，在焊接冶金反应中，Si 和 Mn 还原渗合金的作用不强，这样必须采用锰含量适中的合金焊丝，如 H08MnMo、H08Mn2Mo 等。

低合金钢厚板进行多层多道焊时，应选用脱渣性良好的焊剂，由于高碱度熔炼焊剂的脱渣性不良，而高碱度的烧结焊剂具有良好的脱渣性，因此在这种场合多选用烧结焊剂。

常用低合金钢埋弧焊焊接材料选用见表 6–3。

表 6–3　常用低合金钢埋弧焊焊接材料选用

钢材牌号	强度等级/MPa	板厚（mm）及工艺方法	焊材牌号	
			焊丝	焊剂
09MnV，09MnNb，12Mn，09Mn2	420	≤ 16 单面及双面焊	H08A，H08MnA	HJ431，HJ430
		＞ 16 ～ 50 多层多道焊	H08MnA	HJ431，SJ301
18Nb，12MnV，14MnNb，Q345，Q345R	500	≤ 16 单面及双面焊	H08MnA	HJ431，HJ430，SJ101，SJ301
		＞ 16 ～ 50 多层多道焊	H10Mn2	HJ431，HJ350，SJ101，SJ301
			H08MnMo	
15MnV，15MnTi，16MnNb	550	≤ 16 单面及双面焊	H10Mn2	HJ350，SJ301
		＞ 16 ～ 50 多层多道焊	H08MnMo	HJ350，SJ101
14MnMoV，14MnMoVCu，18MnMoNb	700	30 ～ 120 多层多道焊	H08Mn2MoA H08MnMoVA H08Mn2NiMo	HJ250，HJ350 HJ250 + HJ350 SJ101

（3）高合金钢焊接时焊丝与焊剂的选配。高合金钢焊接时可选择无锰高硅或低锰高硅焊剂，如 HJ130、HJ230 配高锰焊丝 H10Mn2。在这种选配方式中，主要是由焊丝向焊缝进行合金元素的过渡，以提高焊缝中锰的含量。通过焊丝向焊缝进行合金元素的过渡，过渡系数较高，合金元素的损耗较少。熔渣的脱渣性较好，但氧化性弱，因此焊缝的抗氢气孔和抗裂性能较差，只能采用直流电焊接。因这种选配方式成本较高，在低碳钢和低合金钢焊接中应用较少。

五、埋弧焊的冶金过程

1. 冶金过程特点

埋弧焊的冶金过程是指液态熔渣与液态金属以及电弧气氛之间的相互作用，其中主要包括氧化、还原反应，脱硫、脱磷反应以及去除气体等过程。埋弧焊的冶金过程具有下列特点：

（1）空气不易侵入焊接区。埋弧焊时，电弧在一层较厚的焊剂层下燃烧，部分焊剂在电弧热作用下立即熔化，形成液态熔渣和气泡，包围了整个焊接区和液态熔池，隔绝了周围的空气，产生了良好的保护作用。以低碳钢焊缝的氮含量为例来分析，焊条电弧焊（用优质药皮焊条焊接）的焊缝金属氮含量为 0.02% ～ 0.03%，而埋弧焊焊缝金属的氮含量仅为 0.002%。故埋弧焊焊缝金属的塑性良好，具有较高的致密性和纯度。

（2）冶金反应充分。埋弧焊时，由于热输入较大，因此熔池体积大。同时由于焊接熔池被较厚的熔渣层覆盖，焊接区的冷却速度较慢，使熔池金属结晶速度减缓，所以埋弧焊时金属熔池处于液态的时间要比焊条电弧焊长几倍，这样液态金属与熔渣之间有较多的时间进行相互作用，因而冶金反应充分，气体和杂质易于析出，不易产生气孔、夹渣等缺陷。

（3）焊缝金属的合金成分易于控制。埋弧焊过程中可以通过焊剂或焊丝对焊缝金属进行渗合金。焊接低碳钢时，可以利用焊剂中的 SiO_2 和 MnO 的还原反应，对焊缝金属渗硅和渗锰，以保证焊缝金属具有所需的合金成分和力学性能；焊接合金钢时，通常利用相应的焊丝来保证焊缝金属的合金成分。因而，埋弧焊时焊缝金属的合金成分易于控制。

埋弧焊过程中，高温熔渣具有较强的脱硫、脱磷作用，使焊缝金属中的硫、磷含量控制在很低的范围内；同时，熔渣还具有去除气体成分的作用，因而大大降低了焊缝金属中氢和氧的含量，提高了焊缝金属的纯度。另外，埋弧焊时，由于焊接过程机械化操作，又有弧长自动调节系统，因此焊接参数比焊条电弧焊稳定，易获得成分均匀的焊缝金属。

2. 低碳钢埋弧焊时的主要冶金反应

埋弧焊的冶金反应主要是液态金属中某元素被焊剂中某元素取代的反应。对于低碳钢埋弧焊，最主要的冶金反应有碳的氧化烧损，硅、锰的还原，焊缝中氢、硫和磷含量的控制等。

（1）埋弧焊时碳的氧化烧损。低碳钢埋弧焊时，由于使用的熔炼焊剂中不含碳元素，因而碳只能从焊丝及母材进入焊接熔池。熔滴中的碳在过渡过程中发生非常剧烈的氧化反应：

$$C + O = CO$$

在熔池内也有一部分碳被氧化，其结果是将焊缝中的碳元素烧损而出现脱碳现象。由于碳氧化生成的 CO 在向外逸出的过程中，对熔池起到强烈的搅拌作用，使熔池中的气体容易析出，有利于遏制焊缝中气孔的形成。但由于碳含量对金属力学性能有很大影响，所以焊缝中的碳烧损后，必须补充其他强化元素如硅、锰等，才可保证焊缝力学性能的要求，这正是焊缝中硅、锰元素一般比母材高的原因。

（2）焊缝中硅、锰的还原反应。硅、锰是低碳钢焊缝金属中最重要的合金元素。在焊接过程中碳的烧损所造成的焊缝强度的下降，应由硅、锰来保证；另外，锰可以降低焊缝中产生热裂纹的倾向；硅可镇静焊接熔池，加快其脱氧过程，并保证焊缝金属的致密性。因此，必须有效控制熔池的冶金过程，保证焊缝金属具有适当的硅、锰含量。

低碳钢埋弧焊时，主要采用高锰高硅低氟型熔炼焊剂 HJ430 或 HJ431 配用 H08A 焊丝。焊剂的主要成分是 SiO_2 和 MnO，它们的渣系为 $MnO \cdot SiO_2$。因此，焊接时在熔渣与液态金属间将会发生如下反应：

$$2[Fe] + (SiO_2) = 2(FeO) + [Si]$$

$$[Fe] + (MnO) = (FeO) + [Mn]$$

式中 [ ]——存在于液态金属中的物质；

( )——存在于熔渣中的物质。

由于（SiO_2）和（MnO）的浓度较高，因此该反应将向 Si、Mn 还原的方向进行。还原生成的 Si、Mn 元素则过渡到焊缝中，而生成的 FeO 大部分进入熔渣，只有少量残留在焊缝金属中。埋弧焊时 Si、Mn 的还原程度以及向焊缝过渡的多少取决于焊剂成分、焊丝成分和焊接参数等因素。在上述因素的影响下，由试验得知，用高锰高硅低氟型焊剂焊接低碳钢时，通常 w（Mn）的过渡量为 0.1% ～ 0.4%，而 w（Si）的过渡量为 0.1% ～ 0.3%。在实际生产条件下，可以根据焊缝化学成分的要求，调节上述各种因素，以达到控制硅、锰含量的目的。

（3）硫、磷杂质的限制。硫、磷在金属焊接过程中属于有害杂质，硫含量增加时易产生偏析而形成低熔点共晶，使产生热裂纹的倾向增大；磷含量增加时会引起金属的冷脆性，降低冲击韧性。因此，必须严格限制焊接材料中硫、磷的含量并控制其过渡。低碳钢埋弧焊所用的焊丝对硫、磷有严格的限制，一般要求 w（S、P）≤ 0.040%。熔炼焊剂在制造过程中通过冶炼可限制硫、磷的含量，使焊剂中硫、磷含量 w（S、P）≤ 0.1%；而用非熔炼焊剂焊接时，焊缝中的硫、磷含量较难控制。

（4）熔池中的去氢反应。埋弧焊时对氢的敏感性比较大，经研究和试验证实，氢是埋弧焊产生气孔和冷裂纹的主要原因，因此防止气孔和冷裂纹的重要措施是去除熔池中的氢。去氢的途径主要有两条：一是杜绝氢的来源，这就要求清除焊丝和焊件表面的水分、油污和其他污物，并按要求烘干焊剂；二是通过冶金手段去除已混入熔池中的氢。后一种途径对于焊接冶金来说非常重要，这可利用由焊剂加入的氟化物分解出的氟元素和某些氧化物分解出的氧元素，通过高温冶金反应与氢结合成不溶于熔池的化合物 HF 和 OH 加以去除。

六、焊接参数的选择

埋弧焊最主要的焊接参数是焊接电流、电弧电压和焊接速度，其次是焊丝直径、焊丝伸出长度、焊剂粒度和焊剂层厚度等。只有深入了解这些参数对焊缝成形及焊接质量的影响，才能正确选择和调节焊接参数，焊出优质焊缝，并尽可能提高焊接生产率。

1. 电源种类和极性

埋弧焊可采用交流电源或直流电源进行焊接，采用直流电源时可采用直流反极性，也可采用直流正极性。电源种类和极性对焊接过程和焊缝成形具有一定的影响。采用直流正极性焊接时，熔深较小，适用于薄板焊接、堆焊及防止熔合比过大的场合；采用直流反极性焊接时，熔深较大，适用于厚板焊接，以使焊件熔透。交流电源对熔深的影响介于直流正极性与直流反极性之间。

2. 焊丝直径

焊丝直径一般是根据所焊工件的厚度选择的，通常所焊工件的厚度越大，选择的焊丝直径也越大。焊丝直径主要影响焊丝的载流能力及熔深。采用直径较细的焊丝焊接时，通常电流密度较大，形成的电弧吹力大，因此熔深较大。而且由于电流密度大，所以细焊丝具有较高的熔敷速度。当采用粗焊丝焊接时，由于焊丝的载流能力较大，因此允许使用大的焊接电流焊接，焊接生产率高。而且当装配不良时，粗焊丝比细焊丝的操作性能好，有利于控制焊缝成形。

焊丝直径应与所用的焊接电流大小相适应，见表 6-4。如果粗焊丝用小电流焊接，会造成焊接电弧不稳定；相反，细焊丝用大电流焊接，容易形成“蘑菇形”焊缝，而且熔池不稳定，焊缝成形差。

表 6-4　焊丝直径与焊接电流的关系

焊丝直径 /mm	2	2.4	3.2	4	4.8
焊接电流 /A	200 ～ 400	200 ～ 500	300 ～ 600	400 ～ 800	600 ～ 1 000

3. 焊接电流

焊接电流是埋弧焊最重要的焊接参数，它直接决定焊丝熔化速度、焊缝熔深和母材熔化量的大小。

增大焊接电流使电弧的热功率和电弧力都增加，因此焊缝熔深增大，焊丝熔化量增加，有利于提高焊接生产率。焊接电流对焊缝形状的影响如图 6-2 所示。在给定焊接速度的条件下，如果焊接电流太大，焊缝会因熔深过大而熔宽变化不大造成焊缝成形系数偏小，这样的焊缝成形不利于熔池中气体及夹杂物的上浮和逸出，容易产生气孔、夹渣及裂纹等焊接缺陷，严重时还可能导致烧穿；也会使焊丝消耗增加，导致焊缝余高过大；还容易产生咬边和成形不良，使焊接热影响区增大并可能引起较大的焊接变形。焊接电流减小时焊缝熔深减小，生产率降低。如果电流太小，使熔深减小，容易产生未焊透，而且电弧的稳定性下降。

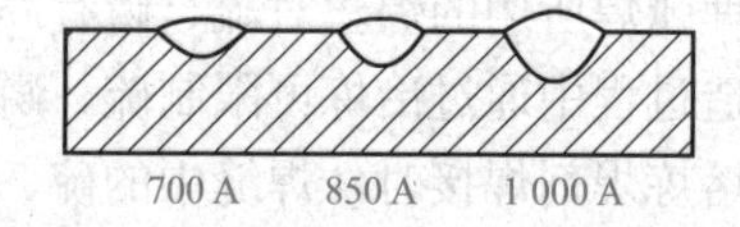

图 6-2　焊接电流对焊缝形状的影响

4. 电弧电压

电弧电压与电弧长度成正比。电弧电压主要决定焊缝熔宽，因而对焊缝横截面形状和表面成形有很大影响。

提高电弧电压时弧长增加，电弧斑点的移动范围增大，熔宽增加。同时，焊缝余高和熔深略有减小，焊缝变得平坦，如图 6-3 所示。弧长增加，使焊剂的熔化量增多，因而从焊剂向焊缝过渡的合金元素增多，可减小由焊件上的锈或氧化皮引起的气孔倾向。但电弧电压太高，对接焊时会形成“蘑菇形”焊缝，如图 6-4（a）所示，容易在焊缝内产生裂纹；角焊时会造成咬边和凹陷焊缝，如图 6-4（b）所示。如果电弧电压继续增加，电弧会突破焊剂的覆盖，使熔化的液态金属失去保护而与空气接触，造成密集气孔。降低电弧电压可增强电弧的刚直性，能改善焊缝熔深，并提高电弧抗磁偏吹的能力。但电弧电压过低时，会形成高而窄的焊缝，影响焊缝成形并使脱渣困难；在极端情况下，还可能造成熔滴与熔池金属发生短路而造成飞溅。

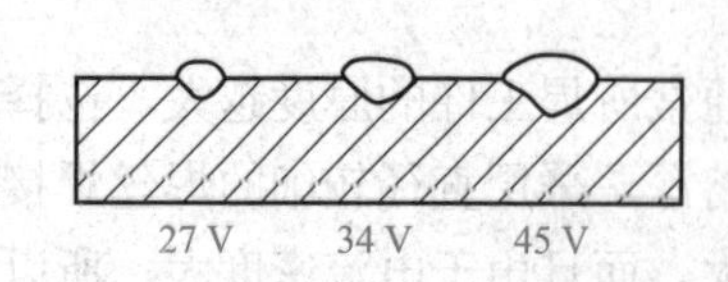

图 6-3　电弧电压对焊缝形状的影响

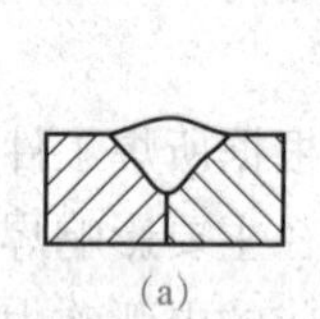

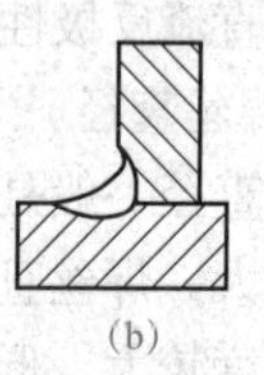

图 6-4　电弧电压过高时造成的焊接缺陷

因此，埋弧焊时适当增加电弧电压，对改善焊缝成形、提高焊缝质量是有利的，但应与焊接电流相适应。

5. 焊接速度

焊接速度对熔宽、熔深有明显影响，它是决定焊接生产率和焊缝内在质量的重要参数。不管焊接电流与电弧电压如何匹配，焊接速度对焊缝成形的影响都有一定的规律。在其他参数不变的条件下，焊接速度增大时，电弧对母材和焊丝的加热减少，熔宽、余高明显减小；与此同时，电弧向后方推送金属的作用加强，电弧直接加热熔池底部的母材，使熔深有所增加。当焊接速度达到 40 m/h 及以上时，由于焊缝的热输入明显减小，则熔深随焊接速度增大而减小。焊接速度对焊缝形状的影响如图 6-5 所示。

焊接速度的快慢是衡量焊接生产率高低的重要指标。从提高生产率的角度考虑，总是希望焊接速度越快越好；但焊接速度过快，电弧对焊件的加热不足，使熔合比减小，还会造成咬边、未焊透、气孔、焊缝粗糙不平等缺陷。减小焊接速度，易使气体从正在结晶的熔化金属中逸出，降低形成气孔的可能性；但焊接速度过低，则将导致熔化金属流动不畅，会形成易裂的“蘑菇形”焊缝或产生夹渣、焊缝不规则等缺陷，甚至烧穿焊件。

6. 焊丝伸出长度

焊丝伸出长度（图 6-6）是从导电嘴端部至焊丝末端的距离，即焊丝伸出导电嘴的长度。在焊丝伸出长度上存在一定的电阻，埋弧焊的焊接电流很大，因而在这部分焊丝上产生的电阻热很大。焊丝受到电阻热的预热，熔化速度增大，焊丝直径越细、电阻率越大以及焊丝伸出长度越长时，这种预热作用的影响越大。因此焊丝直径小于 3 mm 或采用不锈钢焊丝等电阻率较大的材料时，要严格控制伸出长度；焊丝直径较粗时，伸出长度的影响较小，但也应控制在合适的范围内，伸出长度一般应为焊丝直径的 6 ～ 10 倍。

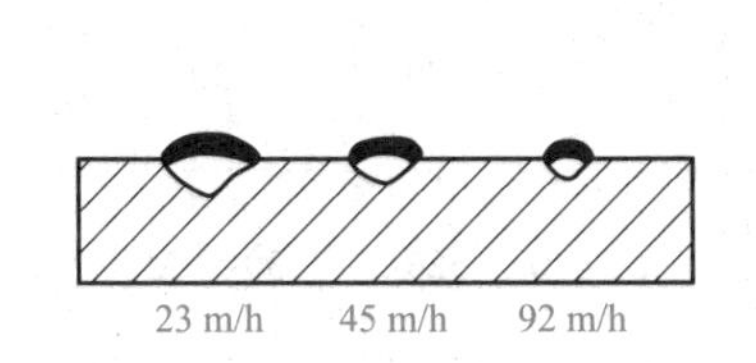

图 6-5 焊接速度对焊缝形状的影响

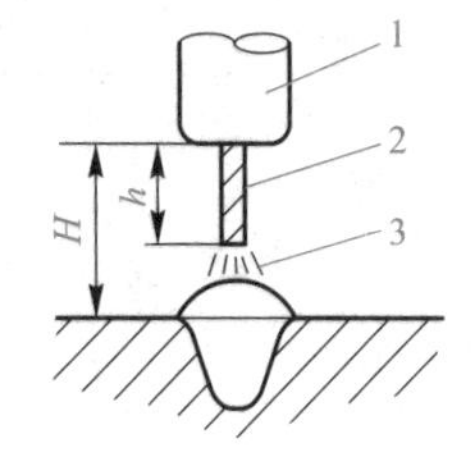

图 6-6 焊丝伸出长度

1—导电嘴；2—焊丝；3—电弧

h—焊丝伸出长度；*H*—导电嘴与母材的距离

7. 焊剂粒度和堆高

一般工件厚度较薄、焊接电流较小时，可采用较小颗粒度的焊剂。埋弧焊时焊剂的堆积高度称为堆高，当堆高合适时，电弧被完全埋在焊剂层下，不会长时间出现电弧闪光，保护良好。若焊剂粒度过小或堆高过厚，电弧受到焊剂层的压迫，透气性变差，使焊缝表面变得粗糙，容易造成成形不良。若焊剂粒度过大或堆高过小，不利于焊接区的保护，可能产生气孔。

8. 焊丝倾角和焊件倾角

单丝焊时，焊丝都要垂直于焊件表面。焊丝后倾时，电弧对熔池底部作用加强，熔深增加，熔宽减小，导致焊缝成形严重变坏，而且焊缝易产生气孔和裂纹，所以一般不采用焊丝后倾。焊丝前倾时，电弧对熔池底部液态金属排开作用减弱，由于电弧指向焊接方向，对熔池前面母材金属的预热作用加强，使熔宽增大，但熔深有所减小，焊缝平滑，不易发生咬边。所以焊接速度高时，应将焊丝前倾布置。

上坡焊时［图 6-7（a)]，与焊丝的后倾相似，由于熔池金属向下流动，使熔深和余高增加，熔宽减小，形成窄而高的焊缝，严重时出现咬边。下坡焊时［图 6-7（b)]，与焊丝前倾情况相似，熔宽增加，熔深减小，这时易产生未焊透和边缘未熔合的缺陷。因此，埋弧焊时应尽量在平焊位置焊接。如不能实现，无论是上坡焊还是下坡焊，焊件与水平面的倾角不应超过 8°。

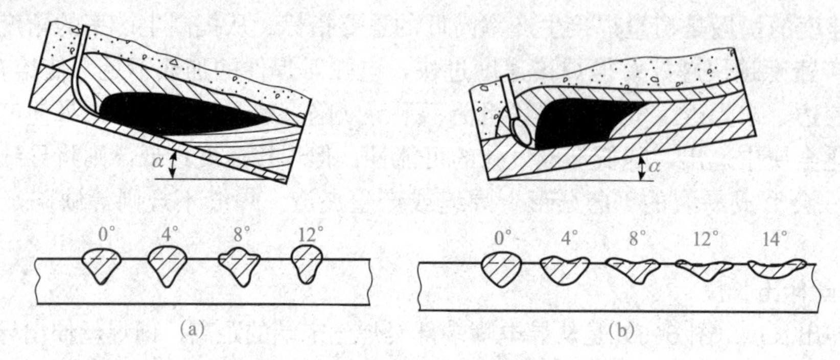

图 6-7 工件倾角对焊缝成形的影响

(a) 上坡焊；(b) 下坡焊

埋弧焊的焊接参数见表 6-5。

表 6-5 埋弧焊的焊接参数

序号	坡口形式	厚度 /mm	焊接材料组合	焊接电流 /A	电弧电压 /V	焊接速度 /(mm · min^{-1})
1	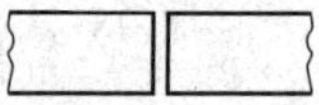	6	H08MnA HJ431	380 ~ 470	30	500 ~ 600
		8	H08MnA HJ431	440 ~ 520	30 ~ 31	450 ~ 550
		10	H08MnA HJ431	530 ~ 640	31 ~ 33	400 ~ 500
		12	H08MnA HJ431	620 ~ 720	34 ~ 36	380 ~ 480
		14	H08MnA HJ431	780 ~ 920	38 ~ 42	380 ~ 480
2	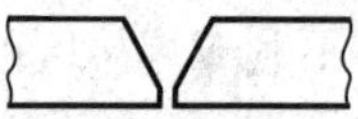	14 ~ 56	H08MnA HJ431	600 ~ 850	30 ~ 40	350 ~ 600
3		30 ~ 60	H08MnA HJ431	600 ~ 850	30 ~ 40	350 ~ 600

任务二　埋弧焊设备的操作

【学习目标】

1. 知识目标

埋弧焊设备
操作

（1）了解埋弧焊设备的组成、作用及日常维护方法；

（2）掌握埋弧焊设备的操作方法；

（3）了解埋弧焊设备的安全操作规程。

2. 能力目标

能够掌握埋弧焊设备的操作方法。

3. 素养目标

（1）培养学生细心、严谨的工作态度；

（2）培养学生的操作规范意识；

（3）培养学生的职业道德能力。

【任务描述】

通过本次任务能在学习 MZC-1250F 型埋弧焊设备组成的基础上，掌握设备的操作方法。

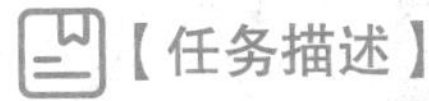

【知识储备】

一、埋弧焊设备简介

1. 埋弧焊机的主要功能

一般电弧焊的焊接过程包括引燃电弧、焊接和熄弧三个阶段。焊条电弧焊时，这几个阶段都是由焊工手工完成的；埋弧焊时，这三个阶段是由机械自动完成的。其设备主要由自动焊小车（包含送丝机构、行走机构和机头调整机构）、控制箱和焊接电源等几部分组成。为了自动地完成焊接工作，埋弧焊机应具有以下主要功能：

（1）引燃电弧。一般先使焊丝与焊件接触，焊机启动时，焊丝自动上抽而引燃电弧。

（2）焊接。连续不断地向焊接区送进焊丝，并自动保持确定的弧长和焊接参数不变，使电弧稳定燃烧；使电弧沿接缝移动，并保持确定的行走速度；在电弧前方不断地向焊接区铺撒焊剂。

（3）熄弧。先停止焊丝给送，焊丝靠惯性缓慢下降，电弧逐渐拉长，再切断焊接电源，这样既可使弧坑填满，又不致使焊丝与弧坑粘住。

2. 埋弧焊机的分类

常用的埋弧焊机可按下列方式分类：

（1）按用途。可分为通用焊机和专用焊机。

（2）按送丝方式。可分为等速送丝式和变速送丝式。

（3）按行走机构形式。可分为小车式、门架式、悬臂式、悬挂式等，通用焊机大多采用小车式。

（4）按焊丝数目。可分为单丝式、双丝式和多丝式。单丝式在国内使用较普遍，但为了提高焊接生产率，双丝式及三丝式的使用也在逐渐推广。

图 6-8 所示为典型埋弧焊机（不带焊接电源）。

(a)　　(b)　　(c)　　(d)

图 6-8　常见埋弧焊机的形式

(a) 小车式；(b) 门架式；(c) 悬挂式；(d) 悬臂式

二、典型埋弧焊机的组成

以 MZC-1250F 型埋弧焊机为例，介绍其组成及作用。它是一种多功能埋弧焊机，可以适应不同的焊接工艺和习惯。主要体现在：引弧方式包括回抽和划擦两种方式；送丝方式有等速送丝和变速送丝两种；可正极性或反极性焊接。各种方式之间的切换，均可通过开关方便地实现。埋弧焊机主要由焊接小车、控制箱和焊接电源三部分组成，相互之间由焊接电缆和控制电缆连接在一起。

1. 焊接小车

焊接小车由行走机构、控制盘、送丝机构、焊丝校直机构、机头调整机构、导电嘴、焊丝盘、焊剂漏斗、焊缝跟踪装置等部分组成。焊接小车的外形结构如图 6-9 所示。

行走机构主要由行走电动机、传动系统、行走轮及离合器等组成。行走轮一般采用橡胶绝缘轮，以免焊接电流经车轮而短路。离合器合上时，小车行走由电动机拖动；离合器脱离时，焊接小车可用手推动。

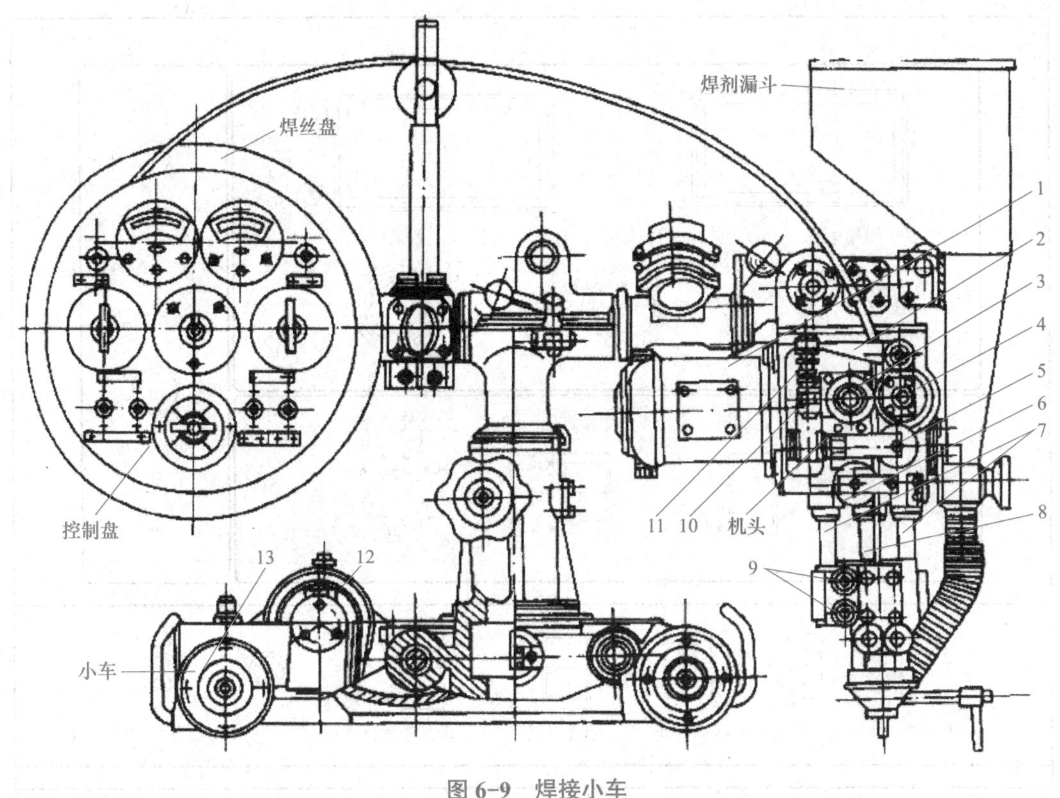

图 6-9　焊接小车

1—送丝电动机；2—摇杆；3、4—送丝轮；5、6—校直轮；7—圆柱导轨；8—螺杆；
9—螺钉（接电极用）；10—调节螺母；11—弹簧；12—小车电动机；13—小车车轮

控制盘上装有焊接电流表和电弧电压表或焊接速度显示；“焊接电流”和“焊接电压”旋钮；“送丝”和“退丝”按钮；“焊接启动”和“焊接停止”按钮；电源的“开”“关”；焊接方向选择开关；“丝径选择”旋钮；收弧时的“收弧电流”“收弧电压”和“回烧时间”旋钮；焊接极性选择开关；起弧方式“回抽”“划擦”选择开关等，如图 6-10 所示。

送丝机构应能可靠地送进焊丝并具有较宽的调速范围，以保证电弧稳定；标准焊机配有两种送丝轮，一种适用于直径 2.0 ～ 3.0 mm 的焊丝；另一种适用于直径 3.2 ～ 5.0 mm 的焊丝。注意使用不同焊丝应配用相应范围的送丝轮，否则会影响焊接，甚至造成焊机损坏。送丝轮为消耗品，应定期检查，当磨损严重或焊接过程中出现送丝轮打滑而影响焊接时，应及时更换送丝轮。通过送丝压力调整螺钉调节送丝压力，以适用不同直径焊丝的需求。送丝压力的调整应适中，过松，易打滑，使焊丝无法送进或送进不连贯造成电弧电压不稳定，影响焊接效果；过紧，易使焊丝送进不顺畅，同时加大送丝轮、导电嘴等部件的磨损，还可能对送丝电机造成损伤，影响送丝电机使用寿命。所以送丝压力的调整以焊丝能够正常送进而不打滑为准。另外，送丝轮锁紧螺母务必锁紧，否则易出现压紧轮压不紧，送丝轮打滑的现象，影响正常焊接。

焊丝校直机构用于校直焊丝，校直力要适中。校直力过小，焊丝不能得到有效校直，会出现焊缝不直、边缘不齐等现象，影响焊接质量；校直力过大，则会使焊丝弯曲度加大，影响送丝的稳定性。另外，还会加大送丝轮、导电嘴的磨损，对送丝电机也会造成不良影响。

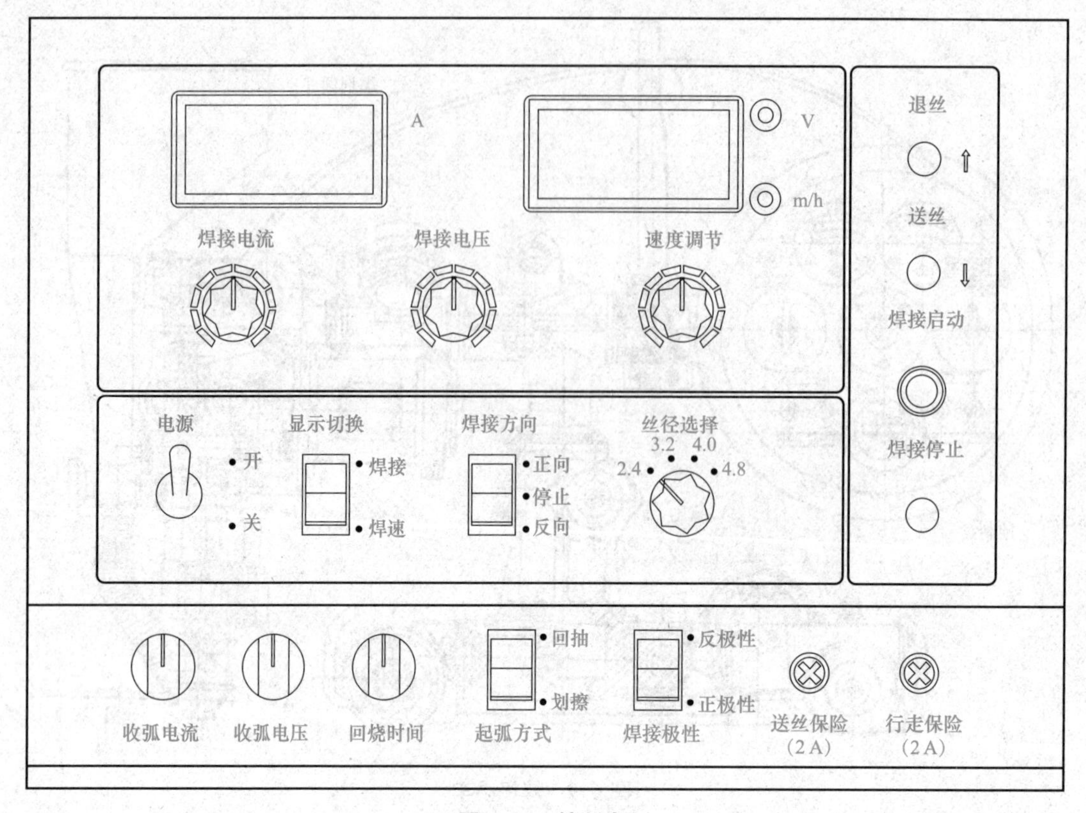

图 6-10　控制盘

导电嘴的作用是引导焊丝的传送方向，并且可靠地将电流输导到焊丝上。它既要求具有良好的导电性，也要求具有良好的耐磨性，一般由耐磨铜合金制成。导电嘴的高低可通过调节手轮来调节，以保证焊丝有合适的伸出长度。

机头调整机构分为纵向调整、横向调整及角度调整三部分，可使焊机适应各种位置焊缝的焊接，并使焊丝对准接缝位置。为此，焊接机头应有足够的调节自由度，如机头可以左右平移，围绕主轴做 360° 回转，前后移动或做水平倾斜，以适应各种条件的工作需要。

在机头上还装有焊剂漏斗，通过金属软管将焊剂堆敷在焊件的焊道上。由于埋弧焊机在焊接时无法观察焊缝轨迹，所以在机头上还装有焊缝跟踪指示器，用来观察焊缝轨迹。

2. 控制箱

MZC-1250F 型埋弧焊机配用的控制箱是 MZC-1250F 型。控制箱内装有电动机 - 发电机组、接触器、中间继电器、变压器、整流器、镇定电阻和开关等元件，用以和焊车上的控制元件配合，实现送丝和焊车拖动控制及电弧电压反馈自动调节。

3. 焊接电源

MZC-1250F 型埋弧焊机可配用 ZD5-1250B 晶闸管控制电源。使用不同的极性将产生不同的工艺效果。当采用直流正极性时，焊丝的熔敷效率高；采用直流反极性时，焊缝熔深大。

三、安全操作规程

1. 当心触电

（1）不要触摸现场带电部分。

（2）不能使用电流容量不够或有破损、导体露出的电缆。

（3）不能使用破的或湿的手套，必须使用干的绝缘手套。

（4）严禁带电移动焊接电源。

2. 防止弧光、噪声的危害，应使用保护用具

（1）进行焊接操作或焊接观察时，应佩戴具有足够遮光度的眼镜或焊接用面罩。

（2）应在焊接操作场所的周围设置屏障，以避免弧光进入他人的眼睛。

（3）噪声很大的场合应使用防声保护具。

3. 防止火灾、爆炸及破裂

（1）移开可燃物，使飞溅接触不到可燃物。无法移开的场合，应用不可燃遮盖物遮盖在可燃物上。

（2）不要在可燃物附近进行焊接。

（3）不要将刚焊完的母材靠近可燃物。

（4）不要焊接内部通有气体的输气管道及被密封的罐体、管道。

（5）为防止因过热引发的火灾和机器烧损，应将焊接电源与墙壁保持 20 cm 以上距离，与可燃性物品保持 50 cm 以上的距离。

（6）在焊接操作场所附近配置灭火器，以备使用。

4. 防止烟尘及气体的危害

（1）为了防止气体中毒与窒息，应使用法规（劳动安全卫生规则、粉尘危害防止规则）规定的局部排气设备或呼吸用保护用具。

（2）在狭窄场所进行焊接时，一定要进行充分的换气。

（3）不要在脱脂、洗净、喷雾作业的附近进行焊接操作。在这些作业场所周围进行焊接操作，会产生有害气体。

（4）进行涂层钢板的焊接时，会产生有害烟尘与气体，一定要进行充分换气或使用呼吸保护用具。

四、埋弧焊机的维护与保养

（1）定期实行维护检查，修理损伤部分后再进行使用。

（2）不用时应该切断所有装置的电源及配电箱电源。

（3）为防止飞溅、铁粉进入电源内部，应将焊接电源与焊接作业、打磨作业隔离开。

（4）防止粉尘堆积引起绝缘恶化，应定期保养检修。

（5）飞溅、铁粉等进入电源内部时，应关闭焊机电源开关与配电箱开关，再用干燥空气吹净。

【任务实施】

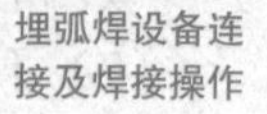
埋弧焊设备连接及焊接操作

埋弧焊设备连接与操作如下：

1. 焊接电源与配电箱的连接

（1）将焊接电源后盖上的输入端子罩卸下。

（2）将输入电缆（3 根）一端接到焊接电源的输入端子，并用绝缘布将可能与其他部位接触的裸露带电部位缠好，另一端接入配电箱的开关上。

（3）将输入端子罩重新安装到焊接电源上。

（4）将焊接电源用横截面面积为 14 mm^2 以上的电缆接地。

2. 机器的连接

（1）用附属螺栓将母材电缆接到焊接电源（－）极输出端，另一端接母材，连接要紧固。

（2）用附属螺栓将焊接电缆接到焊接电源（＋）极输出端，另一端接焊接小车焊枪导电体，连接要紧固。

（3）将控制电缆两端分别接到焊接电源与焊接小车控制箱的插座上。

设备的连接如图 6-11 所示。

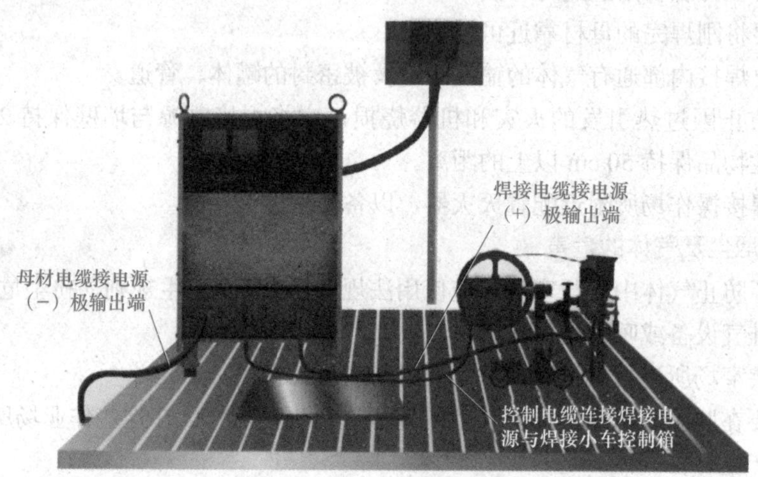

图 6-11 设备连接

3. 焊接电源的设置

（1）打开焊接电源的电源开关，电源指示灯亮，风扇转动。

（2）将“焊接操作”选择开关置于“启动”。

（3）将“焊接模式”选择开关置于“埋弧焊”。

4. 焊接参数设置

打开小车控制箱电源开关，根据工艺要求预置焊接参数，控制面板如图 6-10 所示。

（1）将“显示切换”开关置于“焊接”位置，调节“焊接电流”“焊接电压”旋钮，分别预置焊接电流、焊接电压；调节“收弧电流”“收弧电压”旋钮，分别预置收弧电流、收弧电压。注意不要将收弧参数设定得太小，否则焊接结束时容易产生粘丝现象。

（2）将“显示切换”开关置于“焊速”位置，调节“速度调节”旋钮，设定焊接速度。

（3）通过“焊接方向”开关，设定好焊接行走方向。

（4）根据使用的焊丝直径设定好“丝径转换”开关。

（5）根据焊丝丝径设定好回烧时间，防止粘丝。焊丝越粗，所需回烧时间越长。

5. 焊接操作

（1）挂好手动离合器。

（2）调整机头横向调整机构，将焊丝对准起弧位置，焊缝跟踪指示器对准工件接缝。调整机头纵向调整机构，调整焊丝的伸出长度。

（3）按住“送丝”按钮，焊机开始送丝。

1）“起弧方式”开关设定为回抽引弧时：当焊丝接触工件，焊车会自动停止送丝。如果送丝不停止，则可能是因为焊丝与工件间有绝缘物或某极电缆没有连接好；如果焊丝与工件尚未接触就不能送丝，则可能正负极间有搭接或已有空载电压。

注：起弧前焊丝与工件必须可靠接触，否则将影响引弧成功率。

2）“起弧方式”开关设定为划擦引弧时：焊丝头距工件应留有 1 ～ 2 mm 的距离。

（4）打开焊剂漏斗开关，焊剂覆盖焊接部位后按下启动开关，小车自动起弧，并按设定的焊接方向、预置的焊接电流、焊接电压、焊接速度焊接。

（5）当焊到结束位置时，关闭焊剂漏斗开关，按住停止按钮，小车停止行走，并按照收弧规范继续进行焊接。

（6）松开停止按钮，焊机停止焊接。

（7）回收焊剂，敲掉焊渣。

任务三　实施平板对接接头双面埋弧焊

【学习目标】

1. 知识目标

（1）掌握平板对接接头双面埋弧焊工艺分析；

（2）掌握平板对接接头双面埋弧焊操作方法；

（3）了解埋弧焊常见缺陷及预防措施。

平板对接接头
双面埋弧焊

2. 能力目标

（1）能够进行平板对接接头双面埋弧焊工艺分析；

（2）具备平板对接接头双面埋弧焊操作技能。

3. 素养目标

（1）培养学生细心、严谨的工作态度；

（2）培养学生的质量意识、安全意识；

（3）培养学生的沟通能力及团队合作精神。

【任务描述】

船体内底板在进行拼接时，由于是大尺寸平板的焊接，所以在船厂中总是采用埋弧焊进行焊接。针对这一生产任务，本次任务进行平板对接双面埋弧焊，训练图样如图 6–12 所示。

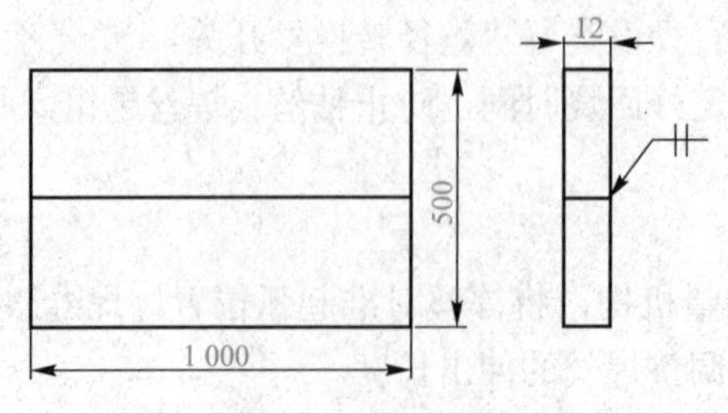

图 6-12　训练图样

板材为AH32钢板，根据图样可知，板厚为12 mm，采用I形坡口对接。焊缝应成形美观、过渡均匀、无任何肉眼可见缺陷，焊缝余高为0～3 mm，焊缝宽度为14～16 mm。通过此任务使学生在学习双面埋弧焊知识的基础上，掌握平板对接接头双面埋弧焊工艺。

【知识储备】

一、工艺分析

1. 双面埋弧焊工艺方法

采用双面埋弧焊工艺焊接第一面时，可采用焊剂垫。当无法采用焊剂垫时可采用悬空焊，此时坡口应加工平整，同时保证坡口装配间隙不大于1 mm，以防止熔化金属流溢。

当第一面焊接采用焊剂垫或临时工艺垫板时，必须采取措施使焊剂垫或临时工艺垫板在焊缝全长都与焊件贴合，并且压力均匀。第一面的焊接参数应保证焊缝熔深超过焊件厚度的60%～70%；焊完第一面后翻转焊件，进行反面焊接，其焊接参数可与第一面焊接时相同，但必须保证完全熔透。对重要产品，在反面焊接前需进行清根处理，此时焊接参数可适当减小。

采用悬空焊（也叫作不留间隙双面焊）法时，在焊第一面时焊件背面不加任何衬垫或辅助装置，为防止液态金属从间隙中流失或引起烧穿，要求焊件在装配时不留间隙或只留很小的间隙（一般不超过1 mm）。第一面焊接时所用的焊接参数不能太大，只需使焊缝的熔深达到或略小于焊件厚度的一半即可。而焊接反面时由于已有了第一面焊缝作为依托，且为了保证焊件焊透，便可用较大的焊接参数进行焊接，要求焊缝的熔深达到焊件厚度的60%～70%。这种焊接方法一般不用于厚度太大的焊件焊接。

不开坡口双面埋弧焊

不开坡口对接接头悬空双面埋弧焊焊接参数见表6-6。

表 6-6　不开坡口对接接头悬空双面埋弧焊焊接参数

工件厚度/mm	焊丝直径/mm	焊接顺序	焊接电流/A	焊接电压/V	焊接速度/（cm·min^{-1}）
6	4	正	380～420	30	58
		反	430～470	30	55
8	4	正	440～480	30	50
		反	480～530	31	50

续表

工件厚度/mm	焊丝直径/mm	焊接顺序	焊接电流/A	焊接电压/V	焊接速度/（cm · min⁻¹）
10	4	正	530 ～ 570	31	46
		反	590 ～ 640	33	46
12	4	正	620 ～ 660	35	42
		反	680 ～ 720	35	41
14	4	正	680 ～ 720	37	41
		反	730 ～ 770	40	38

2. 埋弧焊的焊前准备

埋弧焊的焊前准备包括焊件坡口的选择加工、焊件的清理与装配、焊丝表面清理及焊剂烘干等工作。这些准备工作与焊接质量的好坏有十分密切的关系，所以必须认真对待。

（1）焊件坡口的选择与加工。由于埋弧焊可使用较大电流焊接，电弧具有较强穿透力，所以当焊件厚度不太大时，一般不开坡口也能将焊件焊透。但随着焊件厚度的增加，不能无限地增大焊接电流，为了保证焊件焊透，并使焊缝有良好的成形，应在焊件上开坡口。坡口形式与焊条电弧焊时基本相同，其中尤以 Y 形、X 形、U 形坡口最为常用。当焊件厚度为 10 ～ 24 mm 时，多开 Y 形坡口；厚度为 24 ～ 60 mm 时，可开 X 形坡口；对一些要求高的厚大焊件的重要焊缝，如锅炉等压力容器，一般多开 U 形坡口。埋弧焊焊缝坡口的基本形式已经标准化，各种坡口适用的厚度、基本尺寸和标注方法应符合《埋弧焊的推荐坡口》(GB/T 985.2—2008）的规定。

坡口常用气割或机械加工方法制备。气割一般采用半自动或自动气割机，可方便地割出直边、Y 形坡口和双 Y 形坡口。手工气割很难保证坡口边缘的平直和光滑，对焊接质量的稳定性有较大影响，尽可能不采用。如果必须采用手工气割加工坡口，一定要把坡口修磨到符合要求后才能装配焊接。用刨削、车削等机械加工方法制备坡口，可以达到比气割坡口更高的精度。目前，U 形坡口通常采用机械加工方法制备。

（2）焊件的清理与装配。焊件装配前需将坡口及其附近 20 ～ 30 mm 内的铁锈、油污、氧化物、水分等清理干净。铁锈和氧化物可以采用喷丸、钢丝刷、风动或电动砂轮机（或钢丝轮）等进行清除；油污可以采用有机溶剂如酒精、丙酮等进行清理；水分可以采用火焰烘烤或压缩空气吹干。

焊件装配时必须保证接缝间隙均匀，高低平整不错边。装配时，焊件必须用夹具或定位焊缝可靠地固定。

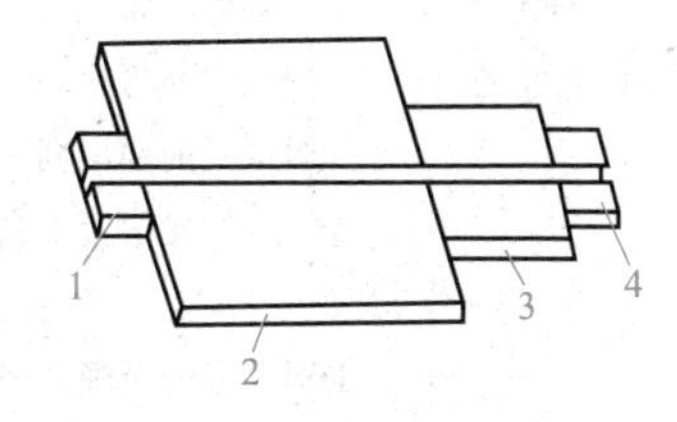

图 6-13 焊接试板、引弧板、熄弧板在焊件上的安装位置

1—引弧板；2—焊件；3—焊接试板；4—熄弧板

对直缝焊件的装配，在接缝两端必须加装引弧板和熄弧板（又叫作引出板），引弧板和熄弧板的厚度应与焊件厚度相同。如果需加装焊接试板，应将其与焊件装配在一起。焊接试板、引弧板、熄弧板在焊件上的安装位置，如图 6-13 所示。引弧板和

熄弧板与焊件应靠紧，间隙应封焊，以免焊漏。加装引弧板和熄弧板是因为埋弧焊焊接速度快，引弧处和熄弧处质量不易保证。装上引弧板后，电弧在引弧板上引燃，焊接稳定后进入焊件，可保证正式焊缝焊接端头的焊接质量。同理，焊缝焊完后将整个熔池引到熄弧板上再结束焊接，可使收弧处的焊缝留在熄弧板上。焊接结束后将引弧板和熄弧板割掉，从而保证了正式焊缝的质量。引弧板和熄弧板的材质和坡口尺寸应与所焊焊件相同。

（3）焊丝表面清理与焊剂烘干。焊前焊丝表面的油、锈及拔丝用的润滑剂都要清理干净，以免污染焊缝造成气孔。焊剂在运输及储存过程中容易吸潮，所以使用前应经烘干去除水分，HJ431 的烘焙温度为 250 ～ 300 ℃，保温时间为 2 h。已烘焙的焊接材料应在烘箱中保温，烘箱中的温度应保持在 100 ～ 150 ℃的范围内。

对于埋弧焊焊丝过大的局部弯曲必须较直，另外回收使用的焊剂应过筛，去除渣块、尘土及细粉末等异物。

二、埋弧焊常见缺陷及防止措施

埋弧焊时最常见的缺陷是气孔和夹渣，其次是裂纹和未焊透，此外还有各种表面缺陷，如咬边、溢出、烧穿、压痕、宽窄不均等，其产生原因及防止措施见表 6–7。

表 6–7　埋弧焊常见缺陷的产生原因及其防止措施

缺陷名称		产生原因	防止措施
焊缝表面成形不良	宽度不均匀	①焊接速度不均匀； ②焊接电压变化过大； ③焊丝导电不良； ④接缝间隙差异过大； ⑤焊剂过多或不良	①找出原因排除故障； ②找出原因排除故障； ③更换导电嘴、导电块； ④调整接缝间隙； ⑤调整焊剂覆盖状态或改善焊剂
	堆积高度过大	①电流太大而电压过低； ②上坡焊时倾角过大； ③环缝焊接位置不当（相对于焊件的直径和焊接速度）	①调节焊接参数； ②调整上坡焊倾角； ③相对于一定的焊丝直径和焊接速度，确定适当的焊接位置
	焊缝金属满溢	①焊接速度过慢； ②电压过大； ③下坡焊时倾角过大； ④焊丝向前弯曲； ⑤焊接时前部焊剂过少； ⑥环缝焊接位置不当	①调节规范； ②调节电压； ③调整下坡焊倾角； ④调整焊丝校正部分； ⑤调整焊剂覆盖状况； ⑥相对于一定的焊件直径和焊接速度，确定适当的焊接位置
	麻点	①焊接区未清理干净； ②焊剂潮湿； ③工件潮湿； ④焊剂过厚	①加强焊前清理； ②烘干焊剂； ③烘干工件； ④将焊剂铺敷高度降低到 40 mm 以下

续表

缺陷名称	产生原因	防止措施
咬边	①焊丝位置或角度不正确； ②电弧电压过高； ③焊接电流过大； ④焊接速度过大	①调整焊丝； ②降低电弧电压； ③降低焊接电流； ④降低焊接速度
未熔合	①焊丝未对准； ②焊缝局部弯曲严重	①调整焊丝； ②精心操作
未焊透	①焊接参数不当（如电流过小，电弧电压过高）； ②坡口不适合； ③焊丝未对准	①调整焊接参数； ②修整坡口； ③调节焊丝
夹渣	①焊件倾斜，熔渣流到熔池前方； ②多层焊时层间清渣不干净； ③多层分道焊时，焊丝位置不当	①将工件放到水平位置； ②层间彻底清渣； ③每层焊后发现咬边、夹渣必须清除修复
气孔	①接头未清理干净； ②焊剂潮湿； ③工件潮湿； ④焊剂中混有垃圾； ⑤焊剂覆盖厚度不当或焊剂漏斗阻塞； ⑥焊丝表面清理不够； ⑦电压过高	①接头必须清理干净； ②焊剂按规定烘干； ③工件烘干； ④焊剂必须过筛、吹灰、烘干； ⑤调节焊剂覆盖层高度，疏通焊剂漏斗； ⑥焊丝必须清理并尽快使用； ⑦调整电压
裂纹	①焊件、焊丝、焊剂等材料配合不当； ②焊丝中碳、硫含量较高； ③焊接区冷却速度过快而致热影响区硬化； ④焊件刚度大； ⑤焊缝成形系数太小； ⑥角焊缝熔深太大； ⑦焊接顺序不合理； ⑧多层焊的第一道焊缝截面过小	①合理选配焊接材料； ②适当降低焊速以及焊前预热和焊后缓冷； ③焊前预热及焊后缓冷； ④调整焊接参数和改进坡口； ⑤调整焊接参数和改变极性； ⑥合理安排焊接顺序； ⑦焊前适当预热或减小电流，降低焊速（双面焊适用）
焊穿	焊接参数及其他工艺因素配合不当	选择适当的焊接参数

三、工艺确定

本次任务是焊接板厚为 12 mm 的 AH32 钢，采用埋弧焊进行双面焊，且第一面焊接时采用悬空焊法，采用 I 形坡口，不留装配间隙。

AH32 钢为船用低合金高强度钢，在选择焊接材料时，主要应考虑保证焊缝的综合性能达到要求，而不要求化学成分与母材完全相同。对于低合金钢埋弧焊最常采用的焊丝与焊剂的配合为高锰高硅焊剂（如 HJ430 或 HJ431），配合低碳钢焊丝 H08A 或含锰焊丝 H08MnA。

高锰高硅焊剂 HJ430 和 HJ431 不仅可以通过冶金反应向焊缝中过渡合金元素锰和硅，而且熔渣具有较强的氧化性，抗氢气孔性能较好，同时熔池中的碳烧损较多，使焊缝的碳含量降低。熔渣中的 MnO 又具有去硫的作用，可提高焊缝金属的抗裂性能。此外，HJ430 和 HJ431 的工艺性能较好，具有焊后脱渣容易、焊缝成形好等优点。含锰焊丝 H08MnA，不仅可以通过焊丝向焊缝中过渡合金元素锰，以保证焊缝的力学性能，而且锰可以去硫，从而提高焊缝的抗裂性能。

通过上面的焊接工艺分析，12 mm 板厚不开坡口对接接头悬空双面埋弧焊焊接工艺卡见表 6-8。

表 6-8　12 mm 板厚不开坡口对接接头悬空双面埋弧焊焊接工艺卡

<table>
<tr><td rowspan="12">适用范围</td><td>材料牌号</td><td>AH32</td><td colspan="5" rowspan="9">焊接坡口图：
0～1
12</td></tr>
<tr><td>材料规格</td><td>12 mm</td></tr>
<tr><td>接头种类</td><td>对接</td></tr>
<tr><td>坡口形式</td><td>I</td></tr>
<tr><td>坡口角度</td><td>—</td></tr>
<tr><td>钝边</td><td>—</td></tr>
<tr><td>组对间隙</td><td>0 ～ 1 mm</td></tr>
<tr><td>背面清根</td><td>碳弧气刨</td></tr>
<tr><td>焊接方法</td><td>SAW</td></tr>
<tr><td>电源种类</td><td>直流</td><td rowspan="3">焊后
热处理</td><td>种类</td><td>—</td><td>保温时间</td><td>—</td></tr>
<tr><td>电源极性</td><td>反极性</td><td>加热方式</td><td>—</td><td>层间温度</td><td>—</td></tr>
<tr><td>焊接位置</td><td>1G</td><td>温度范围</td><td>—</td><td>测量方法</td><td>—</td></tr>
</table>

<table>
<tr><td colspan="7">焊接参数</td></tr>
<tr><td>焊层</td><td>焊材牌号</td><td>焊材直径
/mm</td><td>焊接电流
/A</td><td>焊接电压
/V</td><td>焊接速度
/（cm · min^{-1}）</td><td>保护气体流量
/（L · min^{-1}）</td></tr>
<tr><td>正</td><td rowspan="2">HJ431
H08MnA</td><td rowspan="2">4</td><td>620 ～ 660</td><td>35</td><td>42</td><td>—</td></tr>
<tr><td>反</td><td>680 ～ 720</td><td>35</td><td>41</td><td>—</td></tr>
<tr><td colspan="7">注：1. 碳弧气刨清根应能看到第一面焊缝的焊肉，并用角磨机将刨渣等清理干净。
2. 引弧板和熄弧板的尺寸为 150 mm×100 mm×12 mm。
3. 定位焊采用 E5015 焊条</td></tr>
</table>

【任务实施】

1. 焊前准备

（1）工件下料。采用机械切割的方式切割下料，下料尺寸如图 6-12 所示。

（2）焊件的清理。采用角磨机将坡口及附近区域 20 ～ 30 mm 内的铁锈、油污、氧化物等清理干净，直至露出金属光泽。

（3）焊接材料的烘干。焊前对焊剂进行烘干处理，HJ431 的烘焙温度为 250 ～ 300 ℃，并保温 2 h。E5015 焊条焊前进行 350 ～ 400 ℃烘干，并保温 1 ～ 2 h。

（4）装配。定位焊采用 E5015 焊条，定位焊长度不小于 50 mm，装配间隙为 0 ～ 1 mm，并在工件两端装配引弧板和熄弧板。组装后的接头需经检查合格后方可施焊。

2. 设定焊接参数

按焊接工艺卡中所列参数进行设定。

3. 正面焊缝的焊接

（1）调整焊丝对准接缝中心。使焊接小车轨道中心线与试件中心线相平行，将焊接小车推至工件一端，调节焊丝伸出长度为 30 mm 左右，并将焊丝对准接缝中心，往返拉动焊接小车，使焊丝都处于整条接缝的间隙中心。

（2）焊接。将烘干的焊剂倒入焊剂漏斗中，并将焊接小车推至引弧板端，锁紧小车行走离合器，按动送丝按钮，使焊丝与引弧板可靠接触，给送焊剂，覆盖住焊丝伸出部分。

按下启动按钮开始焊接，观察焊接电流表与电压表读数是否与所选焊接参数相符，若有偏差应随时调整。在焊接过程中随时回收未熔化的焊剂，倒在焊剂漏斗中。

当焊到熄弧板处时，先关闭焊剂漏斗，按下停止按钮，待电弧熄灭后再将停止按钮松开，结束焊接。焊完后，将焊渣清理干净。

4. 反面碳弧气刨清根

正面焊缝焊完后，焊件翻身，反面碳弧气刨清理焊根，刨槽深度为 5 ～ 6 mm，刨槽宽度比碳棒直径大 2 ～ 3 mm，直至露出第一面焊缝的焊肉，气刨参数见表 6-9。气刨后用角磨机再将碳弧气刨渣清理干净。

表 6-9 碳弧气刨清根参数

碳棒直径 /mm	刨割电流 /A	压缩空气压力 /MPa	刨削速度 /（$m \cdot h^{-1}$）
8	300 ～ 350	0.5	32 ～ 40

5. 反面焊缝的焊接

反面焊缝的焊接操作与正面焊缝相同，但焊接参数不同，具体焊接参数见焊接工艺卡。

6. 割除引弧板和熄弧板

焊后及时割除引弧板和熄弧板。

7. 焊接质量检验

焊缝应成形美观、过渡均匀、无任何肉眼可见缺陷，焊缝余高为 0 ～ 3 mm，焊缝宽度为 14 ～ 16 mm。

任务四 实施平板对接接头单面埋弧焊

【学习目标】

平板对接接头单面埋弧焊

1. 知识目标

（1）掌握平板对接接头单面埋弧焊工艺分析；

（2）掌握平板对接接头单面埋弧焊操作方法。

2. 能力目标

（1）能够进行平板对接接头单面埋弧焊工艺分析；

（2）具备平板对接接头单面埋弧焊操作技能。

3. 素养目标

（1）培养学生细心、严谨的工作态度；

（2）培养学生的质量意识、安全意识；

（3）培养学生认真负责的劳动态度和敬业精神。

【任务描述】

在焊接结构生产中，由于焊接结构的特点，有时不能实施双面埋弧焊，只能进行单面埋弧焊。如船体分段内底板合拢缝的焊接，此焊缝是连接前后两分段的重要焊缝，对这类焊缝的质量要求很高。由于船体无法翻身，埋弧焊又只能进行平位置焊，因此通常采用预制底部的单面埋弧焊来完成内底板大接缝的焊接。针对这一生产任务，本次任务进行平板对接单面埋弧焊，训练图样如图 6-14 所示。

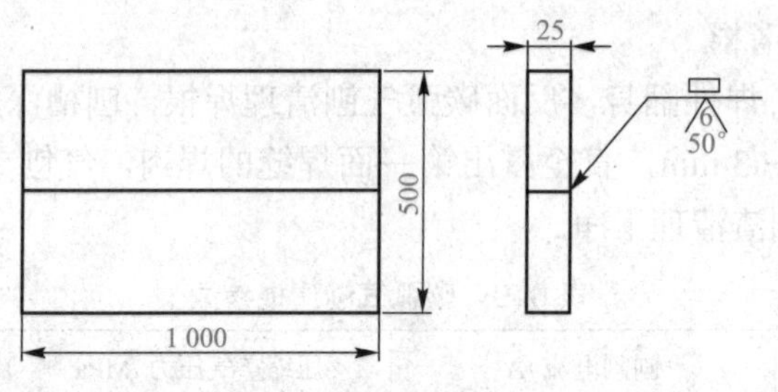

图 6-14　训练图样

板材为船用 D 级钢，根据图样可知，板厚为 25 mm，采用 V 形坡口对接，间隙为 6 mm，不留钝边，反面加衬垫。要求单面焊双面成形，焊缝外表无未熔合、未焊透、咬边、气孔、裂纹等缺陷，按《焊缝无损检测 射线检测 第 1 部分：X 和伽玛射线的胶片技术》（GB/T 3323.1—2019）的规定对焊缝进行 X 射线探伤，要求达到Ⅱ级标准。通过此任务使学生掌握平板对接接头单面埋弧焊工艺。

【知识储备】

一、工艺分析

双面埋弧焊虽然获得广泛的应用，但由于施焊时焊件需翻转，给生产带来很大麻烦，也使生产率大大降低。因此对于较大尺寸的平板对接焊，可采用不同的衬垫进行单面焊双面成形埋弧焊，即在各种不同的衬垫上进行一次正面埋弧焊焊接而达到背面同时焊透成形，实现单面焊双面成形，因而可避免焊件翻转、清根带来的问题，大大提高生产率，减轻劳动强度，降低生产成本。但利用这种方法焊接时，电弧功率和热输入大，接头的低温韧性较差，通常适用于中、薄板的焊接。

1. 单面焊双面成形埋弧焊

对接接头单面埋弧焊是使用较大焊接电流将焊件一次熔透的方法。由于焊接熔池较大，只有采用强制成形的衬垫，使熔池在衬垫上冷却结晶，才能达到一次成形。按衬垫形式可将其分为铜衬垫法、焊剂－铜垫法、热固化焊剂垫法、软衬垫法等多种方式。

（1）铜衬垫法。铜衬垫是有一定宽度和厚度的纯铜板，在其上加工出一道成形槽，截面形状如图 6-15 所示，并采用机械方法使它贴紧在焊件接缝的下面。焊接时，利用铜衬垫托住熔池金属，控制焊缝背面成形。

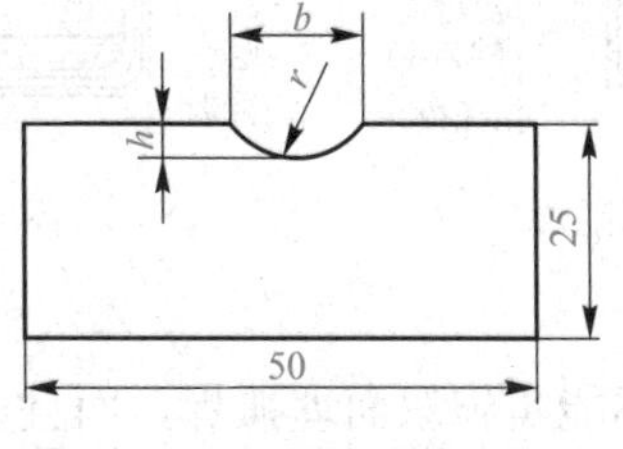

图 6-15　铜衬垫的截面形状

铜衬垫法的最大特点是，可以使用大电流以提高焊接效率。但该方法存在的主要问题是，如果焊件背面与铜衬垫接触不良，容易产生咬边、焊瘤、未熔合等缺陷。因此，铜衬垫法只有在焊件背面与铜衬垫接触良好的条件下，才能得到外观整齐、均匀的背面焊道。这对现场装配而言，要求十分苛刻。

（2）焊剂－铜垫法（FCB 法）。焊剂－铜垫法如图 6-16 所示，是在铜垫板上均匀撒布 4 ～ 6 mm 厚的衬垫焊剂，然后用空气软管等简单的顶压装置，将上述铺好焊剂的铜垫板压紧到焊缝背面，使其与工件紧密贴合，再从正面进行单面焊接，最终形成正反面都成形的一种单面埋弧焊法。由于焊剂的封闭作用和铜板的冷却作用，下面的焊道成形良好，外形美观，焊缝余高均匀一致。该方法对坡口精度要求不太高，并且可用较大电流进行焊接。

（3）热固化焊剂垫法。如图 6-17 所示，以热固化焊剂作为衬垫，衬托在钢板接缝下面，利用软管充气将带有热固化衬垫焊剂和下敷焊剂的焊剂槽上升，使热固化衬垫焊剂紧贴焊件接缝反面，焊接时电弧将焊件熔透，并加热了热固化焊剂，当加热到 80 ～ 120 ℃后（约在电弧前方 20 mm 处），热固化焊剂发生脱水缩合反应而固化，强制熔融金属反面成形，从而获得单面焊双面成形的焊缝。

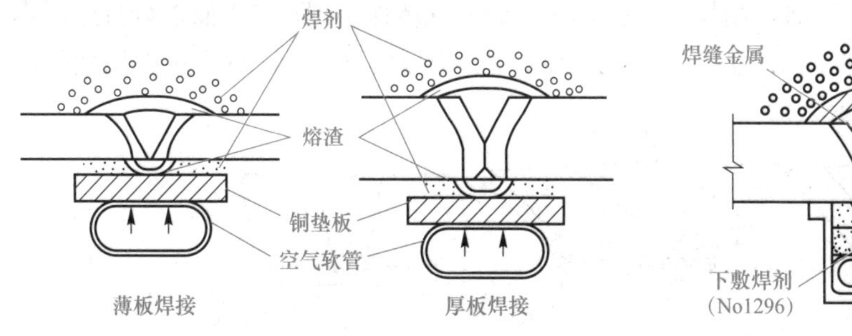

图 6-16　焊剂－铜垫法单面埋弧焊　　图 6-17　热固化焊剂垫法单面埋弧焊

（4）软衬垫法（FAB 法）。软衬垫法单面埋弧焊如图 6-18 所示，利用可挠性软衬垫 FAB-1（FAB-1 软衬垫结构如图 6-19 所示）作为接缝的反面衬垫，并通过支撑装置使软衬垫紧贴钢板接缝，正面进行埋弧焊，获得正反双面成形的焊缝。软衬垫紧贴钢板接缝是靠衬垫上的两面胶带及支撑衬垫上的简单工具，不需要气垫装置、压力架等复杂设备，使用方便。

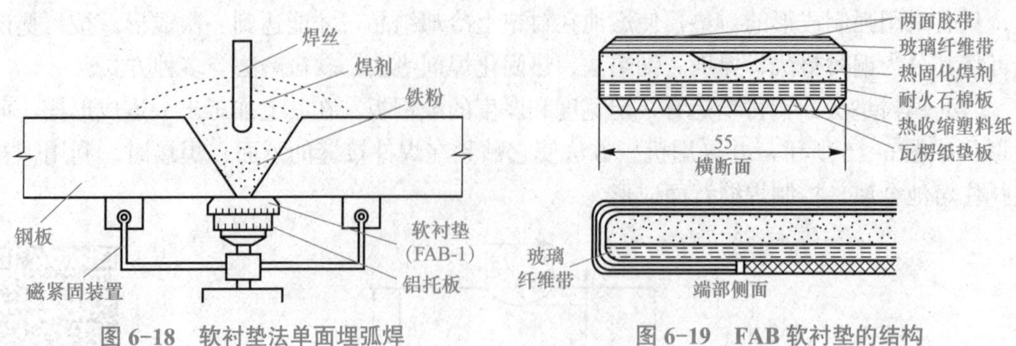

图 6-18　软衬垫法单面埋弧焊　　　　图 6-19　FAB 软衬垫的结构

2. 预制底部的单面埋弧焊

对于有些焊接结构，不仅不能实施双面埋弧焊，而且反面无法采用上述衬垫形式，如船体分段的合拢缝、小直径筒体接缝、压缩空气瓶封头接缝的焊接等，在此情况下，可以采取预制底部，再在底部上进行单面埋弧焊。制造底部的方法有接缝反面封底焊、接缝正面打底焊、采用永久性钢垫板或带锁底等。

（1）反面封底焊的单面埋弧焊。对于焊件不能翻身的焊缝，或埋弧焊不能到达接缝反面的工作环境的焊缝，通常采用焊条电弧焊对反面接缝进行封底焊，如图 6-20 所示，然后用埋弧焊焊接正面焊缝。封底焊要达到 6 mm 以上的焊缝厚度，这样才可避免埋弧焊的烧穿。

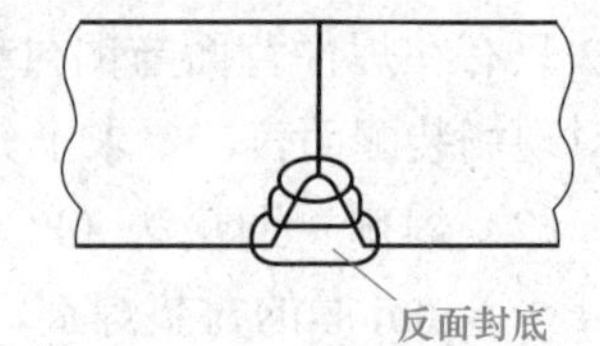

图 6-20　反面封底焊的单面埋弧焊

（2）正面打底焊的单面埋弧焊。对于在反面无法实施焊接的接缝，可以采用正面打底焊方法形成底部。由于正面打底焊都是要开坡口的，所以焊接参数可参照 V 形对接悬空双面焊的焊接参数。

1）不带衬垫的打底焊。当焊工无法到达接缝反面（如小直径管子的焊接）时，用焊条电弧焊实施单面焊双面成形，焊好打底层后，再焊 2 ～ 3 层，当焊缝达到一定厚度后，用埋弧焊焊满坡口。如果是小直径、厚壁的重要构件，打底层可采用氩弧焊，再用焊条电弧焊焊 2 ～ 3 层，最后用埋弧焊焊满坡口。

2）带衬垫的打底焊。当焊工能够进入接缝反面的工作场地时，虽不能焊接，却能贴衬垫时，在反面贴上陶质衬垫，用焊条电弧焊（或 CO_2 气体保护焊）在正面进行打底层焊接，焊好打底层后，再在正面焊上 2 ～ 3 层，使焊缝厚度大于 6 mm，然后正面用埋弧焊焊满坡口，如图 6-21 所示。

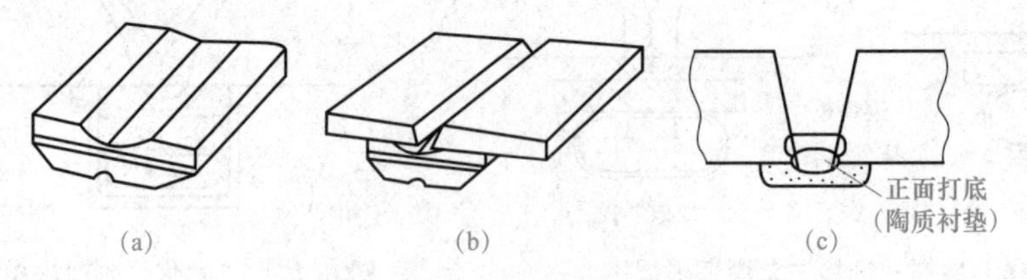

图 6-21　陶质衬垫打底焊

(a) 陶质衬垫；(b) 陶质衬垫与工件的配装；(c) 陶质衬垫打底焊

由于埋弧焊的电弧燃烧及焊缝成形是在焊剂之下进行的，因此无法对其进行实时观察，而且焊丝无法摆动，在长直焊缝打底焊时容易因装配间隙等问题而出现电弧跑偏、击穿、未熔合等缺陷。为此，采用陶质衬垫焊条电弧焊（或 CO_2 气体保护焊）打底＋埋弧焊填充的焊接工艺，对于长直焊缝有很好的效果。这种技术无须在工件背面进行碳弧气刨清根，解决了工件背面清根费时、费力，碳弧气刨增碳、焊缝韧性差等问题，打底焊时还可以观察焊缝熔合情况，避免焊接缺陷产生；同时利用埋弧焊高效、高自动化的优势，降低成本，减轻工人劳动强度。因此，生产中焊条电弧焊（或 CO_2 气体保护焊）打底的埋弧焊技术是一种常见的实用技术。

3）永久性钢垫板或带锁底的单面埋弧焊。永久性钢垫板单面埋弧焊用和母材相同钢号的板条作为垫板，用埋弧焊将焊件和钢垫板焊在一起连成整体，如图 6–22 所示。这种焊接接头通常要求 100% 焊透。装配时要求垫板紧贴焊件，垫板和焊件间隙小于 1 mm，否则焊接时液态金属和熔渣会从间隙处流出，可能造成焊缝边缘存在夹渣。钢垫板的厚度由焊件板厚和坡口形式而定，I 形对接焊缝的垫板厚度可取 3 ～ 5 mm，V 形坡口对接焊缝的垫板厚度可取 5 ～ 10 mm。垫板的宽度为厚度的 5 倍。埋弧焊的焊接参数应使垫板有一半厚度被熔化，同时要防止坡口根部两侧未焊透。

当焊件的厚度大于 10 mm 且存在板厚差时，可采用锁底对接接头，如图 6–23 所示。

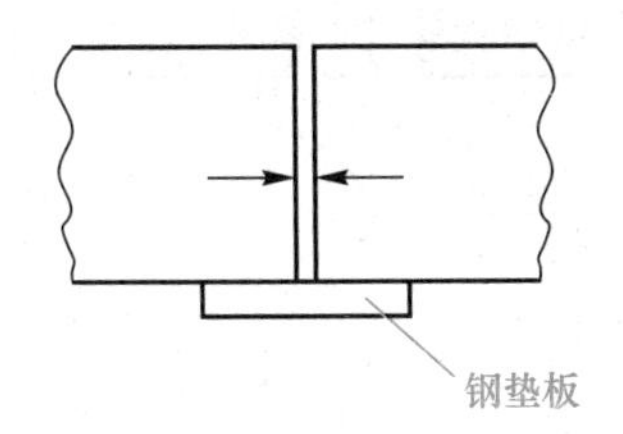

图 6–22　永久性钢垫板单面埋弧焊

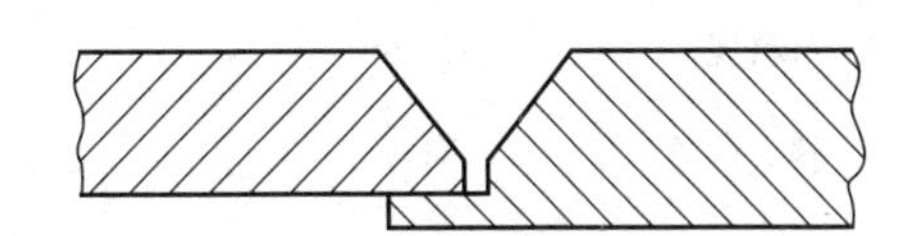
图 6–23　锁底对接接头

二、工艺确定

焊接船体分段内底板的合拢缝，在生产中最常采用的工艺是反面贴陶质衬垫，正面用焊条电弧焊（或 CO_2 气体保护焊）打底，最后用埋弧焊填满坡口。本次任务采用焊条电弧焊打底＋埋弧焊填充及盖面的工艺。

由于母材厚度为 25 mm，所以应开 V 形坡口，坡口角度为 50°；采用气割方式开坡口，切割后的熔渣可用砂轮机磨去，清除必须彻底。因为熔渣的主要成分是氧化铁，若熔渣进入熔池，将会增加气孔倾向。为保证焊接质量，开完坡口后，应对坡口质量进行检查，主要检查坡口形状、尺寸与表面粗糙度是否符合要求（可用焊缝检验尺和样板测量坡口面角度、钝边尺寸及根部半径，如图 6–24 所示）；检查坡口清理情况（坡口及其附近不应有毛刺、熔渣、油污、铁锈等杂质）及坡口面探伤（发现裂纹要及时去除）。另外，在进行装配定位焊时，应采用门形马板对工件进行装配定位，因为在船体内底板接缝焊接中，不准在坡口内进行定位焊。由于背面贴陶质衬垫，为保证反面成形，装配间隙应为 5 ～ 6 mm。

打底焊时选择 E4315 型碱性焊条，焊条直径为 ϕ4 mm，并用此种焊条填充一层；再采用直径为 ϕ5 mm 的 E4315 焊条，填充 2 层，以保证焊缝厚度大于 6 mm；埋弧焊时选择焊接低碳钢最常用的焊接材料，焊剂 HJ431 配合 H08MnA 焊丝，由于已经有了打底焊缝，所以可采用较大电流进行焊接，因此选择直径为 ϕ5 mm 的焊丝进行填充焊和盖面焊。

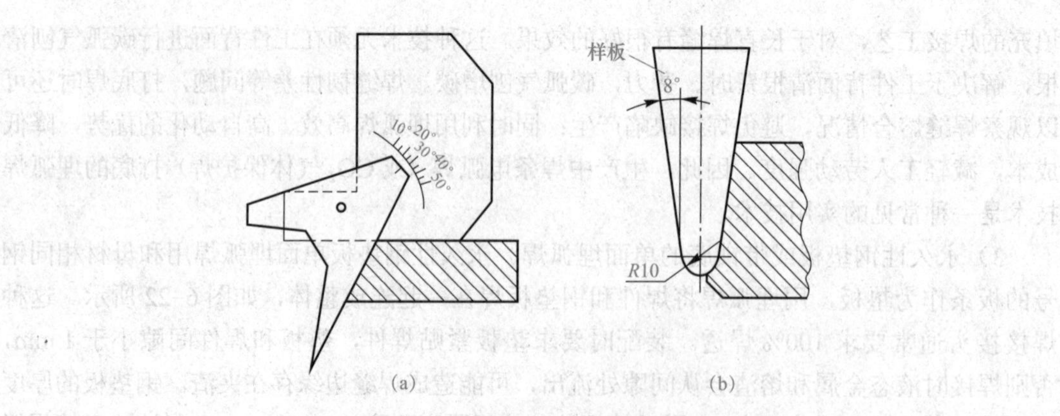

图 6-24　测量坡口加工的形状和尺寸

(a) 测量坡口角度；(b) 用样板测量坡口形状

通过以上的焊接工艺分析，25 mm 厚船用 D 级钢平板对接接头陶质衬垫焊条电弧焊打底的埋弧焊焊接工艺卡见表 6-10。

表 6-10　平板对接接头陶质衬垫焊条电弧焊打底的埋弧焊焊接工艺卡

<table>
<tr><td rowspan="15">适用
范围</td><td>材料牌号</td><td>船用 D 级钢</td><td colspan="5" rowspan="12">焊接坡口图：
50°
5～6
25
陶质衬垫</td></tr>
<tr><td>材料规格</td><td>25 mm</td></tr>
<tr><td>接头种类</td><td>对接</td></tr>
<tr><td>坡口形式</td><td>V</td></tr>
<tr><td>坡口角度</td><td>50°</td></tr>
<tr><td>钝边</td><td>—</td></tr>
<tr><td>组对间隙</td><td>5～6 mm</td></tr>
<tr><td>背面清根</td><td>—</td></tr>
<tr><td>衬垫</td><td>陶质 JN–1 衬垫</td></tr>
<tr><td>焊接方法</td><td>SMAW ＋ SAW</td></tr>
<tr><td>电源种类</td><td>直流</td><td rowspan="3">焊后
热处理</td><td>种类</td><td>—</td><td>保温时间</td><td>—</td></tr>
<tr><td>电源极性</td><td>反接</td><td>加热方式</td><td>—</td><td>层间温度</td><td>—</td></tr>
<tr><td>焊接位置</td><td>1G</td><td>温度范围</td><td>—</td><td>测量方法</td><td>—</td></tr>
</table>

<table>
<tr><td colspan="7">焊接参数</td></tr>
<tr><td>焊层</td><td>焊接方法</td><td>焊材
牌号（型号）</td><td>焊材直径
/mm</td><td>焊接电流
/A</td><td>焊接电压
/V</td><td>焊接速度
/（cm · min^{-1}）</td></tr>
<tr><td>1，2</td><td rowspan="2">焊条电弧焊</td><td rowspan="2">E4315</td><td>4</td><td>140～160</td><td>23～25</td><td rowspan="2"></td></tr>
<tr><td>3，4</td><td>5</td><td>220～240</td><td>24～26</td></tr>
<tr><td>5</td><td rowspan="3">埋弧焊</td><td rowspan="3">HJ431
H08MnA</td><td rowspan="3">5</td><td>475～725</td><td>32～34</td><td>37</td></tr>
<tr><td>6</td><td>725～775</td><td>32～34</td><td>32</td></tr>
<tr><td>7，8</td><td>650～700</td><td>32～34</td><td>42</td></tr>
</table>

【任务实施】

1. 焊前准备

（1）工件下料。采用气割的方式切割下料，切割出的单边坡口角度为25°，下料尺寸如图6-14所示。检验坡口质量合格后方可进行装配焊接。

（2）焊件的清理。采用角磨机将坡口及其附近区域20～30 mm范围内的铁锈、油污、氧化物等清理干净，直至露出金属光泽。

（3）焊接材料的烘干。焊前对焊剂进行烘干处理，HJ431的烘焙温度为250～300 ℃，保温时间为2 h。E4315焊条焊前进行350～400 ℃烘干，并保温1～2 h。

（4）装配。采用门形马板进行定位，装配间隙为5～6 mm，并在工件两端加装100 mm×100 mm×25 mm的船用D级钢板作为引弧板和熄弧板。

（5）粘贴陶质衬垫。将陶质衬垫紧贴于钢板背面，使衬垫中心线必须对准接缝坡口中心线。

2. 焊接操作

（1）焊条电弧焊打底。采用直径为4 mm的焊条，按焊接工艺卡中所列参数进行打底层焊接，要求单面焊双面成形，焊后将焊渣清理干净。

（2）焊条电弧焊填充。按照焊接工艺卡所示参数，再分别采用直径为4 mm及5 mm的焊条进行填充焊，注意每焊完一层，一定将焊渣清理干净后再焊接下一层。

（3）埋弧焊填充及盖面。采用埋弧焊进行填充并盖面，焊接参数见焊接工艺卡。

3. 焊后质量检验

焊件焊好后，首先用眼睛或放大镜（不大于5倍）进行外观检查，表面不得有裂纹、未熔合、未焊透、气孔、咬边和凹坑等缺陷。焊缝的余高和宽度可用焊缝检验尺测量。按《焊缝无损检测 射线检测 第1部分：X和伽玛射线的胶片技术》（GB/T 3323.1—2019）的规定对焊缝进行X射线探伤，要求达到Ⅱ级标准，如有超标的缺陷，用碳弧气刨清除缺陷，并用焊条电弧焊进行补焊。

任务五　实施对接接头环缝埋弧焊

【学习目标】

1. 知识目标

（1）掌握对接接头环缝埋弧焊工艺分析的方法；

（2）掌握对接接头环缝埋弧焊操作方法。

对接接头环缝埋弧焊

2. 能力目标

（1）能够进行对接接头环缝埋弧焊工艺分析；

（2）具备对接接头环缝埋弧焊操作技能。

3. 素养目标

（1）培养学生细心、严谨的工作态度；

（2）培养学生的质量意识、安全意识；

（3）培养学生认真负责的劳动态度和敬业精神。

【任务描述】

在容器结构中，筒体的对接接头环缝的焊接是最常见的。针对这一生产任务，本次任务进行筒体的对接接头环缝的焊接，训练图样如图 6–25 所示。

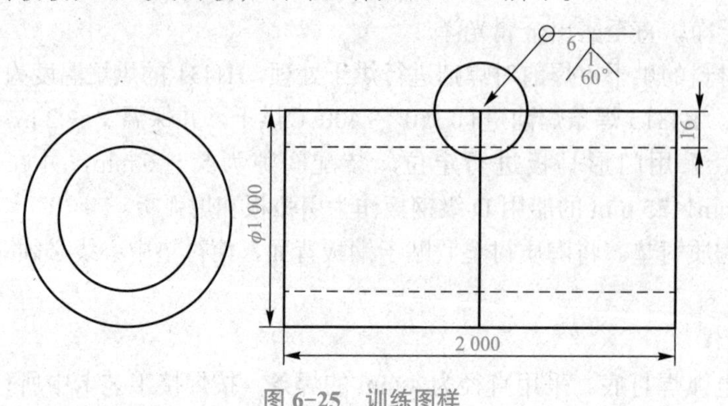

图 6–25　训练图样

母材为 20G，根据图样可知，筒节直径为 1 000 mm，壁厚为 16 mm，采用 V 形坡口对接，间隙为 1 mm，钝边为 6 mm。要求进行双面焊，焊缝外观成形应整齐、美观，无咬边、焊瘤及明显焊偏的现象。测量焊缝外形尺寸，焊缝余高 0 ～ 3 mm；宽度为 18 ～ 22 mm；焊缝两侧无棱角，呈圆滑过渡。通过此任务使学生掌握对接接头环缝埋弧焊工艺。

【知识储备】

一、工艺分析

1. 环缝埋弧焊的常用工艺方法

环缝埋弧焊是制造圆柱形容器最常用的一种焊接形式，环缝埋弧焊可以有以下几种工艺方法：

（1）在专用的焊剂垫上焊接内环缝，然后在滚轮胎架上焊接外环缝。在专用的焊剂垫上焊接内环缝，如图 6–26 所示。焊完内环缝后，再在滚轮胎架上焊接外环缝。由于筒体内部通风较差，为改善劳动条件，环缝坡口通常不对称布置，将主要焊接工作量放在外环缝，内环缝主要起封底作用。通常采用机头不动，让焊件匀速转动的方法进行焊接，焊件转动的切线速度即是焊接速度。环缝埋弧焊的焊接工艺可参照平板双面对接的焊接参数选取，焊接操作技术也与平板对接埋弧焊时基本相同。

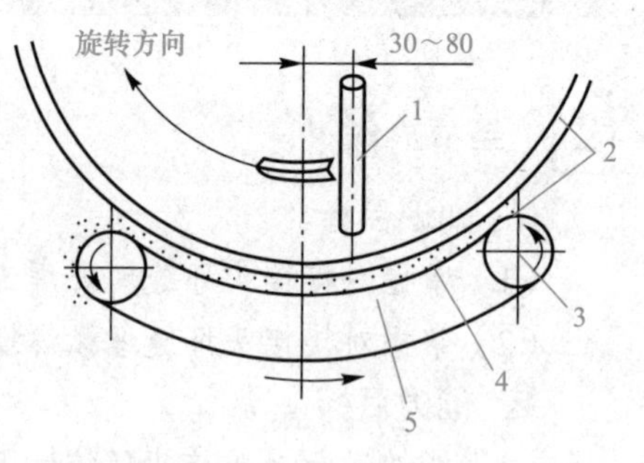

图 6–26　内环缝埋弧焊焊接示意

1—焊丝；2—焊件；3—滚轮；4—焊剂垫；5—传动带

（2）悬空双面埋弧焊。对于大直径厚板的对接环缝，多采用悬空双面埋弧焊。由于圆筒体外的工作环境较好，所以大量的焊接工作尽可能在圆筒外进行，如采用 X 形坡口，则选用不对称的 X 形坡口，大坡口设置在圆筒外面。对于大直径、厚度不大的对接环缝，先焊内环缝，焊好内环缝后再焊外环缝。对于小直径筒体的对接环缝，由于焊接工人不能进入筒体内焊接，只能采用单面焊接，通常采用 CO_2 气体保护焊或焊条电弧焊进行打底焊，再焊 1 ～ 2 层，焊缝厚度达到 6 ～ 7 mm 后，再用埋弧焊焊满坡口。如果构件重要，又无法进行底部清渣时，打底层可采用氩弧焊，其上几层用 CO_2 气体保护焊或焊条电弧焊，焊到焊缝厚度达到 6 ～ 7 mm 后，再用埋弧焊焊满。

但若焊接不锈钢筒体的环缝，由于接触腐蚀介质的是内环缝，为了防止内环缝产生晶间腐蚀，则应先焊外环缝，再焊内环缝。

2. 筒体对接埋弧焊设备

进行筒体环缝（或纵缝）的对接焊时，除了需要埋弧焊机以外，还需焊接操作机和滚轮胎架，如图 6–27 所示。焊接操作机以伸缩臂式焊接操作机的功能最全、通用性最强。焊接滚轮胎架常用的是无级调整式。

3. 滚轮中心距的调整

进行筒体环缝埋弧对接焊时，应将筒体置于滚轮胎架上进行装配及焊接。为了保证滚轮胎架运行稳定和使用安全可靠，滚轮胎架滚轮间的中心距与焊件直径应保持一定关系，使焊件截面中心与两个滚轮中心连线的夹角在 50° ～ 110° 范围内，如图 6–28 所示。当超出这个范围时，应调节滚轮中心距。

图 6–27　筒体对接缝焊接设备

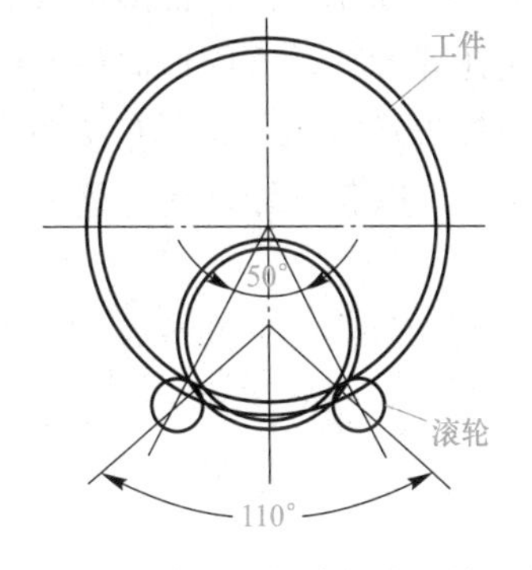

图 6–28　焊件直径与滚轮中心的距离

4. 滚轮胎架轴向偏移量的调整

在焊接滚轮胎架上焊接环缝时，往往会出现焊件的轴向偏移，使焊丝偏离焊接部位。进行多层焊时，轴向偏移更为严重。造成轴向偏移的主要原因，除焊件本身存在锥度等问题外，还与滚轮胎架的制造和安装精度有关，焊接时难以控制。

筒体焊接前应检查是否有轴向偏移。调整轴向偏移时，人应站在筒体正面被动轮一侧，使筒体向上转动，用石笔扁平端贴在滚轮胎架上，使之与转动的筒体接触留下划痕（100 mm 长），再转动一周，同样划下痕迹，若两条线重合，则表明无轴向偏移；若不重合，两条线的间距 B（图 6–29）即为轴向偏移量，此时用撬棍将被动轮架朝焊件偏移的反方向移动 B'（$B' = -B$），重复校验至符合要求（焊件每转动一周，轴向偏移应小于 2 mm）。

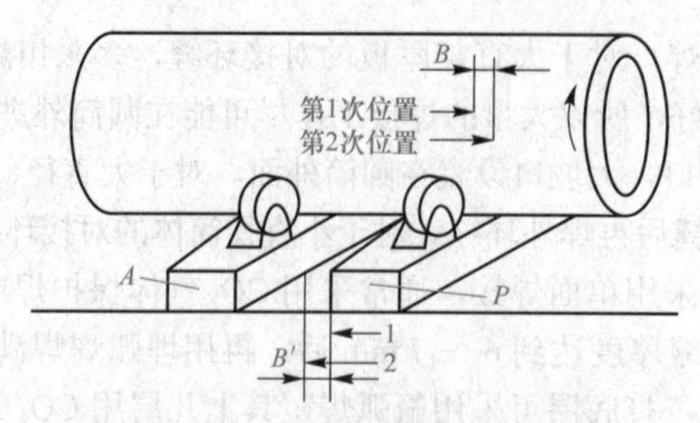

图 6-29　滚轮胎架的调整方法

A—主动轮；*P*—被动轮；*B*—筒体向右偏移的距离；
B′—被动轮架向左调整距离，*B*′ = –*B*

防止焊接过程中产生轴向偏移的简便方法是在焊件端面加支撑滚轮。先进的方法是利用传感器检测焊件端面的偏移量，将信号送到执行机构，调节一对滚轮的方向或高低，使焊件向反方向偏移实现补偿。利用这种原理工作的自动补偿滚轮胎架，可将焊件的轴向偏移量控制在 0.5 mm 范围内。

5. 调整焊丝的位置

众所周知，熔池处在水平位置冷却结晶时，焊缝的成形最佳。环缝焊接时，熔池从熔融状态至冷却结晶状态，其位置是在不断变化的。如果焊丝处于水平位置进行焊接（外环缝焊接时，焊丝位于最高点；内环缝焊接时，焊丝位于最低点），熔池将由水平位置的熔融状态转到倾斜位置处冷却结晶，这样焊缝成形较差。为了防止熔池中液态金属和熔渣从转动的焊件表面流失，保证熔池金属在水平位置结晶，无论焊接内环缝还是外环缝，焊丝位置都应逆焊件转动方向偏离中心线一定距离，即在焊接外环缝时，焊丝应处于下坡焊位置；而焊接内环缝时，焊丝应处在上坡焊位置，如图 6-30 所示，从而使焊接熔池接近水平位置结晶，以获得较好的焊缝成形。

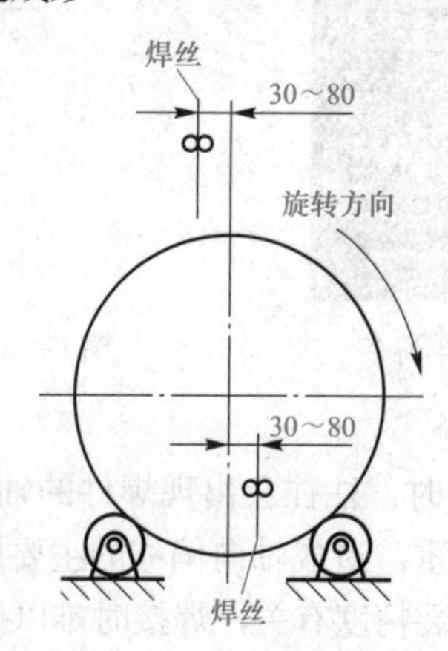

图 6-30　环缝埋弧焊焊丝偏移位置

焊丝偏移筒体垂直中心线的距离直接影响着焊缝的成形，偏移量过大，熔池还未到水平位置已结晶；偏移量过小，熔池过了水平位置才结晶，熔池在这两种情况下结晶，将会影响焊缝成形质量。表 6-11 所示为焊丝偏移筒体垂直中心线的距离。合适的焊丝偏移量应由筒体直径与板厚、焊接电流及焊接速度而定，通常大直径筒体厚板焊接时，采用大电流焊接，熔池体积大，熔池冷却结晶时间长，焊丝偏移量应大些；若焊接速度慢，焊丝偏移量可以小些。

表 6-11　焊丝偏移筒体垂直中心线的距离

筒体直径 /m	0.6 ～ 0.8	0.8 ～ 1.0	1.0 ～ 1.5	1.5 ～ 2.0	＞ 2.0
焊丝偏移距离 /mm	15 ～ 30	25 ～ 35	30 ～ 50	35 ～ 55	40 ～ 75

6. 环缝埋弧焊注意事项

由于无法设置引弧板，环缝埋弧焊的引弧只能在正式接缝坡口上进行，为防止焊穿，可采用小电流引弧，引弧后逐渐转为正式的焊接参数进行焊接。对于引弧段焊缝可以用两种方法处理：一种是将引弧焊缝用碳弧气刨刨去；另一种是第二层用大电流将引弧段焊透。

引弧时采取划擦引弧法，即焊件先转动→焊丝慢速送给→划擦焊件→引燃电弧→正常送丝焊接。这种引弧法，焊丝送进速度慢，有充分条件在焊丝与焊件之间产生电弧，并以此为信号自动反馈，使焊丝送给速度逐渐正常，达到预定的正常焊接参数。

焊接过程中，注意保证焊接参数稳定，保证导电嘴、焊丝在接缝处的位置正确。因环缝焊接时，筒体转动容易产生轴向移动，所以必须及时调整导电嘴、焊丝与接缝的间距，防止产生焊偏。

对于多层焊的熄弧不必担忧焊穿，只要焊过前一层的开始端 5 ～ 10 mm，即可熄弧。若有余高过高的现象，可用砂轮机打磨。对于单层焊的熄弧，要焊到正常焊缝（引弧段不计入）方可熄弧。

二、工艺确定

母材 20G 属于锅炉用低碳钢，焊接时常用的埋弧焊焊接材料为高锰高硅型焊剂 HJ431 或 HJ430 配合 H08A 或 H08MnA 埋弧焊焊丝。另外，烧结焊剂 SJ101 配合适当的焊丝，如 H08MnA、H10Mn2、H08MnMoA、H08Mn2MoA 等，采用多层焊、双面单道焊、多丝焊和窄间隙埋弧焊等，可用于焊接普通结构钢、较高强度船体结构钢、压力容器用钢、管线钢及细晶粒钢等。

SJ101 是氟碱型烧结焊剂，它是一种碱性焊剂。焊接时，可交、直流两用，直流时采用反极性焊接，最大焊接电流可达 1 200 A；SJ101 焊接工艺性好，电弧燃烧稳定，脱渣性好，焊缝成形美观；SJ101 堆积比重较小，焊接过程中的使用量较少，节省焊剂；而且 SJ101 的颗粒强度好，在正常运输、储存及焊接的循环使用中不会粉碎，颗粒度稳定性好；SJ101 焊剂的抗潮性好，焊缝金属扩散氢含量低。因此，本次任务采用 SJ101 焊剂配 H08MnA 焊丝，焊前对焊剂进行 300 ～ 350 ℃烘焙，并保温 2 h。

焊件为两个直径 1 000 mm、壁厚 16 mm 的 20G 的筒体对接，为保证焊透，采用 V 形坡口，坡口尺寸为 60° ±5°，采用悬空双面埋弧焊工艺，装配间隙应尽可能小，不大于 1 mm，钝边可选择板厚的一半左右，定为 6 ～ 7 mm。

由于车削可加工出任何形式的坡口，而且坡口加工质量高，一般筒体环缝的坡口多采用车削的方式加工，因此本次任务也采用车削的方式进行坡口加工。

通过以上工艺分析，16 mm 厚 20G 钢筒体对接接头环缝埋弧焊焊接工艺卡见表 6-12。

表 6-12　筒体对接接头环缝埋弧焊焊接工艺卡

适用范围	材料牌号	20 G	焊接坡口图： 60° ±5° 16 6 <1				
	材料规格	ϕ1 000 mm×16 mm					
	接头种类	对接					
	坡口形式	V					
	坡口角度	60°　±5°					
	钝边	6 ～ 7 mm					
	组对间隙	＜ 1 mm					
	背面清根	碳弧气刨					
	衬垫	—					
	焊接方法	SAW					
	电源种类	直流	焊后热处理	种类	—	保温时间	—
	电源极性	反极性		加热方式	—	层间温度	—
	焊接位置	1G		温度范围	—	测量方法	—

焊接参数						
焊层	焊接方法	焊材牌号	焊材直径 /mm	焊接电流 /A	电弧电压 /V	焊接速度 /（m · h^{-1}）
正反	埋弧焊	SJ101 H08MnA	5	760 ～ 850	38 ～ 40	20 ～ 30

【任务实施】

筒体环缝埋弧焊

1. 焊前准备

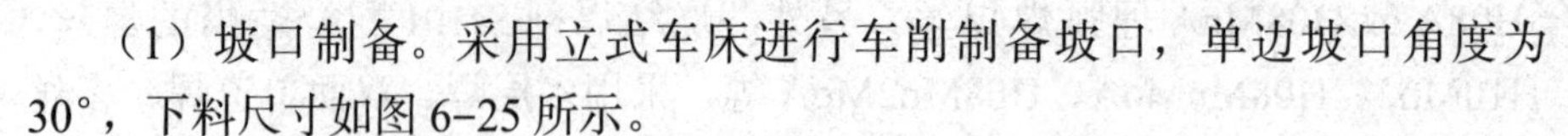

（1）坡口制备。采用立式车床进行车削制备坡口，单边坡口角度为30°，下料尺寸如图 6-25 所示。

（2）吊装筒体。采用吊车将两筒节放置在滚轮胎架上，调节滚轮中心距，使焊件截面中心与两个滚轮中心连线的夹角在 50° ～ 110° 的范围内。

（3）焊件的清理。采用角磨机将坡口及其附近区域 20 ～ 30 mm 范围内的铁锈、油污、氧化物等清理干净，直至露出金属光泽。

（4）焊接材料的烘干。焊前对焊剂进行烘干处理，SJ101 的烘焙温度为 300 ～ 350 ℃，烘焙 2 h。E4315 焊条焊前进行 350 ～ 400 ℃烘干，并保温 1 ～ 2 h。

（5）装配。采用直径为 4 mm 的 E4315 焊条进行定位焊，定位焊缝长为 20 ～ 30 mm，间隔为 300 ～ 400 mm，直接焊在筒体外表面上。装配间隙应小于 1 mm，错边量在 2 mm 以内。定位焊后，将定位焊缝表面渣壳清除，用钢丝刷清除定位焊缝两侧飞溅物。

（6）检验轴向偏移量。焊前检验轴向偏移量，数值应小于 2 mm，否则进行调整。

2. 焊接操作

（1）内环缝的焊接。采用伸缩臂式焊接操作机将埋弧焊机头伸入到筒体内部，并将机头对准接缝位置，移动伸缩臂，将焊丝调到偏离筒体中心 35 mm 左右的地方，处于上坡焊位置。

按焊接工艺卡所示设置焊接参数，并采用划擦引弧方式进行引弧。焊接过程中，注意观察焊接参数是否稳定，筒体转动是否产生轴向移动，发现这些现象应及时调整。焊后清理焊渣。

（2）碳弧气刨清根。内环缝焊完后，从筒体外面用碳弧气刨清理焊根，刨槽深度为 5 ～ 6 mm，刨槽宽度为 10 ～ 11 mm。清根后，清除刨槽及其两侧表面的刨渣。

（3）外环缝的焊接。利用焊接操作机将埋弧焊机头移到筒体上方，焊丝调整为偏离中心线约 35 mm 处，使其处于下坡焊位置。焊接参数设置不变，进行引弧焊接。焊接结束时环缝的始端与尾端应重合 30 ～ 50 mm，焊后清渣。

3. 焊后质量检验

焊缝外观成形整齐、美观，无咬边、焊瘤及明显焊偏现象。测量焊缝外形尺寸，焊缝余高为 0 ～ 3 mm；宽为 18 ～ 22 mm；焊缝两侧无棱角，呈圆滑过渡。如有缺陷，用碳弧气刨清除，并用焊条电弧焊进行补焊。

任务六　实施工字结构角焊缝船形位置埋弧焊

【学习目标】

1. 知识目标

（1）掌握工字结构角焊缝船形位置埋弧焊工艺分析的方法；

（2）掌握工字结构角焊缝船形位置埋弧焊操作方法。

T 形构件平角焊缝埋弧焊

2. 能力目标

（1）能够进行工字结构角焊缝船形位置埋弧焊工艺分析；

（2）具备工字结构角焊缝船形位置埋弧焊操作技能。

3. 素养目标

（1）培养学生细心、严谨的工作态度；

（2）培养学生的质量意识、安全意识；

（3）培养学生的职业道德能力。

【任务描述】

船形焊广泛应用于焊接 T 形构件、工字梁及箱形梁。针对这一生产任务，本次任务进行工字结构船形位置角焊缝埋弧焊，焊接图样如图 6-31 所示。

母材为三块 Q345A 低合金高强度钢板，根据图样可知，板厚为 16 mm，组合成工字形，在其中的 T 形接头上实施船形位置埋弧焊，焊脚尺寸为 12 mm。通过本次任务使学生掌握船形位置埋弧焊工艺。

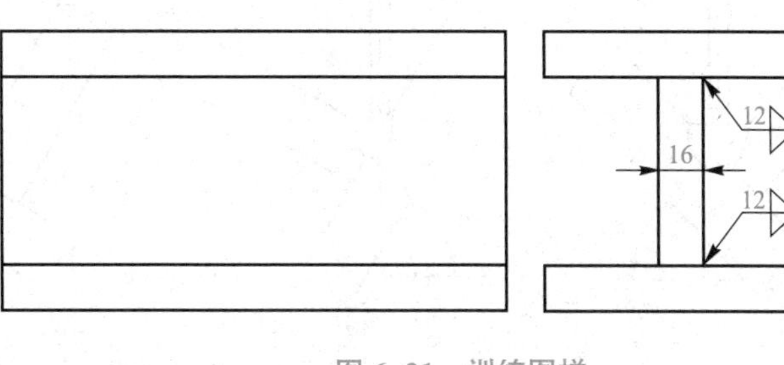

图 6-31　训练图样

【知识储备】

一、工艺分析

船形焊的接头形式如图 6-32 所示。它是将装配好的焊件旋转一定的角度，相当于在呈 90° 的 V 形坡口内进行平对接焊。焊接时，由于焊丝处在垂直位置，熔池处在水平位置，熔深对称，因而容易获得理想的焊缝形状。一次成形的焊脚尺寸较大，而且通过焊件旋转角度可有效地控制角焊缝两边熔合面积的比例。船形焊广泛应用于焊接 T 形构件、工字梁及箱形梁。应用这个方案需要较大的场地，既要有专供安置工字梁处在船形位置的胎架，还要有用来铺设焊接小车轨道的平台。

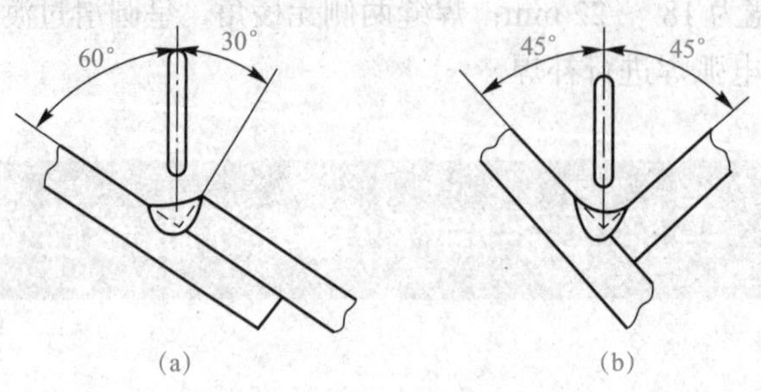

图 6-32　船形焊接头形式

(a) 搭接接头船形焊；(b) T 形接头船形焊

1. 船形焊工艺特点

（1）熔池水平，焊缝成形好。船形位置角焊缝焊接时，熔池是处在水平位置，焊缝成形好，可以避免咬边及焊脚单边缺陷。

（2）可用大电流焊接，生产率高。船形角焊相当于在 90° 的 V 形坡口内进行平对接焊，可用粗焊丝大电流，生产率显著提高。

（3）焊丝位置。当 T 形接头的两板厚度相等时，焊丝应放置在垂直位置，和两板均成 45° 角，如图 6-33（a）所示。若两板厚度不等，而焊丝仍与两板成 45° 角，则可能在一板上产生咬边，而在另一板上出现焊瘤。为避免这种缺陷，焊丝仍可处于垂直位置，但应做少量偏移，使焊丝向薄板倾斜，而电弧偏向厚板，即进行不对称船形角焊缝（焊件和水平线不成 45° 角）焊接，如图 6-33（b）、（c）、（d）所示。当构件要求腹板熔深较大时，可将焊丝向翼板稍作倾斜，并使电弧偏向腹板，如图 6-34 所示。这样，腹板受到的热量较多，能获得大的熔深，甚至可达到全焊透。

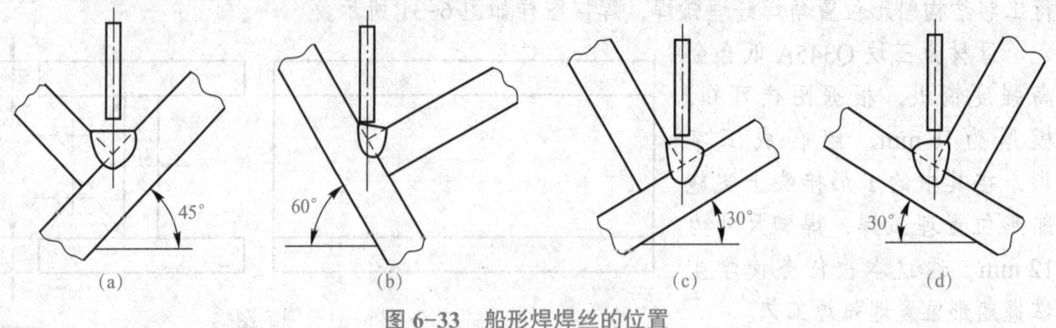

图 6-33　船形焊焊丝的位置

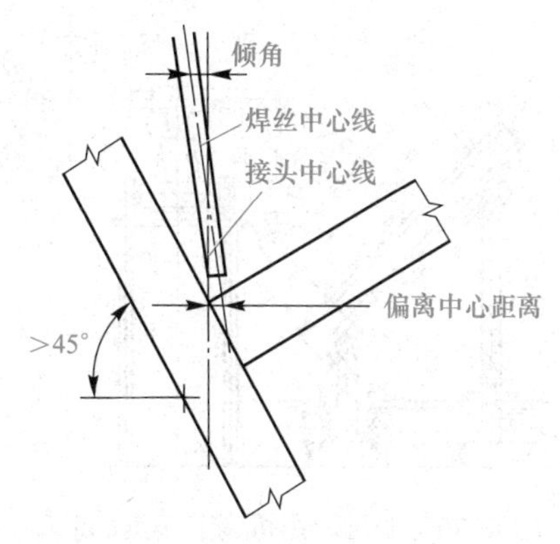

图 6-34　船形焊位置深熔焊时的焊丝位置

（4）对间隙的要求。船形角焊缝的间隙要求不大于 1.5 mm，否则熔化金属易从间隙中流失，甚至可能烧穿，这时应在反面加上临时衬垫。

当钢板有不平整处或间隙过大时，也可先用焊条电弧焊或 CO_2 气体保护焊，将有缝隙处补焊，封闭缝隙使焊剂不会流淌进入空隙影响铁水熔化，以保证焊接过程顺利进行。

（5）采用大电流、粗焊丝、慢焊速，可增大焊脚，由于熔池处于水平位置，焊缝成形好，不易产生焊脚单边，所以船形角焊可以使用大电流、粗焊丝和慢焊速，其一次焊成焊脚可达 12 mm。

（6）工件的安置和翻转。船形焊时，为使角焊缝处于水平位置，可制成一个简单的胎架，如图 6-35 所示，将工字梁安置在胎架上，埋弧焊机装上导向滚轮，焊机沿着接缝线前行，实施船形焊，如图 6-35（a）所示。也可在胎架旁设置轨道，焊机沿轨道前进，完成船形焊，如图 6-35（b）所示。另外，利用四根升降杆可以制成能调节角度的胎架，如图 6-36 所示。这种胎架可以调节焊件的倾斜角度，以适应焊件倾斜的需要。

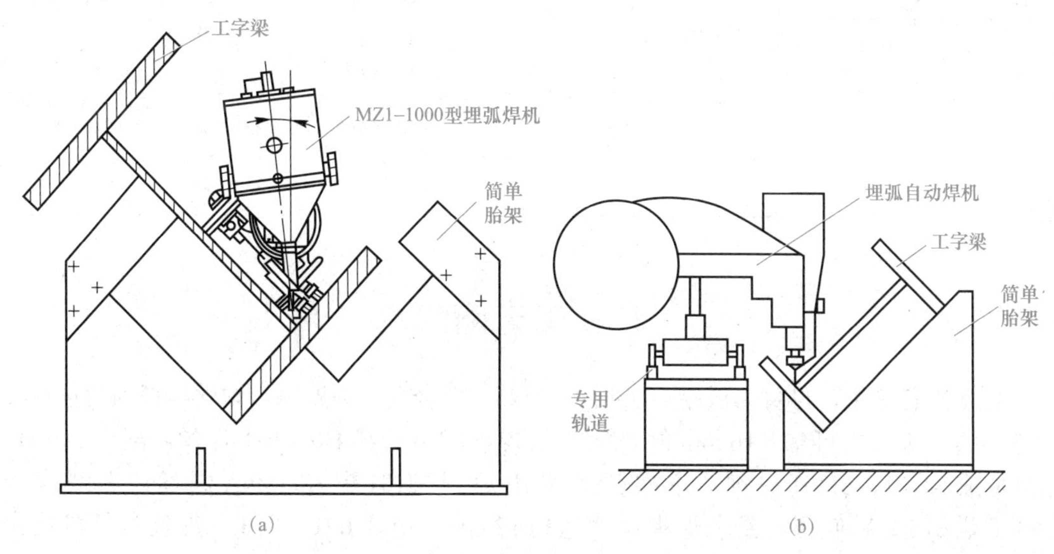

图 6-35　船形焊用工字梁的简单胎架

(a) 装有导向滚轮的埋弧焊；(b) 使用专用轨道的埋弧焊

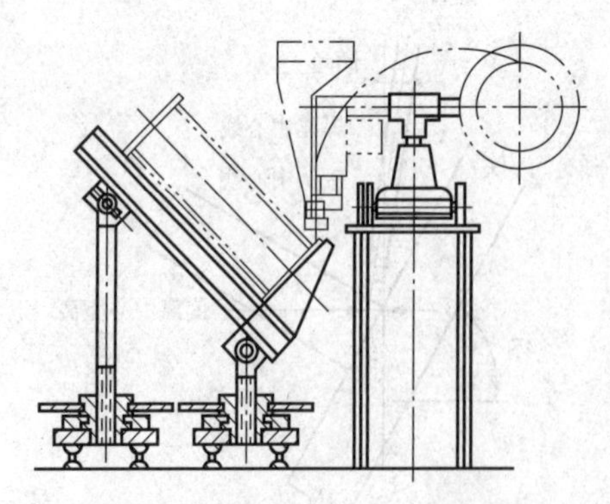

图 6-36　船形焊用可调节角度的胎架

2. 焊接参数选择

不开坡口船形角焊缝埋弧焊的焊接参数见表 6-13。

表 6-13　不开坡口船形角焊缝埋弧焊的焊接参数

焊缝形式	焊脚 K /mm		焊丝直径 /mm	焊接电流 /A	电弧电压 /V	焊接速度 /（$m \cdot h^{-1}$）
	6		2	400 ~ 475	34 ~ 36	40 ~ 42
	8		2	475 ~ 525	34 ~ 36	28 ~ 30
	8		3	550 ~ 600	34 ~ 36	30 ~ 32
	8		4	575 ~ 625	34 ~ 36	31 ~ 33
	8		5	675 ~ 725	36 ~ 38	33 ~ 35
	10		3	600 ~ 650	33 ~ 35	21 ~ 23
	10		4	650 ~ 700	34 ~ 36	23 ~ 25
	10		5	725 ~ 775	34 ~ 36	24 ~ 26
	12		3	600 ~ 650	34 ~ 36	15 ~ 17
	12		4	725 ~ 755	36 ~ 38	17 ~ 19
	12		5	755 ~ 825	36 ~ 38	18 ~ 20
	14	第一层	5	650 ~ 700	32 ~ 34	31 ~ 33
	14	第二层	5	675 ~ 725	33 ~ 35	23 ~ 25

二、工艺确定

在本次任务中，母材为板厚 16 mm 的 Q345A 低合金高强度钢，焊丝与焊剂的选择参考表 6-3，从表中可知，16 mm 的 Q345A 钢焊接时可选择 H08MnA 焊丝，配合 HJ431、HJ430 或 SJ101、SJ301 焊剂，本次任务采用焊剂 SJ101 配 H08MnA 焊丝。焊剂应经 350 ℃烘焙 2 h 后使用。要求焊脚尺寸达到 12 mm，由表 6-13 可知，焊丝直径可选择 ϕ3 mm、ϕ4 mm 或 ϕ5 mm。本次任务选择常用的 ϕ4 mm 的焊丝，相应的焊接电流、电弧电压及焊接速度也见表 6-13。

通过上面的焊接工艺分析，16 mm 厚 Q345A 低合金高强度钢板不开坡口船形角焊缝埋弧焊的焊接工艺卡见表 6-14。

表 6-14　不开坡口船形角焊缝埋弧焊焊接工艺卡

<table>
<tr><td rowspan="13">适用范围</td><td>材料牌号</td><td>Q345A</td><td colspan="5" rowspan="10">焊接接头形式与焊接位置图：</td></tr>
<tr><td>材料规格</td><td>16 mm</td></tr>
<tr><td>接头种类</td><td>角接</td></tr>
<tr><td>坡口形式</td><td>—</td></tr>
<tr><td>坡口角度</td><td>—</td></tr>
<tr><td>钝边</td><td>—</td></tr>
<tr><td>装配间隙</td><td>1 ～ 1.5 mm</td></tr>
<tr><td>背面清根</td><td>碳弧气刨</td></tr>
<tr><td>衬垫</td><td>—</td></tr>
<tr><td>焊接方法</td><td>SAW</td></tr>
<tr><td>电源种类</td><td>直流</td><td rowspan="3">焊后热处理</td><td>种类</td><td>—</td><td>保温时间</td><td>—</td></tr>
<tr><td>电源极性</td><td>反接</td><td>加热方式</td><td>—</td><td>层间温度</td><td>—</td></tr>
<tr><td>焊接位置</td><td>1F</td><td>温度范围</td><td>—</td><td>测量方法</td><td>—</td></tr>
<tr><td colspan="8">焊接参数</td></tr>
<tr><td>焊层</td><td>焊接方法</td><td>焊材牌号</td><td>焊材直径
/mm</td><td>焊接电流
/A</td><td>焊接电压
/V</td><td colspan="2">焊接速度
/（m·h^{-1}）</td></tr>
<tr><td>—</td><td>埋弧焊</td><td>SJ101
H08MnA</td><td>4</td><td>725 ～ 755</td><td>36 ～ 38</td><td colspan="2">17 ～ 19</td></tr>
<tr><td colspan="8">注：焊丝伸出长度为 30 ～ 40 mm</td></tr>
</table>

【任务实施】

1. 焊前准备

（1）焊接材料的准备。SJ101 氟碱型烧结焊剂，焊前需经 350 ℃、2 小时烘干后使用。

（2）板料加工。板料加工采用气割方式，无须加工坡口，但要控制板的直边，以满足组对间隙的要求。

（3）焊前清理。对钢板待焊处附近的油污、铁锈、氧化皮及其他污物，应采用有效方法清除掉，以利于焊道边缘的熔合，防止产生气孔和裂纹。

（4）焊件组装、定位焊。组装时，应控制装配间隙在 1 ～ 1.5 mm。采用 E5015 焊条进行定位焊，焊条直径为 ϕ4 mm。定位焊缝长度不小于 50 mm，焊缝间距为 500 ～ 600 mm。

2. 焊接操作

（1）将工件吊放在专用的焊接胎架上，检查工件组对质量及间隙，当钢板有不平整处或间隙过大时，应先用焊条电弧焊将有缝隙处进行补焊。

（2）开动焊车至焊件位置，调整焊接导电嘴对正焊缝，其焊丝伸出后应垂直于焊缝中心。

（3）焊前调整好焊丝长度，焊丝伸出长度为 30 ～ 40 mm。

（4）焊接过程中，应随时观察焊接情况，以便出现问题及时进行调整。

（5）正面焊缝焊完后，反面进行碳弧气刨清根，再进行反面焊缝的焊接。

3. 焊接质量检验

（1）外观检验，用目测检，查焊缝表面，应无未熔合、成形不良、弧坑不满等缺陷。

（2）用焊缝检验尺检测，焊脚尺寸不小于 12 mm；焊缝形状呈凹形圆滑过渡。

其他埋弧焊方法

【知识拓展】

其他埋弧焊方法

一、多丝埋弧焊

焊接厚板时用埋弧焊比焊条电弧焊和 CO_2 气体保护焊生产率要高得多。随着焊接钢结构的发展，母材板厚也日益增加，这就需要埋弧焊在原有的基础上，再进一步提高生产率。增加焊丝数，由单丝改成双丝或多丝，是提高生产率的一种有效方式，焊接时多个电弧同时燃烧，一个焊程完成多层焊，如图 6-37 和图 6-38 所示。同样，多丝埋弧焊也可把双面焊改成单面焊，利用反面衬垫托住熔融金属并使其成形良好，实现单面焊双面成形，免去工件翻身和碳弧气刨清根等工序，从而大大提高了生产率。

图 6-37　双丝埋弧焊

图 6-38　三丝埋弧焊

目前生产中应用最多的是双丝埋弧焊和三丝埋弧焊。按焊丝的排列方式可分为纵列式、横列式和直列式三种，如图 6-39 所示。从焊缝的成形看，纵列式的焊缝深而窄；横列式的焊缝宽而浅；直列式的焊缝熔合比小。

双丝埋弧焊可以合用一个焊接电源，也可以用两个独立的焊接电源。前者设备简单，但其焊接过程稳定性差（因为电弧是交替燃烧和熄灭），要单独调节每一个电弧的功率较困难；后者设备较复杂，但两个电弧都可以单独调节功率，而且可以采用不同的电流种类和极性，焊接过程稳定，可获得更理想的焊缝成形。双丝埋弧焊应用较多的是纵列式。用这种方法焊接时，前列电弧可用足够大的电流以保证熔深；后随电弧则采用较小电流和稍高电压，主要用来改善焊缝成形。这种方法不仅可以大大提高焊接速度，而且还因熔池体积大、存在时间长、冶金反应充分而使产生气孔的倾向大大减小。此外，这种方法还可以通过改变焊丝之间的距离及倾角来调整焊缝形状。当焊丝间距小于 35 mm 时，两根焊丝在电弧作用下合并成一个单熔池；当焊丝间距大于 100 mm 时，两根焊丝在分列电弧作用下形成双熔池，如图 6-40 所示。在分列电弧中，后随电弧必须冲开已被前一电弧熔化而尚未凝固的熔渣层。这种方法适用于水平位置平板拼接的单面焊双面成形工艺。多丝埋弧焊主要用在 H 形钢梁及厚壁压力容器的生产中，焊丝最多可达 8 ～ 12 根，使焊接速度提高到 120 m/h 以上。可见，随焊丝数目的增加，焊接生产率大为提高。

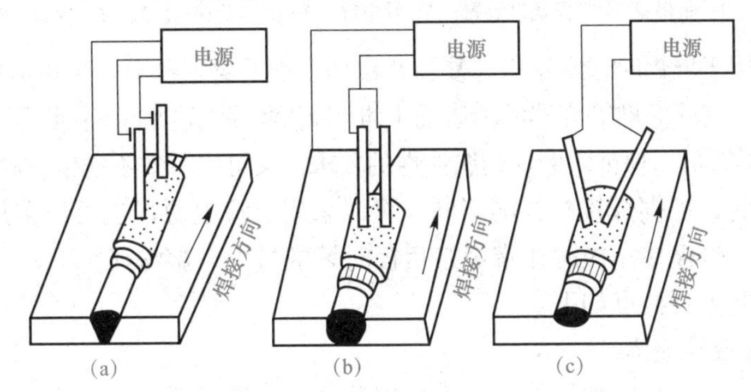

三丝埋弧焊

图 6-39　多丝埋弧焊示意

(a) 纵列式；(b) 横列式；(c) 直列式

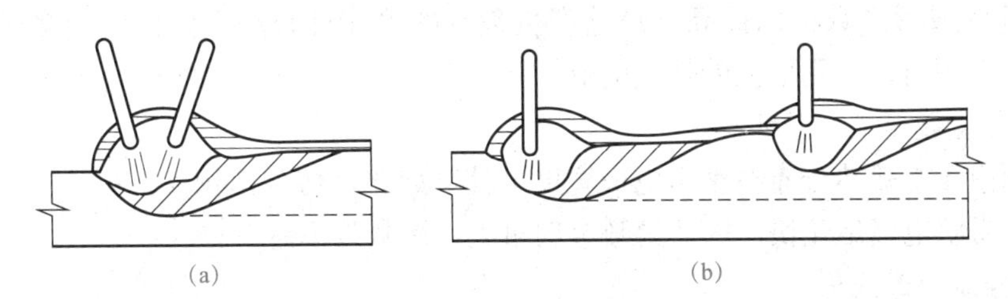

图 6-40　纵列式双丝埋弧焊

(a) 单熔池；(b) 双熔池（分列电弧）

二、带极埋弧焊

带极埋弧焊是由多丝（横列式）埋弧焊发展而成的。它用矩形截面的钢带取代圆形截面的焊丝作电极，不仅可提高填充金属的熔化量，提高焊接生产率，而且可增大焊缝成形系数，即在熔深较小的条件下大大增加焊道的宽度，适用于多层焊时表层焊缝的焊接，尤其适用于埋弧堆焊，因而具有很大的实用价值。

带极埋弧焊的焊接过程示意图和带极形状如图 6-41 所示。焊接时，焊件与带极间形成电弧，电弧热分布在整个电极宽度上。带极熔化形成熔滴过渡到熔池中，冷凝后形成焊道。由于带极伸出部分的刚性较差，因此要配用专门的带极送进装置，使得焊接过程中带极能顺畅、均匀地连续送进，以保证焊接过程的稳定进行。

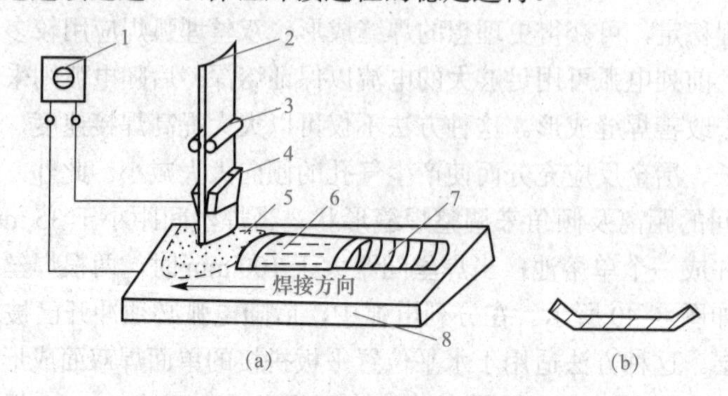

图 6-41　带极埋弧焊和带极形状示意

(a) 带极埋弧焊示意；(b) 带极形状示意

1—电源；2—带极；3—带极送进装置；4—导电嘴；5—焊剂；6—渣壳；7—焊道；8—焊件

带极埋弧焊用于堆焊时，常用来修复一些设备表面的磨损部分，也可以在一些低合金钢制造的化工容器、核反应堆等容器的内表面上堆焊耐磨、耐腐蚀的不锈钢层，以代替整体不锈钢的结构，这样既可以保证耐磨、耐腐蚀性的要求，又可以节省不锈钢材料，降低成本。

带极埋弧焊时，根据焊接材料的不同，可以采用交流电源，也可以采用直流电源。当采用直流电源时，带极接正极时比带极接负极时熔敷量大，熔深浅。

带极埋弧焊的主要特点如下。

1. 使用的焊接电流大

这是因为多丝埋弧焊时如果使用太大的焊接电流，则熔深增加较大，即焊缝的成形系数减小，容易产生裂纹。而用带状电极焊接时，电弧在电极端面上快速往返移动，使热量分散，焊缝的成形系数得以提高，焊缝产生裂纹的可能性较小。因此，与多丝埋弧焊相比，带极埋弧焊可以采用更大的焊接电流。

2. 熔敷金属量大，效率高

一方面由于电弧热分布在整个电极宽度上使其熔化，熔敷面积大；另一方面由于使用的电流大，带状电极熔化快，因而熔敷金属量大，熔敷效率高。

3. 易控制焊道成形

带极埋弧焊时，熔化的金属向与电极宽度方向成直角流动，将电极偏转一个角度，就可以使焊道移位，因此可用这种方法控制焊道的形状和熔深。在坡口中进行多层焊时，交替地、对称地改变电极偏转角，有可能获得均匀分布的焊道。

三、窄间隙埋弧焊

窄间隙埋弧焊是近年来新发展起来的一种高效率的焊接方法。它主要适用于一些厚板结构，如厚壁压力容器、原子能反应堆外壳、涡轮机转子等的焊接。这些焊件壁厚很大，若采用常规埋弧焊方法，需开U形或双U形坡口，这种坡口的加工量及焊接量都很大，生产效率低且不易保证焊接质量。采用窄间隙埋弧焊时，坡口形状为简单的I形，不仅可以大大减小坡口加工量，而且由于坡口截面积小，焊接时减少焊缝的热输入和熔敷金属量，节省焊接材料和电能，并且易实现自动控制。

窄间隙埋弧焊一般为单丝焊，间隙大小取决于所焊工件的厚度。当焊件厚度为50～200 mm时，间隙宽度为14～20 mm；当焊件厚度为200～350 mm时，间隙宽度为20～30 mm。焊接时可采用“中间一道”法或“两道一层”法，如图6-42所示。“两道一层”法容易保证焊缝侧壁熔合良好，得到质量优良的焊接接头，因此应用较多。

由于窄间隙埋弧焊的装配间隙窄，在底层焊接时焊渣不易脱落，故需采用具有良好脱渣性的专用焊剂。另外，窄间隙埋弧焊时，为使焊嘴能伸进窄而深的间隙中，须将焊嘴的主要组成部分（导电嘴、焊剂喷嘴等）制成窄的扁形结构，如图6-43所示。为了保证焊嘴与焊缝间隙的绝缘及焊接参数在较高的温度和长时间的焊接过程中保持恒定，铜导电嘴的整个外表面须涂上耐热的绝缘陶瓷层，导电嘴内部还要有水冷却系统。窄间隙埋弧焊所用的焊接电源，根据所焊材料不同，可选择交流电源，也可选择直流电源。

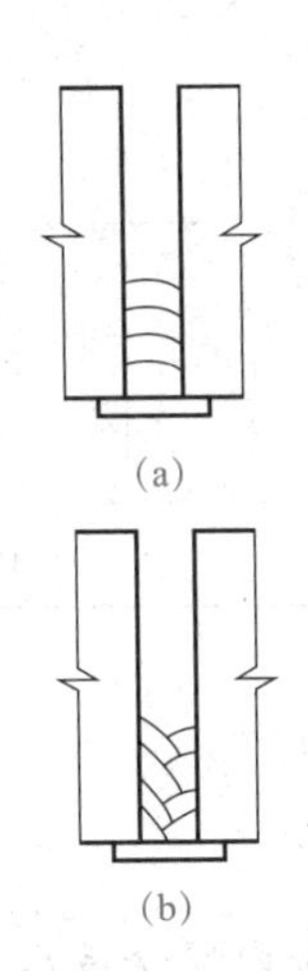

图6-42　窄间隙埋弧焊示意
(a) 中间一道法；(b) 两道一层法

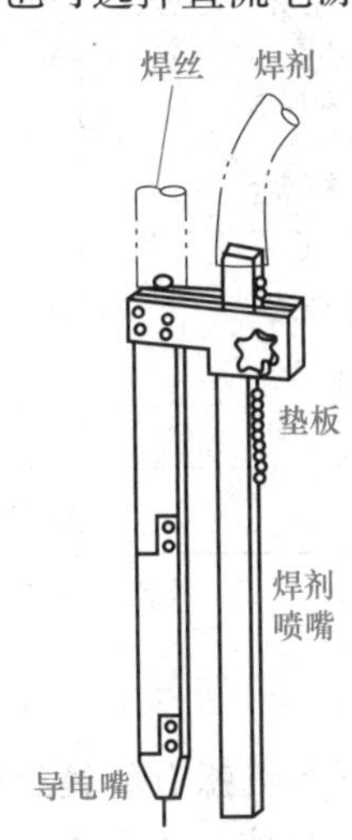

图6-43　窄间隙埋弧焊焊嘴结构示意

窄间隙埋弧焊是一种高效、省时、节能的焊接方法。为进一步提高焊接质量，目前已在窄间隙埋弧焊中应用了焊接过程自动检测、焊嘴在焊接间隙内自动跟踪导向及焊丝伸出长度自动调整等技术，以保证焊丝和电弧在窄间隙中的正确位置及焊接过程的稳定。这些措施已大大扩展了窄间隙埋弧焊的应用范围。

◎任务评价

埋弧焊评分标准见表6-15。

表6-15　埋弧焊评分标准

序号	操作内容	评分标准	配分	得分
1	焊前准备	酌情扣分	10	

序号	操作内容	评分标准	配分	得分
2	设备操作的规范性	酌情扣分	10	
3	工艺执行情况	酌情扣分	10	
4	安全文明生产	酌情扣分	5	
5	错边量	≤ 1.4 mm，超差全扣	5	
6	变形量	≤ 3°，超差全扣	5	
7	直线度	≤ 2 mm，超差全扣	5	
8	余高	0 ～ 3 mm，超差全扣	5	
9	余高差	≤ 2 mm，超差全扣	5	
10	裂纹	出现裂纹，全扣	10	
11	夹渣	出现一处扣 3 分	5	
12	气孔	出现一处扣 3 分	5	
13	未焊透	出现一处扣 3 分	5	
14	未熔合	出现一处扣 3 分	5	
15	咬边	深度≤ 0.5 mm，长度≤ 15 mm； 深度＞ 0.5 mm，扣 5 分	5	
16	凹陷	出现一处扣 3 分	5	
总分合计			100	

◎安全教育

事故案例：焊工引弧引起艉舱爆炸。

事故发生主要经过：某船厂的两名油工在一个密闭的艉舱内喷涂最后一遍油漆，到中午喷漆工作完毕，在出艉舱时，随手将人孔盖半开半关而离去，舱盖周围也无提示危险的标志。下午三时左右，一名舾装铆工上船安装小机座，工作位置接近该艉舱，在气割点火时，铆工发现没带电子打火枪，就请焊工帮忙点一下火，焊工顺手拿起焊钳在艉舱盖引弧，接着一声巨响，艉舱爆炸，当场 8 人死亡、6 人受伤。

事故发生的主要原因：

（1）油漆中苯的可燃气体与空气混合达到了爆炸极限，加之天气炎热，更加剧了苯的可燃气体浓度，因此遇火立即爆炸。

（2）艉舱喷漆后，未设警示标志和监护人。

（3）喷漆后艉舱内未采取通风措施。

事故预防措施：

（1）该艉舱周围应设警示牌和监护人。

（2）艉舱内应通压缩空气，减少可燃气体浓度。

（3）焊工引弧时，要注意周围环境，尤其是易燃、易爆物品。

◎榜样的力量

“国宝级”焊工陈庆城：船承技艺　焊写人生

从落后的设计和生产能力到船舶完成量、新接船舶订单、手持船舶订单等三大指标实现连续四年世界第一，我国的造船业自新世纪以来取得了令世界瞩目的成就。第一艘国产航空母舰下水，FPSO 船、LNG 船、LPG 船、万箱级集装箱船、三用工作船、海洋工程船陆续交付使用，标志着中国造船技术水平已居世界前列。而这样进步的背后，是一个个恪尽职守、勇于创新和孜孜不倦的造船业工作者的辛勤付出。

中国船舶工业集团广船国际的高级技师陈庆城就是其中之一。从 1 名普通的电焊工成长为船体焊接技师、全国劳动模范，他用实际行动证明，小小的电焊工有大大的造船梦，一把焊枪也能成就大国工匠。他每天与钢板、高温为伍，深知电焊工的苦，于是他不断探索工艺革新，力求减轻焊工的劳动强度；他懂得“一花独放不是春”，于是毫无保留地传授技术，力求“百花齐放春满园”。他算得上是名副其实的大师，因为在他的身上，可以感受到那份朴实中蕴涵着的睿智，平凡中彰显的伟大。

1993 年 6 月，陈庆城马上就要中学毕业了。他认为做一名技术工人，靠技术吃饭，靠劳动致富，比干什么都实在。于是，陈庆城便毅然决然地在他人生的第一份志愿书上写上了“广州造船厂技工学校船舶焊接专业”。1996 年，陈庆城技校毕业进入广船国际，从此与焊接技术结下了不解之缘。

刚参加工作的陈庆城如鱼得水，每天不知疲倦地努力工作。他学习实操技术的同时，又努力学习焊接理论，一天的工作结束后，回到宿舍，他还常常在啃各种焊接理论书籍。白天在实操中遇到的问题，就一定要利用当晚的时间从书上找到原因，并且记录在随身携带的“小本儿”上，以便提醒自己以后注意，对于书本上讲到的一些不明白的地方，第二天又到班组里请教师傅。中午别人在休息的时候，他就常常自己躲在一个角落苦练焊接技术，晚上回到宿舍看书看累了，就拿着一根筷子对着墙壁练习焊接手法。

经过日复一日理论和实践相结合的学习，陈庆城在技术上进步非常快，不仅很快熟练掌握了手工电弧焊、二氧化碳气体保护焊、氩弧焊、埋弧自动焊、电渣焊、垂直气垫焊等，而且在垂直气垫焊等高效自动焊等高新技术方面颇有自己的心得，成为广船国际该项技术领域的佼佼者。

21 世纪初起，造船业逐步走出了亚洲金融危机的阴影，进入到高速发展时期，广船国际决定进一步做大做强造船主业，陈庆城从压力容器部调到了造船事业部，从事船体焊接工作。到了更大的舞台，陈庆城决心要充分发挥自己的技术优势大干一番。

在他和他的团队的努力下，大家焊接的垂直气垫焊质量很快就提高了好几个档次，焊缝成形更加美观，X 光拍片结果也几乎 100% 达到要求，效率比过去翻了几倍。那一年，他又结合自己对垂直气垫焊的推广心得和实操经验，为广船国际编写了第一份《垂直气垫焊作业指导书》，为这项新技术在广船国际的大面积推广打下了坚实的基层。

2003 年对于陈庆城来说，是具有特殊纪念意义的一年。这一年 12 月，广州市举办了装备制造业职工技能大赛。陈庆城决定报名参加选拔赛之后，他利用短短的一个星期时间，重新苦练手工焊技术。在广船国际的选拔赛中，他的实操成绩和理论成绩均以绝对优势胜出，成功获得了参加广州市装备制造业职工技能大赛的参赛资格。在比赛中，经过激烈争夺，陈庆城从94位参赛者中脱颖而出获得冠军。他也因此在2003年获得了“广州市职工技术能手”、2004年获得了“中船集团技术能手”等荣誉称号。

然而，陈庆城在成绩面前并没有止步。他深知，作为一名焊接技术工人，应该扎根在生产第一线，才能有所作为。陈庆城孜孜不倦地探索，摸索出了一套提高船体大合拢焊缝二氧化碳焊X光拍片合格率的绝活。针对船舶双层底狭窄空间焊接环境，对原先的工艺规范中的焊接电流、电压、焊接速度等进行了调整，使之更加适合大合拢焊缝的工艺参数，并对操作方法、焊接顺序等作全面改进优化，为广船国际解决了一系列的焊接技术难题。

对于减轻电焊工的劳动强度，大量推广自动焊接无疑是未来技术发展的一个方向。在广船国际建造的北海55 000 t成品油船中，陈庆城率先提出将垂直气垫焊技术应用于壁墩和BG段内壳板及双层底部内的壁板结构立缝对接区域焊接，大大降低了焊工和打磨工的劳动强度，同时也为公司每年节约焊材成本和劳务费数百万元。

陈庆城说：“我自己天天与钢板、高温打交道，深知电焊工的辛苦，所以我一直希望通过自己的努力，推动工艺技术革新，逐步改变电焊工的现状，减轻电焊工的劳动强度。”

“一花独放不是春，百花齐放春满园。”一个人的技术再高，也很难比一个团队干得快、干得多。陈庆城在成为广船国际焊接技术带头人之后，工作之余，他便把更多的精力放到了传道解惑上来，希望通过自己的努力，打造更多的焊接精英团队。

陈庆城手把手地教新员工握焊枪，传授操作技巧，将自己积累的技术经验倾囊相授。9名新员工经过一年多时间的学习，7人获得中国船级社二氧化碳焊Ⅱ类焊接证书，2人获得Ⅰ类焊接证书。他把生产和教学结合起来，竭尽所能在班组内开展“传帮带”工作。

同时，陈庆城特别关心年青技术工人的成长，并积极为他们创造成才的机会。陈庆城用自己的实际行动为企业打造高技能人才队伍，并于2012年参加广东省技能人才先进事迹巡回，受到了技工院校、企业青年的热烈反响；2013年成为国家人力资源和社会保障部拍摄的《技能中国》宣教片18位技能大师之一。

陈庆城以高超的技艺、认真的工作态度和出色的工作业绩，获得了数不胜数的荣誉，这些荣誉对他来说，是公司和社会对他工作的肯定和鼓励，更是对他工作的鞭策和促进，让他在焊接技术探索的道路上丝毫不敢懈怠。陈庆城表示，他将一如既往地扎根一线，攻坚克难，勇创佳绩，献身造船，报效祖国！

项目小结

埋弧焊是目前使用广泛的一种生产率较高的机械化焊接方法。埋弧焊在工业生产中的主要工作任务是平板对接接头双面焊、单面焊双面成形、对接环缝焊接、平角焊缝焊接及船形位置角焊缝焊接等。在本项目中，主要了解埋弧焊的原理及特点，在掌握埋弧焊设备操作方法的基础上，完成对平板对接接头双面埋弧焊、平板对接接头单面埋弧焊、对接接头环缝埋弧焊、工字结构船形位置角焊缝埋弧焊等典型焊接工艺，在操作练习的过程中，一定要遵守实训基地的规章制度、实训安全知识及安全操作规程。

综合训练

一、选择题

1. 埋弧焊时为防止因过热引发的火灾和机器烧损，应将焊接电源与墙壁保持（　　）cm以上距离，与可燃性物品保持（　　）cm以上的距离。

A. 30，30　　B. 20，50　　C. 50，30　　D. 50，50

2. 埋弧焊焊接，当采用直流正接时，焊丝的熔敷效率（　　）；采用直流反接时，焊缝熔深（　　）。

A. 低，大　　B. 低，小　　C. 高，大　　D. 高，小

3. 下列不是埋弧焊的冶金过程特点的是（　　）。

A. 空气不易侵入焊接区　　B. 冶金反应充分

C. 焊缝金属的合金成分易于控制　　D. 易于实现机械自动化焊接

4.（　　）是埋弧焊时产生气孔和冷裂纹的主要原因。

A. 氢　　B. 氧　　C. 氮　　D. 一氧化碳

5. 埋弧焊时，如果电流过小，不会出现的现象是（　　）。

A. 未焊透　　B. 电弧的稳定性差

C. 熔深小　　D. 焊缝热影响区增大

6. 电弧电压主要决定焊缝（　　）。

A. 熔深　　B. 余高　　C. 熔宽

7. 埋弧焊时，若弧压增加，则焊剂的熔化量（　　），因而向焊缝过渡的合金元素（　　）。

A. 减小，增多　　B. 减小，减小

C. 增多，增多　　D. 增多，减小

8. 电弧电压增加，熔宽将（　　）。

A. 减小　　B. 不变　　C. 增加

9. 埋弧焊时，焊丝的伸出长度一般应为焊丝直径的（　　）倍。

A. 3～5　　B. 6～10　　C. 10～15　　D. 2～3

10. 埋弧焊时，焊件装配前，需将坡口及附近区域表面上（　　）mm内的铁锈、油污、氧化物、水分等清理干净。

A. 10～20　　B. 20～30　　C. 30～40　　D. 10～40

11. 埋弧焊焊接低合金钢时，预热范围从焊接点向四周不小于（　　）mm距离。

A. 50　　B. 100　　C. 150　　D. 200

12. 焊后热是指焊接结束或焊完一条焊缝后，将焊件或焊接区立即加热到（　　）范围内，并保温一段时间。

A. 100～150 ℃　　B. 150～250 ℃

C. 300～350 ℃　　D. 300～400 ℃

13. 埋弧焊焊缝表面出现麻点，不是由于（　　）原因产生的。

A. 焊接区未清理干净　　B. 焊剂潮湿

C. 工件潮湿　　D. 焊接速度过慢

14. 咬边不是由于（　　）原因造成的。

A. 焊丝位置或角度不正确　　B. 电弧电压过高

C. 焊接电流过大　　D. 焊接速度过小

二、判断题

1. 埋弧焊难以适应空间位置的焊接。（　　）

2. 埋弧焊不能用于圆筒形焊件的环缝焊接。（　　）

3. 埋弧焊不适合焊接易氧化的金属材料，如铝、钛等金属及其合金。（　　）

4. 埋弧焊对焊件装配质量要求并不高。（　　）

5. 埋弧焊焊接过程中，由于没有弧光等，所以焊接过程中不需戴焊帽和护目镜。（　　）

6. 埋弧焊可以焊接内部通有气体的输气管道及被密封的罐体、管道。（　　）

7. 进行涂层钢板的焊接时，会产生有害烟尘与气体，一定要进行充分换气或使用呼吸保护用具。（　　）

8. 埋弧焊必须根据焊件的成分和性能，正确、合理地选配焊丝和焊剂。（　　）

9. 在同样的焊接电流下，直径较细的焊丝电流密度较大，形成的电弧吹力大，熔深也大。（　　）

10. 如果粗焊丝用小电流焊接，会造成焊接电弧不稳定的现象。（　　）

11. 埋弧焊时，电流过小还容易产生咬边和成形不良，使焊缝热影响区增大并可能引起较大的焊接变形。（　　）

12. 焊丝伸出长度越长时，焊丝上电阻热的预热作用越大。（　　）

13. 下坡焊时，易形成宽而浅的焊缝。（　　）

14. 上坡焊时，易产生未焊透和边缘未熔合的缺陷。（　　）

15. 采用埋弧焊进行环缝焊接时，环缝坡口通常不对称布置，将主要焊接工作量放在内环缝。（　　）

三、填空题

1. 埋弧焊的优点为________、________、________、________、________。

2. 埋弧焊的焊接材料包括________和________。

3. 按制造方法可将埋弧焊焊剂分为________、________、________三大类。

4. 埋弧焊焊接对接焊缝时，在接缝两端必须加装________和________。

5. 埋弧焊焊接低合金钢时，预热范围从焊接点向四周不小于________mm距离。

6. 焊后热是指焊接结束或焊完一条焊缝后，将焊件或焊接区立即加热到________范围内，并保温一段时间。

7. 进行多丝埋弧焊时，焊丝的排列方式可分为________、________和________三种。

8. 带极埋弧焊主要用于________。

9. 船形位置焊是将装配好的焊件旋转一定的角度，相当于在呈90°的V形坡口内进行________焊。

10. 平角埋弧焊对接头装配质量要求________。

四、问答题

1. 简述埋弧焊的特点。
2. 简述埋弧焊焊丝与焊剂配合选择原则。
3. 简述埋弧焊的冶金过程特点。
4. 简述埋弧焊焊接参数对焊接质量的影响。
5. 采用悬空埋弧焊进行双面焊接时应注意哪些问题?
6. 船形焊的优点是什么?

07 项目七　焊接机器人

【项目导入】

从神舟五号初探太空，到今天神舟十四号再问苍穹，中国人的太空梦正在一步步实现。随着国家科技重点专项的提出和推进，国产新一代隐身战斗机歼-20，中国完全自主知识产权的国产干线客机C919冲上云霄，近年来中国航空航天工业的快速发展为增强综合国力和维护国家安全提供了重要保障。航空航天先进制造技术，已成为一个国家综合制造业能力与水平的最显著标志，也是新技术、新工艺和新材料等高新技术研发的竞争焦点领域。而焊接技术作为航空航天技术的重要组成部分，在航空航天事业发展的今天，已经成为主导的工艺之一。

未来将在载人航天与探月工程、深空探测及空间飞行器在轨服务与维护等国家重大专项规划的框架下，开展大型航天飞行器的研制。大型航空航天飞行器一般具有尺寸大、刚性弱、结构形式日益复杂等特点。在大型铝合金航天器结构中，存在大量复杂形式的焊缝，如球形、圆柱形、圆台形壳体与圆形、异形法兰形成的相贯线等。航天器制造具有高质量、高可靠、高柔性、高效率及低成本等要求，因此制造模式升级迫在眉睫。

目前，以机械化、自动化为主流的机械加工制造过程成为提高社会生产效率，推动企业和社会生产力发展的有效手段。机器人自动化焊接技术能够帮助稳定焊接工件质量的同时，大批量产品加工的生产效率也显著提高。针对航空航天中一些高密度材质也能轻松焊接，焊接机器人逐渐代替传统焊接成为航空航天事业的主力军，得到了广泛的应用。

任务一　认识焊接机器人

【学习目标】

1. 知识目标

（1）了解工业机器人的原理、分类及应用；

（2）掌握焊接机器人的原理、分类及应用。

2. 能力目标

能够掌握焊接机器人的原理、分类及应用。

焊接机器人

3. 素养目标

（1）培养学生分析问题、解决问题的能力；

（2）养成严谨专业的学习态度和认真负责的学习意识。

【任务描述】

通过本次任务的学习能了解工业机器人的原理、分类及应用，掌握焊接机器人的原理、分类及应用。

【知识储备】

工业机器人的出现将人类从繁重单一的劳动中解放出来，而且它还能够从事一些不适合人类甚至超越人类的劳动，实现生产的自动化，避免工伤事故和提高生产效率。工业机器人能够极大地提高生产效率，已经广泛地应用于电力、新能源、汽车、制造、食品饮料、医药制造、钢铁、铁路、航空航天等众多领域。

焊接机器人是工业机器人中的一种，是在焊接生产领域代替焊工从事焊接任务的工业机器人。据不完全统计，全世界在役的工业机器人中大约一半的工业机器人用于各种形式的焊接加工领域。对焊接作业而言，焊接机器人是能够自动控制、可重复编程、具备多功能和多自由度的焊接操作机。

目前，在焊接生产中使用的主要是点焊机器人、弧焊机器人、钎焊机器人和激光焊接机器人，其中应用最普遍的是点焊机器人和弧焊机器人。

工业机器人是面向工业领域的多关节机械手或多自由度的机器装置，它能自动执行工作，是靠自身动力和控制能力来实现各种功能的一种机器。它是在机械手的基础上发展起来的，国外称为 Industrial Robot。

一、工业机器人

1. 工业机器人的概念

“机器人”一词最早出现于1920年剧作家卡雷尔·凯培克（Karel Kapek）一部幻想剧《罗萨姆的万能机器人》（*Rossums Universal Robots*）中，“Robot”是由斯洛伐克语“Robota”衍生而来的。

1950年，美国科幻小说家加斯卡·阿西莫夫（Jassc Asimov）在他的小说《我是机器人》中，提出了著名的“机器人三守则”，即：

（1）机器人不能危害人类，不能眼看人类受害而袖手旁观；

（2）机器人必须服从于人类，除非这种服从有害于人类；

（3）机器人应该能够保护自身不受伤害，除非为了保护人类或者人类命令它作出牺牲。

这三条守则给机器人赋以伦理观。至今，机器人研究者都以这三个原则作为开发机器人的准则。

目前，虽然机器人已被广泛应用，但世界上对机器人还没有一个统一、严格、准确的定义，不同国家、不同研究领域给出的定义不尽相同。尽管定义的基本原则大体一致，但仍然有较大区别。国际上主要有以下几种：

美国机器人协会（RIA）的定义：机器人是“一种用于移动各种材料、零件、工具或专用装置的，通过可编程的动作来执行种种任务的，并具有编程能力的多功能机械手”。这个定义叙述具体，更适用于对工业机器人的定义。

美国国家标准局（NBS）的定义：机器人是“一种能够进行编程并在自动控制下执行某些操作和移动作业任务的机械装置”。这也是一种比较广义的工业机器人的定义。

日本工业机器人协会（JIRA）的定义：它将机器人的定义分成两类。工业机器人是“一种能够执行与人体上肢（手和臂）类型动作的多功能机器”；智能机器人是“一种具有感觉和识别能力，并能控制自身行为的机器”。

英国简明牛津字典的定义：机器人是“貌似人的自动机，具有智力和顺从于人但不具有人格的机器”。这是一种对理想机器人的描述，到目前为止，尚未有与人类在智能上相似的机器人。

国际标准化组织（ISO）的定义：

（1）机器人的动作机构具有类似于人或其他生物体某些器官（肢体、感官等）的功能；

（2）机器人具有通用性，工作种类多样，动作程序灵活易变；

（3）机器人具有不同程度的智能性，如记忆、感知、推理、决策、学习等；

（4）机器人具有独立性，完整的机器人系统在工作中可以不依赖于人的干预。

广义来说：工业机器人是一种在计算机控制下的可编程的自动机器。它具有四个基本特征：特定的机械机构；通用性；不同程度的智能；独立性。

2. 工业机器人的分类

工业机器人分类，国际上没有制定统一的标准，可按技术等级、机构特征、负载重量、控制方式、自由度、结构、应用领域等分类。

（1）按机器人的技术等级分类。

1）示教再现机器人。第一代工业机器人能够按照人类预先示教的轨迹、行为、顺序和速度重复作业，示教可由操作员手把手进行或通过示教器完成。

2）感知机器人。第二代工业机器人具有环境感知装置，能在一定程度上适应环境的变化，目前已经进入应用阶段。

3）智能机器人。第三代工业机器人具有发现问题，并且能自主地解决问题的能力，尚处于实验研究阶段。

（2）按机器人的机构特征分类（图 7-1）。

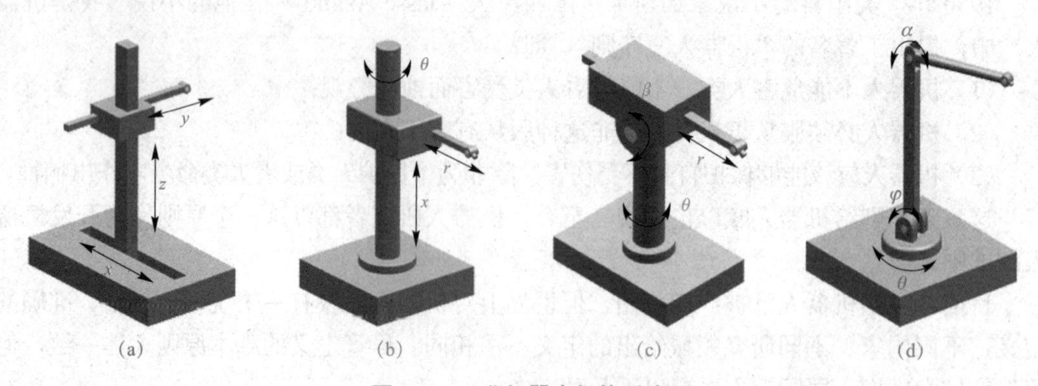

图 7-1　工业机器人机构形式

(a) 直角坐标型；(b) 柱面坐标型；(c) 球面坐标型；(d) 垂直多关节型

1）直角坐标机器人。具有空间上相互垂直的多个直线移动轴，通过直角坐标方向的3个独立自由度确定其手部的空间位置，其动作空间为一长方体。

2）柱面坐标机器人。主要由旋转基座、垂直移动轴和水平移动轴构成，具有一个回转和两个平移自由度，其动作空间呈圆柱形。

3）球面坐标机器人。空间位置分别由旋转、摆动和平移3个自由度确定，动作空间形成球面的一部分。

4）垂直多关节机器人。模拟人手臂功能，由垂直于地面的腰部旋转轴、带动小臂旋转的肘部旋转轴以及小臂前端的手腕等组成，手腕通常有2～3个自由度，其动作空间近似一个球体。

3. 工业机器人系统的基本构成

工业机器人通常由执行机构、驱动系统、控制系统和传感系统四部分组成。工业机器人各组成部分之间的相互作用关系如图7–2所示。

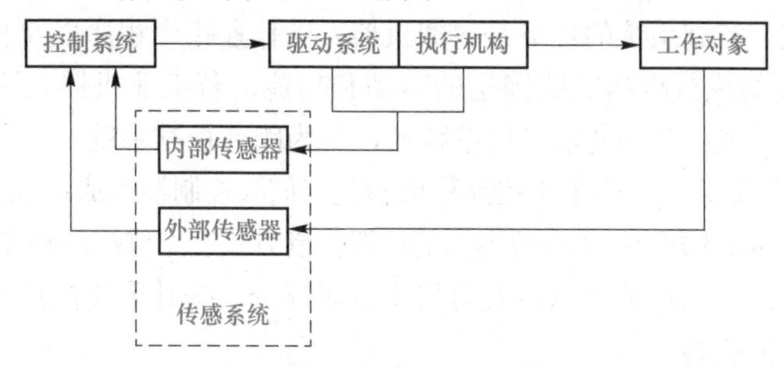

图7–2 工业机器人各组成部分之间的相互作用关系

（1）执行机构。执行机构是机器人赖以完成工作任务的实体，通常由一系列连杆、关节或其他形式的运动副所组成。从功能的角度可分为手部、腕部、臂部、腰部和机座，如图7–3所示。

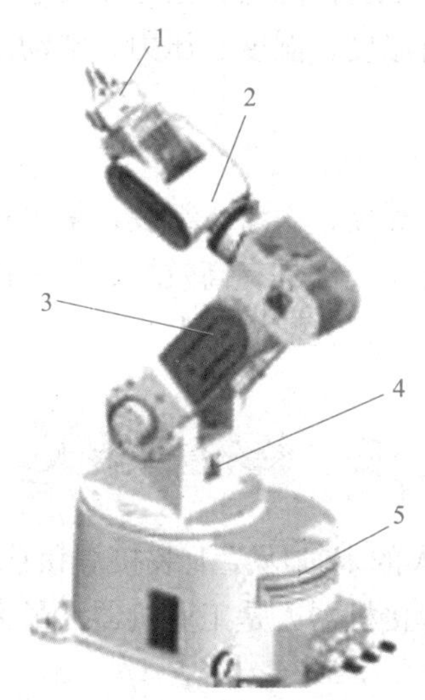

图7–3 工业机器人执行机构示意

1—手部；2—腕部；3—臂部；4—腰部；5—机座

1）手部：工业机器人的手部也叫作末端执行器，是装在机器人手腕上直接抓握工件或执行作业的部件。

2）腕部：工业机器人的腕部是连接手部和臂部的部件，起支撑手部的作用。机器人一般具有六个自由度才能使手部到达目标位置和处于期望的姿态，腕部的自由度主要是实现所期望的姿态，并扩大臂部运动范围。

3）臂部：工业机器人的臂部是连接腰部和腕部的部件，用来支撑腕部和手部，实现较大运动范围，臂部一般由大臂、小臂（或多臂）所组成。

4）腰部：腰部是连接臂部和机座的部件，通常是回转部件。由于它的回转，再加上臂部的运动，就能使腕部做空间运动。

5）机座：机座是整个机器人的支持部分，有固定式和移动式两类。

（2）驱动系统。工业机器人的驱动系统是向执行机构各部件提供动力的装置，包括驱动器和传动机构两部分，它们通常与执行机构连成一体。驱动器通常有电动、液压、气动装置以及把它们结合起来应用的综合系统。常用的传动机构有谐波传动、螺旋传动、链传动、带传动以及各种齿轮传动等机构。

（3）控制系统。控制系统的任务是根据机器人的作业指令程序以及从传感器反馈回来的信号支配机器人的执行机构完成固定的运动和功能。若工业机器人不具备信息反馈特征，则为开环控制系统；若具备信息反馈特征，则为闭环控制系统。

工业机器人的控制系统主要由主控计算机和关节伺服控制器组成；工业机器人通常具有示教再现和位置控制两种方式；工业机器人的位置控制方式有点位控制和连续路径控制两种。

（4）传感系统。传感系统是机器人的重要组成部分，按其采集信息的位置，一般可分为内部和外部两类传感器。

1）内部传感器是完成机器人运动控制所必需的传感器，如位置传感器、速度传感器等，用于采集机器人内部信息，是构成机器人不可缺少的基本元件。

2）外部传感器检测机器人所处环境、外部物体状态或机器人与外部物体的关系。常用的外部传感器有力觉传感器、触觉传感器、接近觉传感器、视觉传感器等。一些特殊领域应用的机器人还可能需要具有温度、湿度、压力、滑动量、化学性质等感觉能力方面的传感器。

4. 工业机器人的应用

工业机器人的典型应用包括焊接、刷漆、组装、采集和放置（如包装、码垛和 SMT）、产品检测和测试等；所有工作的完成都具有高效性、持久性、速度和准确性。常用工业机器人包括搬运、码垛、焊接、涂装、装配机器人。

二、焊接机器人

焊接机器人是在工业机器人的末轴法兰上装接焊钳或焊（割）枪，使之能进行焊接、切割或热喷涂的机器人。目前焊接机器人是工业机器人最大的应用领域，占工业机器人总数的 45% 左右。

1. 焊接机器人系统组成

完整的焊接机器人系统一般由如下几部分组成：机械手、变位机、控制器、焊接系统（专用焊接电源、焊枪或焊钳等）、焊接传感器、中央控制计算机和相应的安全设备等，如图 7–4 所示。

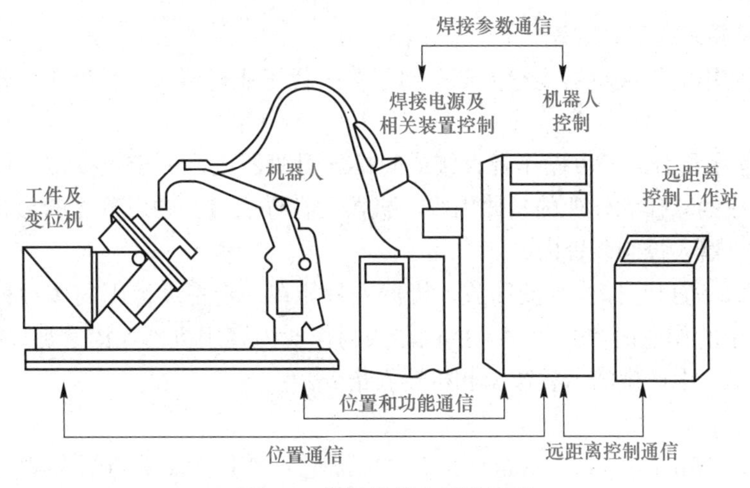

图 7-4　焊接机器人系统组成

2. 焊接机器人的主要结构形式及性能

焊接机器人基本上都属于关节式机器人，绝大部分有 6 个轴。其中，1、2、3 轴可将末端工具送到不同的空间位置，而 4、5、6 轴满足工具姿态的不同要求。焊接机器人本体的机械结构主要有两种形式：一种为平行杆型机构；另一种为多关节型机构，如图 7-5 所示。

多关节型机构的主要优点是上、下臂的活动范围大，使机器人的工作空间几乎能达一个球体。因此，这种机器人可倒挂在机架上工作，以节省占地面积，方便地面物件的流动。但是这种结构形式的机器人，2、3 轴为悬臂结构，降低机器人的刚度，一般适用于负载较小的机器人，用于电弧焊、切割或喷涂。

平行杆型机器人的工作空间能达到机器人的顶部、背部及底部，又没有多关节型机器人的刚度问题，从而得到普遍的重视，不仅适用于轻型机器人，也适用于重型机器人。

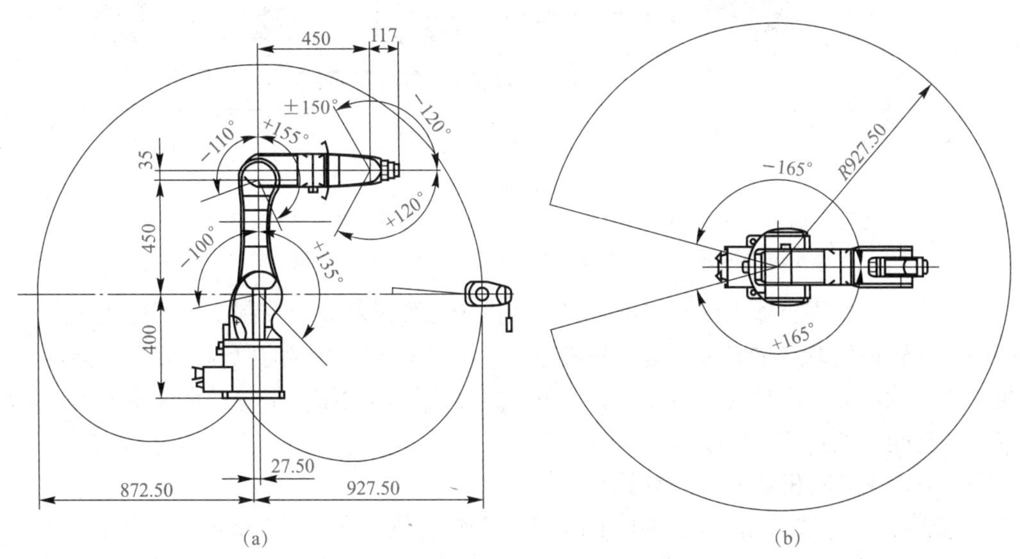

图 7-5　焊接机器人的基本结构形式

(a) 多关节型机构；(b) 平行杆型机构

3. 焊接机器人的基本原理

现在广泛使用的焊接机器人绝大部分属于第一代工业机器人，其基本工作原理是"示教—再现"。

"示教"也称导引，即由操作者直接或间接导引机器人，一步步按实际作业要求告知机器人应该完成的动作和作业的具体内容，机器人在导引过程中以程序的形式将其记忆下来，并存储在机器人控制装置内。

"再现"则是通过存储内容的回放，机器人就能在一定精度范围内按照程序展现所示教的动作和赋予的作业内容。程序是把机器人的作业内容用机器人语言加以描述的文件，用于保存示教操作中产生的示教数据和机器人指令。

4. 点焊机器人

点焊机器人（Spot Welding Robot）是用于点焊自动作业的工业机器人。

（1）点焊机器人的组成和基本功能。点焊机器人由机器人本体、计算机控制系统、示教盒和点焊焊接系统几部分组成，如图 7-6 所示。点焊机器人机械本体一般具有 6 个自由度：腰转、大臂转、小臂转、腕转、腕摆及腕捻。其驱动方式有液压驱动和电气驱动两种，其中电气驱动应用更为广泛。

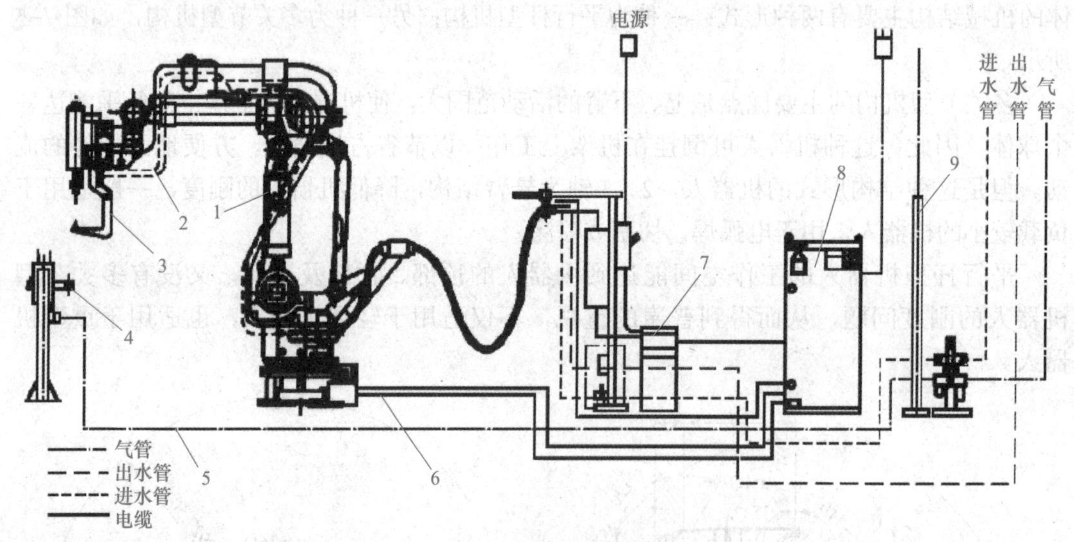

图 7-6　点焊机器人的组成

1—机械臂；2—进水、出水管线；3—焊钳；4—电极修整装置；5—气管；6—控制电缆；7—点焊定时器；8—机器人控制柜；9—安全围栏

点焊作业对所用机器人的要求不是很高。因为点焊只需点位控制，至于焊钳在点与点之间的移动轨迹没有严格要求，这也是机器人最早只能用于点焊的原因。点焊机器人需要有足够的负载能力，而且在点与点之间移位时速度要快，动作要平稳，定位要准确，以减少移位的时间，提高工作效率。

（2）点焊工艺对机器人的基本要求。

1）点焊作业一般采用点位控制（PTP），其重复定位精度≤ ±1 mm。

2）点焊机器人工作空间必须大于焊接所需的空间（由焊点位置及焊点数量确定）。

3）按工件形状、种类、焊缝位置选用焊钳。

4）根据选用的焊钳结构、焊件材质与厚度以及焊接电流波形（工频交流、逆变式直流等）来选取点焊机器人额定负载，一般为 50 ～ 120 kg。

5）机器人应具有较高的抗干扰能力和可靠性（平均无故障工作时间应超过 2 000 h，平均修复时间不大于 30 min）；具有较强的故障自诊断功能。例如，可发现电极与工件发生“黏结”而无法脱开的危险情况，并能作出电极沿工件表面反复扭转直至故障消除。

6）点焊机器人示教记忆容量应大于 1 000 点。

7）机器人应具有较高的点焊速度（如 60 点 /min 以上），以保证单点焊接时间（含加压、焊接、维持、休息、移位等点焊循环）与生产线物流速度匹配，且其中 50 mm 短距离移动的定位时间应缩短在 0.4 s 以内。

8）需采用多台机器人时，应研究是否选用多种型号；当机器人布置间隔较小时，应注意动作顺序的安排，可通过机器人群控或相互间连锁作用避免干扰。

（3）点焊机器人的焊接设备。点焊机器人的焊接设备主要由阻焊变压器、焊钳、点焊控制器以及水、电、气路及其辅助设备等组成。

（4）点焊机器人的应用。引入点焊机器人可以取代笨重、单调、重复的体力劳动；能更好地保证焊点质量；可长时间重复工作，提高工作效率 30% 以上；可以组成柔性自动生产系统，特别适合新产品开发和多品种生产，增强企业应变能力。图 7-7 所示为点焊机器人应用实例。

图 7-7　Fanuc S-420 点焊机器人应用实例

5. 弧焊机器人

弧焊机器人（Arc Welding Robot）是用于进行自动弧焊的工业机器人。

（1）弧焊机器人的组成和基本功能。弧焊机器人一般由示教盒、控制盘、机器人本体及自动送丝装置、焊接电源等部分组成，如图 7-8 所示。弧焊机器人机械本体通常采用关节式机械手。虽然从理论上讲，有 5 个轴的机器人就可以用于电弧焊，但是对复杂形状的焊缝，需选用 6 轴机器人。其驱动方式多采用直流或交流伺服电机驱动。

弧焊过程比点焊过程要复杂得多，工具中心点（TCP），也就是焊丝端头的运动轨迹、焊枪姿态、焊接参数都要求精确控制。所以，弧焊机器人应能实现连续轨迹控制，并可以利用直线插补和圆弧插补功能焊接由直线及圆弧所组成的空间焊缝，还应具备不同摆动样式的软件功能，供编程时选用，以便作摆动焊，而且在每一周期中的停顿点处，机器人也应自动停止向前运动，以满足工艺要求。此外，还应有接触寻位、自动寻找焊缝起点位置、电弧跟踪及自动再引弧功能等。

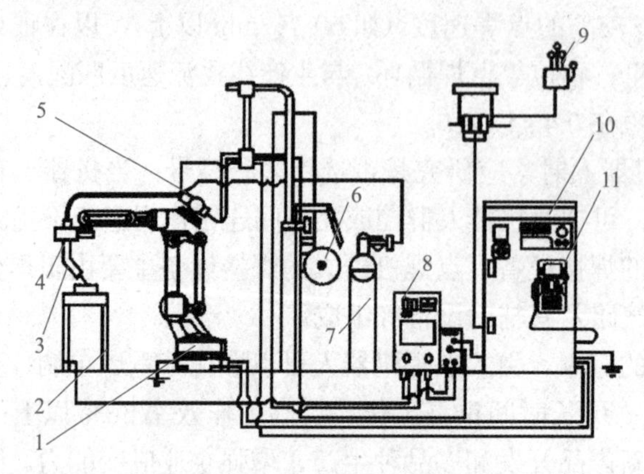

图 7-8　弧焊机器人组成

1—机械手；2—工作台；3—焊枪；4—防撞传感器；5—送丝机；
6—焊丝盘；7—气瓶；8—焊接电源；9—电源；10—机器人控制柜；11—示教盒

（2）弧焊工艺对机器人的基本要求。

1）弧焊作业均采用连续路径控制（CP），其定位精度应≤ ±0.5 mm。

2）弧焊机器人可达到的工作空间必须大于焊接所需的工作空间。

3）按焊件材质、焊接电源、弧焊方法选择合适种类的机器人。

4）正确选择周边设备，组成弧焊机器人工作站。弧焊机器人仅仅是柔性焊接作业系统的主体，还应有行走机构及移动机架，以扩大机器人的工作范围。同时，还应有各种定位装置、夹具及变位机。多自由度变位机应能与机器人协调控制，使焊缝处于最佳焊接位置。

5）弧焊机器人应具有防碰撞、焊枪矫正、焊缝自动跟踪、熔透控制、焊缝始端检出、定点摆焊及摆动焊接、多层焊、清枪剪丝等相关功能。

6）机器人应具有较高的抗干扰能力和可靠性（平均无故障工作时间应超过 2 000 h，平均修复时间不大于 30 min；在额定负载和工作速度下连续运行 120 h，工作应正常），并具有较强的故障自诊断功能（如“粘丝”“断弧”故障显示及处理等）。

7）弧焊机器人示教记忆容量应大于 5 000 点。

8）弧焊机器人的抓重一般为 5 ～ 20 kg，经常选用 8 kg 左右。

9）在弧焊作业中，焊接速度及其稳定性是重要指标，一般情况下焊速取 5 ～ 50 mm/s，在薄板高速 MAG 焊中，焊接速度可能达到 4 m/min 以上。因此，机器人必须具有较高的速度稳定性，在高速焊接中还对焊接系统中电源和送丝机构有特殊要求。

10）由于弧焊工艺复杂，示教工作量大，现场示教会占用大量生产时间，因此弧焊机器人必须具有离线编程功能。其方法为：在生产线外另安装一台主导机器人，用它模仿焊接作业的动作，然后将生成的示教程序传送给生产线上的机器人；借助计算机图形技术，在显示器（CRT）上按焊件与机器人的位置关系对焊接动作进行图形仿真，然后将示教程序传给生产线上的机器人，目前已经有多种这方面商品化的软件包可以使用，如ABB公司提供的机器人离线编程软件Program Maker。由于计算机技术的发展，后一种方法将越来越多地应用于生产中。

（3）弧焊机器人的焊接设备。弧焊机器人的焊接设备主要由弧焊电源、焊枪送丝机构、焊接传感器等组成。

（4）弧焊机器人的应用。弧焊机器人的应用范围很广，除汽车行业之外，在通用机械、金属结构、航天、航空、机车车辆及造船等行业都有应用，图7-9所示为弧焊机器人应用实例。

图7-9　弧焊机器人实例

任务二　弧焊机器人基本操作技术

【学习目标】

焊接机器人的基本操作技术

1. 知识目标

（1）了解焊接机器人设备的组成、作用；

（2）掌握焊接机器人设备的操作方法。

2. 能力目标

能够掌握焊接机器人设备的操作方法。

3. 素养目标

（1）培养学生细心、严谨的工作态度；

（2）培养学生的操作规范意识；

（3）培养学生的职业道德能力。

【任务描述】

本次任务是在学习 TA-1400 型弧焊机器人组成的基础上，掌握焊接机器人操作方法。

【知识储备】

在国内使用的主流焊接机器人品牌比较多，国外品牌主要有松下 Panasonic（日本）、ABB（瑞士）、莫托曼 MOTOMAN（日本）、发那科 FANUC（日本）、igm（奥地利）、库卡 KUKA（德国）等；国产品牌主要有华恒（昆山）、开元松下（唐山）、新松（沈阳）、杰瑞（上海）等。下面以松下焊接机器人 TA-1400 为例对焊接机器人的基本操作技术进行介绍。

1. TA-1400 型弧焊机器人构成

松下 TA-1400 型弧焊机器人的构成如图 7-10 所示。其由机器人本体、控制器、示教器（盒）、操作盒四部分组成，其中操作盒为任选设备，用户可根据自身使用需要进行选购，其余均为必备设备。

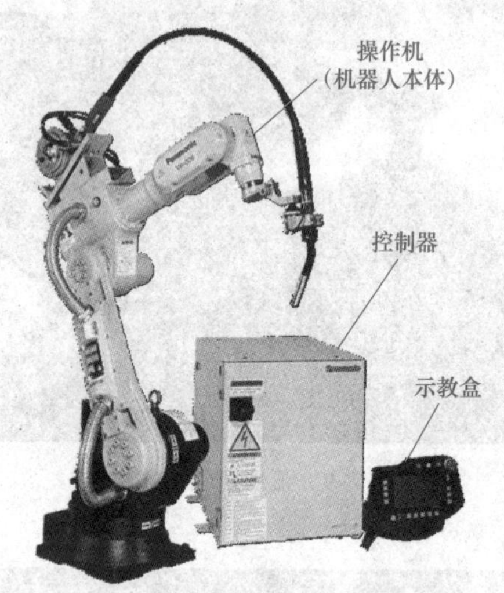

图 7-10　TA-1400 型弧焊机器人的构成示意

（1）机器人本体。TA-1400 型弧焊机器人属于关节型机器人，共有 6 轴，如图 7-11 所示。完成腰部旋转、上举、前伸、手腕旋转、手腕弯曲及手腕扭转动作，充分体现焊接机器人的操作灵活性和焊接可达性。各轴的名称及其作用列于表 7-1。

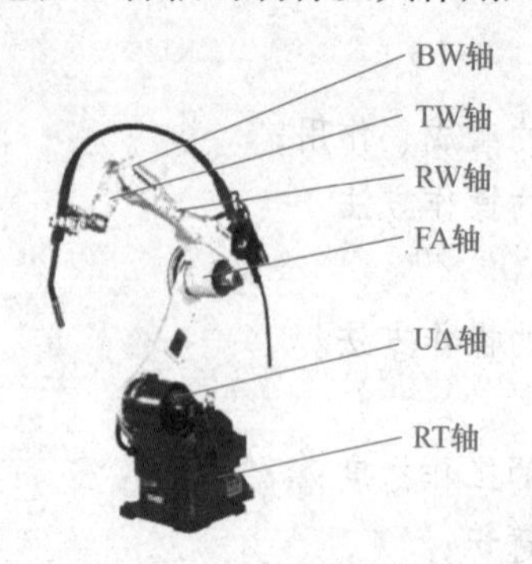

图 7-11　TA-1400 型弧焊机器人本体

表 7-1　轴的名称及其作用

轴名	作用
RT 轴（Rotate Turn）	腰部旋转
UA 轴（Upper Arm）	上举
FA 轴（Front Arm）	前伸
RW 轴（Rotate Wrist）	手腕旋转
BW 轴（Bent Wrist）	手腕弯曲
TW 轴（Twist Wrist）	手腕扭转

（2）示教器。松下机器人是一种示教再现型的机器人，即机器人一边实际运行一边进行记忆，并能够再现所记忆的运行动作。机器人边移动边记忆动作，称为“示教”，存储机器人示教的连串动作的单位叫作“程序”，用来区分其他不同的动作。执行程序时，机器人会再现所记忆的动作，能够正确地、重复地进行焊接、加工等工作。

机器人的所有在线操作基本上均要通过示教器来完成，故有必要熟悉示教器各个开关的功能和操作方法。

1）示教器正面。示教器正面由启动开关、暂停开关、伺服 ON 开关、紧急停止开关、拨动按钮、+ / －键、登录键、窗口切换键、取消键、用户功能键、模式切换开关、动作功能键及窗口所组成，如图 7-12 所示。

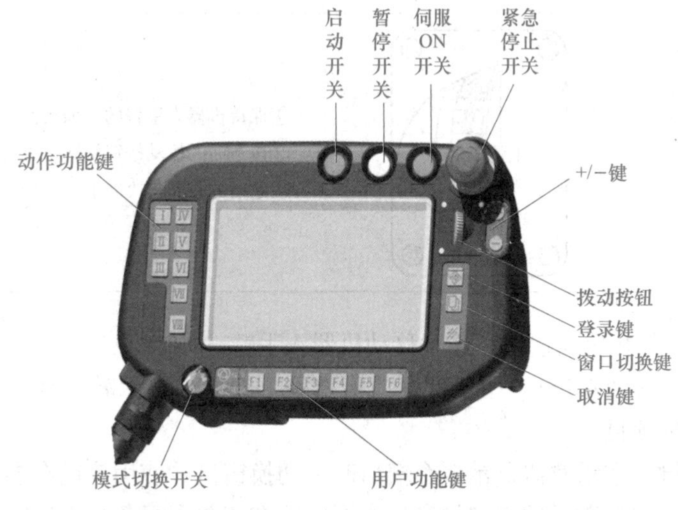

图 7-12　GⅢ 示教器正面

示教器正面各开关的功能如下：

①启动开关。在运行（AUTO）模式下，启动或重启机器人。

②暂停开关。在伺服电源 ON 的状态下暂停机器人运行。

③伺服 ON 开关。打开伺服电源。

④紧急停止开关。按下紧急停止开关后机器人立即停止，且伺服电源关闭，顺时针方向旋转后，解除紧急停止状态。

⑤拨动按钮（简称拨钮）。通过拨动按钮可完成机器人手臂的移动、外部轴的旋转、光标的移动、数据的移动及选定。

拨动按钮三个不同的操作：如轻微移动该拨动按钮；按动拨动按钮（即侧击）；按住拨动按钮的同时向上或向下轻微移动（即轻微移动拖拽），见表 7-2。

表 7-2　拨动按钮操作

操作类型	图示	功能作用
向上 / 向下微动	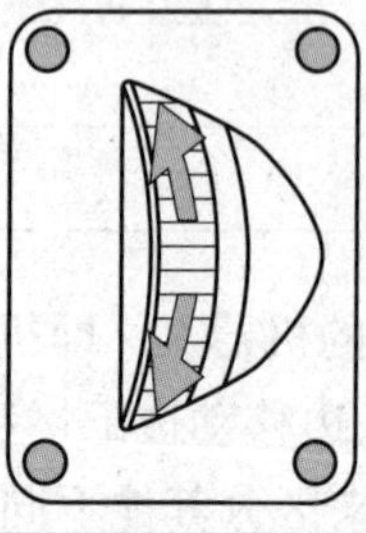	①移动机器人手臂或外部轴。当向上微动时，移动机器人手臂或外部轴向【＋】方向转动；反之向【－】方向转动。 ②移动荧屏上的光标。 ③改变数据或选择一个选项
侧击	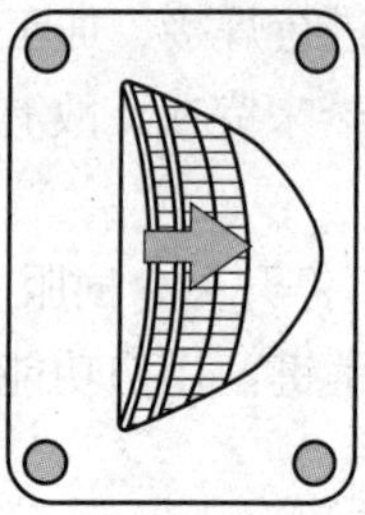	指定选择的项目并保存它
微动（拖动）	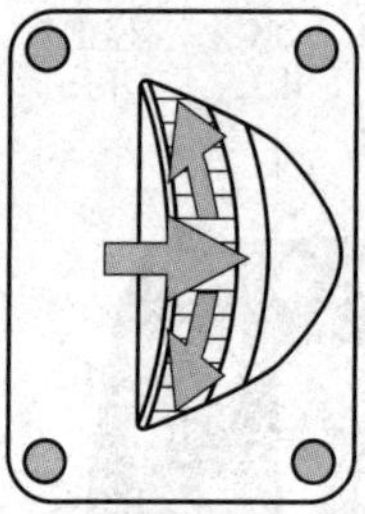	①保持机器人手臂的当前操作。 ②按下后的拨动按钮旋转量决定变化量。 ③运动的方向与“向上 / 向下微动”相同

⑥＋ / －键。代替拨动按钮，连续移动机器人手臂。

⑦登录键（又称回车键）。用于保存或指定一个选择。在示教时登录示教点，以及登录、确定窗口上的项目。

⑧窗口切换键。在示教器显示多个窗口时，切换窗口。使用该键在多个窗口中选择一个窗口并激活它，使被激活的窗口加亮。主要实现在菜单图标条与编辑窗口之间转换，以及在主窗口和副窗口之间转换。

⑨取消键。在追加或修改数据时，结束数据输入，返回原来的界面。

⑩用户功能键。执行用户功能键上侧图标（即位于编辑窗口上的下侧图标）所显示的功能。

⑪ 模式切换开关。一个两位置的开关，完成示教（TEACH）模式和运行（AUTO）模式的切换操作。如开关置于示教模式，即可对机器人进行示教操作。

⑫ 动作功能键。可以选择或执行动作功能键右侧图标（即位于编辑窗口上的左侧图

标）所显示的动作、功能。

示教器正面的动作功能键区和用户功能键区具有多个功能键。动作功能键区共有Ⅰ、Ⅱ、Ⅲ、Ⅳ、Ⅴ、Ⅵ、Ⅶ、Ⅷ八个动作功能键，分别与编辑窗口上的左边八个动作功能键图标一一对应，在不同示教器工作状态下，具有相应的动作功能。用户功能键区包括六个功能键，分别为F1、F2、F3、F4、F5、F6，与动作功能键一样，要与编辑窗口上的下边六个用户功能键图标一一对应，在不同示教器工作状态下，具有相应的用户编辑或操作功能。

⑬ 窗口。示教器窗口包括主窗口、副窗口、图标栏及光标组成，如图7–13所示。图标栏由若干工具图标组成，作用类似下拉菜单；菜单图标栏一级菜单常用图标定义及功能，见表7–3。

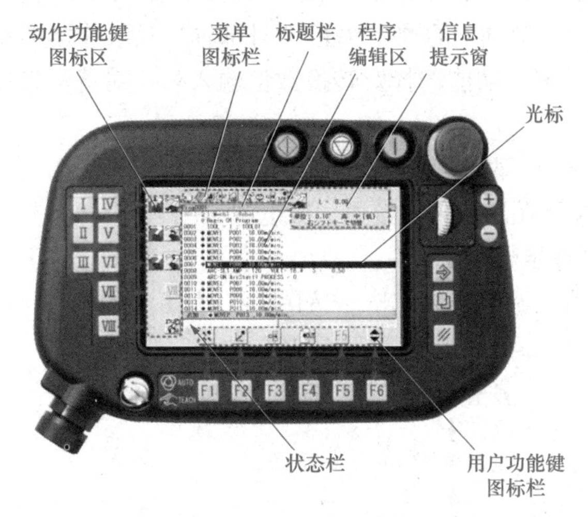

图7–13　GⅢ示教器窗口画面

表7–3　示教器菜单图标栏一级菜单常用图标定义及功能

图标	定义	功能
	文件	用于程序文件的新建、保存、发送、删除等操作
	编辑	用于对程序命令进行剪切、复制、粘贴、查找、替换等操作
	视图	用于显示各种状态信息，如位置坐标、状态输入 / 输出、焊接参数等
	命令追加	用于在程序中追加次序指令、焊接指令、运算指令等
	设定	用于设定机器人、控制柜、示教器、弧焊电源等设备参数

2）示教器背面。示教器背面左右对称的两个黄色键为安全开关，其功能相同。而左右对称的两个白色键分别称为左、右切换键，如图7–14所示。背面各开关功能如下：

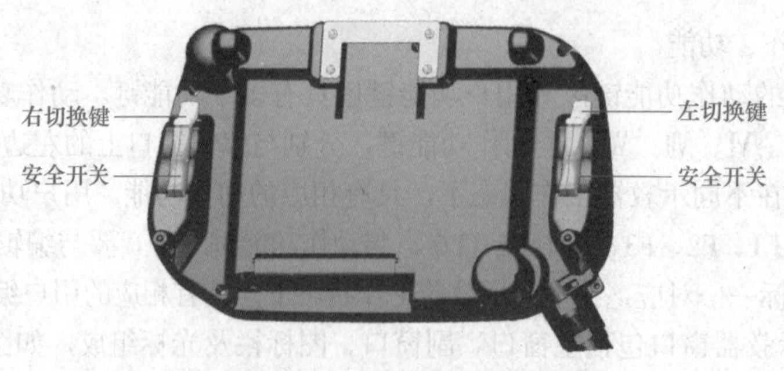

图 7-14　GⅢ示教器背面

①左转换键。用于切换坐标系的轴及转换数值输入列。轴的切换是按照“基本轴”→“手腕轴”→“外部轴”的顺序（注：“外部轴”只限连接了外部轴时）。

②右转换键。用于缩短功能选择及转换数值输入列。对拨动按钮的移动量进行“高、中、低”切换。

③安全开关。同时松开两个安全开关，或用力握住任何一个，伺服电源立即关闭，保证安全。按下伺服 ON 开关后，再次接通伺服电源。

2. 焊接机器人操作步骤

通常，将焊接机器人调试安装完毕后按图 7-15 所示的焊接机器人基本操作步骤进行各项操作，完成如示教、编程、运行等工作任务。

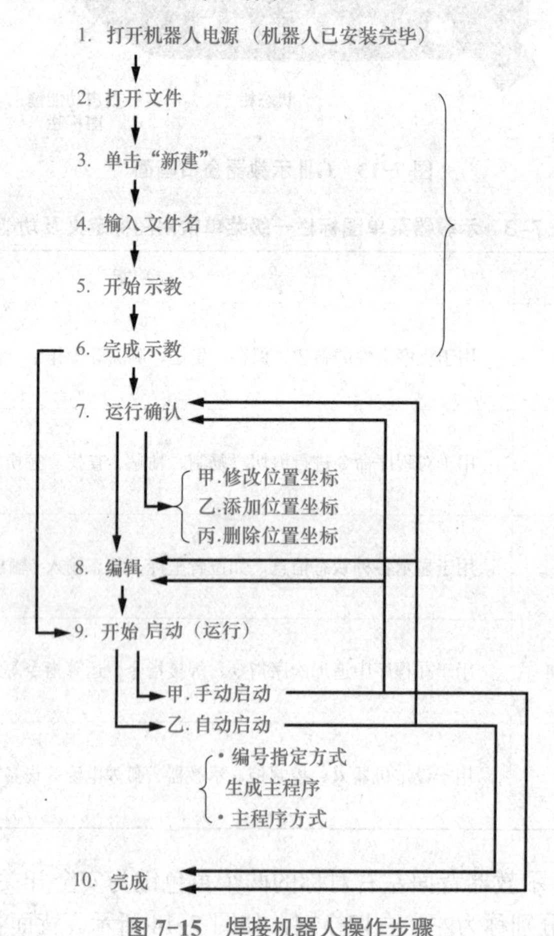

图 7-15　焊接机器人操作步骤

（1）打开焊接机器人电源。首先要打开焊接机器人电源，其具体操作步骤和顺序：打开电源设备的开关→打开电焊机以及附属设备的电源（电源内藏时无须打开）→打开机器人控制装置的电源→输入用户 ID 和口令（当自动登录被设定好之后，打开电源时就无须输入“用户 ID”和“口令”了）。至此，焊接机器人电源即被打开。打开电源后的示教器窗口界面如图 7-16 所示。

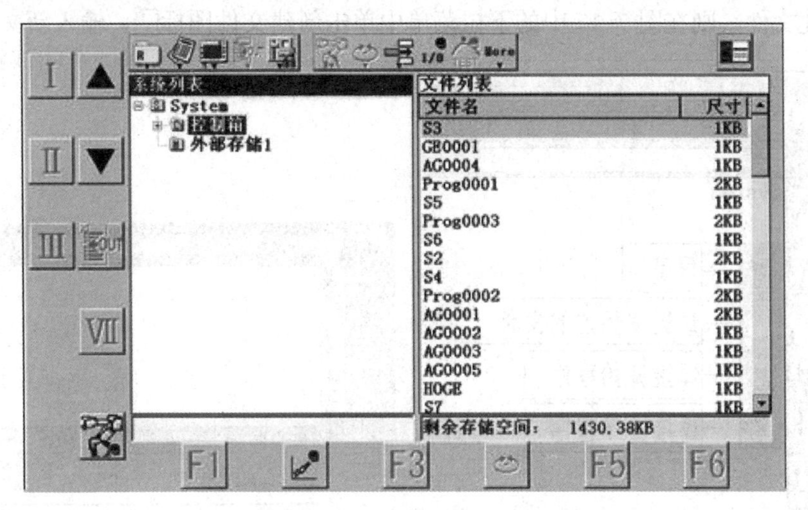

图 7-16　GⅢ示教器窗口初始界面

1）设定用户 ID 和口令。为了便于管理机器人，可为机器人设定用户 ID 和口令，具体操作如下：

①打开 ID 输入窗口。将光标移到菜单图标上，然后按设定→控制装置→用户 ID→ ID 输入窗口的顺序打开 ID 输入窗口。

②选择用户 ID。标准设定中要输入“ robot ”（小写半角英文字母），然后侧击拨钮确认，即；也可从列表中选择。

③选择口令。标准设定中要输入“0000”（半角数字），然后侧击拨钮确认，即。

【重要提示】在 ID 窗口输入字母或数字时，遇到输入有误情况，可单击 BS（退格）键＋，将输入的内容删除。

2）设定自动登录的方法。按照设定→管理工件→用户管理→自动登录的顺序打开设定界面，将自动登录选为“有效”即设定完成自动登录过程。

①当设定为“有效”后，上一页的输入窗口将不再出现，该设定为出厂默认设定。

②当设定为“无效”时，打开电源后，将出现上一页的输入窗口。

为保护机器人数据不受损坏，可根据实际情况设定不同的用户级别，对用户进行分级管理，见表 7-4。

表 7-4　用户级别及权限

用户级别	对象	可进行的操作
操作工	机器人操作工	运行
程序员	示教工	运行＋示教
系统管理员	机器人系统的管理负责人	运行＋示教＋设定

（2）打开文件或创建新文件。如打开曾建过的某程序文件，则单击菜单图标中的文件R图标，打开后的下拉菜单，如图7-17所示。从程序或最近使用过的文件查找所要打开的文件，找到文件后将光标移到“OK”按钮上，并侧击拨钮确认即可打开文件，如图7-18所示；或直接按登录键打开文件。打开文件后可进行编辑程序、再现、运行等相应操作。

如新建文件，则在图7-17中的下拉菜单中单击新建文件图标，输入新文件名即可。

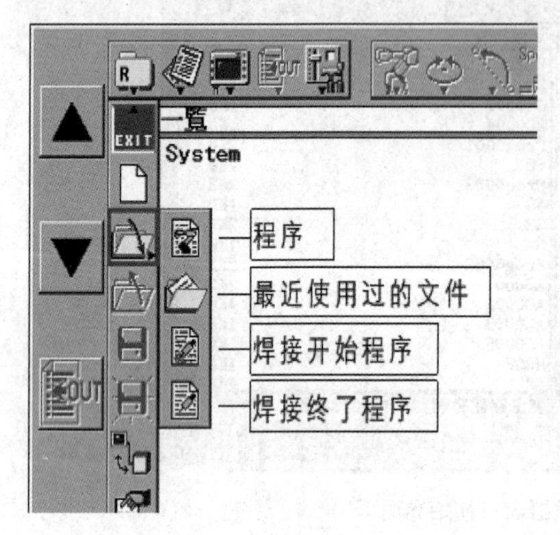

图7-17　文件菜单

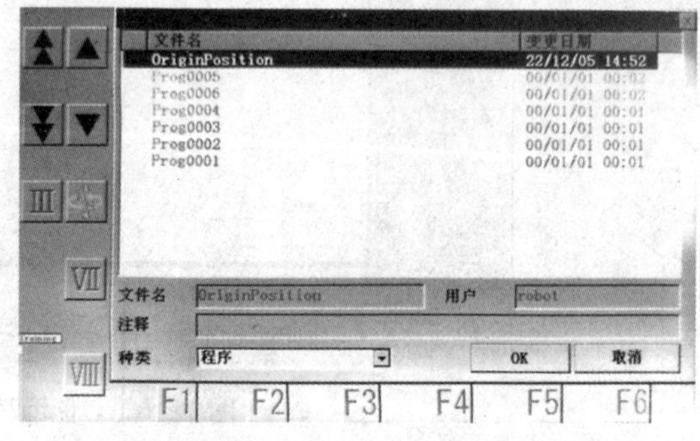

图7-18　程序列表窗口

（3）示教、再现、编辑及运行操作。创建新文件后根据需要进行示教、再现、编辑及运行等操作。关于示教、再现、编辑及运行方面的操作技术在后续章节中有详细介绍。

●【任务实施】

一、焊接机器人移动操作

1. 移动前的准备

（1）接通控制器电源，打开机器人控制器的电源开关，系统数据开始传送到示教器，完成后进入可操作状态。

（2）手持示教器。将示教器的电缆缠在手臂上可以拿得更稳、更安全。

（3）接通伺服电源。

1）打开安全开关。握住示教器背面的两个黄色安全开关。松下机器人的安全开关为三段位式开关，其三段位具体操作：当未握住状态时，伺服为OFF，机器人不能移动；当轻轻握住状态时，开关处于第一段，此时伺服为ON，机器人可以移动；用力握住状态为第二段，此时伺服为OFF，机器人也不能移动。

2）按下伺服开关。

【安全警示】闭合伺服电源前确保机器人工作范围内没有人在场。

3）打开机器人动作图标。通过功能键打开机器人移动开关，使机器人移动绿灯亮，即⇨。

4）选择坐标系。机器人有关节、直角、工具、圆柱及用户五个坐标系，其中常用的是前三个，而圆柱及用户坐标系属于扩展功能。在按住右切换键状态下，再按功能键[I]来依次选择关节、直角、工具坐标系，即组合右切换键和功能键[I]，各坐标系的对应图标及切换顺序见表 7–5，默认状态为关节坐标系。操作者可根据示教需要选择不同的坐标系。通常，整体移动机器人推荐选择直角坐标系，直观又简便，如要调整焊枪角度（姿态），则建议选用工具坐标系，方便调节。

表 7–5　坐标系图标及切换顺序

关节	直角	工具	圆柱	用户
切换 → I	切换 → I	切换	（在扩展设定中选择）	

通过示教器的菜单栏也可选择坐标系，如图 7–19 所示。选择关节、直角及工具坐标系时，机器人的运动规律如下：

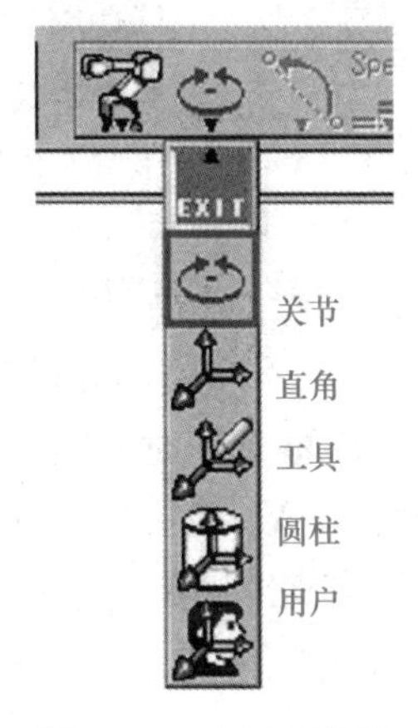

图 7–19　坐标系菜单

①关节坐标系。机器人的各轴（即关节）单独运动，如图 7–20 所示。

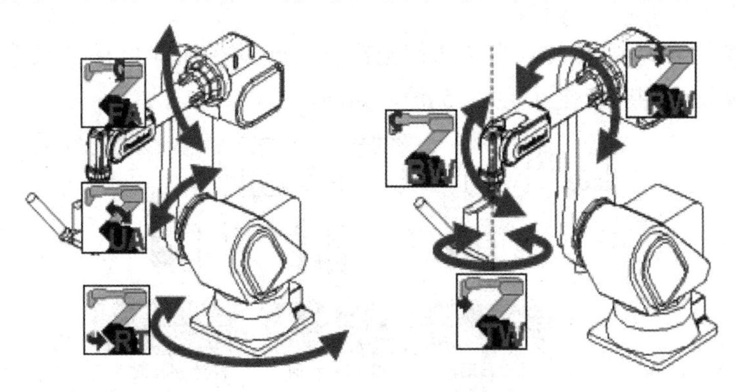

图 7–20　关节坐标系

②直角坐标系。以机器人坐标系为基准移动机器人，如图 7-21 所示。

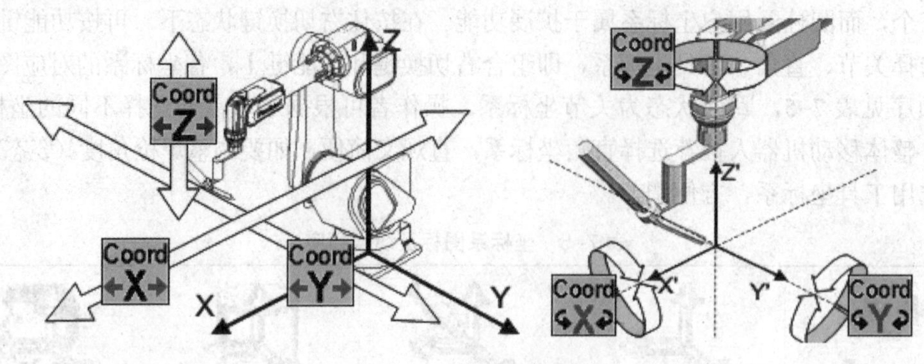

图 7-21　直角坐标系

③工具坐标系。以目标工具的方向为基准移动机器人，如图 7-22 所示。

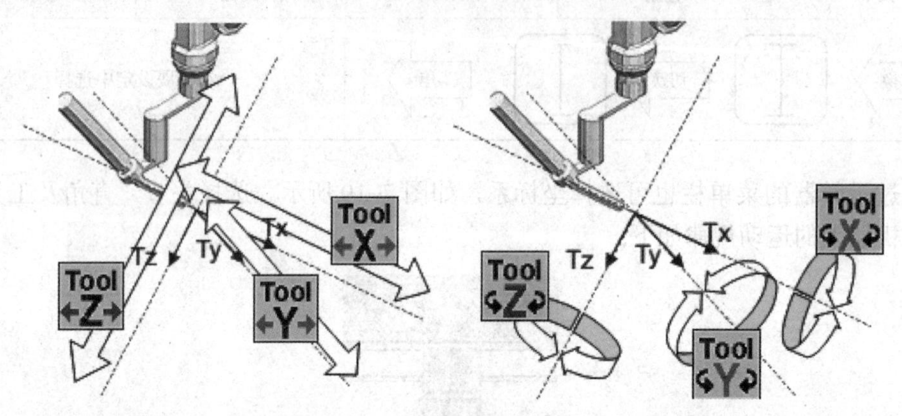

图 7-22　工具坐标系

5）选择坐标轴。确定坐标系之后，还需要选择某坐标系下的动作轴。以直角坐标系为例，在初始状态下，功能键Ⅰ、Ⅱ、Ⅲ分别对应的是、、，使机器人可以沿 X、Y、Z 三个坐标轴直线移动。功能键Ⅳ、Ⅴ、Ⅵ分别对应的是、、，可使焊枪端部固定，机器人其余部位可以移动。在关节坐标系和工具坐标系下选择关节或工具与直角坐标系的情况类似，请读者结合示教器的实际操作，多练习、多体验，进而熟悉各种切换操作。

2. 移动机器人方式

移动机器人方式有以下 3 种。

（1）使用拨钮移动机器人。按住动作坐标轴并转动拨钮即可移动机器人，根据转动量，机器人速度发生相应变化（最大 15 m），如图 7-23 所示。

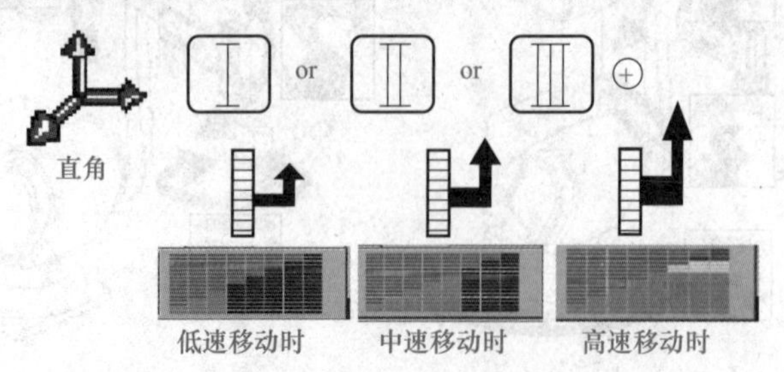

图 7-23　使用拨钮移动机器人

（2）使用“＋ / －”键移动机器人。按住动作坐标轴并按击＋ / －键，如图 7–24 所示。

按照窗口右上角显示的高、中、低的速度使机器人移动，如图 7–25 所示。＋ / －键标准速度为：

高　30 m（限制 15 m 动作）；

中　10 m（限制 10 m 动作）；

低　3 m（限制 3 m 动作）。

速度值可以在“More”菜单下“示教设定窗口”中设定。

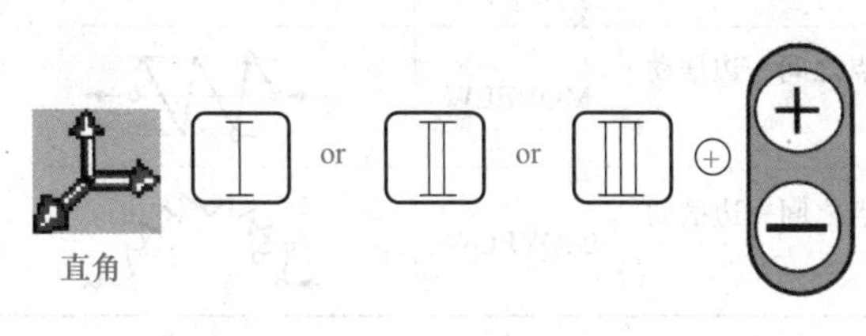

图 7–24　使用“＋ / —”键移动机器人

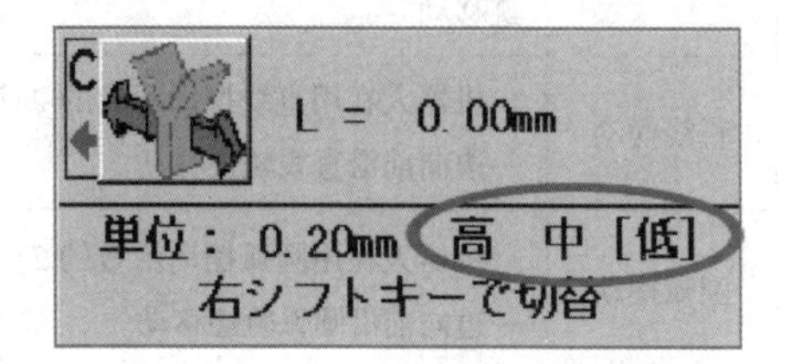

图 7–25　使用“＋ / —”键的标准动作速度

（3）用点动动作移动机器人（使用拨钮）。按住动作坐标轴并转动拨钮（勿侧击），每转一格机器人移动一段距离。标准点动位移量：高为 1.00 mm，中为 0.50 mm，低为 0.20 mm，可以设定点动移动量的范围为 0.01 ～ 9.99 mm。

更改点动位移量的方法如下：

1）单击“设定”菜单。

2）选中“机器人”按钮。

3）选中“点动”按钮。

4）在点动位移量设定窗口中输入“移动量”和“回转量”后登录。

5）单击“OK”或者“登录”键。

6）是否“保存”？单击“是”后保存成功。

当发现更改有误时，请单击“取消”键，即可返回上一个画面。

二、焊接机器人示教、再现操作

1. 示教操作基础

（1）示教点。

1）示教点属性。机器人边移动边记忆的动作称为示教。对机器人示教时，使机器人在两点或两点以上多个点之间移动，此点称为示教点。示教点包含位置坐标、示教速度、插补方式、次序指令等属性。

①位置坐标是指示教点的具体位置坐标，如直角坐标系的 X、Y、Z 值。

②示教速度是指示教焊接机器人从上一个示教点移到当前示教点的速度。

③插补方式是指焊接机器人从上一个示教点移到当前示教点的动作类型，即移动轨迹，如直线、圆弧等，见表 7–6。

表 7-6　焊接机器人的五种插补方式

插补形态	方式说明	移动命令	插补图示
PTP	机器人在未规定采取何种轨迹移动时，使用关节插补	MOVEP	
直线插补	机器人从当前示教点到下一示教点运行一段直线	MOVEL	
圆弧插补	机器人沿着用圆弧插补示教的 3 个示教点执行圆弧轨迹移动	MOVEC	
直线摆动	机器人在用直线摆动示教的 2 个振幅点之间一边摆动一边向前沿直线轨迹移动	MOVELW	
圆弧摆动	机器人在用圆弧摆动示教的 2 个振幅点之间一边摆动一边向前沿圆弧轨迹移动	MOVECW	

④次序指令包括焊接规范（焊接电流、电弧电压、焊接速度）、收弧规范（收弧电流、收弧电压、收弧时间）、焊枪 ON/OFF 开关、输入 / 输出信号等。

2）空走点与焊接点。示教点分为空走点和焊接点两种。在示教、编程操作时，明确所示教的点是空走点或焊接点很重要。在示教过程中适时将示教点设置为焊接点或空走点时，将自动加入焊接开始以及终了的次序指令，如焊接电流、电弧电压、焊接速度、收弧电流及收弧时间等。

①空走点。属于示教点的一种，是指未焊接的点和焊接终了点。如图 7-26 所示，P1—P2—P3—P4—P5 为示教区间，即机器人的移动区间，其中 P1—P2 和 P4—P5 为空走区间，而 P2—P3—P4 为焊接区间。因此，P1、P5 点为未焊接的点，属于空走点；P4 点为焊接终了点，也属于空走点。

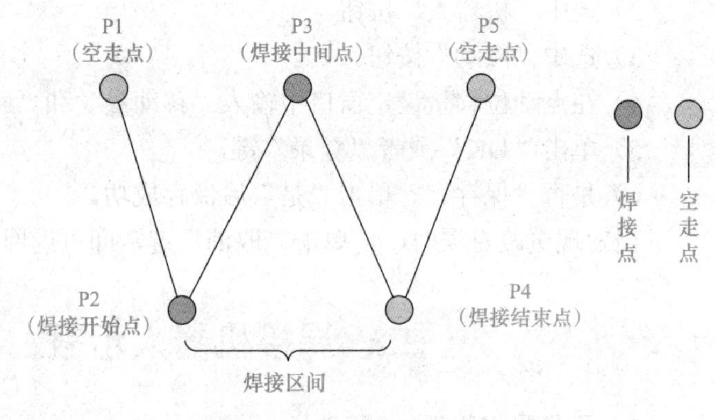

图 7-26　空走点与焊接点

②焊接点。属于示教点的一种，是指焊接开始点和焊接中间点。图 7-26 中的 P2 点为焊接开始点，因此属于焊接点；P3 为焊接中间点，也属于焊接点。

（2）示教操作步骤。

1）将模式开关打到 TEACH 上。

2）打开文件菜单。

3）单击文件菜单下的“新建”，则弹出“新建文件”对话框，如图 7-27 所示。对话框中的“工具（TOOL）”是选择机器人本体上所带的工具（如焊接用焊炬等）的偏置数据中登录的工具号；“机构（Mechanism1）”是对于有外部轴的机器人系统，可以自由分类机构，出厂时设为“1：Mech 1”。

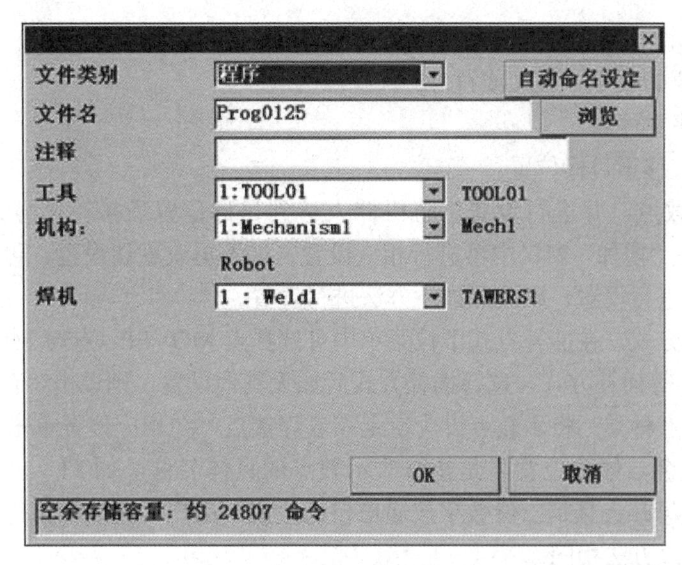

图 7-27 “新建文件”对话框

4）输入新文件名。初始文件名由机器人自动地生成，如 Prog0047。操作者可使用初始文件名，也可重新命名，但最多可以使用 28 个半角英文数字。

①当确认文件名合适时，单击“OK”(或者“登录”键)。

②更改文件名时，按照如下步骤操作：

a．将光标移到文件名上，并选中。

b．选择功能键所对应的数字（1，2，3）或大写英文（A）或小写英文（a）或符号（！？）等。功能键Ⅰ、Ⅱ、Ⅲ、⬍分别显示大写字母、小写字母、数字及符号，如图 7-28 所示。

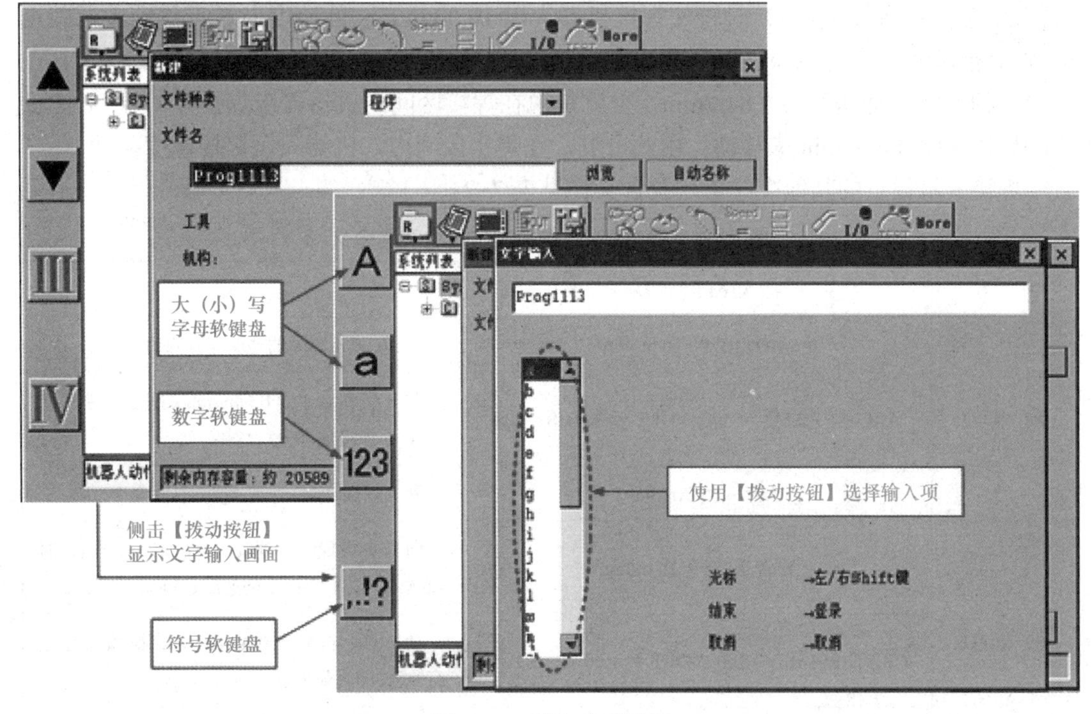

图 7-28 输入字母流程

c．使用BS键移动光标删除数字或英文或符号。

d．输入需要的数字、英文或符号。

e．确定程序文件名。

5）将机器人移至目标位置。

6）登录示教点，并进行设置。将机器人移到目标位置后按一下登录键，则会弹出“增加”窗口，在“增加”窗口中可进行相应设置。如不更改默认设置，可直接单击“OK”确定。如要重新进行设置，则按照如下方法进行设置。

①设置插补方式。在插补方式下拉菜单中可选择点MOVEP（点）、MOVEL（直线）及MOVEC（圆弧）等插补方式，选择插补方式后如无其他设置，则单击“OK”确定。

②设置示教点种类。将示教点设为空走点或焊接点，在相应位置单击选中即可。

③修改位置名。修改位置名是指修改示教点的具体名称，如P1、P2或M1、M2等，默认名称为P字母开头且第二位数字按递增自动生成。用户可选默认或进行修改，修改方法与文件名的更改方法相同。

④示教速度。默认值为10 m/min，根据需要可以修改，修改方法也与文件名更改方法相同。示教速度为示教机器人从上一个示教点移到当前示教点的速度，但所设置的示教速度不一定都是机器人从上一个示教点移到当前示教点的实际移动速度，这取决于示教区间为焊接区间还是空走区间。

焊接区间如图7–29所示，P8（S点）—P9（E点）为焊接区，焊接方向为箭头所指方向。由表7–7可知，示教点P8的示教速度设为10 m/min（默认值），在程序运行（再现）时将使焊接机器人以10.00 m/min的速度向S点移动；示教点P9的示教速度也设为10 m/min（默认值），但在程序运行（再现）时机器人由S点向E点移动时的实际移动速度为0.6 m/min，也就是说在焊接区间内机器人以焊接开始点P8中设置的焊接速度0.6 m/min来移动。由此可见，在焊接区间内，机器人以焊接速度移动。

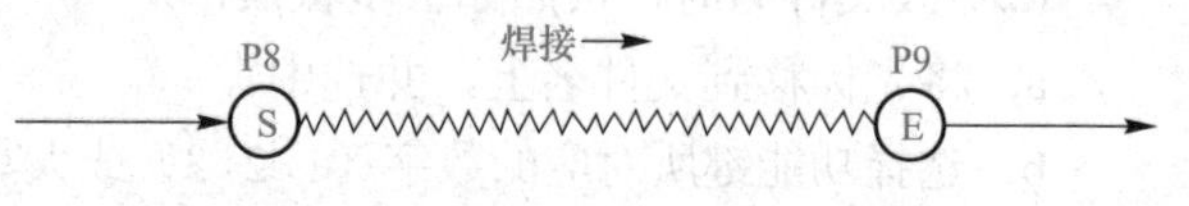

图7–29　焊接区间

焊接区示教点的其他次序指令及含义详见表7–7。

表7–7　焊接区示教点的次序指令及其含义

示教点	次序指令内容	含义
P8（S点）	MOVEL P8 10 m/min	以10.00 m/min的速度向S点直线移动
	ARC–SET AMP = 170　VOLT = 22.0　S = 0.6	从S到E点，以0.6 m/min的速度，170 A、22 V的焊接规范执行焊接
	. ARC–ON ArcStart1	开始焊接
P9（E点）	MOVEL　P9　10 m/min	向E点再现时，速度为0.6 m/min。运行时以ARC–SET中设定的速度运行
	CRATER AMP = 100　VOLT = 19.0　T = 0.20	在E点，按照100 A、19 V的收弧规范进行0.2 s的收弧处理
	ARC–OFF ArcEnd1	焊接结束

空走区间如图 7–30 所示，P8—P9 为空走区，机器人移动方向为箭头所指方向。

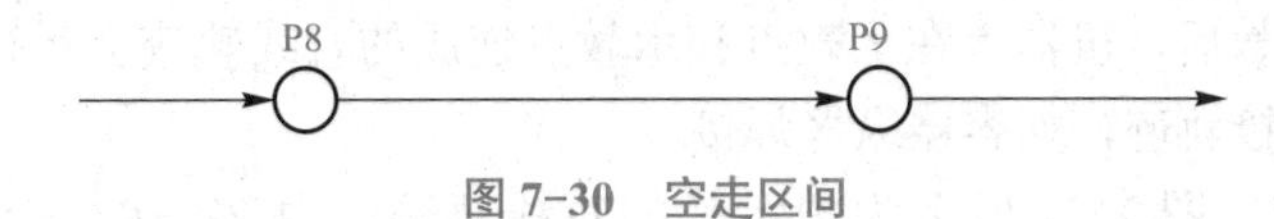

图 7–30　空走区间

由表 7–8 可知，示教点 P8 和 P9 的示教速度已分别设为 30 m/min 和 10 m/min，则在程序运行（再现）时将使焊接机器人分别以 30 m/min 和 10 m/min 的速度向 P8 点和 P9 点移动。由此可见，在空走区间内，机器人以示教速度移动。

表 7–8　空走区示教点的次序指令及其含义

示教点	次序指令内容	含义
P8 点	MOVEL P8 30 m/min	以 30 m/min 的速度直线移动到 P8 点
P9 点	MOVEL P9 10 m/min	以 10 m/min 的速度直线移动到 P9 点

⑤设置手腕插补方式（CL 编号）。手腕插补方式（CL）编号有 0、1、2、3，用户根据需要进行选择，其含义见表 7–9。

表 7–9　空走区间示教点的次序指令及其含义

CL 编号	含义
0	自动计算
1	圆弧插补时，工具矢量近似于竖直姿态（小于 10°）时使用
2	圆弧插补时，工具矢量不处于竖直姿态（大于 10°）时使用
3	处于 BW 轴和 RW 轴平行的特异姿态时使用； 使用 CL3 可避免在特异点上 RW 轴发生反转动作，但不能保持工具姿态固定（工具姿态将发生改变）

⑥最后确认窗口内容后单击“OK”或者按一下“登录”键。

（3）示教时用户功能键的操作。在示教过程中，常用到用户功能键。在不同的操作状态下其功能和作用也发生相应变化，用户根据需要使用即可，使用时按一下对应功能键。

（4）在示教时的各种设定内容。

1）示教设定。设定在示教时的基本输入值。

单击“More”→打开“示教设定”窗口→确认或修改设定内容，示教初始数据系统会自动输入，如有改动，则重新设定后单击“OK”或“登录”键。

2）扩展设定。

单击“More”→打开“扩展设定”窗口，进行相应的设置。

（5）示教结束操作。

单击“画面切换”键→光标移到文件上（如果光标已经在文件上，无须此操作）→单击“文件”菜单→选择“文件”菜单的“关闭”，弹出“保存”窗口，回答“是否保存？”→需要保存时，单击“是”或“登录”键→无须保存时，单击“否”。但要注意光标虽然在“否”上，但如果单击“登录”键后，结果将为“是”(即“保存”)。

2. 直线的示教操作

在进行直线示教后，机器人在示教点和示教点连成的直线轨迹上运行，这是焊接生产中最常见的一种焊接轨迹，如容器纵缝焊接。

（1）示教轨迹。图 7–31 所示为拟示教的直线轨迹，由 P2—P3—P4 两段直线组成，其中将 P3—P4 段设为焊接区间，而 P2—P3 段设为空走区间。因此，P2 点、P4 点应设为空走点，P3 点应设为焊接点。

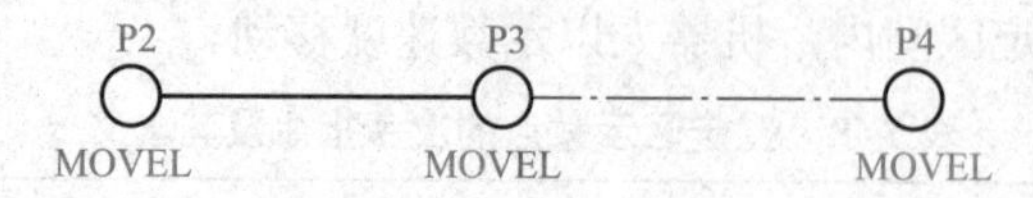

图 7–31 直线示教轨迹

（2）示教操作。

1）示教 P1 点。通常将机器人初始位置点设为 P1 点。登录 P1 点后完成插补方式、速度等相关设置，当然可设置为其默认值。

2）示教 P2 点。手动将机器人移动到 P2 点后登录该点并完成相关设置。

①插补方式选为 MOVEL（直线）；

②将 P2 设为空走点；

③示教速度设为 10 m/min（默认值）；

④示教点名称和其他参数不变。

3）示教 P3 点。手动将机器人移动到 P3 点后登录该点并完成相关设置。

①插补方式选为 MOVEL（直线）；

②将 P3 点设为焊接点；

③示教速度设为 3 m/min；

④在程序窗口中完成焊接电流、焊接电压、焊接速度的设置。如果仅用于示教、再现训练，则保留其默认值即可。

4）示教 P4 点。手动将机器人移动到 P4 点后登录该点并完成相关设置。

①插补方式选为 MOVEL（直线）；

②将 P4 点设为空走点；

③示教速度取默认值。由于 P3—P4 线段为焊接区间，故机器人的运行速度为焊接速度；

④在程序窗口中完成收弧电流、收弧电压、停留时间的设置。

对图 7–31 直线轨迹进行上述示教后，示教器主窗口中显示程序见表 7–10。

表 7–10 直线示教程序

语句行	程序语句	注释
1	Baozhiyuan1.prg	程序名称
2	1：Mech：Robot	运动机构设置
3	Begin of program	程序开始
4	TOOL = 1：TOOL01	末端工具设置

续表

语句行	程序语句	注释
5	MOVEP P1，10.00 m/min	示教点 1（空走点）
6	MOVEL P2，10.00 m/min	示教点 2（空走点）
7	MOVEL P3，3.00 m/min	示教点 3（焊接开始点）
8	ARC–SET AMP = 120 VOLT = 19 S = 0.45	焊接规范参数，分别为焊接电流（A）、焊接电压（V）及焊接速度（m/min）
9	ARC–ON ArcStart1.prg RETRY = 0	焊接开始指令
10	MOVEL P4，10.00 m/min	示教点 4（焊接结束点），在 P3—P4 区间机器人以焊接速度 0.45 m/min 行进
11	CRATER AMP = 100 VOLT = 15.0 T = 0.5	焊接收弧规范参数
12	ARC–OFF ArcEND1.prg RETRY = 0	焊接结束指令
13	End of program	程序结束

3. 圆弧的示教操作

圆弧示教后，机器人以圆弧轨迹运行。圆弧示教分为半圆示教和整圆示教两种。

（1）半圆示教。圆弧示教必须通过 3 个或以上的点进行示教，即至少示教 3 个点，且圆弧上示教点的插补方式均应选为 MOVEC，如图 7–32 所示。P2—P3—P4—P5—P6 为直线和圆弧组合轨迹，其中区间 P2—P3 和 P5—P6 为直线空走区间，P3—P4—P5 为圆弧焊接区间。

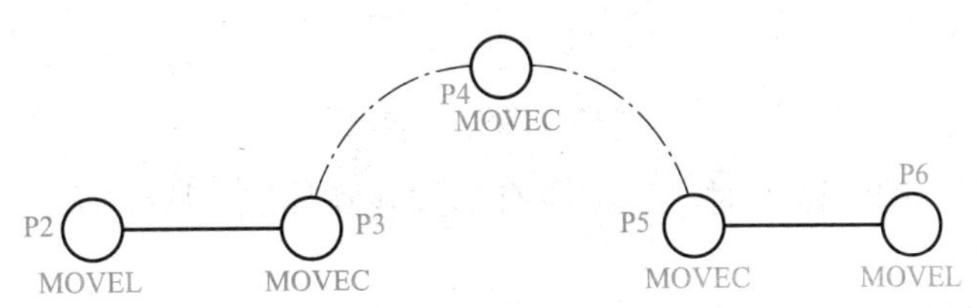

图 7–32 半圆示教轨迹

圆弧示教点的示教操作与上述直线示教情况相同。

表 7–11 为 P2—P3—P4—P5—P6 直线与圆弧组合轨迹示教时所生成的程序及注释，供读者参考。

表 7–11 圆弧示教程序

语句行	程序语句	注释
1	Baozhiyuan2.prg	程序名称
2	1：Mech：Robot	运动机构设置
3	Begin of program	程序开始
4	TOOL = 1：TOOL01	末端工具设置
5	MOVEP P1，10.00 m/min	示教点 1（空走点）

续表

语句行	程序语句	注释
6	MOVEL P2，10.00 m/min	示教点 2（空走点）
7	MOVEC P3，3.00 m/min	示教点 3（焊接开始点）
8	ARC-SET AMP = 120 VOLT = 20 S = 0.45	焊接规范参数，分别为焊接电流（A）、焊接电压（V）及焊接速度（m/min）
9	ARC-ON ArcStart1.prg RETRY = 0	焊接开始指令
10	MOVEC P4，10.00 m/min	示教点 4（焊接中间点）
11	MOVEC P5，10.00 m/min	示教点 5（焊接结束点），在 P3—P4—P5 圆弧区间机器人以焊接速度 0.45 m/min 行进
12	CRATER AMP = 100 VOLT = 15.0 T = 0.00	焊接收弧规范参数
13	ARC-OFF ArcEND1.prg RETRY = 0	焊接结束指令
14	End of program	程序结束

（2）整圆示教。整圆示教必须通过 4 个或 4 个以上的点进行示教，即至少示教 4 个点，如图 7-33 所示。

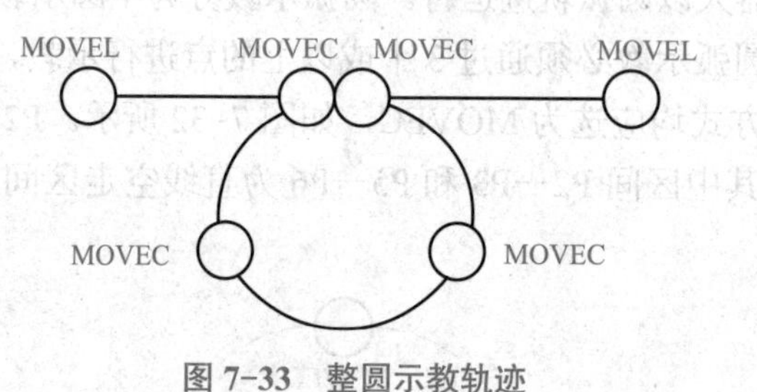

图 7-33　整圆示教轨迹

（3）删除圆弧。删除圆弧时，需将所有的圆弧点删除（从任何一个圆弧点开始皆可删除）。

4. 摆动的示教操作

摆动是指机器人在振幅点之间一边摆动一边向前移动的动作。在焊接生产过程中，经常采用焊丝（焊条）的摆动方法获得所需的焊缝宽度、焊缝厚度及热输入等。

（1）直线摆动。

1）示教轨迹。如图 7-34 所示，机器人的移动主方向为直线 P2—P5，振幅点分别为 P3 和 P4，机器人在振幅点 P3 和 P4 之间一边摆动一边向终了点 P5 移动，即机器人做直线摆动。

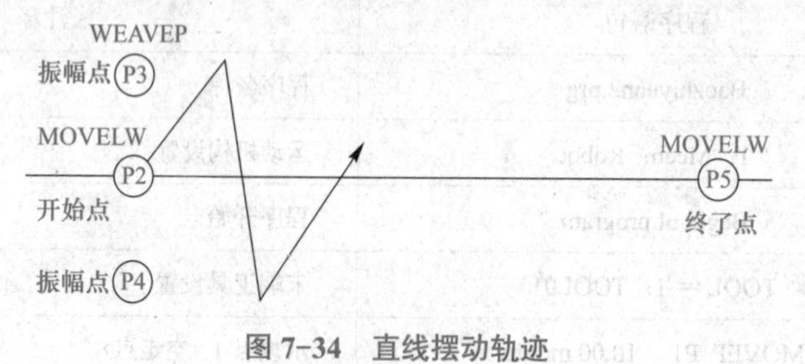

图 7-34　直线摆动轨迹

2）摆动参数设定要求。

①摆动类型（插补方式）在开始点设定。

②摆动宽度、两端停留时间在振幅点设定。

③摆动频率仅在终了点设定。

④速度在 ARC-SET 中设定。

3）示教操作。

①移动机器人到摆动开始点 P2 后登录。

②在登录窗口中将插补方式设定为 MOVELW，并将速度、频率等设置好后单击“OK”。

③弹出“振幅点登录”对话框，单击“是”或者“登录”键。

④将机器人移动到振幅点 P3，确认窗口中的插补方式为 WEAVEP 后单击“登录”键。此时再一次弹出“振幅点登录”对话框，单击“是”或者“登录”键。

⑤将机器人移动到振幅点 P4，确认窗口中的插补方式为 WEAVEP 后单击“登录”。

⑥将机器人移动到终了点 P5，插补方式选为 MOVELW 后登录。在弹出的“振幅点登录”对话框中单击“否”(选择“是”的话，插补方式将自动发生变化)。

所示教生成的程序见表 7-12，供读者参考。

表 7-12　摆动示教程序

语句行	程序语句	注释
1	Baozhiyuan3.prg	程序名称
2	1：Mech：Robot	运动机构设置
3	Begin of program	程序开始
4	TOOL = 1：TOOL01	末端工具设置
5	MOVEP P1，10.00 m/min	示教点 1（空走点）
6	MOVELW P2，3.00 m/min	示教点 2（焊接开始点）
7	ARC-SET AMP = 120 VOLT = 19 S = 0.45	焊接规范参数，分别为焊接电流、焊接电压及焊接速度（m/min）
8	ARC-ON ArcStart1.prg RETRY = 0	焊接开始指令
9	WEAVEP P3，10.00 m/min T = 0.0	示教点 3（振幅点），其中 T = 0.0 为摆动停止时间
10	WEAVEP P4，10.00 m/min T = 0.0	示教点 4（振幅点）
11	MOVELW P5，10.00 m/min，Ptn = 1 F = 0.3	示教点 5（焊接结束点），其中 Ptn = 1 为摆动类型（低速单摆），F = 0.3 为摆动频率
12	CRATER AMP = 100 VOLT = 15.0 T = 0.5	焊接收弧规范参数
13	ARC-OFF ArcEND1.prg RETRY = 0	焊接结束指令
14	End of program	程序结束

4）摆动类型。摆动类型共有 6 种，根据焊接作业需要进行选择，见表 7-13。

表 7-13　摆动类型

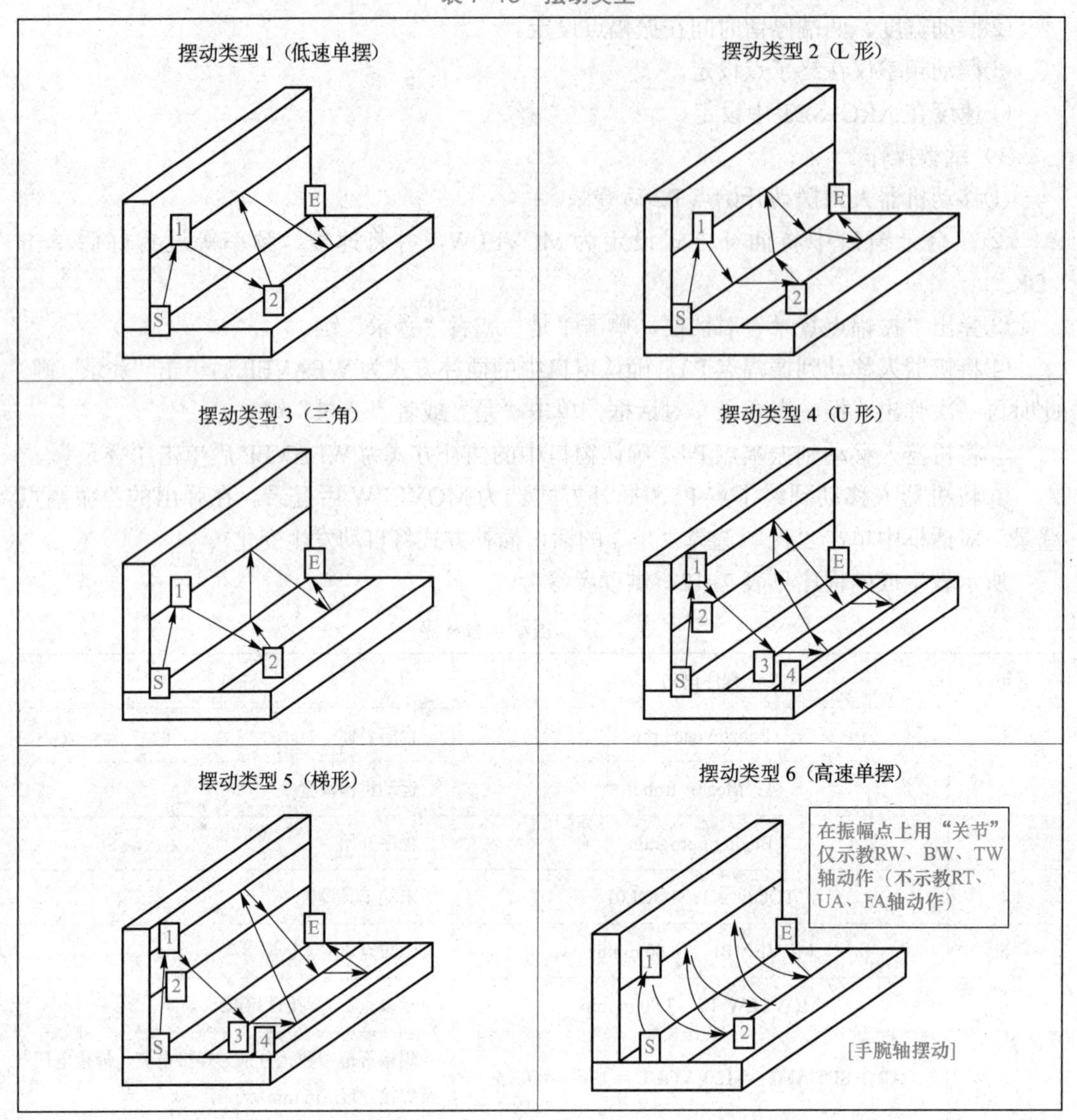

5）再现直线摆动。

①向前再现时的动作。在区间内一边摆动一边向前再现，如图 7-35 所示。

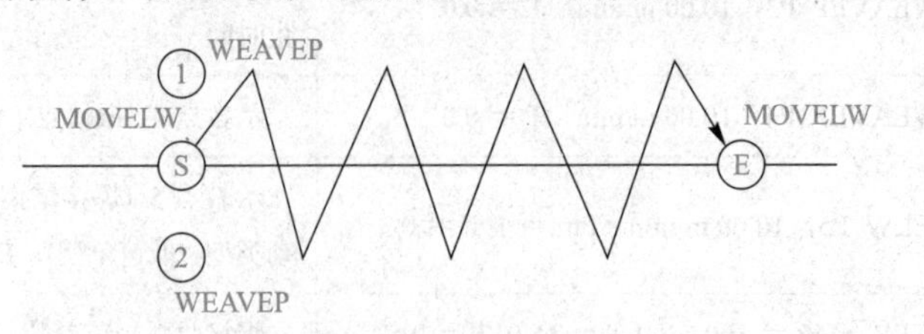

图 7-35　直线摆动向前再现

②向后再现时的动作。不进行摆动，只是按照Ⓔ→②→①→Ⓢ的路径移动（该操作通常在修改振幅或者删除时使用），如图 7-36 所示。

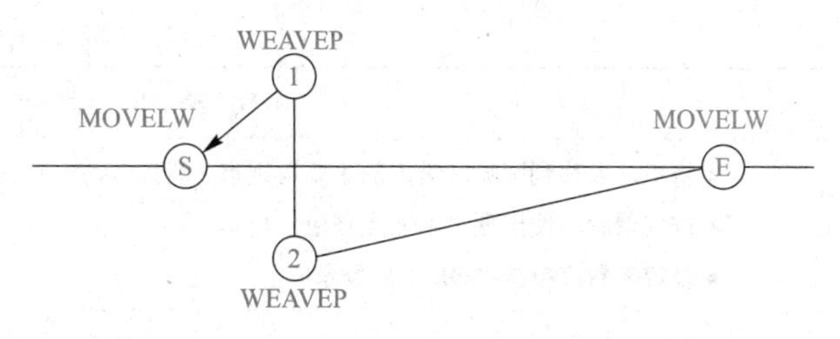

图 7-36　直线摆动向后再现

6）删除摆动。

①全部删除。全部删除是指删除ⓈⒺ①②全部各点。向后再现时删除振幅点。

②不完全删除。删除振幅点①和②时：当向前再现时机器人运行轨迹呈现直线Ⓢ→Ⓔ。仅删除振幅点②时：当向前再现时机器人运行路线为Ⓢ→Ⓔ；当向后再现时机器人运行路线为Ⓔ→①→Ⓢ，但无论向前再现还是向后再现，其轨迹均为直线不摆动。

7）摆动停止时间。摆动停止时间是指机器人在振幅点上摆动方向的停止时间。在摆动停止时间段，机器人动（结束点的方向）。

（2）圆弧摆动。示教 3 个定义圆弧的点和 2 个定义摆动幅度的点之后，即可进行圆弧摆动，如图 7-37 所示。

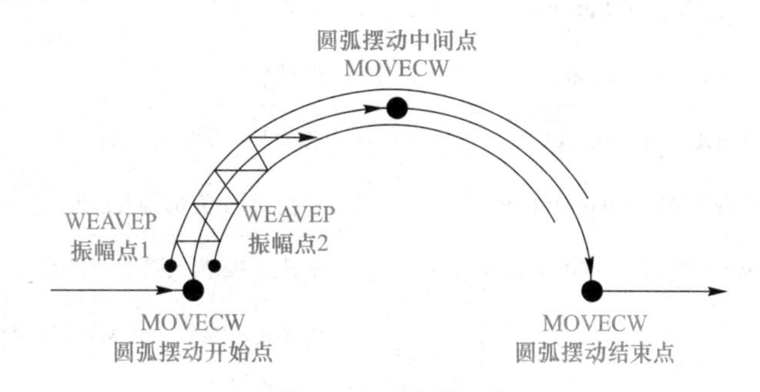

图 7-37　圆弧摆动

1）示教方法。示教顺序、示教点及示教方法见表 7-14。

表 7-14　圆弧摆动示教方法

顺序	示教点	示教方法
1	圆弧摆动开始点	● 将插补方式设为“圆弧摆动”(MOVECW)。 ● 将编辑模式变为“追加”。 ● 在圆弧摆动开始点按“登录”键后，出现“示教点登录”窗口。 ● 设定参数，单击“OK”后登录
2	确认振幅点登录	● 出现“是否将下一个示教点作为振幅点登录”的确认窗口。 ● 单击“是”(注：随后将要登录的 2 个振幅点的插补方式会自动成为“WEAVEP”)
3	摆动振幅点 1	● 将机器人移动到指定摆幅的第一个振幅点（振幅点 1），并按“登录”键。 ● 将插补方式设为“WEAVEP”，待其他参数设定完毕后，单击“OK”或直接按“登录”键
4	确认振幅点登录	● 单击“是”
5	摆动振幅点 2	● 将机器人移动到另一个振幅点（振幅点 2），与振幅点 1 一样登录为“WEAVEP”点

续表

顺序	示教点	示教方法
6	圆弧摆动中间点	● 将机器人移到圆弧区域内的主要再现点（圆弧摆动中间点）上。 ● 按登录后，便出现“示教点登录”窗口。 ● 设定参数，单击“OK”后登录
7	确认振幅点登录	● 单击“否”
8	圆弧摆动结束点	● 向圆弧摆动结束点移动机器人，按“登录”键。 ● 设定参数，单击“OK”后登录
9	确认振幅点登录	● 单击“否”

图 7-37 所示圆弧摆动程序见表 7-15，供读者参考。

表 7-15　圆弧摆动示教程序

语句行	程序语句	注释
1	Baozhiyuan3.prg	程序名称
2	1：Mech：Robot	运动机构设置
3	Begin of program	程序开始
4	TOOL ＝ 1：TOOL01	末端工具设置
5	MOVEP P1，10.00 m/min	示教点 P1 为机器人起始位置（空走点）
6	MOVECW P2，3.00 m/min	示教点 P2 为圆弧摆动开始点，又是焊接开始点
7	ARC-SET AMP ＝ 120 VOLT ＝ 19 S ＝ 0.45	焊接规范参数，分别为焊接电流、焊接电压及焊接速度（m/min）
8	ARC-ON ArcStart1.prg RETRY ＝ 0	焊接开始指令
9	WEAVEP P3，10.00 m/min T ＝ 0.0	示教点 P3 为第一个振幅点，其中 T ＝ 0.0 为摆动停止时间
10	WEAVEP P4，10.00 m/min T ＝ 0.0	示教点 P4 为第二个振幅点
11	MOVELW P5，10.00 m/min，Ptn ＝ 1 F ＝ 0.3	示教点 P5 摆动终了点，又是焊接结束点，其中 Ptn ＝ 1 为摆动类型（低速单摆），F ＝ 0.3 为摆动频率
12	CRATER AMP ＝ 100 VOLT ＝ 15.0 T ＝ 0.5	焊接收弧规范参数
13	ARC-OFF ArcEND1.prg RETRY ＝ 0	焊接结束指令
14	End of program	程序结束

2）圆弧摆动示教不成立。当用摆动插补方式没有示教完 6 个点时（由于摆动类型不同，可能是 7 个点），示教点虽然用摆动的移动命令进行登录，但运行或再现时所做的却是直线插补动作。

3）圆弧摆动类型。与直线摆动一样可以选择 6 种类型。

5. 再现操作

再现是通过机器人实际再现示教所生成的示教点位置、速度、插补方式及次序指令等，即对示教点的登录位置及属性内容进行的一种确认操作，再现可分为边示教边即时再现和打开程序再现两种。

（1）边示教边即时再现。在示教过程中，为了及时确认机器人示教是否妥当而进行的一种即时再现操作，如发现示教不当，可及时进行修改。具体步骤如下：

1）在示教状态下，关闭“机器人动作”按钮（图标绿灯灭），即 ON(灯亮)⇨ OFF(灯灭)。

2）在程序窗口中，将光标移到程序中的目标示教点所在位置。如果从第一点开始再现，则将光标移到程序中的“ Begin of program ”行上；如果从中间点开始再现，例如从第二个点，则将光标移到程序中的“ MOVEL P2，10.00 m/min ”行上。

3）打开“机器人动作”按钮（图标绿灯亮），即 OFF(灯灭)⇨ ON(灯亮)。

4）打开“再现”（图标绿灯亮），即 再现 OFF⇨ 再现 ON。与此同时，动作功能键Ⅰ和Ⅱ所对应的功能也变为向前再现和向后再现功能。

5）再现操作。

①向前再现是指从光标所在位置向下一个点移动机器人，操作方法为按住“向前再现”所对应的Ⅰ键后转动拨钮或按住＋键。

②向后再现是指从光标所在位置向前一个点移动机器人，操作方法为按住“向后再现”所对应的Ⅱ键后转动拨钮或按住－键。

在再现时所显示的画面中，当再现未到达和到达某示教点时分别显示为 未到 和 到达。

（2）打开程序再现。打开曾在示教器上创建或编写的示教文件后进行再现操作，其操作步骤如下：

1）将模式切换开关打到“ TEACH ”上。

2）单击“文件”菜单。

3）选择“文件”菜单中的“打开”。

4）打开“程序”或“最近使用过的文件”。

5）选择文件。通过拨钮将光标移动到要再现的程序文件，然后按“ OK ”＋侧击拨钮或者直接按“登录”键，打开程序。

6）重复上面（1）的 3）～ 5）项的操作。

三、编辑操作

1. 基本编辑功能

编辑程序操作时，必须先将机器人移动按钮关闭，否则光标在程序窗口中不能移动，即 ON(灯亮)⇨ OFF(灯灭)。

（1）剪切。剪切是指从程序中剪切所选语句行，将其移到系统剪切板的操作。剪切板是移动或复制字符串时，临时存放字符串的地方。如要把剪切的字符串粘贴到别处或文件中，执行粘贴即可。执行剪切后，则之前在剪切板中保存的内容就会消失。具体剪切操作步骤如下：

1）将光标移到开始剪切的语句行上。

2）从窗口编辑菜单中选择剪切图标（或按用户功能键所对应的剪切图标），即⇨。

3）通过拨动按钮选择要剪切的范围（反显），并侧击拨钮确定。

4）在确认窗口中单击“OK”，如选择“继续选择”，则返回到选择范围窗口。

（2）复制。复制是指将所选的语句行复制到剪贴板中的操作。具体复制操作如下：

1）将光标移到开始复制的语句行上。

2）从窗口编辑菜单中选择复制图标（或按用户功能键所对应的复制图标），即⇨。

3）通过拨动按钮选择要剪切的范围（反显），并侧击拨钮确定。

4）在确认窗口中单击“OK”，如选择“继续选择”，则返回到选择范围窗口。如要把复制的字符串粘贴到别处或文件中，执行粘贴即可。执行复制后，则之前在剪切板中保存的内容将消失。

（3）粘贴。粘贴是指将剪切、复制到剪贴板中的内容粘贴。粘贴分为顺粘贴和逆粘贴两种。顺粘贴是将剪切板中的内容按原来顺序粘贴，通常用于常规编辑操作；逆粘贴是将剪切板中的内容按反方向粘贴，用于示教往返的动作时较为方便，因为只需要示教去程后，将去程复制，再逆粘贴便返程完成。粘贴次数不限，可重复执行。

具体粘贴操作如下：

1）将光标移到开始复制的语句行上。

2）从窗口编辑菜单中选择复制图标（或按用户功能键所对应的复制图标），即⇨。

3）通过拨动按钮选择要剪切的范围（呈反显状态），并侧击拨钮确定。

4）在确认窗口中单击“OK”，如选择“继续选择”，则返回到选择范围窗口。

2. 修改程序

在修改程序时，首先需要通过用户功能键来将追加图标改为更改图标。

（1）修改示教点。编辑程序过程中经常会遇到修改示教点的插补方式、速度及焊接点等情况，具体修改方法如下：

1）单击文件菜单。

2）选择打开菜单。

3）选择目标文件（程序），单击“OK”或者“登录”键。

4）显示程序内容。

5）将光标移到要修改的示教点所处语句上（如：语句 MOVEL P6，10.00 m/min）。

【重要提示】进行此操作时，必须先将机器人移动按钮关闭，否则光标不能移动，即⇨。

6）侧击拨钮或者单击“登录”键，打开示教点变更窗口。

7）修改数值后，单击“OK”或者“登录”键。

（2）修改焊接规范。

1）将光标移到要修改的语句上。

2）侧击拨钮或者单击“登录”键。

3）将光标移到要修改的位置上。

4）修改数值后，单击“OK”或者“登录”键。

（3）修改焊接开始次序指令。

1）将光标移到要修改的语句上。

2）修改文件名，直接输入文件名或者从列表中选择。

3）修改后，单击“OK”或者“登录”键。

（4）修改数值。

1）用左右上挡键切换数位，按左上挡键使光标左移，按右上挡键使光标右移。

2）转动拨钮更改数值。例如：要显示020.00时，需要更改10位数的值。通过向上或向下转动拨钮，更改数值大小，向上转动拨钮时数值增大，反之相反。

3）完成更改数值后单击“登录”键。

（5）修改示教点位置。除通过拨钮、+/-键、点动动作移动机器人，从而改变示教点位置以外，还可以通过MDI更加精确修改示教点的位置。

1）在程序窗口中，将光标移到目标示教点语句后侧击拨钮或者单击“登录”键，打开“示教点变更”窗口，将光标移到MDI。

2）单击“OK”，打开“MDI编辑”窗口。

3）选择所要修改的示教点位置，进行修改后单击“OK”。

3. 删除命令

（1）在删除命令时，首先要通过用户功能键来显示删除图标。

（2）将光标移到目标命令上。

（3）单击“登录”键。

（4）弹出“是否删除？”窗口，选择“是”或者单击“登录”键。

4. 追加命令

（1）将光标移到程序窗口中要追加的点上。

（2）按窗口切换键。

（3）从窗口菜单图标中选择追加命令，也可以从动作功能键或用户功能键中选择。

5. 显示

（1）显示位置。显示机器人控制点（XYZ）的位置、各关节的角度及编码脉冲数。显示方法为菜单→显示→切换显示→XYZ。

［X，Y，Z］表示机器人坐标基准的机器人控制点位置。

［U，V，W］表示工具姿势，U：保持V的角度不变，围绕与Z轴（包括控制点）相平行的轴转动的角度。V：与垂直面的倾斜角度。W：工具方向固定不变，手腕的扭转角度。

［RT，UA，FA，RW，BW，TW］表示机器人关节的角度和脉冲数。显示方法为视图-切换显示-AGL角度表示（或PLS脉冲表示）。

（2）显示焊枪角度。在界面中显示正对着焊缝的焊枪角度。但此功能只有在启用WG、GX、GXP控制器时才可使用。显示方法为菜单→显示→切换显示→显示位置→焊枪。

6. 编辑文件

（1）文件保护。文件的保护级别有3个，即禁止编辑、只能修改位置数据及解除保护。文件保护设定有从菜单设定和从属性窗口设定两种。

以菜单设定为例，保护文件的菜单操作顺序为文件→属性→保护，在被打开的窗口中选择所要保护的文件，并按NXST（F3键），选择保护级别。对文件进行保护操作后，在文件名前添加相应级别的标记，见表7-16。

表 7-16　文件保护级别及其标记

序号	保护级别	释义	标记
1	禁止编辑	无法编辑	×
2	只能修改位置数据	只能更改示教点的位置，无法更改命令的构成	+
3	解除保护	接触保护，可以重新编辑	空白

（2）文件删除。对一个已保存的文件进行删除操作。操作步骤如下：

1）在文件菜单上，单击“删除”；

2）单击切换窗口键，将光标移到文件一览窗口中，选中要删除的文件，使被选中的文件名前出现“*”标记（一次性删除多个文件时重复此操作）。

3）按 NXST（F3 键）后，只显示要删除对象的文件。

4）按“确定”键后文件即被删除。

【重要提示】已删除的文件无法恢复。

四、启动操作

1. 启动方式

启动是指将模式开关打到运行（AUTO）一侧，执行在示教（TEACH）模式下做好的程序，开始焊接工件的操作。启动方式分为手动启动和自动启动两种，在生产过程中通常采用自动启动的方式。要采用哪种启动方式必须进行设定。

手动启动：在窗口中打开文件后，通过示教器的启动按钮启动程序的方式，且使其只运行一次。每次都需要选择文件，是一种试运行方式。

自动启动：连续生产运行，自动启动方式有编号指定方式和主程序方式（用外部启动盒启动预先设定好的程序的方式）两种。当采用自动启动时，必须预先在外部启动盒上编辑好启动程序。其操作步骤如下：

（1）生成启动外部启动盒的程序。

（2）将模式切换开关打到 AUTO 上。

（3）设定外部启动盒内的程序编号。

（4）打开伺服电源。

（5）打开外部启动盒内的选择开关。

（6）按下外部启动盒内的启动按钮。

（7）按下启动开关。

【安全提示】

运行（AUTO）模式下请在安全防护护栏的外侧进行操作。

请确认安全防护护栏内无人。

紧急停止开关应处于有效状态，当觉察到危险情况时，请立即按下紧急停止开关。

2. 手动启动

（1）手动启动步骤。

1）单击“文件”。

2）单击“文件”菜单下的“打开”。

3）从程序或者最近使用过的文件中选择程序。

4）选择程序文件。

5）打开要启动的目标程序。

6）退到安全防护护栏外侧，在防护护栏入口处上锁。

7）将模式切换开关打到 AUTO 上（连接了操作盒的，请将操作盒的 AUTO 开关打开，即切换到运行模式）。

8）打开伺服电源。

9）按下启动开关，机器人就开始再现动作。

（2）暂停与重启。

【安全提示】

机器人在暂停时有突然动起来的可能性，因此请勿进入安全防护栏内。

重启前请确认在机器人运行范围内没有其他人员和干涉物品。

如按下暂停开关，机器人将在伺服电源打开的状态下停止运行，将模式开关打到 TEACH 侧，即可使机器人手臂运行起来。将模式开关打到 AUTO，再按重启开关即重启。

（3）紧急停止与重启。

【安全提示】

当预见到危险情况或者觉察到有异常情况发生时，请立即紧急停止。

请在重启前确认在机器人运行范围内没有其他人员和干涉物品。

按下紧急停止开关后机器人立即紧急停机。紧急停止原因排除后，再按下“伺服 ON”，启动开关重启。建议在重启前先将模式切换开关打到示教（TEACH）模式，确认重启位置。

（4）在运行过程中进行修正。

1）在目标点附近暂停机器人。

2）将模式切换开关打到示教 TEACH 模式下。

3）选择画面切换。

4）在文件窗口中将光标移到目标点上。

5）向后再现（注意干涉）。

6）确认目标点，即。

7）关闭再现。

8）进行修改。

以直角坐标系为例，如图 7-38 所示。

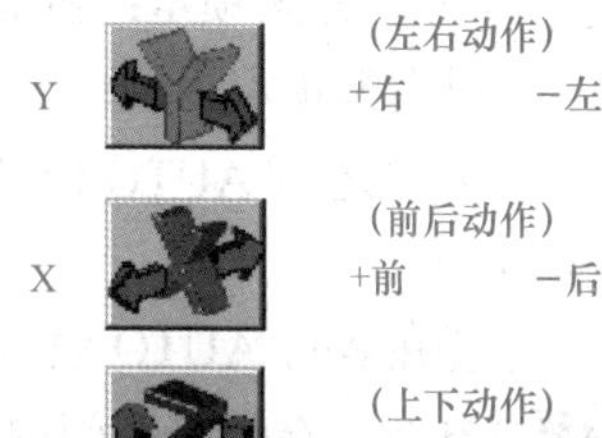

图 7-38 直角动作

9）单击“登录”键（示教内容＝更改）。

10）确认画面显示的内容后登录。

11）再现机器人到重启的点（光标在停止的点上显示为淡蓝色）。

12）将模式切换开关打到 AUTO 上（启动位置将有可能和停止的位置不同，须注意）。

13）启动（注意干涉）。

（5）点动送丝、检气。机器人焊接之前需要检查送丝和保护气体供给情况。在按下电弧锁定开关时，动作功能键分别对应显示向前送丝、向后退丝、气阀 ON、气阀 OFF 功能，见表 7-17。

表 7-17　送丝检气功能键与其作用

电弧锁定开关	动作功能键	作用
图标 ON	Ⅰ	向前送丝
	Ⅱ	向后退丝
	Ⅲ	气阀 ON
	Ⅳ	气阀 OFF

（6）运行限制。运行限制是指限制运行速度或将机器人部分功能停止后运行。例如，执行“电弧锁定”，则运行中将不焊接。在运行限制中，可设定内容有 I/O 锁定、电弧锁定、机器人锁定。

1）最高运行速度：限制运行的最高速度。

2）I/O 锁定：不执行输入 / 输出相关的次序命令。

3）电弧锁定：不执行焊接相关命令。

4）机器人锁定：机器人不运行。

以电弧锁定为例：

①在运行 AUTO 模式下，在菜单中选择限制内容图标后弹出“限制内容设定”窗口。

②在运行 AUTO 模式下，设定用户功能键中的电弧锁定按钮，例如，电弧锁定开关打开时，在焊接区间内不焊接；电弧锁定开关关闭时，在焊接区间内焊接。

任务三　实施典型结构弧焊机器人焊接

典型焊接接头机器人焊接训练

【学习目标】

1．知识目标

（1）掌握典型结构弧焊机器人焊接工艺分析的方法；

（2）掌握典型结构弧焊机器人焊接操作方法。

2. 能力目标

（1）能够进行典型结构弧焊机器人焊接工艺分析；

（2）具备典型结构弧焊机器人焊接操作技能。

3. 素养目标

（1）培养细心、严谨的工作态度；

（2）培养认真负责的劳动态度和敬业精神；

（3）培养学生的沟通能力及团队合作精神。

【任务描述】

焊接机器人是可以高效实现焊接工艺的焊接设备，具有高稳定性、高焊接质量、高工作效率、降低工作周期、适用场景广泛等优点，被广泛应用在汽车交通、船舶制造、机械制造、管道制造、建筑工程、石化、军工、航空航天等领域。

板对接平焊训练图纸如图 7-39 所示。

焊件材质为低碳钢 Q235，焊接位置为平对接。

板 T 形接头平角焊训练图纸如图 7-40 所示。

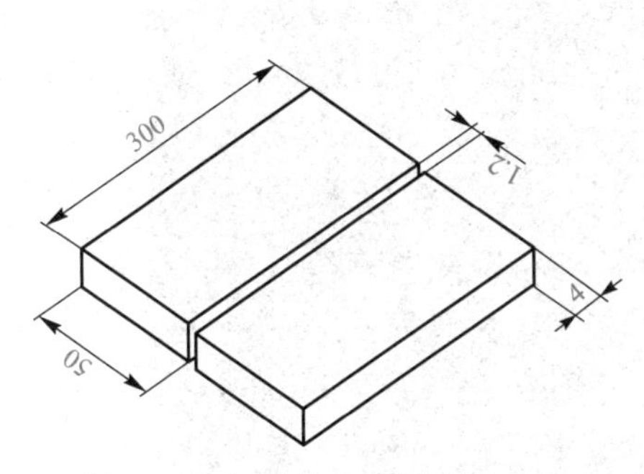

图 7-39　板对接平焊训练图纸

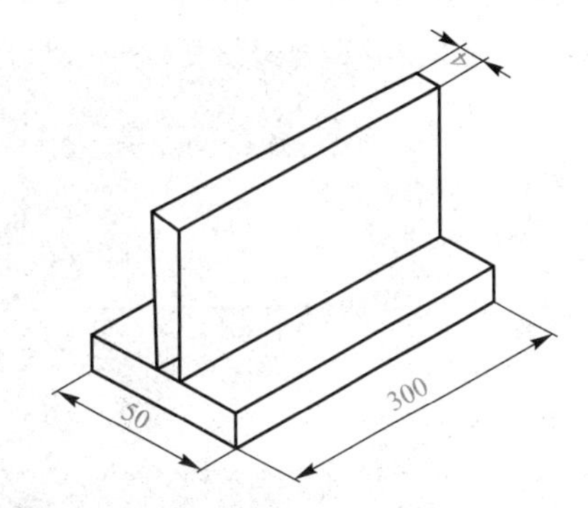

图 7-40　板 T 形接头平角焊训练图纸

焊件材质为低碳钢 Q235，焊接位置为平角焊。

插入式管 - 板垂直俯位焊焊接训练图纸如图 7-41 所示。

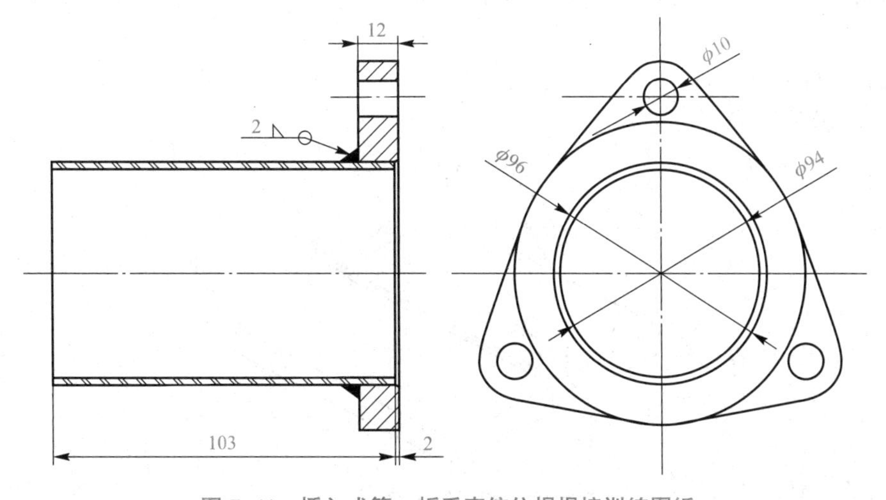

图 7-41　插入式管 - 板垂直俯位焊焊接训练图纸

滑套焊件结构与主要尺寸规格如图 7-41 所示。焊件材质为低碳钢 Q235，焊接位置为管子 - 法兰的平角环缝，焊脚高度为 2 mm。

【知识储备】

一、板对接平焊训练

两焊件端面相对平行的接头称为对接接头。对接接头在各种焊接结构中是应用非常广泛的一种较为理想的接头形式，且能够承受较大的载荷。

1. 焊件

焊件材质为低碳钢 Q235，焊接位置为平对接。

2. 装配与定位焊

采用图 7-42 所示装 - 焊卡具将两块试板装配成 I 形坡口的对接接头，装配间隙始焊端为 1.0 mm，终焊端为 2.0 mm。在焊缝的始焊端和终焊端 10 mm 内，进行定位焊接，定位焊长度为 3 ～ 5 mm。在定位焊时，选用焊丝型号为 H08Mn2SiA，直径为 ϕ1.0 mm，采用松下 TA-1400 型焊接机器人进行定位焊。

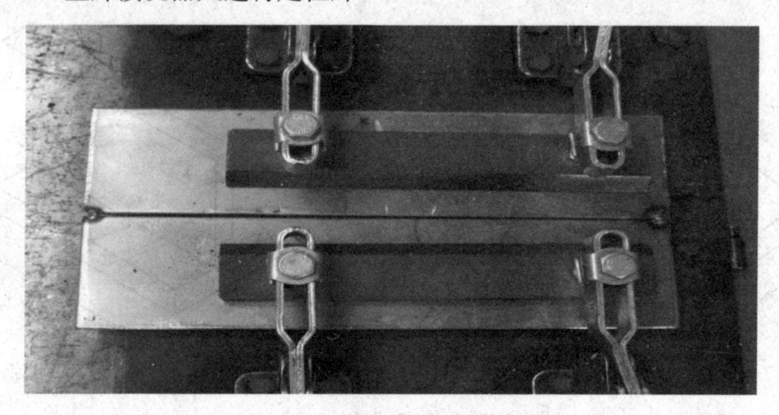

图 7-42　板对接平焊定位焊及夹具

【重要提示】对定位焊焊接质量要求与正式焊接一样。

3. 编程

根据平对接焊件结构特点，规划焊接机器人所需运行轨迹，进而确定机器人示教轨迹和示教点，如图 7-43 所示。

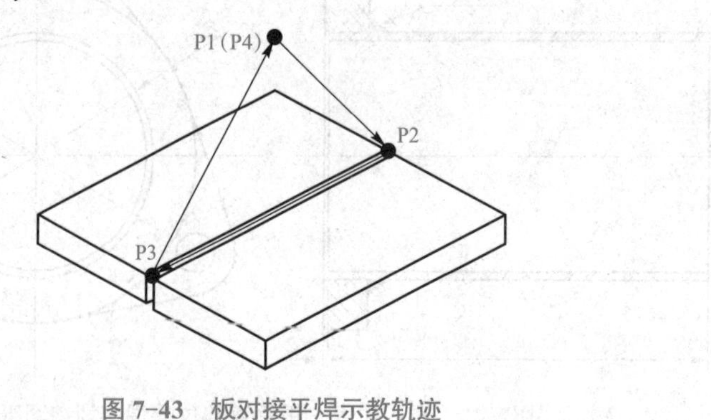

图 7-43　板对接平焊示教轨迹

P1—P2 区间为空走区间，其中示教点 P1 为机器人初始位置，示教点 P2 为焊接开始点。

P2—P3 区间为焊接区间，其中示教点 P3 为焊接结束点。

P3—P4 区间为空走区间，其中 P4 点与 P1 点重合，目的是使机器人回归初始点。

【重要提示】 为将 P4 点与 P1 点完全重合，示教 P4 点时直接对 P1 点进行复制粘贴即可。

按照图 7-43 所示板对接平焊示教轨迹进行示教编程后，示教器主窗口中生成示教再现程序，见表 7-18。

表 7-18 板对接平焊示教程序

语句行	程序语句	注释
1	Pingduihan.prg	程序名称
2	1：Mech：Robot	运动机构设置
3	Begin of program	程序开始
4	TOOL = 1：TOOL01	末端工具设置
5	MOVEL P1，6.00 m/min	示教点 1（空走点）
6	MOVEL P2，4.00 m/min	示教点 2（焊接开始点）
7	ARC-SET AMP = 130 VOLT = 17.2 S = 0.5	焊接规范参数，分别为焊接电流（A）、焊接电压（V）及焊接速度（m/min）
8	ARC-ON ArcStart1.prg RETRY = 0	焊接开始指令
9	MOVEL P3，10.00 m/min	示教点 3（空走点、焊接结束点），在 P2—P3 直线区间内机器人以焊接速度 0.5 m/min 行进
10	CRATER AMP = 100 VOLT = 15.8 T = 0.2	焊接收弧规范参数
11	ARC-OFF ArcEND1.prg RETRY = 0	焊接结束指令
12	MOVEL P4，6.00 m/min	示教点 4（空走点）
13	End of program	程序结束

操作人员要对上述程序进行再现操作，仔细观察机器人是否准确无误地再现了所示教的轨迹和运动模式，如提示示教错误或发现示教不理想，应及时修改程序。

二、板 T 形接头平角焊训练

一焊件的端面与另一焊件的表面构成直角或近似直角的接头，称为 T 形接头。这种接头的用途仅次于对接接头，特别在船体中约 70% 的接头是 T 形接头。

1. 焊接结构

焊件材质为低碳钢 Q235，焊接位置为平角焊。

2. 装配与定位焊

由于横板两侧均需要焊接，且薄板结构容易熔透，因此装配时立板与横板之间未预留间隙。从横板两侧进行定位焊，定位焊长度为 3 ～ 5 mm。在定位焊时，选用焊丝型号为 H08Mn2SiA，直径为 ϕ1.0 mm，采用松下 TA-1400 型焊接机器人进行定位焊，如图 7-44 所示。

图 7-44　板 T 形接头平角焊定位焊

3. 编程

根据 T 形平角焊焊件结构特点，规划焊接机器人所需运行轨迹，进而确定机器人示教轨迹和示教点，如图 7-45 所示。

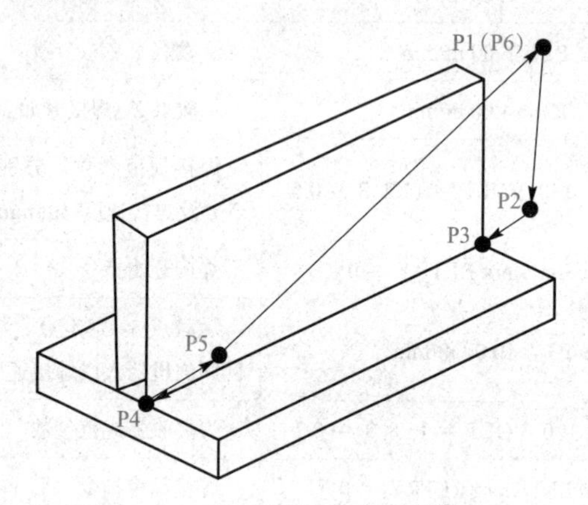

图 7-45　板 T 形平角焊示教轨迹

P1—P2—P3 区间为空走区间，其中示教点 P1 为机器人初始位置，示教点 P2 为焊接接近点，示教点 P3 为焊接开始点。

P3—P4 区间为焊接区间，其中示教点 P4 为焊接结束点。

P4—P5—P6 区间为空走区间，其中 P6 点要与 P1 点重合。

按照图 7-45 所示 T 形平角焊示教轨迹进行示教编程后，示教器主窗口中生成示教再现程序，见表 7-19。

表 7-19　板 T 形平角焊示教程序

语句行	程序语句	注释
1	Pingjiaohan.prg	程序名称
2	1：Mech：Robot	运动机构设置
3	Begin of program	程序开始
4	TOOL ＝ 1：TOOL01	末端工具设置

续表

语句行	程序语句	注释
5	MOVEL P1，6.00 m/min	示教点 1（空走点）
6	MOVEL P2，10.00 m/min	示教点 2（空走点）
7	MOVEL P3，3.00 m/min	示教点 3（焊接开始点）
8	ARC-SET AMP = 140 VOLT = 18.8 S = 0.50	焊接规范参数，分别为焊接电流（A）、焊接电压（V）及焊接速度（m/min）
9	ARC-ON ArcStart1.prg RETRY = 0	焊接开始指令
10	MOVEL P4，10.00 m/min	示教点 4（空走点、焊接结束点），在 P3—P4 区间机器人以焊接速度 0.50 m/min 行进
11	CRATER AMP = 100 VOLT = 15.8 T = 0.5	焊接收弧规范参数
12	ARC-OFF ArcEND1.prg RETRY = 0	焊接结束指令
13	MOVEL P5，3.00 m/min	示教点 5（空走点）
14	MOVEL P6，10.00 m/min	示教点 6（空走点）
15	End of program	程序结束

操作人员要对示教程序进行再现操作，观察机器人是否按照示教轨迹运行，如提示示教错误或发现示教不理想，应及时修改程序。

三、插入式管 - 板垂直俯位焊焊接训练

管 - 板插入式焊接时，焊缝形式为角焊缝，但管子与孔板的厚度不同，焊缝成环形。

1. 焊件结构

滑套焊件材质为低碳钢 Q235，焊接位置为管子 - 法兰的平角环缝，焊脚高度为 2 mm。

2. 装配与定位焊

在装配时，将管子中轴线与法兰孔的圆心对中，沿圆周定位焊 3 点，每点相距 120°，根部间隙预留 1 ～ 1.5 mm。在定位焊时，选用焊丝型号为 H08Mn2SiA，直径为 ϕ1.0 mm，采用松下 TA-1400 型焊接机器人进行定位焊，如图 7-46 所示。

图 7-46　焊枪姿势及定位焊位置

3. 编程

在工件固定的情况下，根据滑套焊件结构特点，规划焊接机器人所需运行轨迹，进而确定机器人示教轨迹和示教点，如图 7-47 所示。

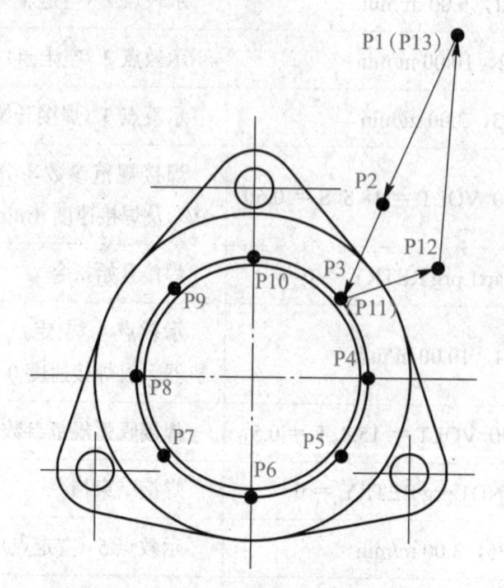

图 7-47　板垂直俯位焊示教轨迹

P1—P2—P3 区间为空走区间，其中示教点 P1 为机器人初始位置，示教点 P2 为焊接接近点，示教点 P3 为焊接开始点。

P3—P4—P5—P6—P7—P8—P9—P10—P11 区间为焊接区间，其中示教点 P11 为焊接结束点，与 P3 点重合。

P11—P12—P13 区间为空走区间，其中 P13 点要与 P1 点重合。

按照图 7-47 所示滑套示教轨迹进行示教编程后，示教器主窗口中生成示教再现程序，见表 7-20。

表 7-20　滑套焊接示教程序

语句行	程序语句	注释
1	huatao.prg	程序名称
2	1：Mech：Robot	运动机构设置
3	Begin of program	程序开始
4	TOOL = 1：TOOL01	末端工具设置
5	MOVEL P1，6.00 m/min	示教点 1（空走点）
6	MOVEL P2，10.00 m/min	示教点 2（空走点）
7	MOVEL P3，3.00 m/min	示教点 3（焊接开始点）
8	ARC-SET AMP = 145 VOLT = 18.0 S = 0.50	焊接规范参数，分别为焊接电流（A）、焊接电压（V）及焊接速度（m/min）
9	ARC-ON ArcStart1.prg RETRY = 0	焊接开始指令
10	MOVEL P4，10.00 m/min	示教点 4（焊接点）

语句行	程序语句	注释
11	MOVEL P5，10.00 m/min	示教点 5（焊接点）
12	MOVEL P6，10.00 m/min	示教点 6（焊接点）
13	MOVEL P7，10.00 m/min	示教点 7（焊接点）
14	MOVEL P8，10.00 m/min	示教点 8（焊接点）
15	MOVEL P9，10.00 m/min	示教点 9（焊接点）
16	MOVEL P10，10.00 m/min	示教点 10（焊接点）
17	MOVEL P11，10.00 m/min	示教点 11（空走点、焊接结束点），在 P3 至 P11 圆弧区间机器人以焊接速度 0.50 m/min 行进
18	CRATER AMP = 100 VOLT = 15.8 T = 0.00	焊接收弧规范参数
19	ARC−OFF ArcEND1.prg RETRY = 0	焊接结束指令
20	MOVEL P12，3.00 m/min	示教点 5（空走点）
21	MOVEL P13，10.00 m/min	示教点 13（空走点）
22	End of program	程序结束

操作人员要对示教程序进行再现操作，观察机器人是否按照示教轨迹运行，如提示示教错误或发现示教不理想，应及时修改程序。

【任务实施】

1. 板对接平焊训练机器人焊接

（1）确定主要焊接工艺参数。根据焊件材质、焊件厚度、焊接位置等因素，确定主要焊接工艺参数，如焊接电流、焊接电压及焊接速度等，具体见表 7–21。

表 7–21　板对接平焊工艺参数

焊接方法	焊接材料			焊接电流/A	电弧电压/V	焊接速度/(m·min^{-1})
	焊丝型号	焊丝直径/mm	保护气体			
MAG 焊	H08Mn2SiA	1.0	80%CO_2 + 20%Ar	130	17.2	0.5

（2）焊接开始点位置与角度。在直线焊接区间内，从焊接开始点 P2 的位置与角度可看出焊枪姿势和焊接角度。P2 的位置和角度值见表 7–22。

表 7–22　P2 点位置和角度

位置	X/mm	Y/mm	Z/mm	U/（°）	V/（°）	W/（°）	G1（外部轴）/（°）
	1 066.20	−78.97	291.65	90.19	32.06	118.96	89.70
角度	RT 关节	UA 关节	FA 关节	RW 关节	BW 关节	TW 关节	—
	−9.63	−3.25	−38.20	−32.57	−22.27	−3.23	—

（3）焊接。示教程序经过再现验证和修改完善后可进行焊接操作。焊接之前需按下电弧锁定开关，检查送丝和保护气体供给情况，并将模式开关拨到 AUTO，接通伺服电机之后按下启动开关开始焊接，其焊缝如图 7-48 所示。

图 7-48　板对接平焊焊缝

2. 板 T 形接头平角焊训练机器人焊接

（1）确定主要焊接工艺参数。根据焊件材质、焊件厚度、焊接位置等因素，确定主要焊接工艺参数，如焊接电流、焊接电压及焊接速度等，具体见表 7-23。

表 7-23　板 T 形接头平角焊工艺参数

焊接方法	焊接材料			焊接电流 /A	电弧电压 /V	焊接速度 /（$m \cdot min^{-1}$）
	焊丝型号	焊丝直径 /mm	保护气体			
MIG 焊	H08Mn2SiA	1.0	80%CO_2 + 20%Ar	140	18.8	0.5

（2）焊接角度。在直线焊接区间内，从焊接开始点 P3 的位置与角度可看出焊枪姿势和焊接角度。图 7-49 所示为机器人在焊接开始点 P3 时的焊枪姿势。P3 的位置和角度值见表 7-24。

图 7-49　焊枪姿势及焊缝

表 7-24　P3 点位置和角度

位置	X/mm	Y/mm	Z/mm	U/（°）	V/（°）	W/（°）	G1（外部轴）/（°）
	1 072.00	−90.18	283.76	29.38	47.16	65.29	−90.42
角度 /°	RT 关节	UA 关节	FA 关节	RW 关节	BW 关节	TW 关节	—
	−2.82	9.75	−68.23	−15.35	61.95	−40.68	—

（3）焊接。示教程序经过再现验证和修改完善后可进行焊接操作。焊接之前需按下电弧锁定开关，检查送丝和保护气体供给情况，并将模式开关拨到 AUTO，接通伺服电机之后按下启动开关开始焊接，其焊缝如图 7-50 所示。

3. 插入式管 – 板垂直俯位焊焊接训练机器人焊接

（1）确定主要焊接工艺参数。根据焊件材质、焊件厚度、焊接位置等因素，确定主要焊接工艺参数，如焊接电流、焊接电压及焊接速度等，具体见表 7-25。

表 7-25　滑套焊接工艺参数

焊接方法	焊接材料			焊接电流 /A	电弧电压 /V	焊接速度 /（m · min^{-1}）
	焊丝型号	焊丝直径 /mm	保护气体			
MIG 焊	H08Mn2SiA	1.0	80%CO_2 + 20%Ar	145	18.0	0.5

（2）焊接角度。在直线焊接区间内，从焊接开始点 P3 的位置与角度可看出焊枪姿势和焊接角度。如图 7-49 为机器人在焊接开始点 P3 时的焊枪姿势。P3 的位置和角度值见表 7-26。

表 7-26　P3 点位置和角度

位置	X/mm	Y/mm	Z/mm	U/（°）	V/（°）	W/（°）	G1（外部轴）/（°）
	1 203.00	59.61	290.10	− 120.79	52.60	− 135.02	− 1.31
角度	RT 关节	UA 关节	FA 关节	RW 关节	BW 关节	TW 关节	—
	17.97	32.06	9.07	37.46	− 64.93	− 5.53	—

（3）焊接。示教程序经过再现验证和修改完善后可进行焊接操作。焊接之前需按下电弧锁定开关，检查送丝和保护气体供给情况，并将模式开关拨到 AUTO，接通伺服电机之后按下启动开关开始焊接，其焊缝如图 7-50 所示。

图 7-50　板垂直俯位焊焊缝

◎任务评价

焊接机器人评分标准见表 7-27。

表 7-27　焊接机器人评分标准

序号	项目	要求标准	扣分标准	配分	得分
1	操纵焊机	能够正确操纵焊机	焊机操纵不正确不得分	15	
2	焊接参数选择	能够正确选择焊接参数	参数选择不正确不得分	20	
3	焊道外形尺寸	宽度＜12 mm，宽度差≤1 mm；余高 0～2 mm，余高差≤1 mm	每超差一处扣 5 分	10	
4	焊缝缺陷	无气孔、凹陷、焊瘤、咬边、未焊透	每项各 5 分，出现一处不得分	25	
5	焊道外观成形	焊道波纹均匀、美观	酌情扣分	5	
6	焊件外形	无错边、变形	酌情扣分	10	
7	安全文明生产	1. 严格遵守安全操作规程 2. 遵守文明生产有关规定	酌情扣分	15	
8	裂纹	无裂纹	出现裂纹倒扣 20 分	0	
		总分合计		100	

◎安全教育

事故案例：高空焊接作业坠落。

事故发生主要经过：某单位基建科副科长甲未系安全带，也未采取其他安全措施，便攀上屋架替换焊工乙，焊接车间屋架角钢与钢筋支撑。工作 1 h 后，辅助工丙下去取角钢料，由于没有助手，甲便左手扶持待焊的钢筋，右手拿着焊钳，闭着眼睛操作。当时，焊工甲把一端点固定上，然后左手把着支点固定端的钢筋探身向前去焊接另一端，甲刚一闭眼，左手把着的钢筋因为固点不牢，支撑不住人的重量，突然脱焊，焊工甲连同钢筋一起从 12 m 多的屋架上坠落，当场死亡。

事故发生的主要原因：

（1）基建科副科长并不是专业焊工；

（2）事故发生时，作业现场没有监护人；

（3）登高作业者未用安全带，也无其他安全设施。

事故预防措施：

（1）非专业焊工不能从事焊割作业；

（2）登高作业必须设专业的监护人；

（3）登高作业一定要用标准的防坠落安全带，并架设安全网等安全设施。

◎榜样的力量

为火箭筑“心”的“金手天焊”——高凤林

1970 年，我国第一颗人造卫星的成功发射，在他幼小的心中埋下了航天报国的种子。

1980年至今，在火箭发动机焊接岗位上，他练就“神技天焊”，在0.16 mm上创造火花艺术，肩负起航天报国使命，他焊接过的火箭发动机占我国火箭发动机总数的近四成。

2015年，这位火箭“心脏”焊接人作为央视《大国工匠》纪录片“第一人”亮相，成为公众瞩目的工匠明星，更成为弘扬工匠精神的践行者。

从事工匠业，常怀报国心。他就是首都航天机械公司特种熔融焊工、高级技师高凤林。在由全国总工会、中央广播电视总台联合举办的2018年“大国工匠年度人物”发布活动中，高凤林等10人当选。

“去实现儿时的梦想吧。”中学毕业后，高凤林报考首都航天机械公司厂技校，从此与航天结下不解之缘。

早期，培养一名氩弧焊工的成本甚至比培养一名飞行员还要高。而要焊接被称为火箭“心脏”的发动机，更对焊接的稳定性、协调性和悟性有着极高的要求。“你们当中将来谁要能焊接火箭发动机，就是英雄。”高凤林清楚记得，技校老师曾这样激励他们。

技校毕业时，公认的“好苗子”高凤林被选中进入首都航天发动机焊接车间，从此，他拿起焊枪，把自己的根牢牢扎在了焊接岗位上。38岁时，高凤林已成为航天特级技师。

成功的背后，离不开汗水的浇灌。吃饭时，高凤林拿着筷子练送丝；喝水时，端着盛满水的缸子练稳定性；休息时，举着铁块练耐力，甚至冒着高温观察铁水的流动规律……更有甚者，他连“一眨眼”的功夫都不放过。火箭上一个焊点的宽度仅为0.16 mm、完成焊接允许的时间误差不超过0.1 s，为了不放过“一眨眼”的功夫，他硬是练就了“如果这道工序需要10 min不眨眼，我就能10 min不眨眼”的绝技！

“没什么秘诀，不过就是两个年轻人面对面瞪着眼，打赌比比看谁坚持的时间更长罢了。”在高凤林如今的谈笑背后，是饱经岁月的淬炼。

20世纪90年代，亚洲最大“长二捆”全箭振动塔的焊接操作中，高凤林长时间在表面温度高达几百摄氏度的焊件上操作。他的手上，至今可见当年留下的伤疤。

国家“七五”攻关项目、东北哈尔滨汽轮机厂大型机车换热器的生产中，为了突破一项熔焊难题，半年时间里高凤林天天趴在产品上，一趴就是几个小时，被同事戏称“跟产品结婚的人”。

在汗水的浇灌下，高凤林练就了出神入化的“神技天焊”。报效祖国是他的终身追求，国家科技进步二等奖、全国劳动模范、全国五一劳动奖章、全国道德模范、最美职工……据不完全统计，高凤林多年来所获荣誉已有100多项。

无论面对艰难险阻，还是功成名就，高凤林从未动摇过这一信念——“航天精神的核心就是爱国，用汗水报效祖国是我的追求。”航天产品的特殊性和风险性，决定了许多问题的解决都要在十分艰苦和危险的条件下进行。

最危险的一次经历是：在长征五号的研制生产中，发动机在发射台试验过程中突然出现内壁泄漏。站在试车台上面对产品，身后就是几十米的山涧，加之因为特殊的环境，故障点无法观测，操作空间又非常狭小，高凤林在只能勉强塞进一只手臂的情况下，运用高超技巧和特殊工艺艰难施焊。

回想起来，高凤林毫不讳言，自己当时也背后冒汗，心想：“搞不好，自己前半生的荣誉就栽在这儿了！”在完成这次“抢险”后，在场的火箭发动机总设计师拍着高凤林的肩膀感叹道:“你通过了一次‘国际级的大考’!”

事实上,高凤林也曾多次让中国工人的形象在国际舞台上引人注目。2006年,由诺贝尔奖获得者丁肇中教授领导的世界16个国家参与的反物质探测器项目,因为低温超导磁铁的制造难题陷入了困境,丁肇中点名要高凤林前来协助。在国内外两拨顶尖专家都无能为力的情况下,高凤林只用两个小时就拿出方案,让在场专家深深折服。在第66届纽伦堡国际发明展中,他更一举将3个创新发明金奖收入囊中,技惊四座。

对于这样的顶尖人才,曾有外资企业给高凤林开出高薪和两套北京住房的条件,试图挖走高凤林。他却不为所动:“每每看到我们生产的火箭把卫星送到太空,这种自豪感是金钱买不到的。”

自2015年在央视《大国工匠》纪录片中亮相以来,高凤林几乎成了“大国工匠”的代名词,但他始终坚守生产一线,用实际行动诠释着工匠的品格。

作为高凤林班组组长,他把多年经验和技术毫无保留地传授给年轻人,徒弟中已有多人荣获全国技术能手。他带领班组成员荣获全国工人先锋号、全国学习型优秀班组、全国安全生产示范班组、中央国有企业学习型红旗班组“标杆”等多项荣誉。

成为耀眼的“工匠明星”,也意味着他在繁重的科研生产任务之余,承担了更多的责任和使命。在2018年10月召开的全总十七届一次执委会上,高凤林当选全总兼职副主席,站在更高的平台上为一线工人发声。

2019年1月,高凤林工作法视频课程在京首发,这是国内首部以大国工匠工作法命名的优秀产业工人技术技能视频课程,为产业工人学技术、增本领提供了新的学习与交流的平台。

近年来,他还经常受邀到各地宣讲工匠精神,参加全国总工会“大国工匠进校园活动”“海峡两岸职工创新成果展”等活动,成为弘扬工匠精神的践行者。

对于现在的工作状态,高凤林表示:“岗位不变,只是工作内容更加饱满和丰富了。”虽然辛苦,但他乐此不疲,因为“能为全国职工学习向上精神、展示向上力量做点事,感觉特别欣慰”。

时代发展需要大国工匠。站在实现“两个一百年”奋斗目标的历史交汇点上,全社会都要大力弘扬工匠精神,让崇尚工匠精神的理念深入人心,让每一位劳动者在新时代书写出更多更精彩、更动人的“工匠故事”。

项目小结

随着电子技术、计算机技术、数控及机器人技术的发展,自动焊接机器人从20世纪60年代开始用于生产以来,其技术已日益成熟,由于劳动生产率高、工人操作技术的要求低、产品改型换代的准备周期短等特点,在各行各业已得到了广泛的应用。焊接机器人是从事焊接(包括切割与喷涂)的工业机器人。焊接机器人就是在工业机器人的末轴法兰装接焊钳或焊(割)枪的,使之能进行焊接、切割或热喷涂。在本项目中,主要了解焊接机器人的原理及特点,在掌握弧焊机器人基本操作技术的基础上,完成典型结构弧焊机器人焊接工艺,在操作练习的过程中,一定要注意遵守实训基地的规章制度、实训安全知识及安全操作规程。

综合训练

一、判断题

1. 执行机构是机器人赖以完成工作任务的实体，通常由一系列连杆、关节或其他形式的运动副所组成。（　　）

2. 工业机器人的典型应用包括焊接、刷漆、组装、采集和放置、产品检测和测试等。（　　）

3. 多关节型机构，一般适用于负载较小的机器人，用于电弧焊、切割或喷涂。（　　）

二、填空题

1. 目前，在焊接生产中使用的主要是点焊机器人、弧焊机器人、钎焊机器人和激光焊接机器人，其中应用最普遍的是________和________。

2. 工业机器人通常由________、________、________和________四部分组成。

3. 工业机器人的________是连接手部和臂部的部件，起支撑手部的作用。

4. ________的任务是根据机器人的作业指令程序以及从传感器反馈回来的信号支配机器人的执行机构完成固定的运动和功能。

5. 完整的焊接机器人系统一般由如下几部分组成：机械手、________、控制器、________、________、中央控制计算机和相应的安全设备等。

参考文献

[1] 王云鹏．CO_2气体保护焊实训［M］．北京：机械工业出版社，2018.
[2] 邓洪军．焊接实训［M］．北京：机械工业出版社，2014.
[3] 吴志亚．焊接实训［M］．3版．北京：机械工业出版社，2021.
[4] 雷世明．焊接方法与设备［M］．3版．北京：机械工业出版社，2021.
[5] 宋金虎．焊接方法与设备［M］．3版．大连：大连理工大学出版社，2022.
[6] 邱葭菲．焊接方法与设备［M］．3版．北京：化学工业出版社，2021.
[7] 王宗杰．熔焊方法及设备［M］．2版．北京：机械工业出版社，2016.
[8] 奚泉．埋弧焊技术［M］．北京：中国劳动社会保障出版社，2011.
[9] 张庆红．船用材料与焊接［M］．哈尔滨：哈尔滨工程大学出版社，2010.
[10] 陈裕川．焊接结构制造工艺实用手册［M］．北京：机械工业出版社，2012.
[11] 陈倩清．船舶焊接工艺学［M］．哈尔滨：哈尔滨工程大学出版社，2005.
[12] 刘云龙．焊条电弧焊技术［M］．北京：机械工业出版社，2016.
[13] 王博，许志安．焊接技能强化训练（焊接专业）［M］．3版．北京：机械工业出版社，2019.
[14] 中国机械工程学会焊接学会．焊接手册：焊接方法与设备［M］．3版修订本．北京：机械工业出版社，2016.